U0254101

国家出版基金项目
NATIONAL PUBLICATION FOUNDATION

"十三五"国家重点图书出版规划项目

中国水稻品种志

万建民　总主编

吉林卷

张　强　主编

中国农业出版社
北　京

内容简介

吉林省水稻育种历史悠久，成绩显著。自1913年开展水稻良种评选与改良以来，至2011年共育成并推广的水稻品种400余个，为吉林省及东北稻区水稻生产做出了重要贡献。

本书概述了吉林省稻作区划、水稻品种改良的历程及稻种资源状况，选录了31个1980年以前在吉林省水稻生产中发挥重要作用的水稻品种以及341个1980年以后经过吉林省农作物品种审定委员会审定的品种，其中具有植株、稻穗、谷粒、米粒照片和文字说明的品种344个，仅有文字而无照片的品种有28个。全书还介绍了7位在吉林省乃至全国水稻育种中做出突出贡献的著名专家。

为便于读者查阅，各类品种均按汉语拼音顺序排列。同时为便于读者了解品种选育年代，书后还附有品种检索表，包括类型、审定编号和品种权号。

Abstract

Since rice breeding by pedigree method was begun in 1913, with the rapid development of cytology, genetics, molecular biology and other research fields, fruitful results were achieved in rice breeding in Jilin Province. Until 2011, more than 400 rice varieties were bred and popularized in Jilin Province.

This book briefly introduced rice cultivation regionalization, processes of rice variety improvement and germplasm resources in Jilin Province. Total 372 varieties including 31 varieties which played a great role in rice production or had a significant impact on rice breeding, and 341 varieties which were approved by the National Crop Variety Approval Committee or the Crop Variety Approval Committee of Jilin Province were selected and described in this book. Among of them, 344 varieties were described in detail with photos of plants, spikes and grains individually, but the other 28 varieties only had a brief introduction without photos because of no seeds available or lack of information. Moreover, this book also introduced 7 famous rice breeders who made outstanding contributions to rice breeding in Jilin Province and even in the whole country.

For the convenience of readers' reference, all varieties were arranged according to the order of Chinese phonetic alphabet. At the same time, in order to facilitate readers to access simplified variety information, a variety index was attached at the end of the book, including category, approval number and variety right number etc.

《中国水稻品种志》
编辑委员会

吉林卷编委会

主　编　张　强

副主编　周广春　孟维韧

编著者（以姓氏笔画为序）

　　　　王成瑗　王孝甲　王金明　玄英实　朴日花

　　　　全东兴　刘才哲　刘宪虎　闫喜东　严永峰

　　　　李彦利　张　强　金成海　金国光　金京花

　　　　周广春　孟维韧　赵　磊　赵亚东

审　校　张　强　孟维韧　杨庆文　汤圣祥

前　言

　　水稻是中国和世界大部分地区栽培的最主要粮食作物，水稻的产量增加、品质改良和抗性提高对解决全球粮食问题、提高人们生活质量、减轻环境污染具有举足轻重的作用。历史证明，中国水稻生产的两次大突破均是品种选育的功劳，第一次是20世纪50年代末至60年代初开始的矮化育种，第二次是70年代中期开始的杂交稻育种。90年代中期，先后育成了超级稻两优培九、沈农265等一批超高产新品种，单产达到11～12t/hm²。单产潜力超过16t/hm²的超级稻品种目前正在选育过程中。水稻育种虽然取得了很大成绩，但面临的任务也越来越艰巨，对骨干亲本及其育种技术的要求也越来越高，因此，有必要编撰《中国水稻品种志》，以系统地总结65年来我国水稻育种的成绩和育种经验，提高我国新形势下的水稻育种水平，向第三次新的突破前进，进而为促进我国民族种业发展、保障我国和世界粮食安全做出新贡献。

　　《中国水稻品种志》主要内容分三部分：第一部分阐述了1949—2014年中国水稻品种的遗传改良成就，包括全国水稻生产情况、品种改良历程、育种技术和方法、新品种推广成就和效益分析，以及水稻育种的未来发展方向。第二部分展示中国不同时期育成的新品种（新组合）及其骨干亲本，包括常规籼稻、常规粳稻、杂交籼稻、杂交粳稻和陆稻的品种，并附有品种检索表，供进一步参考。第三部分介绍中国不同时期著名水稻育种专家的成就。全书分十八卷，分别为广东海南卷、广西卷、福建台湾卷、江西卷、安徽卷、湖北卷、四川重庆卷、云南卷、贵州卷、黑龙江卷、辽宁卷、吉林卷、浙江上海卷、江苏卷，以及湖南常规稻卷、湖南杂交稻卷、华北西北卷和旱稻卷。

　　《中国水稻品种志》根据行政区划和实际生产情况，把中国水稻生产区域分为华南、华中华东、西南、华北、东北及西北六大稻区，统计并重点介绍了自1978年以来我国育成年种植面积大于40万hm²的常规水稻品种如湘矮早9号、原丰早、浙辐802、桂朝2号、珍珠矮11等共23个，杂交稻品种如D优63、冈优22、南优2号、汕优2号、汕优6号等32个，以及2005—2014年育成的超级稻品种如龙粳31、武运粳27、松粳15、中早39、合美占、中嘉早17、两优培九、准两优527、辽优1052和甬优12、徽两优6号等111个。

　　《中国水稻品种志》追溯了65年来中国育成的8 500余份水稻、陆稻和杂交水稻现代品种的亲源，发现一批极其重要的育种骨干亲本，它们对水稻品种的遗传改良贡献巨大。据不完全统计，常规籼稻最重要的核心育种骨干亲本有矮仔占、南特号、珍汕97、矮脚南特、珍珠矮、低脚乌尖等22个，它们衍生的品种数超过2 700个；常规粳稻最重要的核心育种骨干亲本有旭、笹锦、坊主、爱国、农垦57、农垦58、农虎6号、测21等20个，衍生的品种数超过2 400个。尤其是携带*sd1*矮秆基因的矮仔占质源自早期从南洋引进后就成为广西容县一带优良农家地方品种，利用该骨干亲本先后育成了11代超过405个品种，其中种植面积较大的育成品种有广场矮、珍珠矮、广陆矮4号、二九青、先锋1号、特青、桂朝2号、双桂1号、湘早籼7号、嘉育948等。

《中国水稻品种志》还总结了我国培育杂交稻的历程，至今最重要的杂交稻核心不育系有珍汕97A、Ⅱ-32A、V20A、协青早A、金23A、冈46A、谷丰A、农垦58S、安农S-1、培矮64S、Y58S、株1S等21个，衍生的不育系超过160个，配组的大面积种植品种数超过1 300个；已广泛应用的核心恢复系有17个，它们衍生的恢复系超过510个，配组的杂交品种数超过1 200个。20世纪70～90年代大部分强恢复系引自国外，包括IR24、IR26、IR30、密阳46等，它们均含有我国台湾地方品种低脚乌尖的血缘（*sd1*矮秆基因）。随着明恢63（IR30／圭630）的育成，我国杂交稻恢复系选育走上了自主创新的道路，育成的恢复系其遗传背景呈现多元化。

《中国水稻品种志》由中国农业科学院作物科学研究所主持编著，邀请国内著名水稻专家和育种家分卷主撰，凝聚了全国水稻育种者的心血和汗水。同时，在本志编著过程中，得到全国各水稻研究教学单位领导和相关专家的大力支持和帮助，在此一并表示诚挚的谢意。

《中国水稻品种志》集科学性、系统性、实用性、资料性于一体，是作物品种志方面的专著，内容丰富，图文并茂，可供从事作物育种和遗传资源研究者、高等院校师生参考。由于我国水稻品种的多样性和复杂性，育种者众多，资料难以收全，尽管在编著和统稿过程中注意了数据的补充、核实和编撰体例的一致性，但限于编著者水平，书中疏漏之处难免，敬请广大读者不吝指正。

编 者

2018年4月

目　录

第一章
中国稻作区划与水稻品种遗传改良概述

水稻是中国最主要的粮食作物之一，稻米是中国一半以上人口的主粮。2014年，中国水稻种植面积3 031万 hm²，总产20 651万 t，分别占中国粮食作物种植面积和总产量的26.89%和34.02%。毫无疑问，水稻在保障国家粮食安全、振兴乡村经济、提高人民生活质量方面，具有举足轻重的地位。

中国栽培稻属于亚洲栽培稻种（*Oryza sativa* L.），有两个亚种，即籼亚种（*O. sativa* L. subsp. *indica*）和粳亚种（*O. sativa* L. subsp. *japonica*）。中国不仅稻作栽培历史悠久，稻作环境多样，稻种资源丰富，而且育种技术先进，为高产、多抗、优质、广适、高效水稻新品种的选育和推广提供了丰富的物质基础和强大的技术支撑。

中华人民共和国成立以来，通过育种技术的不断改进，从常规育种（系统选择、杂交育种、诱变育种、航天育种）到杂种优势利用，再到生物技术育种（细胞工程育种、分子标记辅助选择育种、遗传转化育种等），至2014年先后育成8 500余份常规水稻、陆稻和杂交水稻现代品种，其中通过各级农作物品种审定委员会审（认）定的水稻品种有8 117份，包括常规水稻品种3 392份，三系杂交稻品种3 675份，两系杂交稻品种794份，不育系256份。在此基础上，实现了水稻优良品种的多次更新换代。水稻品种的遗传改良和优良新品种的推广，栽培技术的优化和病虫害的综合防治等一系列技术革新，使我国的水稻单产从1949年的1 892kg/hm²提高到2014年的6 813.2kg/hm²，增长了260.1%；总产从4 865万 t提高到20 651万 t，增长了324.5%；稻作面积从2 571万 hm²增加到3 031万 hm²，仅增加了17.9%。研究表明，新品种的不断育成和推广是水稻单产和总产不断提高的最重要贡献因子。

第一节　中国栽培稻区的划分

水稻是喜温喜水、适应性强、生育期较短的谷类作物，凡温度适宜、有水源的地方，均可种植水稻。中国稻作分布广泛，最北的稻作区位于黑龙江省的漠河（北纬53°27′），为世界稻作区的北限；最高海拔的稻作区在云南省宁蒗县山区，海拔高度2 965m。在南方的山区、坡地以及北方缺水少雨的旱地，种植有较耐干旱的陆稻。从总体看，由于纬度、温度、季风、降水量、海拔高度、地形等的影响，中国水稻种植面积存在南方多北方少，东南集中西北分散的状况。

本书以我国行政区划（省、自治区、直辖市）为基础，结合全国水稻生产的光温生态、季节变化、耕作制度、品种演变等，参考《中国水稻种植区划》（1988）和《中国水稻生产发展问题研究》（2010），将全国分为华南、华中华东、西南、华北、东北和西北六大稻区。

一、华南稻区

本区位于中国南部，包括广东、广西、福建、海南等大陆4省（自治区）和台湾省。本区水热资源丰富，稻作生长季260～365d，≥10℃的积温5 800～9 300℃；稻作生长季日照时数1 000～1 800h，降水量700～2 000mm。稻作土壤多为红壤和黄壤。本区的籼稻面积占95%以上，其中杂交籼稻占65%左右，耕作制度以双季稻和中稻为主，也有部分单季晚稻，部分地区实行与甘蔗、花生、薯类、豆类等作物当年或隔年水旱轮作。

2014年本区稻作面积503.6万hm²（不包括台湾），占全国稻作总面积的16.61%。稻谷单产5 778.7kg/hm²，低于全国平均产量（6 813.2kg/hm²）。

二、华中华东稻区

本区为中国水稻的主产区，包括江苏、上海、浙江、安徽、江西、湖南、湖北7省（直辖市），也称长江中下游稻作区。本区属亚热带温暖湿润季风气候，稻作生长季210～260d，≥10℃的积温4 500～6 500℃；稻作生长季日照时数700～1 500h，降水量700～1 600mm。本区平原地区稻作土壤多为冲积土、沉积土和鳝血土，丘陵山地多为红壤、黄壤和棕壤。本区双、单季稻并存，籼稻、粳稻均有。20世纪60～80年代，本区双季稻面积占全国双季稻面积的50%以上，其中，浙江、江西、湖南的双季稻面积占该三省稻作面积的80%～90%。20世纪80年代中期以来，由于种植结构和耕作制度的变革，杂交稻的兴起，以及双季早稻米质不佳等原因，双季早稻面积锐减，使本区的稻作面积从80年代初占全国稻作面积的54%下降到目前的49%左右。尽管如此，本区稻米生产的丰歉，对全国粮食形势仍然具有重要影响。太湖平原、里下河平原、皖中平原、鄱阳湖平原、洞庭湖平原、江汉平原历来都是中国著名的稻米产区。

2014年本区稻作面积1 501.6万hm²，占全国稻作总面积的49.54%。稻谷单产6 905.6kg/hm²，高于全国平均产量。

三、西南稻区

本区位于云贵高原和青藏高原，属亚热带高原型湿热季风气候，包括云南、贵州、四川、重庆、青海、西藏6省（自治区、直辖市）。本区具有地势高低悬殊、温度垂直差异明显、昼夜温差大的高原特点，稻作生长季180～260d，≥10℃的积温2 900～8 000℃；稻作生长季日照时数800～1 500h，降水量500～1 400mm。稻作土壤多为红壤、红棕壤、黄壤和黄棕壤等。本区籼稻、粳稻并存，以单季中稻为主，成都平原是我国著名的单季中稻区。云贵高原稻作垂直分布明显，低海拔（<1 400m）稻区多为籼稻，湿热坝区可种植双季籼稻，高海拔（>1 800m）稻区多为粳稻，中海拔（1 400～1 800m）稻区籼稻、粳稻并存。部分山区种植陆稻，部分低海拔又无灌溉水源的坡地筑有田埂，种植雨水稻。

2014年本区稻作面积450.9万hm²，占全国稻作总面积的14.88%。稻谷单产6 873.4kg/hm²，高于全国平均产量。

四、华北稻区

本区位于秦岭—淮河以北，长城以南，关中平原以东地区，包括北京、天津、山东、河北、河南、山西、内蒙古7省（自治区、直辖市）。本区属暖温带半湿润季风气候，夏季温度较高，但春、秋季温度较低，稻作生长季较短，无霜期170～200d，年≥10℃的积温4 000～5 000℃；年日照时数2 000～3 000h，年降水量580～1 000mm，但季节间分布不均。稻作土壤多为黄潮土、盐碱土、棕壤和黑黏土。本区以单季早、中粳稻为主，水源主要来自渠井和地下水。

2014年本区稻作面积95.3万hm²，占全国稻作总面积的3.14%。稻谷单产7 863.9kg/hm²，高于全国平均产量。

五、东北稻区

本区是我国纬度最高的稻作区，包括黑龙江、吉林和辽宁3省，属中温带—寒温带，年平均气温2～10℃，无霜期90～200d，年≥10℃的积温2000～3700℃；年日照时数2200～3100h，年降水量350～1100mm。本区光照充足，但昼夜温差大，稻作生长期短，土壤多为肥沃、深厚的黑泥土、草甸土、棕壤以及盐碱土。稻作以早熟的单季粳稻为主，冷害和稻瘟病是本区稻作的主要问题。最北部的黑龙江省稻区，粳稻品质十分优良，近35年来由于大力发展灌溉设施，稻作面积不断扩大，从1979年的84.2万hm²发展到2014年的320.5万hm²，成为中国粳稻的主产省之一。

2014年本区稻作面积451.5万hm²，占全国稻作总面积的14.90%。稻谷单产7863.9kg/hm²，高于全国平均产量。

六、西北稻区

本区包括陕西、甘肃、宁夏和新疆4省（自治区），幅员广阔，光热资源丰富，但干燥少雨，季节和昼夜气温变化大，无霜期150～200d，年≥10℃的积温3450～3700℃；年日照时数2600～3300h，年降水量150～200mm。稻田土壤较瘠薄，多为灰漠土、草甸土、粉沙土、灌淤土及盐碱土。稻作以单季粳稻为主，分布于河流两岸及有灌溉水源的地区。干燥少雨是本区发展水稻的制约因素。

2014年本区稻作面积28.2万hm²，占全国稻作总面积的0.93%。稻谷单产8251.4kg/hm²，高于全国平均产量。

中华人民共和国成立65年来，六大稻区的水稻种植面积及占全国稻作面积的比例发生了一定变化。华南稻区的稻作面积波动较大，从1949年的811.7万hm²，增加到1979年的875.3万hm²，但2014年下降到503.6万hm²。华中华东稻区是我国的主产稻区，基本维持在全国稻区面积的50%左右，其种植面积的高峰在20世纪的70～80年代，达到全国稻区面积的53%～54%。西南和西北稻区稻作面积基本保持稳定，近35年来分别占全国稻区面积的14.9%和0.9%左右。华北和东北稻区种植面积和占比均有提高，特别是东北稻区，其稻作面积和占比近35年来提高较快，2014年达到了451.5万hm²，全国占比达到14.9%，与1979年的84.2万hm²相比，种植面积增加了367.3万hm²。我国六大稻区2014年的稻作面积和占比见图1-1。

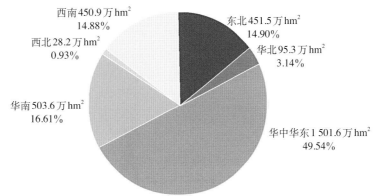

图1-1　中国六大稻区2014年的稻作面积和占比

第二节　中国栽培稻的分类

中国栽培稻的分类比较复杂，丁颖教授将其系统分为四大类：籼亚种和粳亚种，早稻、中稻和晚稻，水稻和陆稻，粘稻和糯稻。随着杂种优势的利用，又增加了一类，为常规稻和杂交稻。本节将根据这五大类分别进行介绍。

一、籼稻和粳稻

中国栽培稻籼亚种（*O. sativa* L. subsp. *indica*）和粳亚种（*O. sativa* L. subsp. *japonica*）的染色体数同为24（2*n*=24），但由于起源演化的差异和人为选择的结果，这两个亚种存在一定的形态和生理特性差异，并有一定程度的生殖隔离。据《辞海》（1989年版）记载，籼稻与粳稻比较：籼稻分蘖力较强；叶幅宽，叶色淡绿，叶面多毛；小穗多数短芒或无芒，易脱粒，颖果狭长扁圆；米质黏性较弱，膨性大；比较耐热和耐强光，主要分布于华南热带和淮河以南亚热带的低地。

按照现代分类学的观点，粳稻又可分为温带粳稻和热带粳稻（爪哇稻）。中国传统（农家/地方）粳稻品种均属温带粳稻类型。近年有的育种家为扩大遗传背景，在育种亲本中加入了热带粳稻材料，因而育成的水稻品种含有部分热带粳稻（爪哇稻）的血缘。

籼稻、粳稻的分布，主要受温度的制约，还受到种植季节、日照条件和病虫害的影响。目前，中国的籼稻品种主要分布在华南和长江流域各省份，以及西南的低海拔地区和北方的河南、陕西南部。湖南、贵州、广东、广西、海南、福建、江西、四川、重庆的籼稻面积占各省稻作面积的90%以上，湖北、安徽占80%～90%，浙江、云南在50%左右，江苏在25%左右。粳稻主要分布在东北、华北、长江下游太湖地区和西北，以及华南、西南的高海拔山区。东北的黑龙江、吉林、辽宁三省是全国著名的北方粳稻产区，江苏、浙江、安徽、湖北是南方粳稻主产区，云南的高海拔地区则以粳稻为主。

2014年，中国籼稻种植面积2 130.8万hm^2，约占稻作面积的70.3%；粳稻面积900.2万hm^2，占稻作面积的29.7%。据统计，2014年中国种植面积大于6 667hm^{2}的常规水稻品种有298个，其中籼稻品种104个，占34.9%；粳稻品种194个，占65.1%；2014年种植面积最大的前5位常规粳稻品种是：龙粳31（92.2万hm^2）、宁粳4号（35.8万hm^2）、绥粳14（29.1万hm^2）、龙粳26（28.1万hm^2）和连粳7号（22.0万hm^2）；种植面积最大的前5位常规籼稻品种是：中嘉早17（61.1万hm^2）、黄华占（30.6万hm^2）、湘早籼45（17.8万hm^2）、中早39（16.3万hm^2）和玉针香（11.2万hm^2）。

二、常规稻和杂交稻

常规稻是遗传纯合、可自交结实、性状稳定的水稻品种类型，杂交稻是利用杂种一代优势、目前必须年年制种的杂交水稻类型。中国是世界上第一个大面积、商品化应用杂交稻的国家，20世纪70年代后期开始大规模推广三系杂交稻，90年代初成功选育出两系杂交稻并应用于生产。目前，常规稻种植面积占全国稻作面积的46%左右，杂交稻占54%左右。

1991年我国年种植面积大于6 667hm²的常规稻品种有193个，2014年增加到298个（图1-2）；杂交稻品种数从1991年的62个增加到2014年的571个。1991年以来，年种植面积大于6 667hm²的常规稻品种数每年较为稳定，基本为200～300个品种，但杂交稻品种数增加较快，增加了8倍多。

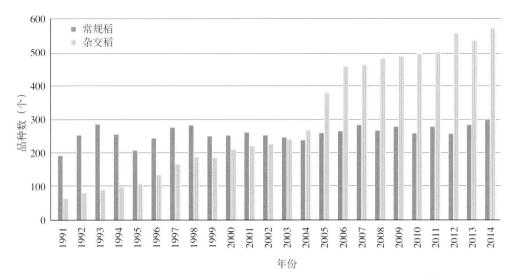

图1-2　1991—2014年年种植面积大于6 667hm²的常规稻和杂交稻品种数

三、早稻、中稻和晚稻

在稻种向不同纬度、不同海拔高度传播的过程中，在日照和温度的强烈影响下，在自然选择和人为选择的综合作用下，栽培稻发生了一系列感光性和感温性的变异，出现了早稻、中稻和晚稻栽培类型。一般而言，早稻基本营养生长期短，感温性强，不感光或感光性极弱；中稻基本营养生长期较长，感温性中等，感光性弱；晚稻基本营养生长期短，感光性强，感温性中等或较强，但通常晚籼稻的感光性强于晚粳稻。

籼稻和粳稻、杂交稻和常规稻都有早、中、晚类型，每一类型根据生育期的长短有早熟、中熟和迟熟之分，从而形成了大量适应不同栽培季节、耕作制度和生育期要求的品种。在华南、华中的双季稻区，早籼和早粳品种对日长反应不敏感，生育期较短，一般3～4月播种，7～8月收获。在海南和广东南部，由于温度较高，早籼稻通常2月中、下旬播种，6月下旬收获。中稻一般作单季稻种植，生育期稳定，产量较高，华南稻区部分迟熟早籼稻品种在华中和华东地区可作中稻种植。晚籼稻和晚粳稻均可作双季晚稻和单季晚稻种植，以保证在秋季气温下降前抽穗授粉。

20世纪70年代后期以来，由于杂交水稻的兴起，种植结构的变化，中国早稻和晚稻的种植面积逐年减少，单季中稻的种植面积大幅增加。早、中、晚稻种植面积占全国稻作面积的比重，分别从1979年的33.7%、32.0%和34.3%，转变为1999年的24.2%、48.9%和26.9%，2014年进一步变化为19.1%、59.9%和21.0%（图1-3）。

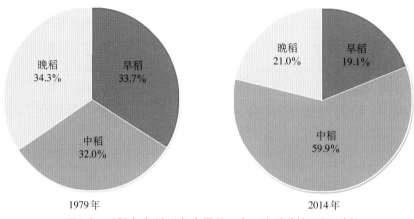

图1-3　1979年和2014年全国早、中、晚稻种植面积比例

四、水稻和陆稻

中国的栽培稻极大部分是水稻，占中国稻作面积的98%。陆稻（Upland rice）亦称旱稻，古代称棱稻，是适应较少水分环境（坡地、旱地）的一类稻作生态品种。陆稻的显著特点是耐干旱，表现为种子吸水力强，发芽快，幼苗对土壤中氯酸钾的耐毒力较强；根系发达，根粗而长；维管束和导管较粗，叶表皮较厚，气孔少，叶较光滑有蜡质；根细胞的渗透压和茎叶组织的汁液浓度也较高。与水稻比较，陆稻吸水力较强而蒸腾量较小，故有较强的耐旱能力。通常陆稻依靠雨水或地下水获得水分，稻田无田埂。虽然陆稻的生长发育对光、温要求与水稻相似，但一生需水量约是水稻的2/3或1/2。因而，陆稻适于水源不足或水源不均衡的稻区、多雨的山区和丘陵区的坡地或台田种植，还可与多种旱作物间作或套种。从目前的地理环境和种植水平看，陆稻的单产低于水稻。

陆稻也有籼稻、粳稻之别和生育期长短之分。全国陆稻面积约57万hm²，仅占全国稻作总面积的2%左右，主要分布于云贵高原的西南山区、长江中游丘陵地区和华北平原区。云南西双版纳和思茅等地每年陆稻种植面积稳定在10万hm²左右。近年，华北地区正在发展一种旱作稻（Aerobic rice），耐旱性较强，在整个生育期灌溉几次即可，产量较高。此外，广东、广西、海南等地的低洼地区，在20世纪50年代前曾有少量深水稻品种，中华人民共和国成立后，随着水利排灌设施的完善，现已绝迹。目前，种植面积较大的陆稻品种有中旱209、旱稻277、巴西陆稻、中旱3号、陆引46、丹旱稻1号、冀粳12、IRAT104等。

五、粘稻和糯稻

稻谷胚乳均有糯性与非糯性之分。糯稻和非糯稻的主要区别在于饭粒黏性的强弱，相对而言，粘稻（非糯稻）黏性弱，糯稻黏性强，其中粳糯稻的黏性大于籼糯稻。化学成分的分析指出，胚乳直链淀粉含量的多少是区别粘稻和糯稻的化学基础。通常，粳粘稻的直链淀粉含量占淀粉总量的8%～20%，籼粘稻为10%～30%，而糯稻胚乳基本为支链淀粉，不含或仅含极少量直链淀粉（≤2%）。从化学反应看，由于糯稻胚乳和花粉中的淀粉基本或完全为支链淀粉，因此吸碘量少，遇1%的碘-碘化钾溶液呈红褐色反应，而粘稻直链淀粉含量高，吸碘量大，呈蓝紫色反应，这是区分糯稻与非糯稻品种的主要方法之一。从外观看，糯稻胚乳在刚收获时因含水量较高而呈半透明，经充分干燥后呈乳白色，这是因为胚乳细胞快速失水，产生许多大小不一的空隙，导致光散射而引起的乳白色视觉。

云南、贵州、广西等省（自治区）的高海拔地区，人们喜食糯米，籼型糯稻品种丰富，而长江中下游地区以粳型糯稻品种居多，东北和华北地区则全部是粳型糯稻。从用途看，糯米通常用于酿制米酒，制作糕点。在云南的低海拔稻区，有一种低直链淀粉含量的籼粘稻，称为软米，其黏性介于籼粘稻和糯稻之间，适于制作饵块、米线。

第三节　水稻遗传资源

水稻育种的发展历程证明，品种改良每一阶段的重大突破均与水稻优异种质的发现和利用相关。20世纪50年代末，矮仔占、矮脚南特、台中本地1号（TN1，亦称台中在来1号）和广场矮等矮秆种质的发掘与利用，实现了60年代我国水稻品种的矮秆化；70～80年代野败型、矮败型、冈型、印水型、红莲型等不育资源的发现及二九南1号A、珍汕97A等水稻野败型不育系育成，实现了籼型杂交稻的"三系"配套和大面积推广利用；80年代农垦58S、安农S-1等光温敏核不育材料的发掘与利用，实现了"两系"杂交水稻的突破；90年代02428、培矮64、轮回422等广亲和种质的发掘与利用，基本克服了籼粳稻杂交的瓶颈；80～90年代沈农89366、沈农159、辽粳5号等新株型优异种质的创新与利用，实现了北方粳稻直立穗型与高产的结合，使北方粳稻产量有了较大的提高；90年代以来光温敏不育系培矮64S、Y58S、株1S以及中9A、甬粳2号A和恢复系9311、蜀恢527等的创新与利用，选育出一系列高产、优质的超级杂交稻品种。可见，水稻优异种质资源的收集、评价、创新和利用是水稻品种遗传改良的重要环节和基础。

一、栽培稻种质资源

中国具有丰富的多样化的水稻遗传资源。清代的《授时通考》（1742）记载了全国16省的3 429个水稻品种，它们是长期自然突变、人工选择和留种栽培的结果。中华人民共和国成立以来，全国进行了4次大规模的稻种资源考察和收集。20世纪50年代后期到60年代在广东、湖南、湖北、江苏、浙江、四川等14省（自治区、直辖市）进行了第一次全国性的水稻种质资源的考察，征集到各类水稻种质5.7万余份。70年代末至80年代初，进行了全国水稻种质资源的补充考察和征集，获得各类水稻种质万余份。国家"七五"（1986—1990）、"八五"（1991—1995）和"九五"（1996—2000）科技攻关期间，分别对神农架和三峡地区以及海南、湖北、四川、陕西、贵州、广西、云南、江西和广东等省（自治区）的部分地区再度进行了补充考察和收集，获得稻种3 500余份。"十五"（2001—2005）和"十一五"（2006—2010）期间，又收集到水稻种质6 996份。

通过对收集到的水稻种质进行整理、核对与编目，截至2010年，中国共编目水稻种质82 386份，其中70 669份是从中国国内收集的种质，占编目总数的85.8%（表1-1）。在此基础上，编辑和出版了《中国稻种资源目录》（8册）、《中国优异稻种资源》，编目内容包括基本信息、形态特征、生物学特性、品质特性、抗逆性、抗病虫性等。

截至2010年，在国家作物种质库［简称国家长期库（北京）］繁种保存的水稻种质资源共73 924份，其中各类型种质所占百分比大小顺序为：地方稻种（68.1%）＞国外引进稻种（13.9%）＞野生稻种（8.0%）＞选育稻种（7.8%）＞杂交稻"三系"资源（1.9%）＞遗传材料（0.3%）（表1-1）。在所保存的水稻地方品种中，保存数量较多的省份包括广西（8 537份）、云南（5 882份）、贵州（5 657份）、广东（5 512份）、湖南（4 789份）、四川（3 964份）、江西（2 974份）、江苏（2 801份）、浙江（2 079份）、福建（1 890份）、湖北（1 467份）和台湾（1 303份）。此外，在中国水稻研究所的国家水稻中期库（杭州）保存了稻属及近缘属种质资源7万余份，是我国单项作物保存规模最大的中期种质库，也是世界上最大的单项国家级水稻种质基因库之一。在入国家长期库（北京）的66 408份地方稻种、选育稻种、国外引进稻种等水稻种质中，籼稻和粳稻种质分别占63.3%和36.7%，水稻和陆稻种质分别占93.4%和6.6%，粘稻和糯稻种质分别占83.4%和16.6%。显然，籼稻、水稻和粘稻的种质数量分别显著多于粳稻、陆稻和糯稻。

表1-1　中国稻种资源的编目数和入库数

种质类型	编　　目		繁殖入库	
	份数	占比（%）	份数	占比（%）
地方稻种	54 282	65.9	50 371	68.1
选育稻种	6 660	8.1	5 783	7.8
国外引进稻种	11 717	14.2	10 254	13.9
杂交稻"三系"资源	1 938	2.3	1 374	1.9
野生稻种	7 663	9.3	5 938	8.0
遗传材料	126	0.2	204	0.3
合计	82 386	100	73 924	100

截至2010年，完成了29 948份水稻种质资源的抗逆性鉴定，占入库种质的40.5%；完成了61 462份水稻种质资源的抗病虫性鉴定，占入库种质的83.1%；完成了34 652份水稻种质资源的品质特性鉴定，占入库种质的46.9%。种质评价表明：中国水稻种质资源中蕴藏着丰富的抗旱、耐盐、耐冷、抗白叶枯病、抗稻瘟病、抗纹枯病、抗褐飞虱、抗白背飞虱等优异种质（表1-2）。

表1-2　中国稻种资源中鉴定出的抗逆性和抗病虫性优异的种质份数

种质类型	抗旱		耐盐		耐冷		抗白叶枯病	
	极强	强	极强	强	极强	强	高抗	抗
地方稻种	132	493	17	40	142	—	12	165
国外引进稻种	3	152	22	11	7	30	3	39
选育稻种	2	65	2	11	—	50	6	67

（续）

种质类型	抗稻瘟病			抗纹枯病		抗褐飞虱			抗白背飞虱		
	免疫	高抗	抗	高抗	抗	免疫	高抗	抗	免疫	高抗	抗
地方稻种	—	816	1 380	0	11	—	111	324	—	122	329
国外引进稻种	—	5	148	5	14	—	0	218	—	1	127
选育稻种	—	63	145	3	7	—	24	205	—	13	32

注：数据来自2005年国家种质数据库。

2001—2010年，结合水稻优异种质资源的繁殖更新、精准鉴定与田间展示、网上公布等途径，国家粮食作物种质中期库［简称国家中期库（北京）］和国家水稻种质中期库（杭州）共向全国从事水稻育种、遗传及生理生化、基因定位、遗传多样性和水稻进化等研究的300余个科研及教学单位提供水稻种质资源47 849份次，其中国家中期库（北京）提供26 608份次，国家水稻种质中期库（杭州）提供21 241份次，平均每年提供4 785份次。稻种资源在全国范围的交换、评价和利用，大大促进了水稻育种及其相关基础理论研究的发展。

二、野生稻种质资源

野生稻是重要的水稻种质资源，在中国的水稻遗传改良中发挥了极其重要的作用。从海南岛普通野生稻中发现的细胞质雄性不育株，奠定了我国杂交水稻大面积推广应用的基础。从江西发现的矮败野生稻不育株中选育而成的协青早A和从海南发现的红芒野生稻不育株育成的红莲早A，是我国两个重要的不育系类型，先后转育了一大批杂交水稻品种。利用从广西普通野生稻中发现的高抗白叶枯病基因*Xa23*，转育成功了一系列高产、抗白叶枯病的栽培品种。从江西东乡野生稻中发现的耐冷材料，已经并继续在耐冷育种中发挥重要作用。

据1978—1982年全国野生稻资源普查、考察和收集的结果，参考1963年中国农业科学院原生态研究室的考察记录，以及历史上台湾发现野生稻的记载，现已明确，中国有3种野生稻：普通野生稻（*O. rufipogon* Griff.）、疣粒野生稻（*O. meyeriana* Baill.）和药用野生稻（*O. officinalis* Wall. ex Watt），分布于广东、海南、广西、云南、江西、福建、湖南、台湾等8个省（自治区）的143个县（市），其中广东53个县（市）、广西47个县（市）、云南19个县（市）、海南18个县（市）、湖南和台湾各2个县、江西和福建各1个县。

普通野生稻自然分布于广东、广西、海南、云南、江西、湖南、福建、台湾等8个省（自治区）的113个县（市），是我国野生稻分布最广、面积最大、资源最丰富的一种。普通野生稻大致可分为5个自然分布区：①海南岛区。该区气候炎热，雨量充沛，无霜期长，极有利于普通野生稻的生长与繁衍。海南省18个县（市）中就有14个县（市）分布有普通野生稻，而且密度较大。②两广大陆区。包括广东、广西和湖南的江永县及福建的漳浦县，为普通野生稻的主要分布区，主要集中分布于珠江水系的西江、北江和东江流域，特别是北回归线以南及广东、广西沿海地区分布最多。③云南区。据考察，在西双版纳傣族自治州的景洪镇、勐罕坝、大勐龙坝等地共发现26个分布点，后又在景洪和元江发现2个普通野生稻分布点，这两个县普通野生稻呈零星分布，覆盖面积小。历年发现的分布点都集中在流沙河和澜沧江流域，这两条河向南流入东南亚，注入南海。④湘赣区。包括湖南茶陵县及江西东乡县的普通野生稻。东乡县的普通野生稻分布于北纬28°14′，是目前中国乃至全球普通野生稻分布的最北限。⑤台湾区。20世纪50年代在桃园、新竹两县发现过普通野生稻，但目前已消失。

药用野生稻分布于广东、海南、广西、云南4省（自治区）的38个县（市），可分为3个自然分布区：①海南岛区。主要分布在黎母山一带，集中分布在三亚市及陵水、保亭、乐东、白沙、屯昌5县。②两广大陆区。为主要分布区，共包括27个县（市），集中于桂东中南部，包括梧州、苍梧、岑溪、玉林、容县、贵港、武宣、横县、邕宁、灵山等县（市），以及广东省的封开、郁南、德庆、罗定、英德等县（市）。③云南区。主要分布于临沧地区的耿马、永德县及普洱市。

疣粒野生稻主要分布于海南、云南与台湾三省（台湾的疣粒野生稻于1978年消失）的27个县（市），海南省仅分布于中南部的9个县（市），尖峰岭至雅加大山、鹦哥岭至黎母山、大本山至五指山、吊罗山至七指岭的许多分支山脉均有分布，常常生长在背北向南的山坡上。云南省有18个县（市）存在疣粒野生稻，集中分布于哀牢山脉以西的滇西南，东至绿春、元江，而以澜沧江、怒江、红河、李仙江、南汀河等河流下游地区为主要分布区。台湾在历史上曾发现新竹县有疣粒野生稻分布，目前情况不明。

自2002年开始，中国农业科学院作物科学研究所组织江西、湖南、云南、海南、福建、广东和广西等省（自治区）的相关单位对我国野生稻资源状况进行再次全面调查和收集，至2013年底，已完成除广东省以外的所有已记载野生稻分布点的调查和部分生态环境相似地区的调查。调查结果表明，与1980年相比，江西、湖南、福建的野生稻分布点没有变化，但分布面积有所减少；海南发现现存的野生稻居群总数达154个，其中普通野生稻136个，疣粒野生稻11个，药用野生稻7个；广西原有的1 342个分布点中还有325个存在野生稻，且新发现野生稻分布点29个，其中普通野生稻13个，药用野生稻16个；云南在调查的98个野生稻分布点中，26个普通野生稻分布点仅剩1个，11个药用野生稻分布点仅剩2个，61个疣粒野生稻分布点还剩25个。除了已记载的分布点，还发现了1个普通野生稻和10个疣粒野生稻新分布点。值得注意的是，从目前对现存野生稻的调查情况看，与1980年相比，我国70%以上的普通野生稻分布点、50%以上的药用野生稻分布点和30%疣粒野生稻分布点已经消失，濒危状况十分严重。

2010年，国家长期库（北京）保存野生稻种质资源5 896份，其中国内普通野生稻种质资源4 602份，药用野生稻880份，疣粒野生稻29份，国外野生稻385份；进入国家中期库（北京）保存的野生稻种质资源3 200份。考虑到种茎保存能较好地保持野生稻原有的种性，为了保持野生稻的遗传稳定性，现已在广东省农业科学院水稻研究所（广州）和广西农业科学院作物品种资源研究所（南宁）建立了2个国家野生稻种质资源圃，收集野生稻种茎入圃保存，至2013年已入圃保存的野生稻种茎10 747份，其中广州圃保存5 037份，南宁圃保存5 710份。此外，新收集的12 800份野生稻种质资源尚未入编国家长期库（北京）或国家野生稻种质圃长期保存，临时保存于各省（自治区）临时圃或大田中。

近年来，对中国收集保存的野生稻种质资源开展了较为系统的抗病虫鉴定，至2013年底，共鉴定出抗白叶枯病种质资源130多份，抗稻瘟病种质资源200余份，抗纹枯病种质资源10份，抗褐飞虱种质资源200多份，抗白背飞虱种质资源180多份。但受试验条件限制，目前野生稻种质资源抗旱、耐寒、抗盐碱等的鉴定较少。

第四节　栽培稻品种的遗传改良

中华人民共和国成立以来，水稻品种的遗传改良获得了巨大成就，纯系选择育种、杂交育种、诱变育种、杂种优势利用、组织培养（花粉、花药、细胞）育种、分子标记辅助育种等先后成为卓有成效的育种方法。65年来，全国共育成并通过国家、省（自治区、直辖市）、地区（市）农作物品种审定委员会审定（认定）的常规和杂交水稻品种共8 117份，其中1991—2014年，每年种植面积大于6 667hm^{2}的品种已从1991年的255个增加到2014年的869个（图1-4）。20世纪50年代后期至70年代的矮化育种、70 ~ 90年代的杂交水稻育种，以及近20年的超级稻育种，在我国乃至世界水稻育种史上具有里程碑意义。

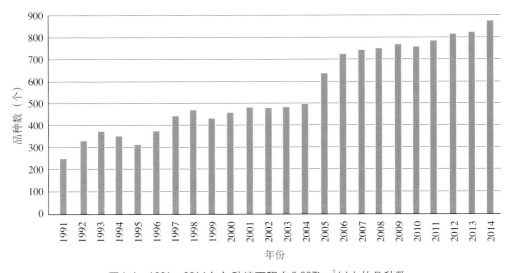

图1-4　1991—2014年年种植面积在6 667hm^{2}以上的品种数

一、常规品种的遗传改良

（一）地方农家品种改良（20世纪50年代）

20世纪50年代初期，全国以种植数以万计的高秆农家品种为主，以高秆（>150cm）、易倒伏为品种主要特征，主要品种有夏至白、马房籼、红脚早、湖北早、黑谷子、竹桠谷、油占子、西瓜红、老来青、霜降青、有芒早粳等。50年代中期，主要采用系统选择法对地方农家品种的某些农艺性状进行改良以提高防倒伏能力，增加产量，育成了一批改良农家品种。在全国范围内，早籼确定38个、中籼确定20个、晚粳确定41个改良农家品种予以大面积推广，连续多年种植面积较大的品种有早籼：南特号、雷火占；中籼：胜利籼、乌嘴川、长粒籼、万利籼;晚籼:红米冬占、浙场9号、粤油占、黄禾子;早粳:有芒早粳;中粳:桂花球、洋早十日、石稻;晚粳:新太湖青、猪毛簇、红须粳、四上裕等。与此同时,通过简单杂交和系统选育,育成了一批高秆改良品种。改良农家品种和新育成的高秆改良品种的产量一般为 2 500 ～ 3 000kg/hm²,比地方高秆农家品种的产量高 5% ～ 15%。

(二)矮化育种(20世纪50年代后期至70年代)

20世纪50年代后期,育种家先后发现籼稻品种矮仔占、矮脚南特和低脚乌尖,以及粳稻品种农垦58等,具有优良的矮秆特性:秆矮(<100cm),分蘖强,耐肥,抗倒伏,产量高。研究发现,这4个品种都具有半矮秆基因 *Sd1*。矮仔占来自南洋,20世纪前期引入广西,是我国20世纪50年代后期至60年代前期种植的最主要的矮秆品种之一,也是60 ～ 90年代矮化育种最重要的矮源亲本之一。矮脚南特是广东农民由高秆品种南特16的矮秆变异株选得。低脚乌尖是我国台湾省的农家品种,是国内外矮化育种最重要的矮源亲本之一。农垦58则是50年代后期从日本引进的粳稻品种。

可利用的 *Sd1* 矮源发现后,立即开始了大规模的水稻矮化育种。如华南农业科学研究所从矮仔占中选育出矮仔占4号,随后以矮仔占4号与高秆品种广场13杂交育成矮秆品种广场矮。台湾台中农业改良场用矮秆的低脚乌尖与高秆地方品种菜园种杂交育成矮秆的台中本地1号(TN1)。南特号是双季早籼品种极其重要的育种亲源,以南特号为基础,衍生了大量品种,包括矮脚南特(南特号→南特16→矮脚南特)、广场13、莲塘早和陆财号等4个重要骨干品种。农垦58则迅速成为长江中下游地区中粳、晚粳稻的育种骨干亲本。广场矮、矮脚南特、台中本地1号和农垦58这4个具有划时代意义的矮秆品种的育成、引进和推广,标志中国步入了大规模的卓有成效的籼、粳稻矮化育种,成为水稻矮化育种的里程碑。

从20世纪60年代初期开始,全国主要稻区的农家地方品种均被新育成的矮秆、半矮秆品种所替代。这些品种以矮秆(80 ～ 85cm)、半矮秆(86 ～ 105cm)、强分蘖、耐肥、抗倒伏为基本特征,产量比当地主要高秆农家品种提高15% ～ 30%。著名的籼稻矮秆品种有矮脚南特、珍珠矮、珍珠矮11、广场矮、广场13、莲塘早、陆财号等;著名的粳稻矮秆品种有农垦58、农垦57(从日本引进)、桂花黄(Balilla,从意大利引进)。60年代后期至70年代中期,年种植面积曾经超过30万hm²的籼稻品种有广陆矮4号、广选3号、二九青、广二104、原丰早、湘矮早9号、先锋1号、矮南早1号、圭陆矮8号、桂朝2号、桂朝13、南京1号、窄叶青8号、红410、成都矮8号、泸双1011、包选2号、包胎矮、团结1号、广二选二、广秋矮、二白矮1号、竹系26、青二矮等;年种植面积超过20万hm²的粳稻矮秆品种有农垦58、农垦57、农虎6号、吉粳60、武农早、沪选19、嘉湖4号、桂花糯、双糯4号等。

(三)优质多抗育种(20世纪80年代中期至90年代)

1978—1984年,由于杂交水稻的兴起和农村种植结构的变化,常规水稻的种植面积大大压缩,特别是常规早稻面积逐年减少,部分常规双季稻被杂交中籼稻和杂交晚籼稻取代。因此,常规品种的选育多以提高稻米产量和品质为主,主要的籼稻品种有广陆矮4号、二九青、先锋1号、原丰早、湘矮早9号、湘早籼13、红410、二九丰、浙733、浙辐802、湘早籼7号、嘉育948、舟903、广二104、桂朝2号、珍珠矮11、包选2号、国际稻8号(IR8)、南京11、754、团结1号、二白矮1号、窄叶青8号、粳籼89、湘晚籼11、双桂1号、桂朝13、七桂早25、鄂早6号、73-07、青秆黄、包选2号、754、汕二59、三二矮等;主要的粳稻品种有秋光、合江19、桂花黄、鄂晚5号、农虎6号、嘉湖4号、鄂宜105、鄂晚5号、秀水04、武育粳2号、秀水48、秀水11等。

自矮化育种以来，由于密植程度增加，病虫害逐渐加重。因此，90年代常规品种的选育重点在提高产量的同时，还须兼顾提高病虫抗性和改良品质，提高对非生物压力的耐性，因而育成的品种多数遗传背景较为复杂。突出的籼稻品种有早籼31、鄂早18、粤晶丝苗2号、嘉育948、籼小占、粤香占、特籼占25、中鉴100、赣晚籼30、湘晚籼13等；重要的粳稻品种有空育131、辽粳294、龙粳14、龙粳20、吉粳88、垦稻12、松粳6号、宁粳16、垦稻8号、合江19、武育粳3号、武育粳5号、早丰9号、武运粳7号、秀水63、秀水110、秀水128、嘉花1号、甬粳18、豫粳6号、徐稻3号、徐稻4号、武香粳14等。

1978—2014年，最大年种植面积超过40万hm^2的常规稻品种共23个，这些都是高产品种，产量高，适应性广，抗病虫力强（表1-3）。

表1-3　1978—2014年最大年种植面积超过40万hm^2的常规水稻品种

品种名称	品种类型	亲本/血缘	最大年种植面积（万hm^2）	累计种植面积（万hm^2）
广陆矮4号	早籼	广场矮3784/陆财号	495.3（1978）	1 879.2（1978—1992）
二九青	早籼	二九矮7号/青小金早	96.9（1978）	542.0（1978—1995）
先锋1号	早籼	广场矮6号/陆财号	97.1（1978）	492.5（1978—1990）
原丰早	早籼	IR8种子^{60}Co辐照	105.0（1980）	436.7（1980—1990）
湘矮早9号	早籼	IR8/湘矮早4号	121.3（1980）	431.8（1980—1989）
余赤231-8	晚籼	余晚6号/赤块矮3号	41.1（1982）	277.7（1981—1999）
桂朝13	早籼	桂阳矮49/朝阳早18，桂朝2号的姐妹系	68.1（1983）	241.8（1983—1990）
红410	早籼	珍龙410系选	55.7（1983）	209.3（1982—1990）
双桂1号	早籼	桂阳矮C17/桂朝2号	81.2（1985）	277.5（1982—1989）
二九丰	早籼	IR29/原丰早	66.5（1987）	256.5（1985—1994）
73-07	早籼	红梅早/7055	47.5（1988）	157.7（1985—1994）
浙辐802	早籼	四梅2号种子辐照	130.1（1990）	973.1（1983—2004）
中嘉早17	早籼	中选181/育嘉253	61.1（2014）	171.4（2010—2014）
珍珠矮11	中籼	矮仔占4号/惠阳珍珠早	204.9（1978）	568.2（1978—1996）
包选2号	中籼	包胎白系选	72.3（1979）	371.7（1979—1993）
桂朝2号	中籼	桂阳矮49/朝阳早18	208.8（1982）	721.2（1982—1995）
二白矮1号	晚籼	秋二矮/秋白矮	68.1（1979）	89.0（1979—1982）
龙粳25	早粳	佳禾早占/龙花97058	41.1（2011）	119.7（2010—2014）
空育131	早粳	道黄金/北明	86.7（2004）	938.5（1997—2014）
龙粳31	早粳	龙花96-1513/垦稻8号的F_1花药培养	112.8（2013）	256.9（2011—2014）
武育粳3号	中粳	中丹1号/79-51//中丹1号/扬粳1号	52.7（1997）	560.7（1992—2012）
秀水04	晚粳	C21///辐农709/辐农709//单209	41.4（1988）	166.9（1985—1993）
武运粳7号	晚粳	嘉40/香糯9121//丙815	61.4（1999）	332.3（1998—2014）

二、杂交水稻的兴起和遗传改良

20世纪70年代初，袁隆平等在海南三亚发现了含有胞质雄性不育基因 *cms* 的普通野生稻，这一发现对水稻杂种优势利用具有里程碑的意义。通过全国协作攻关，1973年实现不育系、保持系、恢复系三系配套，1976年中国开始大面积推广"三系"杂交水稻。1980年全国杂交水稻种植面积479万 hm²，1990年达到1 665万 hm²。70年代初期，中国最重要的不育系二九南1号A和珍汕97A，是来自携带 *cms* 基因的海南普通野生稻与中国矮秆品种二九南1号和珍汕97的连续回交后代；最重要的恢复系来自国际水稻研究所的IR24、IR661和IR26，它们配组的南优2号、南优3号和汕优6号成为20世纪70年代后期到80年代初期最重要的籼型杂交水稻品种。南优2号最大年（1978）种植面积298万 hm²，1976—1986年累计种植面积666.7万 hm²；汕优6号最大年（1984）种植面积173.9万 hm²，1981—1994年累计种植面积超过1 000万 hm²。

1973年10月，石明松在晚粳农垦58田间发现光敏雄性不育株，经过10多年的选育研究，1987年光敏核不育系农垦58S选育成功并正式命名，两系杂交水稻正式进入攻关阶段，两系杂交水稻优良品种两优培九通过江苏省（1999）和国家（2001）农作物品种审定委员会审定并大面积推广，2002年该品种年种植面积达到82.5万 hm²。

20世纪80～90年代，针对第一代中国杂交水稻稻瘟病抗性差的突出问题，开展抗稻瘟病育种，育成明恢63、测64、桂33等抗稻瘟病性较强的恢复系，形成第二代杂交水稻汕优63、汕优64、汕优桂33等一批新品种，从而中国杂交水稻又蓬勃发展，80年代湖北出现6 666.67hm²汕优63产量超9 000kg/hm²的记录。著名的杂交水稻品种包括：汕优46、汕优63、汕优64、汕优桂99、威优6号、威优64、协优46、D优63、冈优22、Ⅱ优501、金优207、四优6号、博优64、秀优57等。中国三系杂交水稻最重要的强恢复系为IR24、IR26、明恢63、密阳46（Miyang 46）、桂99、CDR22、辐恢838、扬稻6号等。

1978—2014年，最大年种植面积超过40万 hm²的杂交稻品种共32个，这些杂交稻品种产量高，抗病虫力强，适应性广，种植年限长，制种产量也高（表1-4）。

表1-4　1978—2014年最大年种植面积超过40万 hm²的杂交稻品种

杂交稻品种	类型	配组亲本	恢复系中的国外亲本	最大年种植面积（万 hm²）	累计种植面积（万 hm²）
南优2号	三系，籼	二九南1号A/IR24	IR24	298.0 (1978)	＞666.7 (1976—1986)
威优2号	三系，籼	V20A/IR24	IR24	74.7 (1981)	203.8 (1981—1992)
汕优2号	三系，籼	珍汕97A/IR24	IR24	278.3 (1984)	1 264.8 (1981—1988)
汕优6号	三系，籼	珍汕97A/IR26	IR26	173.9 (1984)	999.9 (1981—1994)
威优6号	三系，籼	V20A/IR26	IR26	155.3 (1986)	821.7 (1981—1992)
汕优桂34	三系，籼	珍汕97A/桂34	IR24、IR30	44.5 (1988)	155.6 (1986—1993)
威优49	三系，籼	V20A/测64-49	IR9761-19	45.4 (1988)	163.8 (1986—1995)
D优63	三系，籼	D汕A/明恢63	IR30	111.4 (1990)	637.2 (1986—2001)

（续）

杂交稻品种	类型	配组亲本	恢复系中的国外亲本	最大年种植面积（万hm²）	累计种植面积（万hm²）
博优64	三系，籼	博A/测64-7	IR9761-19-1	67.1（1990）	334.7（1989—2002）
汕优63	三系，籼	珍汕97A/明恢63	IR30	681.3（1990）	6 288.7（1983—2009）
汕优64	三系，籼	珍汕97A/测64-7	IR9761-19-1	190.5（1990）	1 271.5（1984—2006）
威优64	三系，籼	V20A/测64-7	IR9761-19-1	135.1（1990）	1 175.1（1984—2006）
汕优桂33	三系，籼	珍汕97A/桂33	IR24、IR36	76.7（1990）	466.9（1984—2001）
汕优桂99	三系，籼	珍汕97A/桂99	IR661、IR2061	57.5（1992）	384.0（1990—2008）
冈优12	三系，籼	冈46A/明恢63	IR30	54.4（1994）	187.7（1993—2008）
威优46	三系，籼	V20A/密阳46	密阳46	51.7（1995）	411.4（1990—2008）
汕优46*	三系，籼	珍汕97A/密阳46	密阳46	45.5（1996）	340.3（1991—2007）
汕优多系1号	三系，籼	珍汕97A/多系1号	IR30、Tetep	68.7（1996）	301.7（1995—2004）
汕优77	三系，籼	珍汕97A/明恢77	IR30	43.1（1997）	256.1（1992—2007）
特优63	三系，籼	龙特甫A/明恢63	IR30	43.1（1997）	439.3（1984—2009）
冈优22	三系，籼	冈46A/CDR22	IR30、IR50	161.3（1998）	922.7（1994—2011）
协优63	三系，籼	协青早A/明恢63	IR30	43.2（1998）	362.8（1989—2008）
Ⅱ优501	三系，籼	Ⅱ-32A/明恢501	泰引1号、IR26、IR30	63.5（1999）	244.9（1995—2007）
Ⅱ优838	三系，籼	Ⅱ-32A/辐恢838	泰引1号、IR30	79.1（2000）	663.0（1995—2014）
金优桂99	三系，籼	金23A/桂99	IR661、IR2061	40.4（2001）	236.2（1994—2009）
冈优527	三系，籼	冈46A/蜀恢527	古154、IR24、IR1544-28-2-3	44.6（2002）	246.4（1999—2013）
冈优725	三系，籼	冈46A/绵恢725	泰引1号、IR30、IR26	64.2（2002）	469.4（1998—2014）
金优207	三系，籼	金23A/先恢207	IR56、IR9761-19-1	71.9（2004）	508.7（2000—2014）
金优402	三系，籼	金23A/R402	古154、IR24、IR30、IR1544-28-2-3	53.5（2006）	428.6（1996—2014）
培两优288	两系，籼	培矮64S/288	IR30、IR36、IR2588	39.9（2001）	101.4（1996—2006）
两优培九	两系，籼	培矮64S/扬稻6号	IR30、IR36、IR2588、BG90-2	82.5（2002）	634.9（1999—2014）
丰两优1号	两系，籼	广占63S/扬稻6号	IR30、R36、IR2588、BG90-2	40.0（2006）	270.1（2002—2014）

* 汕优10号与汕优46的父、母本和育种方法相同，前期称为汕优10号，后期统称汕优46。

三、超级稻育种

国际水稻研究所从1989年起开始实施理想株型（Ideal plant type，俗称超级稻）育种计划，试图利用热带粳稻新种质和理想株型作为突破口，通过杂交和系统选育及分子育种方法育成新株型品种［New plant type（NPT），超级稻］供南亚和东南亚稻区应用，设计产量希望比当地品种增产20%～30%。但由于产量、抗病虫力和稻米品质不理想等原因，迄今还无突出的品种在亚洲各国大面积应用。

为实现在矮化育种和杂交育种基础上的产量再次突破，农业部于1996年启动中国超级稻研究项目，要求育成高产、优质、多抗的常规和杂交水稻新品种。广义要求，超级稻的主要性状如产量、米质、抗性等均应显著超过现有主栽品种的水平；狭义要求，应育成在抗性和米质与对照品种相仿的基础上，产量有大幅度提高的新品种。在育种技术路线上，超级稻品种采用理想株型塑造与杂种优势利用相结合的途径，核心是种质资源的有效利用或有利多基因的聚合，育成单产大幅提高、品质优良、抗性较强的新型水稻品种（表1-5）。

表1-5　超级稻品种的主要指标

项　目	长江流域早熟早稻	长江流域中迟熟早稻	长江流域中熟晚稻、华南感光性晚稻	华南早晚兼用稻、长江流域迟熟晚稻、东北早熟粳稻	长江流域一季稻、东北中熟粳稻	长江上游迟熟一季稻、东北迟熟粳稻
生育期（d）	≤105	≤115	≤125	≤132	≤158	≤170
产量（kg/hm²）	≥8 250	≥9 000	≥9 900	≥10 800	≥11 700	≥12 750
品　质	北方粳稻达到部颁二级米以上（含）标准，南方晚籼稻达到部颁三级米以上（含）标准，南方早籼稻和一季稻达到部颁四级米以上（含）标准					
抗　性	抗当地1～2种主要病虫害					
生产应用面积	品种审定后2年内生产应用面积达到每年3 125hm²以上					

近年有的育种家提出"绿色超级稻"或"广义超级稻"的概念，其基本思路是将品种资源研究、基因组研究和分子技术育种紧密结合，加强水稻重要性状的生物学基础研究和基因发掘，全面提高水稻的综合性状，培育出抗病、抗虫、抗逆、营养高效、高产、优质的新品种。2000年超级杂交稻第一期攻关目标大面积如期实现产量10.5t/hm²，2004年第二期攻关目标大面积实现产量12.0t/hm²。

2006年，农业部进一步启动推进超级稻发展的"6236工程"，要求用6年的时间，培育并形成20个超级稻主导品种，年推广面积占全国水稻总面积的30%，即900万hm²，单产比目前主栽品种平均增产900kg/hm²，以全面带动我国水稻的生产水平。2011年，湖南隆回县种植的超级杂交水稻品种Y两优2号在7.5hm²的面积上平均产量13 899kg/hm²；2011年宁波农业科学院选育的籼粳型超级杂交晚稻品种甬优12单产14 147kg/hm²；2013年，湖南隆回县种植的超级杂交水稻Y两优900获得14 821kg/hm²的产量，宣告超级杂交水稻第三期攻关目标大面积产量13.5t/hm²的实现。据报道，2015年云南个旧市的"超级杂交水稻示范基地"百亩连片水稻攻关田，种植的超级稻品种超优千号，百亩片平均单产16 010kg/hm²；2016年山东临沂市莒南县大店镇的百亩片攻关基地种植的超级杂交稻超优千号，实测单产15 200kg/hm²，创造了杂交水稻高纬度单产的世界纪录，表明已稳定实现了超级杂交水稻第四期大面积产量潜力达到15t/hm²的攻关目标。

截至2014年，农业部确认了111个超级稻品种，分别是：

常规超级籼稻7个：中早39、中早35、金农丝苗、中嘉早17、合美占、玉香油占、桂农占。

常规超级粳稻28个：武运粳27、南粳44、南粳45、南粳49、南粳5055、淮稻9号、长白25、莲稻1号、龙粳39、龙粳31、松粳15、镇稻11、扬粳4227、宁粳4号、楚粳28、连粳7号、沈农265、沈农9816、武运粳24、扬粳4038、宁粳3号、龙粳21、千重浪、辽星1号、楚粳27、松粳9号、吉粳83、吉粳88。

籼型三系超级杂交稻46个：F优498、荣优225、内5优8015、盛泰优722、五丰优615、天优3618、天优华占、中9优8012、H优518、金优785、德香4103、Q优8号、宜优673、深优9516、03优66、特优582、五优308、五丰优T025、天优3301、珞优8号、荣优3号、金优458、国稻6号、赣鑫688、Ⅱ优航2号、天优122、一丰8号、金优527、D优202、Q优6号、国稻1号、国稻3号、中浙优1号、丰优299、金优299、Ⅱ优明86、Ⅱ优航1号、特优航1号、D优527、协优527、Ⅱ优162、Ⅱ优7号、Ⅱ优602、天优998、Ⅱ优084、Ⅱ优7954。

粳型三系超级杂交稻1个：辽优1052。

籼型两系超级杂交稻26个：两优616、两优6号、广两优272、C两优华占、两优038、Y两优5867、Y两优2号、Y两优087、准两优608、深两优5814、广两优香66、陵两优268、徽两优6号、桂两优2号、扬两优6号、陆两优819、丰两优香1号、新两优6380、丰两优4号、Y优1号、株两优819、两优287、培杂泰丰、新两优6号、两优培九、准两优527。

籼粳交超级杂交稻3个：甬优15、甬优12、甬优6号。

超级杂交水稻育种正在继续推进，面临的挑战还有很多。从遗传角度看，目前真正能用于超级稻育种的有利基因及连锁分子标记还不多，水稻基因研究成果还不足以全面支撑超级稻分子育种，目前的超级稻育种仍以常规杂交技术和资源的综合利用为主。因此，需要进一步发掘高产、优质、抗病虫、抗逆基因，改进育种方法，将常规育种技术与分子育种技术相结合起来，培育出广适性的可大幅度减少农用化学品（无机肥料、杀虫剂、杀菌剂、除草剂）而又高产优质的超级稻品种。

第五节　核心育种骨干亲本

分析65年来我国育成并通过国家或省级农作物品种审定委员会审（认）定的8 117份水稻、陆稻和杂交水稻现代品种，追溯这些品种的亲源，可以发现一批极其重要的核心育种骨干亲本，它们对水稻品种的遗传改良贡献巨大。但是由于种质资源的不断创新与交流，尤其是育种材料的交流和国外种质的引进，育种技术的多样化，有的品种含有多个亲本的血缘，使得现代育成品种的亲缘关系十分复杂。特别是有些品种的亲缘关系没有文字记录，或者仅以代号留存，难以查考。另外，籼、粳稻品种的杂交和选择，出现了大量含有籼、粳血缘的中间品种，难以绝对划分它们的籼、粳类别。毫无疑问，品种遗传背景的多样性对于克服品种遗传脆弱性，保障粮食生产安全性极为重要。

考虑到这些相互交错的情况，本节品种的亲源一般按不同亲本在品种中所占的重要性和比率确定，可能会出现前后交叉和上下代均含数个重要骨干亲本的情况。

一、常规籼稻

据不完全统计，我国常规籼稻最重要的核心育种骨干亲本有22个，衍生的大面积种植（年种植面积>6 667hm²）的品种数超过2 700个（表1-6）。其中，全国种植面积较大的常规籼稻品种是：浙辐802、桂朝2号、双桂1号、广陆矮4号、湘早籼45、中嘉早17等。

表1-6　籼稻核心育种骨干亲本及其主要衍生品种

品种名称	类型	衍生的品种数	主要衍生品种
矮仔占	早籼	>402	矮仔占4号、珍珠矮、浙辐802、广陆矮4号、桂朝2号、广场矮、二九青、特青、嘉育948、红410、泸红早1号、双桂36、湘早籼7号、广二104、珍汕97、七桂早25、特籼占13
南特号	早籼	>323	矮脚南特、广场13、莲塘早、陆财号、广场矮、广选3号、矮南早1号、广陆矮4号、先锋1号、青小金早、湘早籼3号、湘矮早3号、湘矮早7号、嘉育293、赣早籼26
珍汕97	早籼	>267	珍竹19、庆元2号、闽科早、珍汕97A、Ⅱ-32A、D汕A、博A、中A、29A、天丰A、枝A不育系及汕优63等大量杂交稻品种
矮脚南特	早籼	>184	矮南早1号、湘矮早7号、青小金早、广选3号、温选青
珍珠矮	早籼	>150	珍龙13、珍汕97、红梅早、红410、红突31、珍珠矮6号、珍珠矮11、7055、6044、赣早籼9号
湘早籼3号	早籼	>66	嘉育948、嘉育293、湘早籼10号、湘早籼13、湘早籼7号、中优早81、中86-44、赣早籼26
广场13	早籼	>59	湘早籼3号、中优早81、中86-44、嘉育293、嘉育948、早籼31、嘉兴香米、赣早籼26
红410	早籼	>43	红突31、8004、京红1号、赣早籼9号、湘早籼5号、舟优903、中优早3号、泸红早1号、辐8-1、佳禾早占、鄂早16、余红1号、湘晚籼9号、湘晚籼14
嘉育293	早籼	>25	嘉育948、中98-15、嘉兴香米、嘉早43、越糯2号、嘉育143、嘉早41、嘉早935、中嘉早17
浙辐802	早籼	>21	香早籼11、中516、浙9248、中组3号、皖稻45、鄂早10号、赣早籼50、金早47、赣早籼56、浙852、中选181
低脚乌尖	中籼	>251	台中本地1号（TN1）、IR8、IR24、IR26、IR29、IR30、IR36、IR661、原丰早、洞庭晚籼、二九丰、滇瑞306、中选8号
广场矮	中籼	>151	桂朝2号、双桂36、二九矮、广场矮5号、广场矮3784、湘矮早3号、先锋1号、泸南1号
IR8	中籼	>120	IR24、IR26、原丰早、滇瑞306、洞庭晚籼、滇陇201、成矮597、科六早、滇屯502、滇瑞408
IR36	中籼	>108	赣早籼15、赣早籼37、赣早籼39、湘早籼3号
IR24	中籼	>79	四梅2号、浙辐802、浙852、中156，以及一批杂交稻恢复系和杂交稻品种南优2号、汕优2号
胜利籼	中籼	>76	广场13、南京1号、南京11、泸胜2号、广场矮系列品种
台中本地1号（TN1）	中籼	>38	IR8、IR26、IR30、BG90-2、原丰早、湘晚籼1号、滇瑞412、扬稻1号、扬稻3号、金陵57

（续）

品种名称	类型	衍生的品种数	主要衍生品种
特青	中晚籼	>107	特籼占13、特籼占25、盐稻5号、特三矮2号、鄂中4号、胜优2号、丰青矮、黄华占、茉莉新占、丰矮占1号、丰澳占，以及一批杂交稻恢复系镇恢084、蓉恢906、浙恢9516、广恢998
秋播了	晚籼	>60	516、澄秋5号、秋长3号、东秋播、白花
桂朝2号	中晚籼	>43	豫籼3号、镇籼96、扬稻5号、湘晚籼8号、七山占、七桂早25、双朝25、双桂36、早桂1号、陆青早1号、湘晚籼32
中山1号	晚籼	>30	包胎红、包胎白、包选2号、包胎矮、大灵矮、钢枝占
粳籼89	晚籼	>13	赣晚籼29、特籼占13、特籼占25、粤野软占、野黄占、粤野占26

矮仔占源自早期的南洋引进品种，后成为广西容县一带农家地方品种，携带 $sd1$ 矮秆基因，全生育期约140d，株高82cm左右，节密，耐肥，有效穗多，千粒重26g左右，单产4 500 ～ 6 000kg/hm^2，比一般高秆品种增产20% ～ 30%。1955年，华南农业科学研究所发现并引进矮仔占，经系选，于1956年育成矮仔占4号。采用矮仔占4号/广场13，1959年育成矮秆品种广场矮；采用矮仔占4号/惠阳珍珠早，1959年育成矮秆品种珍珠矮。广场矮和珍珠矮是矮仔占最重要的衍生品种，这2个品种不但推广面积大，而且衍生品种多，随后成为水稻矮化育种的重要骨干亲本，广场矮至少衍生了151个品种，珍珠矮至少衍生了150个品种。因此，矮仔占是我国20世纪50年代后期至60年代最重要的矮秆推广品种，也是60 ～ 80年代矮化育种最重要的矮源。至今，矮仔占至少衍生了402个品种，其中种植面积较大的衍生品种有广场矮、珍珠矮、广陆矮4号、二九青、先锋1号、特青、桂朝2号、双桂1号、湘早籼7号、嘉育948等。

南特号是20世纪40年代从江西农家品种鄱阳早的变异株中选得，50年代在我国南方稻区广泛作早稻种植。该品种株高100 ～ 130cm，根系发达，适应性广，全生育期105 ～ 115d，较耐肥，每穗约80粒，千粒重26 ～ 28g，单产3 750 ～ 4 500kg/hm^2，比一般高秆品种增产13% ～ 34%。南特号1956年种植面积达333.3万hm^2，1958—1962年，年种植面积达到400万hm^{2}以上。南特号直接系选衍生出南特16、江南1224和陆财号。1956年，广东潮阳县农民从南特号发现矮秆变异株，经系选育成矮脚南特，具有早熟、秆矮、高产等优点，可比高秆品种增产20% ～ 30%。经分析，矮脚南特也含有矮秆基因 $sd1$，随后被迅速大面积推广并广泛用作矮化育种亲本。南特号是双季早籼品种极其重要的育种亲源，至少衍生了323个品种，其中种植面积较大的衍生品种有广场矮、广场13、矮南早1号、莲塘早、陆财号、广陆矮4号、先锋1号、青小金早、湘矮早2号、湘矮早7号、红410等。

低脚乌尖是我国台湾省的农家品种，携带 $sd1$ 矮秆基因，20世纪50年代后期因用低脚乌尖为亲本（低脚乌尖/菜园种）在台湾育成台中本地1号（TN1）。国际水稻研究所利用Peta/低脚乌尖育成著名的IR8品种并向东南亚各国推广，引发了亚洲水稻的绿色革命。祖国大陆育种家利用含有低脚乌尖血缘的台中本地1号、IR8、IR24和IR30作为杂交亲本，至少衍生了251个常规水稻品种，其中IR8（又称科六或691）衍生了120个品种，台中本地1号衍生了38个品种。利用IR8和台中本地1号而衍生的、种植面积较大的品种有原丰早、科梅、双科1号、湘矮早9号、二九丰、扬稻2号、泸红早1号等。利用含有低脚乌尖血缘的IR24、IR26、IR30等，又育成了大量杂交水稻恢复系，有的恢复系可直接作为常规品种种植。

早籼品种珍汕97对推动杂交水稻的发展作用特殊、贡献巨大。该品种是浙江省温州农业科学研究所用珍珠矮11/汕矮选4号于1968年育成，含有矮仔占血缘，株高83cm，全生育期约120d，分蘖力强，千粒重27g左右，单产约5 500kg/hm^2。珍汕97除衍生了一批常规品种外，还被用于杂交稻不育系的选育。1973年，江西省萍乡市农业科学研究所以海南普通野生稻的野败材料为母本，用珍汕97为父本进行杂交并连续回交育成珍汕97A。该不育系早熟、配合力强，是我国使用范围最广、应用面积最大、时间最长、衍生品种最多的不育系。珍汕97A与不同恢复系配组，育成多种熟期类型的杂交水稻品种，如汕优6号、汕优46、汕优63、汕优64等供华南、长江流域作双季晚稻和单季中、晚稻大面积种植。以珍汕97A为母本直接配组的年种植面积超过6 667hm^{2}的杂交水稻品种有92个，36年来（1978—2014年）累计推广面积超过14 450万hm^2。

特青是广东省农业科学院用特矮/叶青伦于1984年育成的早、晚兼用的籼稻品种，茎秆粗壮，叶挺色浓，株叶形态好，耐肥，抗倒伏，抗白叶枯病，产量高，大田产量6 750～9 000kg/hm^2。特青被广泛用于南方稻区早、中、晚籼稻的育种亲本，主要衍生品种有特籼占13、特籼占25、盐稻5号、特三矮2号、鄂中4号、胜优2号、黄华占、丰矮占1号、丰澳占等。

嘉育293（浙辐802/科庆47//二九丰///早丰6号/水原287////HA79317-7）是浙江省嘉兴市农业科学研究所育成的常规早籼品种。全生育期约112d，株高76.8cm，苗期抗寒性强，株型紧凑，叶片长而挺，茎秆粗壮，生长旺盛，耐肥，抗倒伏，后期青秆黄熟，产量高，适于浙江、江西、安徽（皖南）等省作早稻种植，1993—2012年累计种植面积超过110万hm^2。嘉育293被广泛用于长江中下游稻区的早籼稻育种亲本，主要衍生品种有嘉育948、中98-15、嘉兴香米、嘉早43、越糯2号、嘉育143、嘉早41、嘉早935、中嘉早17等。

二、常规粳稻

我国常规粳稻最重要的核心育种骨干亲本有20个，衍生的种植面积较大（年种植面积＞6 667hm^2）的品种数超过2 400个（表1-7）。其中，全国种植面积较大的常规粳稻品种有：空育131、武育粳2号、武育粳3号、武运粳7号、鄂宜105、合江19、宁粳4号、龙粳31、农虎6号、鄂晚5号、秀水11、秀水04等。

旭是日本品种，从日本早期品种日之出选出。对旭进行系统选育，育成了京都旭以及关东43、金南风、下北、十和田、日本晴等日本品种。至20世纪末，我国由旭衍生的粳稻品种超过149个。如利用旭及其衍生品种进行早粳育种，育成了辽丰2号、松辽4号、合江20、合江21、早丰、吉粳53、吉粳88、冀粳1号、五优稻1号、龙粳3号、东农416等；利用京都旭及其衍生品种农垦57（原名金南风）进行中、晚粳育种，育成了金垦18、南粳11、徐稻2号、镇稻4号、盐粳4号、扬粳186、盐粳6号、镇稻6号、淮稻6号、南粳37、阳光200、远杂101、鲁香粳2号等。

表1-7　常规粳稻最重要核心育种骨干亲本及其主要衍生品种

品种名称	类型	衍生的品种数	主要衍生品种
旭	早粳	>149	农垦57、辽丰2号、松辽4号、合江20、合江21、早丰、吉粳53、吉粳88、冀粳1号、五优稻1号、龙粳3号、东农416、吉粳60、东农416
笹锦	早粳	>147	丰锦、辽粳5号、龙粳1号、秋光、吉粳69、龙粳1号、龙粳4号、龙粳14、垦稻8号、藤系138、京稻2号、辽盐2号、长白8号、吉粳83、青系96、秋丰、吉粳66
坊主	早粳	>105	石狩白毛、合江3号、合江11、合江22、龙粳2号、龙粳14、垦稻3号、垦稻8号、长白5号
爱国	早粳	>101	丰锦、宁粳6号、宁粳7号、辽粳5号、中花8号、临稻3号、冀粳6号、砦1号、辽盐2号、沈农265、松粳10号、沈农189
龟之尾	早粳	>95	宁粳4号、九稻1号、东农4号、松辽5号、虾夷、松辽5号、九稻1号、辽粳152
石狩白毛	早粳	>88	大雪、滇榆1号、合江12、合江22、龙粳1号、龙粳2号、龙粳14、垦稻8号、垦稻10号
辽粳5号	早粳	>61	辽粳68、辽粳288、辽粳326、沈农159、沈农189、沈农265、沈农604、松粳3号、松粳10号、辽星1号、中且9052
合江20	早粳	>41	合江23、吉粳62、松粳3号、松粳9号、五优稻1号、五优稻3号、松粳21、龙粳3号、龙粳13、绥粳1号
吉粳53	早粳	>27	长白9号、九稻11、双丰8号、吉粳60、新稻2号、东农416、吉粳70、九稻44、丰选2号
红旗12	早粳	>26	宁粳9号、宁粳11、宁粳19、宁粳23、宁粳28、宁稻216
农垦57	中粳	>116	金垦18、双丰4号、南粳11、南粳23、徐稻2号、镇稻4号、盐粳4号、扬粳201、扬粳186、盐粳6号、南粳36、镇稻6号、淮稻6号、扬粳9538、南粳37、阳光200、远杂101、鲁香粳2号
桂花黄	中粳	>97	南粳32、矮粳23、秀水115、徐稻2号、浙粳66、双糯4号、临稻10号、宁粳9号、宁粳23、镇稻2号
西南175	中粳	>42	云粳3号、云粳7号、云粳9号、云粳134、靖粳10号、靖粳16、京黄126、新城糯、楚粳5号、楚粳22、合系41、滇靖8号
武育粳3号	中粳	>22	淮稻5号、淮稻6号、镇稻99、盐稻8号、武运粳11、华粳2号、广陵香粳、武育粳5号、武香粳9号
滇榆1号	中粳	>13	合系34、楚粳7号、楚粳8号、楚粳24、凤稻14、楚粳14、靖粳8号、靖粳优2号、靖粳优3号、云粳优1号
农垦58	晚粳	>506	沪选19、鄂宜105、农虎6号、辐农709、秀水48、农红73、矮粳23、秀水04、秀水11、秀水63、宁67、武运粳7号、武育粳3号、宁粳1号、甬粳18、徐稻3号、武香粳9号、鄂晚5号、嘉991、镇稻99、太湖糯
农虎6号	晚粳	>332	秀水664、嘉湖4号、祥湖47、秀水04、秀水11、秀水48、秀水63、桐青晚、宁67、太湖糯、武香粳9号、甬粳44、香血糯335、辐农709、武运粳7号
测21	晚粳	>254	秀水04、武香粳14、秀水11、宁粳1号、秀水664、武粳15、武运粳8号、秀水63、甬粳18、祥湖84、武香粳9号、武运粳21、宁67、嘉991、矮糯21、常农粳2号、春江026
秀水04	晚粳	>130	武香粳14、秀水122、武运粳23、秀水1067、武粳13、甬优6号、秀水17、太湖粳2号、甬优1号、宁粳3号、皖粳26、运9707、甬粳9号、秀水59、秀水620
矮宁黄	晚粳	>31	老来青、沪晚23、八五三、矮粳23、农红73、苏粳7号、安庆晚2号、浙粳66、秀水115、苏稻1号、镇稻1号、航育1号、祥湖25

辽粳5号(丰锦////越路早生/矮脚南特//藤坂5号/BaDa///沈苏6号)是沈阳市浑河农场采用籼、粳稻杂交,后代用粳稻多次复交,于1981年育成的早粳矮秆高产品种。辽粳5号集中了籼、粳稻特点,株高80～90cm,叶片宽、厚、短、直立上举,色浓绿,分蘖力强,株型紧凑,受光姿态好,光能利用率高,适应性广,较抗稻瘟病,中抗白叶枯病,产量高。适宜在东北作早粳种植,1992年最大种植面积达到9.8万 hm²。用辽粳5号作亲本共衍生了61个品种,如辽粳326、沈农159、沈农189、松粳10号、辽星1号等。

合江20(早丰/合江16)是黑龙江省农业科学院水稻研究所于20世纪70年代育成的优良广适型早粳品种。合江20全生育期133～138d,叶色浓绿,直立上举,分蘖力较强,抗稻瘟病性较强,耐寒性较强,耐肥,抗倒伏,感光性较弱,感温性中等,株高90cm左右,千粒重23～24g。70年代末至80年代中期在黑龙江省大面积推广种植,特别是推广水稻旱育稀植以后,该品种成为黑龙江省的主栽品种。作为骨干亲本合江20衍生的品种包括松粳3号、合江21、合江23、黑粳5号、吉粳62等。

桂花黄是我国中、晚粳稻育种的一个主要亲源品种,原名Balilla(译名巴利拉、伯利拉、倍粒稻),1960年从意大利引进。桂花黄为1964年江苏省苏州地区农业科学研究所从Balilla变异单株中选育而成,亦名苏粳1号。桂花黄株高90cm左右,全生育期120～130d,对短日照反应中等偏弱,分蘖力弱,穗大,着粒紧密,半直立,千粒重26～27g,一般单产5 000～6 000kg/hm²。桂花黄的显著特点是配合力好,能较好地与各类粳稻配组。据统计,40年来(1965—2004年)桂花黄共衍生了97个品种,种植面积较大的品种有南粳32、矮粳23、秀水115、徐稻2号、浙粳66、双糯4号、临稻10号等。

农垦58是我国最重要的晚粳稻骨干亲本之一。农垦58又名世界一(经考证应该为Sekai系列中的1个品系),1957年农垦部引自日本,全生育期单季晚稻160～165d,连作晚稻135d,株高约110cm,分蘖早而多,株型紧凑,感光,对短日照反应敏感,后期耐寒,抗稻瘟病,适应性广,千粒重26～27g,米质优,作单季晚稻单产一般6 000～6 750kg/hm²。该品种20世纪60～80年代在长江流域稻区广泛种植,1975年种植面积达到345万 hm²,1960—1987年累计种植面积超过1 100万 hm²。50年来(1960—2010年)以农垦58为亲本衍生的品种超过506个,其中直接经系统选育而成的品种59个。具有农垦58血缘并大面积种植的品种有:鄂宜105、农虎6号、辐农709、农红73、秀水04、秀水11、秀水63、宁67、武运粳7号、武育粳3号、宁粳1号、甬粳18、徐稻3号等。从农垦58田间发现并命名的农垦58S,成为我国两系杂交稻光温敏核不育系的主要亲本之一,并衍生了多个光温敏核不育系如培矮64S等,配组了大量两系杂交稻如两优培九、两优培特、培两优288、培两优986、培两优特青、培杂山青、培杂双七、培杂泰丰、培杂茂三等。

农虎6号是我国著名的晚粳品种和育种骨干亲本,由浙江省嘉兴市农业科学研究所于1965年用农垦58与老虎稻杂交育成,具有高产、耐肥、抗倒伏、感光性较强的特点,仅1974年在浙江、江苏、上海的种植面积就达到72.2万 hm²。以农虎6号为亲本衍生的品种超过332个,包括大面积种植的秀水04、秀水63、祥湖84、武香粳14、辐农709、武运粳7号、宁粳1号、甬粳18等。

武育粳3号是江苏省武进稻麦育种场以中丹1号分别与79-51和扬粳1号的杂交后代经复交育成。全生育期150d左右,株高95cm,株型紧凑,叶片挺拔,分蘖力较强,抗倒伏性中等，单产大约8 700kg/hm²，适宜沿江和沿海南部、丘陵稻区中等或中等偏上肥力条件下种植。1992—2008年累计推广面积549万hm²，1997年最大推广面积达到52.7万hm²。以武育粳3号为亲本，衍生了一批中粳新品种，如淮稻5号、镇稻99、香粳111、淮稻8号、盐稻8号、盐稻9号、扬粳9538、淮稻6号、南粳40、武运粳11、扬粳687、扬粳糯1号、广陵香粳、华粳2号、阳光200等。

测21是浙江省嘉兴市农业科学研究所用日本种质灵峰（丰沃/绫锦）为母本，与本地晚粳中间材料虎蕾选（金蕾440/农虎6号）为父本杂交育成。测21半矮生，叶姿挺拔，分蘖中等，株型挺，生育后期根系活力旺盛，成熟时穗弯于剑叶之下，米质优，配合力好。测21在浙江、江苏、上海、安徽、广西、湖北、河北、河南、贵州、天津、吉林、辽宁、新疆等省（自治区、直辖市）衍生并通过审定的常规粳稻新品种254个，包括秀水04、武香粳14、秀水11、宁粳1号、秀水664、武粳15、武运粳8号、秀水63、甬粳18、祥湖84、武香粳9号、武运粳21、宁67、嘉991、矮糯21等。1985—2012年以上衍生品种累计推广种植达2 300万hm²。

秀水04是浙江省嘉兴市农业科学研究所以测21为母本，与辐农70-92/单209为父本杂交于1985年选育而成的中熟晚粳型常规水稻品种。秀水04茎秆矮而硬，耐寒性较强，连晚栽培株高80cm，单季稻95～100cm，叶片短而挺，分蘖力强，成穗率高，有效穗多。穗颈粗硬，着粒密，结实率高，千粒重26g，米质优，产量高，适宜在浙江北部、上海、江苏南部种植，1985—1994年累计推广面积180万hm²。以秀水04为亲本衍生的品种超过130个，包括武香粳14、秀水122、祥湖84、武香粳9号、武运粳21、宁67、武粳13、甬优6号、秀水17、太湖粳2号、宁粳3号、皖稻26等。

西南175是西南农业科学研究所从台湾粳稻农家品种中经系统选择于1955年育成的中粳品种，产量较高，耐逆性强，在云贵高原持续种植了50多年。西南175不但是云贵地区的主要当家品种，而且是西南稻区中粳育种的主要亲本之一。

三、杂交水稻不育系

杂交水稻的不育系均由我国创新育成，包括野败型、矮败型、冈型、印水型、红莲型等三系不育系，以及两系杂交水稻的光敏和温敏不育系。最重要的杂交稻核心不育系有21个，衍生的不育系超过160个，配组的大面积种植（年种植面积＞6 667hm²）的品种数超过1 300个。配组杂交稻品种最多的不育系是：珍汕97A、Ⅱ-32A、V20A、冈46A、龙特甫A、博A、协青早A、金23A、中9A、天丰A、谷丰A、农垦58S、培矮64S和Y58S等（表1-8）。

表1-8　杂交水稻核心不育系及其衍生的品种（截至2014年）

不育系	类　型	衍生的不育系数	配组的品种数	代 表 品 种
珍汕97A	野败籼型	＞36	＞231	汕优2号、汕优22、汕优3号、汕优36、汕优36辐、汕优4480、汕优46、汕优559、汕优63、汕优64、汕优647、汕优6号、汕优70、汕优72、汕优77、汕优78、汕优8号、汕优多系1号、汕优桂30、汕优桂32、汕优桂33、汕优桂34、汕优桂99、汕优晚3、汕优直龙

（续）

不育系	类　型	衍生的不育系数	配组的品种数	代　表　品　种
Ⅱ-32A	印水籼型	>5	>237	Ⅱ优084、Ⅱ优128、Ⅱ优162、Ⅱ优46、Ⅱ优501、Ⅱ优58、Ⅱ优602、Ⅱ优63、Ⅱ优718、Ⅱ优725、Ⅱ优7号、Ⅱ优802、Ⅱ优838、Ⅱ优87、Ⅱ优多系1号、Ⅱ优辐819、优航1号、Ⅱ优明86
V20A	野败籼型	>8	>158	威优2号、威优35、威优402、威优46、威优48、威优49、威优6号、威优63、威优64、威优647、威优77、威优98、威优华联2号
冈46A	冈籼型	>1	>85	冈矮1号、冈优12、冈优188、冈优22、冈优151、冈优188、冈优527、冈优725、冈优827、冈优881、冈优多系1号
龙特甫A	野败籼型	>2	>45	特优175、特优18、特优524、特优559、特优63、特优70、特优838、特优898、特优桂99、特优多系1号
博A	野败籼型	>2	>107	博Ⅲ优273、博Ⅱ优15、博优175、博优210、博优253、博优258、博优3550、博优49、博优64、博优803、博优998、博优桂44、博优桂99、博优香1号、博优湛19
协青早A	矮败籼型	>2	>44	协优084、协优10号、协优46、协优49、协优57、协优63、协优64、协优华联2号
金23A	野败籼型	>3	>66	金优117、金优207、金优253、金优402、金优458、金优191、金优63、金优725、金优77、金优928、金优桂99、金优晚3
K17A	K籼型	>2	>39	K优047、K优402、K优5号、K优926、K优1号、K优3号、K优40、K优52、K优817、K优818、K优877、K优88、K优绿36
中9A	印水籼型	>2	>127	中9优288、中优207、中优402、中优974、中优桂99、国稻1号、国丰1号、先农20
D汕A	D籼型	>2	>17	D优49、D优78、D优162、D优361、D优1号、D优64、D汕优63、D优63
天丰A	野败籼型	>2	>18	天优116、天优122、天优1251、天优368、天优372、天优4118、天优428、天优8号、天优998、天优华占
谷丰A	野败籼型	>2	>32	谷优527、谷优航1号、谷优964、谷优航148、谷优明占、谷优3301
丛广41A	红莲籼型	>3	>12	广优4号、广优青、粤优8号、粤优938、红莲优6号
黎明A	滇粳型	>11	>16	黎优57、滇杂32、滇杂34
甬粳2A	滇粳型	>1	>11	甬优2号、甬优3号、甬优4号、甬优5号、甬优6号
农垦58S	光温敏	>34	>58	培矮64S、广占63S、广占63-4S、新安S、GD-1S、华201S、SE21S、7001S、261S、N5088S、4008S、HS-3、两优培九、培两优288、培两优特青、丰两优1号、扬两优6号、新两优6号、粤杂122、华两优103
培矮64S	光温敏	>3	>69	培两优210、两优培九、两优培特、培两优288、培两优3076、培两优981、培两优986、培两优特青、培杂山青、培杂双七、培杂桂99、培杂67、培杂泰丰、培杂茂三
安农S-1	光温敏	>18	>47	安两优25、安两优318、安两优402、安两优青占、八两优100、八两优96、田两优402、田两优4号、田两优66、田两优9号
Y58S	光温敏	>7	>120	Y两优1号、Y两优2号、Y两优6号、Y两优9981、Y两优7号、Y两优900、深两优5814
株1S	光温敏	>20	>60	株两优02、株两优08、株两优09、株两优176、株两优30、株两优58、株两优81、株两优839、株两优99

　　珍汕97A属野败胞质不育系，是江西省萍乡市农业科学研究所以海南普通野生稻的野败材料为母本，以迟熟早籼品种珍汕97为父本杂交并连续回交于1973年育成。该不育系配合力强，是我国使用范围最广、应用面积最大、时间最长、衍生品种最多的不育系。与不同恢复系配组，育成多种熟期类型的杂交水稻供华南早稻、华南晚稻、长江流域的双季早稻和双季晚稻及一季中稻利用。以珍汕97A为母本直接配组的年种植面积超过6 667hm^{2}的杂交水稻品种有92个，30年来（1978—2007年）累计推广面积13 372万hm^2。

　　V20A属野败胞质不育系，是湖南省贺家山原种场以野败/6044//71-72后代的不育株为母本，以早籼品种V20为父本杂交并连续回交于1973年育成。V20A一般配合力强，异交结实率高，配组的品种主要作双季晚稻使用，也可用作双季早稻。V20A是全国主要的不育系之一，配组的威优6号、威优63、威优64等系列品种在20世纪80～90年代曾经大面积种植，其中威优6号在1981—1992年的累计种植面积达到822万hm^2。

　　Ⅱ-32A属印水胞质不育系。为湖南杂交水稻研究中心从印尼水田谷6号中发现的不育株，其恢保关系与野败相同，遗传特性也属于孢子体不育。Ⅱ-32A是用珍汕97B与IR665杂交育成定型株系后，再与印水珍鼎（糯）A杂交、回交转育而成。全生育期130d，开花习性好，异交结实率高，一般制种产量可达3 000～4 500kg/hm^2，是我国主要三系不育系之一。Ⅱ-32A衍生了优ⅠA、振丰A、中9A、45A、渝5A等不育系，与多个恢复系配组的品种，包括Ⅱ优084、Ⅱ优46、Ⅱ优501、Ⅱ优63、Ⅱ优838、Ⅱ优多系1号、Ⅱ优辐819、Ⅱ优明86等，在我国南方稻区大面积种植。

　　冈型不育系是四川农学院水稻研究室以西非晚籼冈比亚卡（Gambiaka Kokum）为母本，与矮脚南特杂交，利用其后代分离的不育株杂交转育的一批不育系，其恢保关系、雄性不育的遗传特性与野败基本相似，但可恢复性比野败好，从而发现并命名为冈型细胞质不育系。冈46A是四川农业大学水稻研究所以冈二九矮7号A为母本，用"二九矮7号/V41//V20/雅矮早"的后代为父本杂交、回交转育成的冈型早籼不育系。冈46A在成都地区春播，播种至抽穗历期75d左右，株高75～80cm，叶片宽大，叶色淡绿，分蘖力中等偏弱，株型紧凑，生长繁茂。冈46A配合力强，与多个恢复系配组的74个品种在我国南方稻区大面积种植，其中冈优22、冈优12、冈优527、冈优151、冈优多系1号、冈优725、冈优188等曾是我国南方稻区的主推品种。

　　中9A是中国水稻研究所1992年以优ⅠA为母本，优ⅠB/L301B//菲改B的后代作父本，杂交、回交转育成的早籼不育系，属印尼水田谷6号质源型，2000年5月获得农业部新品种权保护。中9A株高约65cm，播种至抽穗60d左右，育性稳定，不育株率100%，感温，异交结实率高，配合力好，可配组早籼、中籼及晚籼3种栽培型杂交水稻，适用于所有籼型杂交稻种植区。以中9A配组的杂交品种产量高，米质好，抗白叶枯病，是我国当前较抗白叶枯病的不育系，与抗稻瘟病的恢复系配组，可育成双抗的杂交稻品种。配组的国稻1号、国丰1号、中优177、中优448、中优208等49个品种广泛应用于生产。

　　谷丰A是福建省农业科学院水稻研究所以地谷A为母本，以[龙特甫B/宙伊B（V41B/汕优菲一//IRs48B）]F$_4$作回交父本，经连续多代回交于2000年转育而成的野败型三系不育系。谷丰A株高85cm左右，不育性稳定，不育株率100%，花粉败育以典败为主，异交特性好，较抗稻瘟病，适宜配组中、晚籼类型杂交品种。谷优系列品种已在中国南方稻区大面积推广应用，成为稻瘟病重发区杂交水稻安全生产的重要支撑。利用谷丰A配组育成了谷优527、谷优964、谷优5138等32个品种通过省级以上农作物品种审定委员会审（认）定，其中4个品种通过国家农作物品种审定委员会审定。

甬粳2A是滇粳型不育系，是浙江省宁波市农业科学院以宁67A为母本，以甬粳2号为父本进行杂交，以甬粳2号为父本进行连续回交转育而成。甬粳2A株高90cm左右，感光性强，株型下紧上松，须根发达，分蘖力强，茎韧秆壮，剑叶挺直，中抗白叶枯病、稻瘟病、细菌性条纹病，耐肥，抗倒伏性好。采用粳不/籼恢三系法途径，甬粳2A配组育成了甬优2号、甬优4号、甬优6号等优质高产籼粳杂交稻。其中，甬优6号（甬粳2A/K4806）2006年在浙江省鄞州取得单季稻12 510kg/hm²的高产，甬优12（甬粳2A/F5032）在2011年洞桥"单季百亩示范方"取得13 825kg/hm²的高产。

培矮64S是籼型温敏核不育系，由湖南杂交水稻研究中心以农垦58S为母本，籼爪型品种培矮64（培迪/矮黄米//测64）为父本，通过杂交和回交选育而成。培矮64S株高65～70cm，分蘖力强，亲和谱广，配合力强，不育起点温度在13h光照条件下为23.5℃左右，海南短日照（12h）条件下不育起点温度超过24℃。目前已配组两优培九、两优培特、培两优288等30多个通过省级以上农作物品种审定委员会审定并大面积推广的两系杂交稻品种，是我国应用面积最大的两系核不育系。

安农S-1是湖南省安江农业学校从早籼品系超40/H285//6209-3群体中选育的温敏型两用核不育系。由于控制育性的遗传相对简单，用该不育系作不育基因供体，选育了一批实用的两用核不育系如香125S、安湘S、田丰S、田丰S-2、安农810S、准S360S等，配组的安两优25、安两优318、安两优402、安两优青占等品种在南方稻区广泛种植。

Y58S(安农S-1/常菲22B//安农S-1/Lemont///培矮64S)是光温敏不育系，实现了有利多基因累加，具有优质、高光效、抗病、抗逆、优良株叶形态和高配合力等优良性状。Y58S目前已选配Y两优系列强优势品种120多个，其中已通过国家、省级农作物品种审定委员会审（认）定的有45个。这些品种以广适性、优质、多抗、超高产等显著特性迅速在生产上大面积推广，代表性品种有Y两优1号、Y两优2号、Y两优9981等，2007—2014年累计推广面积已超过300万hm²。2013年，在湖南隆回县，超级杂交水稻Y两优900获得14 821kg/hm²的高产。

四、杂交水稻恢复系

我国极大部分强恢复系或强恢复源来自国外，包括IR24、IR26、IR30、密阳46等，它们均含有我国台湾省地方品种低脚乌尖的血缘（sd1矮秆基因）。20世纪70～80年代，IR24、IR26、IR30、IR36、IR58直接作恢复系利用，随着明恢63（IR30/圭630）的育成，我国的杂交稻恢复系走上了自主创新的道路，育成的恢复系其遗传背景呈现多元化。目前，主要的已广泛应用的核心恢复系17个，它们衍生的恢复系超过510个，配组的种植面积较大（年种植面积＞6 667hm²）的杂交品种数超过1 200个（表1-9）。配组品种较多的恢复系有：明恢63、明恢86、IR24、IR26、多系1号、测64-7、蜀恢527、辐恢838、桂99、CDR22、密阳46、广恢3550、C57等。

表1-9 我国主要的骨干恢复系及配组的杂交稻品种（截至2014年）

骨干亲本名称	类型	衍生的恢复系数	配组的杂交品种数	代 表 品 种
明恢63	籼型	>127	>325	D优63、Ⅱ优63、博优63、冈优12、金优63、马协优63、全优63、油优63、特优63、威优63、协优63、优Ⅰ63、新香优63、八两优63
IR24	籼型	>31	>85	矮优2号、南优2号、油优2号、四优2号、威优2号
多系1号	籼型	>56	>78	D优68、D优多系1号、Ⅱ优多系1号、K优5号、冈优多系1号、油优多系1号、特优多系1号、优Ⅰ多系1号
辐恢838	籼型	>50	>69	辐优803、B优838、Ⅱ优838、长优838、川香838、辐优838、绵5优838、特优838、中优838、绵两优838、天优838
蜀恢527	籼型	>21	>45	D奇宝优527、D优13、D优527、Ⅱ优527、辐优527、冈优527、红优527、金优527、绵5优527、协优527
测64-7	籼型	>31	>43	博优49、威优49、协优49、油优49、D优64、油优64、威优64、博优64、常优64、协优64、优Ⅰ64、枝优64
密阳46	籼型	>23	>29	油优46、D优46、Ⅱ优46、Ⅰ优46、金优46、油优10、威优46、协优46、优I46
明恢86	籼型	>44	>76	Ⅱ优明86、华优86、两优2186、油优明86、特优明86、福优86、D297优86、T优8086、Y两优86
明恢77	籼型	>24	>48	油优77、威优77、金优77、优Ⅰ77、协优77、特优77、福优77、新香优77、K优877、K优77
CDR22	籼型	24	34	油优22、冈优22、冈优3551、冈优363、绵5优3551、宜香3551、冈优1313、D优363、Ⅱ优936
桂99	籼型	>20	>17	油优桂99、金优桂99、中优桂99、特优桂99、博优桂99（博优903）、华优桂99、秋优桂99、枝优桂99、美优桂99、优Ⅰ桂99、培两优桂99
广恢3550	籼型	>8	>21	Ⅱ优3550、博优3550、油优3550、油优桂3550、特优3550、天丰优3550、威优3550、协优3550、优优3550、枝优3550
IR26	籼型	>3	>17	南优6号、油优6号、四优6号、威优6号、威优辐26
扬稻6号	籼型	>1	>11	红莲优6号、两优培九、扬两优6号、粤优938
C57	粳型	>20	>39	黎优57、丹粳1号、辽优3225、9优418、辽优5218、辽优5号、辽优3418、辽优4418、辽优1518、辽优3015、辽优1052、泗优422、皖稻22、皖稻70
皖恢9号	粳型	>1	>11	70优9号、培两优1025、双优3402、80优98、Ⅲ优98、80优9号、80优121、六优121

明恢63是我国最重要的育成恢复系，由福建省三明市农业科学研究所以IR30/圭630于1980年育成。圭630是从圭亚那引进的常规水稻品种，IR30来自国际水稻研究所，含有IR24、IR8的血缘。明恢63衍生了大量恢复系，其衍生的恢复系占我国选育恢复系的65%～70%，衍生的主要恢复系有CDR22、辐恢838、明恢77、多系1号、广恢128、恩恢58、明恢86、绵恢725、盐恢559、镇恢084、晚3等。明恢63配组育成了大量优良的杂交稻品种，包括油优63、D优63、协优63、冈优12、特优63、金优63、油优桂33、油优多系1号等，这些杂交稻品种在我国稻区广泛种植，对水稻生产贡献巨大。直接以明恢63为恢复系配组的年种植面积超过6 667hm²的杂交水稻品种29个，其中，油优63（珍油97A/

明恢63）1990年种植面积681万hm^2，累计推广面积（1983—2009年）6 289万hm^2；D优63（D珍汕97A/明恢63）1990年种植面积111万hm^2，累计推广面积（1983—2001年）637万hm^2。

密阳46（Miyang 46）原产韩国，20世纪80年代引自国际水稻研究所，其亲本为统一/IR24//IR1317/IR24，含有台中本地1号、IR8、IR24、IR1317（振兴/IR262//IR262/IR24）及韩国品种统一（IR8//蜓/台中本地1号）的血缘。全生育期110d左右，株高80cm左右，株型紧凑，茎秆细韧、挺直，结实率85%～90%，千粒重24g，抗稻瘟病力强，配合力强，是我国主要的恢复系之一。密阳46衍生的主要恢复系有蜀恢6326、蜀恢881、蜀恢202、蜀恢162、恩恢58、恩恢325、恩恢995、恩恢69、浙恢7954、浙恢203、Y111、R644、凯恢608、浙恢208等；配组的杂交品种汕优46(原名汕优10号)、协优46、威优46等是我国南方稻区中、晚稻的主栽品种。

IR24，其姐妹系为IR661，均引自国际水稻研究所（IRRI），其亲本为IR8/IR127。IR24是我国第一代恢复系，衍生的重要恢复系有广恢3550、广恢4480、广恢290、广恢128、广恢998、广恢372、广恢122、广恢308等；配组的矮优2号、南优2号、汕优2号、四优2号、威优2号等是我国20世纪70～80年代杂交中晚稻的主栽品种，IR24还是人工制恢的骨干亲本之一。

测64是湖南省安江农业学校从IR9761-19中系选测交选出。测64衍生出的恢复系有测64-49、测64-8、广恢4480（广恢3550/测64）、广恢128（七桂早25/测64）、广恢96（测64/518）、广恢452（七桂早25/测64//早特青）、广恢368（台中籼育10号/广恢452）、明恢77（明恢63/测64）、明恢07（泰宁本地/圭630//测64///777/CY85-43）、冈恢12（测64-7/明恢63）、冈恢152（测64-7/测64-48）等。与多个不育系配组的D优64、汕优64、威优64、博优64、常优64、协优64、优I64、枝优64等是我国20世纪80～90年代杂交稻的主栽品种。

CDR22（IR50/明恢63）系四川省农业科学院作物研究所育成的中籼迟熟恢复系。CDR22株高100cm左右，在四川成都春播，播种至抽穗历期110d左右，主茎总叶片数16～17叶，穗大粒多，千粒重29.8g，抗稻瘟病，且配合力高，花粉量大，花期长，制种产量高。CDR22衍生出了宜恢3551、宜恢1313、福恢936、蜀恢363等恢复系24个；配组的汕优22和冈优22强优势品种在生产中大面积推广。

辐恢838是四川省原子能应用技术研究所以226（糯）/明恢63辐射诱变株系r552育成的中籼中熟恢复系。辐恢838株高100～110cm，全生育期127～132d，茎秆粗壮，叶色青绿，剑叶硬立，叶鞘、节间和稃尖无色，配合力高，恢复力强。由辐恢838衍生出了辐恢838选、成恢157、冈恢38、绵恢3724等新恢复系50多个；用辐恢838配组的Ⅱ优838、辐优838、川香9838、天优838等20余个杂交品种在我国南方稻区广泛应用，其中Ⅱ优838是我国南方稻区中稻的主栽品种之一。

多系1号是四川省内江市农业科学研究所以明恢63为母本，Tetep为父本杂交，并用明恢63连续回交育成，同时育成的还有内恢99-14和内恢99-4。多系1号在四川内江春播，播种至抽穗历期110d左右，株高100cm左右，穗大粒多，千粒重28g，高抗稻瘟病，且配合力高，花粉量大，花期长，利于制种。由多系1号衍生出内恢182、绵恢2009、绵恢2040、明恢1273、明恢2155、联合2号、常恢117、泉恢131、亚恢671、亚恢627、航148、晚R-1、中恢8006、宜恢2308、宜恢2292等56个恢复系。多系1号先后配组育成了汕优多系1号、Ⅱ优多系1号、冈优多系1号、D优多系1号、D优68、K优5号、特优多系1号等品种，在我国南方稻区广泛作中稻栽培。

明恢77是福建省三明市农业科学研究所以明恢63为母本，测64作父本杂交，经多代选择于1988年育成的籼型早熟恢复系。到2010年，全国以明恢77为父本配组育成了11个组合通过省级以上农作物品种审定委员会审定，其中3个品种通过国家农作物品种审定委员会审定，从1991—2010年，用明恢77直接配组的品种累计推广面积达744.67万hm^2。到2010年，全国各育种单位利用明恢77作为骨干亲本选育的新恢复系有R2067、先恢9898、早恢9059、R7、蜀恢361等24个，这些新恢复系配组了34个品种通过省级以上农作物品种审定委员会审定。

明恢86是福建省三明市农业科学研究所以P18（IR54/明恢63//IR60/圭630）为母本，明恢75（粳187/IR30//明恢63）作父本杂交，经多代选择于1993年育成的中籼迟熟恢复系。到2010年，全国以明恢86为父本配组育成了11个品种通过省级以上农作物品种审定委员会品种审定，其中3个品种通过国家农作物品种审定委员会审定。从1997—2010年，用明恢86配组的所有品种累计推广面积达221.13万hm^2。到2011年止，全国各育种单位以明恢86为亲本选育的新恢复系有航1号、航2号、明恢1273、福恢673、明恢1259等44个，这些新恢复系配组了65个品种通过省级以上农作物品种审定委员会审定。

C57是辽宁省农业科学院利用"籼粳架桥"技术，通过籼（国际水稻研究所具有恢复基因的品种IR8）/籼粳中间材料（福建省具有籼稻血统的粳稻科情3号）//粳（从日本引进的粳稻品种京引35），从中筛选出的具有1/4籼核成分的粳稻恢复系。C57及其衍生恢复系的育成和应用推动了我国杂交粳稻的发展，据不完全统计，约有60%以上的粳稻恢复系具有C57的血缘，如皖恢9号、轮回422、C52、C418、C4115、徐恢201、MR19、陆恢3号等。C57是我国第一个大面积应用的杂交粳稻品种黎优57的父本。

参考文献

陈温福，徐正进，张龙步，等，2002. 水稻超高产育种研究进展与前景[J]. 中国工程科学，4(1): 31-35.

程式华，曹立勇，庄杰云，等，2009. 关于超级稻品种培育的资源和基因利用问题[J]. 中国水稻科学，23(3): 223-228.

程式华，2010. 中国超级稻育种[M]. 北京：科学出版社：493.

方福平，2009. 中国水稻生产发展问题研究[M]. 北京：中国农业出版社：19-41.

韩龙植，曹桂兰，2005. 中国稻种资源收集、保存和更新现状[J]. 植物遗传资源学报，6(3): 359-364.

林世成，闵绍楷，1991. 中国水稻品种及其系谱[M]. 上海：上海科学技术出版社：411.

马良勇，李西民，2007. 常规水稻育种[M]//程式华，李健. 现代中国水稻. 北京：金盾出版社：179-202.

闵捷，朱智伟，章林平，等，2014. 中国超级杂交稻组合的稻米品质分析[J]. 中国水稻科学，28(2): 212-216.

庞汉华，2000. 中国野生稻资源考察、鉴定和保存概况[J]. 植物遗传资源科学，1(4): 52-56.

汤圣祥，王秀东，刘旭，2012. 中国常规水稻品种的更替趋势和核心骨干亲本研究[J]. 中国农业科学，5(8): 1455-1464.

万建民，2010. 中国水稻遗传育种与品种系谱[M]. 北京：中国农业出版社：742.

魏兴华, 汤圣祥, 余汉勇, 等, 2010. 中国水稻国外引种概况及效益分析 [J]. 中国水稻科学, 24(1): 5-11.

魏兴华, 汤圣祥, 2011. 中国常规稻品种图志 [M]. 杭州: 浙江科学技术出版社: 418.

谢华安, 2005. 汕优63选育理论与实践 [M]. 北京: 中国农业出版社: 386.

杨庆文, 陈大洲, 2004. 中国野生稻研究与利用 [M]. 北京: 气象出版社.

杨庆文, 黄娟, 2013. 中国普通野生稻遗传多样性研究进展 [J]. 作物学报, 39(4): 580-588.

袁隆平, 2008. 超级杂交水稻育种进展 [J]. 中国稻米 (1): 1-3.

Khush G S, Virk P S, 2005. IR varieties and their impact[M]. Malina, Philippines: IRRI: 163.

Tang S X, Ding L, Bonjean A P A, 2010. Rice production and genetic improvement in China[M]//Zhong H, Bonjean Alain A P A. Cereals in China. Mexico: CIMMYT.

Yuan L P, 2014. Development of hybrid rice to ensure food security[J]. Rice Science, 21(1): 1-2.

第二章
吉林省稻作区划与品种改良概述

吉林省地处中国东北地区腹地，位于日本、俄罗斯、朝鲜、韩国、蒙古与中国东北部组成的东北亚几何中心地带。南邻辽宁省，西接内蒙古自治区，北与黑龙江省相连，东与俄罗斯接壤，东南部以图们江、鸭绿江为界河与朝鲜民主主义人民共和国隔江相望。地跨东经121°38′～131°19′、北纬40°50′～46°19′。东西长769.62km，南北宽606.57km，略呈西北窄而东南宽的狭长形，面积18.74万km²，占中国国土面积的2%。

吉林省位于中纬度欧亚大陆的东侧，东南部山地气候冷湿，西北部平原接近蒙古高原，气候干暖，四季分明，雨热同季，属于温带大陆性季风气候。春季干燥风大，夏季高温多雨，秋季天高气爽，秋季晴冷温差大，冬季漫长干寒。从东南向西北由湿润气候过渡到半湿润气候再到半干旱气候。

吉林省冬季平均气温在−11℃以下，夏季平原平均气温在23℃以上。吉林省气温年较差在35～42℃，日较差一般为10～14℃。全年无霜期一般为100～160d。吉林省多年平均日照时数为2 259～3 016h。1月均温一般为−20～−14℃，7月大部在20～23℃，日均温10℃以上活动积温2 400～3 600℃，具有雨热同季特点，对各种农作物生长十分有利。年降水量400～1 000mm。降水分布自东向西递减：长白山东南侧年降水量800～1 000mm，西部平原的台地年降水量500～700mm，平原部分年降水量多在400～500mm，但季节和区域差异较大，80%集中在夏季，以东部降水量最为丰沛。

吉林省是我国著名的商品粮基地，农业生产条件得天独厚，肥沃的黑土地含有丰富的氮、磷、钾等多种矿物元素，特别适合水稻生长发育，是全国著名的北方一季粳稻主产区，是全国3个优势水稻产业带之一。作为全国优质粳稻主产区，吉林省已列入国家优质粮食产业工程建设规划，多种生态条件决定了吉林省稻作类型的多样性。从吉林省水稻不同熟期品种分布来看，大体可分为6个熟期组，即极早熟、早熟、中早熟、中熟、中晚熟、晚熟。多种类型的水稻在吉林省均能获得高产。

第一节　吉林省稻作区划

根据吉林省自然环境、光温生态、季节变化、耕作制度、品种演变及水稻生产布局等因素，参考《吉林稻作》（中国农业科学技术出版社，1993），将吉林省水稻种植区域划分为平原稻作区、半山区稻作区、山区冷凉稻作区及高寒山区稻作区四大稻作区10个亚区（表2-1）。

从吉林省不同地区霜前≥10℃活动积温和水稻不同熟期品种分布来看，大体可分为6个熟期组，即极早熟、早熟、中早熟、中熟、中晚熟、晚熟。据调查，各熟期组整个生育期间所需的活动积温和日数如表2-2所示。

表2-1　吉林省水稻区划

区域名称 项目	平原稻作区						半山区稻作区		山区冷凉稻作区		高寒山区稻作区
	集安岭南亚区	四平温暖半湿润区	白城温暖半干旱区	长春温和半湿润区	吉林通化河谷平川区	延吉盆地温和区	延边半山区	吉林通化半山区	长白山西麓	长白山东麓	长白山高寒区
≥10℃活动积温(℃)	>3 100	2 950~3 100	2 900~3 100	2 700~3 000	2 700~2 850	2 700~2 800	2 450~2 600	2 500~2 700	2 300~2 500	2 300~2 500	<2 300
霜前≥10℃期间　活动积温(℃)	>3 100	2 850~3 000	2 800~3 000	2 600~2 850	2 600~2 850	2 600~2 750	2 400~2 600	2 400~2 600	2 200~2 400	2 200~2 400	2 000~2 200
霜前≥10℃期间　80%~90%保证率积温(℃)	2 850~2 900	2 700~2 850	2 600~2 850	2 500~2 700	2 400~2 600	2 400~2 650	2 250~2 450	2 250~2 450	2 000~2 300	2 100~2 300	1 800~2 100
降水量(mm)	700	450~550	300~400	450~500	500~700	350~450	400~450	500~600	450~550	450~500	500~600
无霜期(d)	>150	145~150	140~150	135~145	130~140	135~140	130~135	125~135	120~125	120~125	<120
安全成熟期	9月25日	9月20日	9月20日	9月16~18日	9月15~17日	9月20日	9月13~15日	9月12~15日	9月10日	9月13~15日	9月5~10日
主要土壤类型	沙壤土 沙石土	黑土 河淤土 棕壤土	灰沙土 黄沙土 盐碱土	黑土 黑钙土	酸土 黑黄土 河淤土 暗棕色森林土	草甸土 暗棕色森林土	暗棕色森林土 草甸土	暗棕色森林土	暗棕色森林土	暗棕色森林土	暗棕色森林土 灰化土
适宜品种	晚熟	中晚熟—晚熟	中熟—中晚熟	中熟—中晚熟	中熟—中晚熟	中早熟—中熟	早熟—中早熟	中早熟—中熟	早熟—中早熟	早熟—中早熟	极早熟—早熟

表2-2　各熟期组所需的热量指标

熟期	播种—成熟		出苗—成熟		无霜期（d）
	积温（℃）	日数（d）	积温（℃）	日数（d）	
极早熟	2 100 ~ 2 200	< 115	1 900 ~ 2 000	95 ~ 105	< 115
早 熟	2 200 ~ 2 300	115 ~ 120	2 000 ~ 2 100	105 ~ 110	115 ~ 120
中早熟	2 300 ~ 2 500	120 ~ 130	2 100 ~ 2 300	110 ~ 120	115 ~ 120
中 熟	2 500 ~ 2 700	130 ~ 135	2 300 ~ 2 500	120 ~ 125	115 ~ 120
中晚熟	2 700 ~ 2 850	135 ~ 145	2 500 ~ 2 650	125 ~ 135	115 ~ 120
晚 熟	2 850 ~ 3 100	145 ~ 150	2 650 ~ 2 800	135 ~ 140	> 150

一、平原稻作区

平原稻作区是吉林省水田面积分布最广、最多的地区。水田面积28万hm²，占全省水田总面积的74.2%，是最适宜种植水稻的地区。为了便于领导部门和生产单位应用，基本按行政区划分成6个亚区。

1. 集安岭南亚区

本区以霜前≥10℃活动积温3 100℃等值线为界，包括集安老岭以南至鸭绿江北岸一带，是宽谷平原。地势自南向北逐渐升高，海拔高度为200 ~ 210m。水田面积6 000 hm²，占全区水田面积2%。区内热量供应充足，年平均气温在6℃以上，最热的7月平均气温在23.3℃，霜前≥10℃活动积温3 000 ~ 3 100℃，持续日数平均为164d，保证率80% ~ 90%的活动积温2 850 ~ 2 900℃。日照偏少，5 ~ 9月日照时数为1 020h左右，日照率为47%，春季稳定通过10℃的日期为4月24日，秋季最低温度出现≤0℃的日期为10月4日，无霜期150 ~ 155d。水稻安全成熟期在9月25日左右。水分供应条件很充沛，年降水量900 ~ 1 000mm，水稻生育期降水量700mm。本区是吉林省水热资源最丰富的区域，水热组合比较均衡，生育期较长，适宜种植晚熟品种。

2. 四平平原亚区

本区的东、北两侧以霜前≥10℃活动积温2 850℃等值线为界，西与白城平原为邻，包括长春以南的公主岭市、梨树及双辽、长岭、辽源、伊通部分地区。区内土地平坦而肥沃，海拔高度一般为150 ~ 200m，热量供应条件较好，霜前≥10℃活动积温2 850 ~ 3 000℃，持续日数为150 ~ 155d，保证率80% ~ 90%的活动积温为2 700 ~ 2 850℃，5 ~ 9月日照时数为1 200 ~ 1 350h，日照率为57%，春季稳定通过10℃的日期为4月25 ~ 28日，秋季最低温度出现≤0℃的日期为9月26日前后，无霜期平均为140 ~ 150d。水稻安全成熟期在9月20日左右。最热月平均气温在23 ~ 24℃，水稻生育期降水量450 ~ 550mm。水田面积3.79万hm²，占全区水田面积的11.0%。区内水热供应良好，适宜种植中晚—晚熟品种。

3. 白城平原亚区

包括白城地区和德惠、农安、双辽西部部分地区。区内光热资源丰富，霜前≥10℃

活动积温2 800 ～ 3 000℃，持续日数为145 ～ 150d，保证率80% ～ 90%的活动积温为
2 600 ～ 2 850℃，日照充足，5 ～ 9月日照时数为1 300 ～ 1 400h，日照率为60%，春季稳
定通过10℃的日期为4月30日前后，秋季最低温度出现≤0℃的日期为9月24 ～ 28日，无
霜期为145 ～ 150d。水稻生育期降水量300 ～ 400mm。比较干燥。区内土壤条件较差，大
部分是盐碱土和风沙土。区内水田面积较大，水田面积20万hm²。从区内热量资源看，可以
种植中晚熟品种，但由于栽培水平及土壤条件等原因，亦适宜种植中熟品种。

4.长春平原亚区

本区东以霜前≥10℃活动积温2 600℃等值线为界，南以霜前≥10℃活动积温2 850℃
等值线为界，包括长春、九台、德惠、榆树、农安大部分和双阳、扶余部分地区。区内地
势较为平坦，土质比较肥沃，区内种植水稻4.66万hm²，占全区水田总面积的16.6%。区内
霜前≥10℃活动积温2 600 ～ 2 850℃，持续日数为145 ～ 150d，保证率80% ～ 90%的活动
积温为2 500 ～ 2 700℃，5 ～ 9月日照时数为1 150 ～ 1 250h，日照率为56%，春季稳定通
过10℃的日期为5月初，秋季最低温度出现≤0℃的日期为9月24 ～ 26日，无霜期平均为
135 ～ 145d。水稻安全成熟期在9月16 ～ 18日。最热月平均气温在22 ～ 23℃，比长春以
南低0.5 ～ 1.0℃，区内水分供应适中，水稻生育期降水量450 ～ 500mm。适宜种植中—中
晚熟品种。

5.吉林、通化河谷平川亚区

本区呈环形，东侧及内环以霜前≥10℃活动积温2 600℃等值线为界，与吉林、通
化半山区相邻，西侧以霜前≥10℃活动积温2 850℃等值线为界，与四平平原亚区相
接，西侧北部与长春平原相连。区内多为沿江河的宽谷平原，海拔高度为200 ～ 300m，
包括通化、梅河、辉南及东丰、伊通、双辽、永吉的大部分和桦甸、磐石、舒兰的少
部分地区。区内水田面积14.1万hm²，占全区水田总面积的50.2%。区内霜前≥10℃
活动积温2 600 ～ 2 850℃，持续日数为140 ～ 150d，保证率80% ～ 90%的活动积温为
2 400 ～ 2 600℃，5 ～ 9月日照时数为1 100 ～ 1 200h，日照率为50% ～ 55%，春季稳定
通过10℃的日期为5月3 ～ 5日，秋季最低温度出现≤0℃的日期为9月23 ～ 25日，无霜期
平均为130 ～ 140d。水稻安全成熟期在9月15 ～ 17日。区内多江河，百溪穿流，水源充沛，
生长季节降水量500 ～ 700mm。适合水稻栽培，是吉林省老稻区，栽培水平较高，适宜种
植中—中晚熟品种。

6.延吉盆地亚区

本区是一个向海盆地，以霜前≥10℃活动积温2 600℃等值线为其东、北、西三面的
区界，包括延吉、图们两市和龙井、和龙等县部分地区。一般海拔高度为100 ～ 300m，
气候温和稍干。区内水田面积3.33万hm²，占全区水田面积的11.9%。区内霜前≥10℃
活动积温2 600 ～ 2 750℃，持续日数为145 ～ 150d，保证率80% ～ 90%的活动积温为
2 400 ～ 2 650℃，最热月份平均气温在21 ～ 22℃。由于水稻生长季节热量水平较差，常
遭受延迟型和障碍型冷害。5 ～ 9月日照时数为1 000 ～ 1 100h，日照率为45% ～ 50%，
春季稳定通过10℃的日期为5月3 ～ 5日，秋季最低温度出现≤0℃的日期为9月25 ～ 27
日，无霜期平均为135 ～ 140d。水稻安全成熟期在9月18 ～ 20日。水稻生育期降水量
400 ～ 450mm。区内栽培技术水平较高，适宜种植中早—中熟品种。

二、半山区稻作区

因其生态条件和利用特点不同，又可分为延边半山区和吉林、通化半山区两个亚区。全区水田面积5.66万hm²，占全省水田面积14.2%，是吉林省较适宜水稻的栽培区。

1.延边半山区亚区

此区处于延边盆地的外围，海拔高度200～400m，南侧与延吉盆地相邻，北侧以霜前≥10℃活动积温2 400℃等值线为界，与长白山山麓山区相接。区内包括图们、龙井的北部，汪清的南部、和龙及安图的东部。区内有水田1.66万hm²，占全区水田面积29.4%。区内霜前≥10℃活动积温2 400～2 600℃，持续日数135～140d，保证率80%～90%的活动积温为2 250～2 450℃，最热的7月平均气温在20～21℃。5～9月日照时数为980～1 050h，日照率为50%。春季稳定通过10℃的日期为5月8～10日，秋季最低温度出现≤0℃的日期为9月23日前后，无霜期130～135d。水稻安全成熟期在9月15日。生育期降水量为400～450mm。应选用中早—中熟水稻品种。

2.吉林、通化半山区亚区

本区以霜前≥10℃活动积温2 400℃等值线为东界，与长白山西麓区为邻；大致以霜前≥10℃活动积温2 600℃等值线为西界，接连吉林、通化河谷平原区，包括靖宇的北部、磐石、桦甸、蛟河、舒兰等地的全部或大部分，以及榆树、德惠、东丰的部分地区。海拔一般300～400m，本区内霜前≥10℃活动积温2 400～2 600℃，持续日数135～140d，保证率80%～90%的活动积温为2 250～2 450℃，最热的7月平均气温在20～22℃。5～9月日照时数为1 100～1 200h，日照率为50%左右。春季稳定通过10℃的日期为5月2～4日，秋季最低温度出现≤0℃的日期为9月12～15日，无霜期130～135d。水稻安全成熟期在9月5～8日。生育期降水量为500～600mm。区内水分供应充足，但热量欠佳，土壤肥力较低，常受低温冷害危害。水田面积约4万hm²，占全区水田面积70.6%。应选用中早—中熟水稻品种。加强农田基本建设，采用促早熟的技术措施，防御低温冷害。

三、山区冷凉稻作区

此区按农业气候生态特点，可以划为长白山东麓和西麓两个亚区。区内水田面积较少，仅2.73万hm²，占全省水田面积6.8%，属次适宜区。

1.长白山西麓冷凉亚区

本区以霜前≥10℃活动积温2 200℃等值线为东界与高寒山区相连。西以霜前≥10℃活动积温2 200℃等值线为界，与吉林、通化半山区为邻，包括靖宇、抚松、桦甸、蛟河、舒兰等县的部分地区，呈一狭长带状。区内地势较高，海拔高度300～500m，本区内霜前≥10℃活动积温2 200～2 400℃，保证率80%～90%的活动积温为2 000～2 200℃，最热的7月平均气温在20～22℃。5～9月日照时数为1 000～1 200h，日照率为50%左右。春季稳定通过10℃的日期为5月10～21日，秋季最低温度出现≤0℃的日期为9月16～20日，无霜期120～125d，水稻安全成熟期在9月13～15日，生育期降水量为450～500mm。区内地势较高，温度低，土质薄，产量不稳不高，应选用早熟水稻品种。加强农田基本建设，采用促早熟的技术措施，防御低温冷害。

2.长白山东麓冷凉亚区

本区以霜前≥10℃活动积温2 200～2 400℃等值线为界，分别与长白山高寒山区和延边半山区为邻，包括图们、延吉、和龙、敦化、汪清、珲春等市（县）的山间盆谷地带，是延边盆地的最外围。地势较高，区内海拔高度200～400m，本区内霜前≥10℃活动积温2 200～2 400℃，持续日数130～135d，保证率80%～90%的活动积温为2 100～2 300℃，最热的7月平均气温在20～21℃。5～9月日照时数为900～1 000h，日照率为45%左右。春季稳定通过10℃的日期为5月10～21日，秋季最低温度出现≤0℃的日期为9月18～20日，无霜期120～125d。水稻安全成熟期在9月13～15日。生育期降水量为4 500～5 000mm。区内地势较高，温度低，积温少，冷寒频发。水田多分布在河流中上游，水田面积为0.7万hm²，占全区水田面积27%。区内土质较好，但水温低。易贪青晚熟和遭受冷害。适宜种植极早熟—早熟品种。

四、高寒山区稻作区

本区东西两侧均以霜前≥10℃活动积温2 200℃等值线为界，与长白山东西麓山区为邻，包括长白、安图、敦化、罗子沟及蛟河部分地区。区内海拔高度500m以上，气候湿润而寒冷，是吉林省最冷的稻作区，水田面积仅1.33万hm²，占全区水田面积的3.5%。区内霜前≥10℃活动积温2 000～2 200℃，保证率80%～90%的活动积温为1 800～2 100℃，最热月份平均气温在21～22℃。春季稳定通过10℃的日期为5月14～16日，秋季最低温度出现≤0℃的日期为9月17～18日，无霜期平均为120d，水稻安全成熟期在9月8日以前，适宜种植极早熟品种。

第二节　吉林省水稻品种改良历程

吉林省水稻品种改良可分为7个阶段。一是品种引进种植阶段（1949年以前），水稻产量很低，平均产量低于2 136.26kg/hm²。二是地方品种改良阶段（1949—1959年），水稻平均产量上升到2 614.54kg/hm²以上，1955年突破3 419.48kg/hm²。三是品种更新阶段（1960—1969年），水稻平均单产稳定跨上3 000kg/hm²台阶，1967年最高达到4 462.13kg/hm²。四是快速发展阶段（1970—1979年），水稻平均单产3 824.93kg/hm²，1975年达到5 117.02 kg/hm²。五是新一轮引进、消化吸收阶段（1980—1989年），水稻平均单产跨上5 000 kg/hm²台阶，1984年最高达到6 708.00 kg/hm²。六是崛起阶段（1990—1999年），水稻平均单产稳定跨上6 000 kg/hm²台阶，1999年最高达到8 725.28 kg/hm²。七是飞速发展阶段（2000年至今），水稻平均单产稳定跨上7 000 kg/hm²台阶，2011年最高达到9 019.90kg/hm²（表2-3）。

表2-3　吉林省不同时期水稻产量水平及种植面积

年份	发展阶段	平均年种植面积 （万hm²）	平均产量 （kg/hm²）	最高年产量 （kg/hm²）
1949年以前	品种引进种植阶段	8.66	<2 136.26	
1949—1959	地方品种改良阶段	17.62	2 614.54	3 419.48

（续）

年份	发展阶段	平均年种植面积 （万 hm²）	平均产量 （kg/hm²）	最高年产量 （kg/hm²）
1960—1969	品种更新阶段	18.62	3 141.56	4 462.13
1970—1979	快速发展阶段	26.28	3 824.93	5 117.02
1980—1989	引进、消化吸收阶段	36.02	5 370.79	6 708.00
1990—1999	崛起阶段	45.14	7 395.53	8 725.28
2000 年至今	飞速发展阶段	66.66	7 382.95	9 019.90

一、品种引进种植阶段（1949年以前）

据历史资料记载，中华人民共和国成立前，由于朝鲜不断向吉林省移民和日本帝国主义侵占东北等原因，朝鲜、日本的水稻品种被引入吉林省，并得到大面积种植。20世纪初，由朝鲜、日本引入了京租、麦租、北海红毛等品种。1921年前后栽培的品种包括北海、早京租、小田代、早生大野、天落租、青盛等。1925年前后栽培的品种有北海、井越早生、京租、麦租、龟之尾等。1930年栽培的品种为井越早生、北海、黑租、田泰、嘉笠、朝鲜糯。1940年栽培的品种包括津轻早生、坊主、光头儿、小川稻、陆羽132、农林1号、青森5号、弥荣、兴国、兴亚等。当时在延边平原以小田代5号、津轻早生分布较广，山区主要是井越早生和北海；长春、四平、通化主要栽培京租、田泰等品种。其中青森5号种植面积较大，最大种植面积达3.3万hm²。1941年，伪满公主岭农事试验场育成了弥荣、兴国、国主等早熟品种和兴亚中熟品种，在山区和中西部地区推广，栽培面积逐渐扩大。由日本引进的品种，一般植株稍矮，分蘖力较强、较耐肥，不易落粒，要求较高的栽培技术，其产量比当地品种和朝鲜品种略有提高。中华人民共和国成立前，栽培技术粗放，不重视选种留种，种子混杂退化严重，品种抗逆性不强，产量不高、不稳，品种选育工作进展非常缓慢，主要栽培的都是引进品种。

二、地方品种改良阶段（1949—1959年）

该阶段是吉林省水稻生产育种恢复阶段。以东北农业研究所为主体，对中华人民共和国成立前遗留下来的陆羽132、青森5号、北海道、农林1号、石狩白毛、弥荣、兴国等老品种，迅速提纯、更新，就地繁殖与推广。当时种植面积最大的是青森5号、小田代和井越早生等中早熟品种，东北农业研究所通过系统选育和品种间杂交选育出了抗病品种6,1,4-2，很快取代了兴亚和公17。同时组织区域试验，对元子2号、北海1号、石狩白毛等品种进行鉴定和审定，在生产上推广应用，同时总结过去的生产经验，以恢复生产为主，为北方粳稻的发展提供了种质资源。

三、品种更新阶段（1960—1969年）

该阶段以选育新品种为主，共选育出长白1 ~ 5号、松辽1 ~ 4号等20多个新品种，彻底更新了中华人民共和国成立前遗留的老品种，实现了吉林省水稻品种第一次更新换代。

"松辽号"一般产量6 000～6 750kg/hm², 高的可达7 500kg/hm²以上, 比青森5号、兴亚等增产一到两成。"长白号"一般产量4 875～6 750kg/hm², 比石狩白毛、北海1号等增产一到两成。在吉林省推广应用最广的是松辽1号、松辽2号和松辽4号。长白4号、长白5号在吉林省山区和半山区应用较广。松辽1号、松辽2号首先在吉林、延边等地平原稻区推广, 随后普及到全省各稻区。在这些品种中, 最具代表性的是松辽4号品种。由于其丰产性好, 抗稻瘟病性强, 耐肥抗倒伏, 适应性较广, 最受群众欢迎。

四、快速发展阶段（1970—1979年）

这一阶段是吉林省新品种选育又有新的突破时期, 先后选育出长白6号、吉粳60、九稻3号、通交17和延粳6号等一批新的优良品种, 这批品种具有丰产性好, 熟期适当, 抗稻瘟病性强, 适应性广的优点, 很快代替了松辽号和长白号, 实现了吉林省水稻品种的第二次更新。其中, 吉粳60于1970年开始在生产上推广, 至1975年种植面积达13.33万hm², 占全省水稻面积55%以上, 开创了吉林省自育品种的新纪元, 获国家科学大会奖。

五、引进、消化吸收阶段（1980—1989年）

进入20世纪80年代, 由于引进日本大棚盘育苗机插秧技术, 水稻生产水平明显提高, 对品种提出更高要求, 全省水稻育种进入攻关爬坡阶段。在此期间, 省内各育种单位先后也选出一些新品种, 如双丰8号、长白7号、九稻6～9号、吉粳61、吉粳62、吉粳63、寒2和延粳13、延粳14、延粳15, 但在生产上推广面积仅占20%左右, 从日本新引进的早锦、京引127、秋光、藤系138、通系103在生产上推广成为主栽品种。在引进日本大棚育苗技术的同时, 1985年, 吉林省开始进行盐碱地种稻技术的开发研究, 总结出盐碱地以旱育苗为中心的配套栽培技术, 3年累计开发水田面积3.33万hm², 增产稻谷1.5亿kg, 创经济效益9 000万元。广大稻农通过"以稻治涝, 以稻治碱, 种稻致富"增加了收入, 并大大改善了生态环境。盐碱地种稻既是土壤利用, 又是土壤改良, 通过苏打盐碱地种稻改良获得高产是我国北方稻区新的创举, 具有普遍的理论和实践指导意义。

六、崛起阶段（1990—1999年）

20世纪90年代初, 日本品种秋光等依然处于主导地位。在栽培技术上, 因冷害发生频繁, 为了减轻冷害研究出了采用早熟品种、早育苗、早插秧的"三早"栽培技术, 并在省内及北方稻区推广。

20世纪90年代中期, 吉林省水稻科技迅速发展, 育出一大批具有区域特点的优质高产水稻品种, 如长白9号、超产1号、通35、吉玉粳、九稻19、农大3号等品种。1996年, 这些优质高产品种在生产上迅速推广, 彻底代替了京引127、早锦、秋光、藤系138等日本品种, 完成了第四次品种更新。

90年代后期, 由于农民出现了储粮难、卖粮难的现象, 品种选育目标也由过去的一味高产变为高产、优质并重, 吉林省进行了第一届优质米鉴评, 评选出超产1号、超产2号、农大3号等优质米品种, 随后又评选出吉粳81、吉粳83等优质米品种。

七、飞速发展阶段（2000年至今）

进入21世纪，国家粮食安全问题又提到日程，并随着世界能源危机，粮食安全已成为世界安定的第一要素，对品种和技术又有了新的要求，为此，国家实施了超级稻高产育种计划。吉林省选育出了富源4号、吉粳105、吉粳81等一系列高产优质水稻品种，对吉林省水稻发展做出了突出贡献，特别是2004年育成了吉林省第一个超级稻品种吉粳88，百亩连片产量达11 160 kg/hm²，最高产量达11 985 kg/hm²，万亩方产量达10 531.5kg/hm²（2008年农业部公布数据），创吉林省单产新纪录。同时，吉粳83、吉粳102、长白25也相继被认定为农业部超级稻品种，长白22、长白25被认定为吉林省超级稻品种。超级稻现种植面积达到吉林省水田面积的50%以上。

参考文献

1949—2014年中国统计年鉴.http://data.stats.gov.cn/index.htm.

曹静明，1991.关于加强今后十年(1991—2000年)水稻育种工作的几点意见[J].吉林农业科学(4):1-7.

曹静明，1993.吉林稻作[M].北京：中国农业科技出版社.

曹静明，1995.试论我所水稻育种和栽培研究工作的现状及今后十年研究重点[J].吉林农业科学(1):1-7.

曹静明，1984.我省水稻育种和栽培研究工作的展望[J].吉林农业科学(2): 7-12.

吉林省农业区划办公室，吉林省农业区划研究所，1988.吉林省综合农业区划[M].长春：吉林科学技术出版社.

李荫棠，2013.我市水稻种植起始年代小考[N].江城日报，09-25.

王思睿，1981.三十年来吉林省水稻国外引种的成果与经验总结(1949—1981)[J].吉林农业科学(3):16-21.

衣保中，2002.朝鲜移民与近代东北地区的水田技术[J].中国农史，21(1): 37-46.

张强，金京花，2008.吉林省水稻国外引种及利用情况[J].安徽农业科学，36(21):8968-8970.

赵国臣，侯立刚，刘亮等，2008.吉林稻作科技进步与贡献[J].吉林农业科学，33(6)：88-90.

赵国臣，侯立刚，隋朋举，等，2005.稻作栽培科学研究的回顾与展望[J].吉林农业科学(6):3-5.

赵国臣，齐春艳，侯立刚，等，2012.吉林省苏打盐碱地水稻生产历史进程与展望[J].沈阳农业大学学报 (6):673-680.

赵国臣，2012.吉林省稻作生产与展望[J].北方水稻，41(6):1-5.

赵国臣，2008.吉林省农业科学院水稻研究所志[M].长春：吉林科学技术出版社.

赵英奎，梁志业，2004.吉林省稻作条件与可持续发展[J].吉林农业科学(1):23-27.

第三章
品种介绍

ZHONGGUO SHUIDAO PINZHONGZHI·JILIN JUAN

白粳1号 （Baigeng 1）

品种来源：吉林省白城市农业科学院于1998年以五优1号为母本，藤系138为父本杂交选育而成。2006年通过吉林省农作物品种审定委员会审定，审定编号为吉审稻2006001。

形态特征和生物学特性：属粳型常规水稻。感光性弱，感温性弱，基本营养生长期短，早熟早粳。生育期130d，需≥10℃活动积温2 550～2 600℃。株型紧凑，茎叶深绿色，分蘖力强，中散穗型，着粒密度适中，谷粒细长形，籽粒黄色，无芒。株高100.0cm，平均穴穗数27.2个，穗长20cm，主穗粒数158粒，平均穗粒数116.3粒，结实率90%，千粒重24.4g。

品质特性：糙米率82.3%，精米率76.3%，整精米率75.8%，粒长5.6mm，长宽比2.2，垩白粒率2.0%，垩白度0.1%，透明度1级，碱消值7.0级，胶稠度72mm，直链淀粉含量17.7%，蛋白质含量8.3%。依据农业部NY/T 83—1988《优质食用稻米》标准，该品种达国家一等食用粳品种品质。

抗性：2003—2005年吉林省农业科学院植物保护研究所连续3年采用分菌系人工接种、病区多点异地自然诱发鉴定，结果表明，苗瘟中抗，叶瘟中感，穗瘟中抗。

产量及适宜地区：2004—2005年区域试验，平均单产8 102kg/hm²，比对照品种长白9号增产4.8%。2005年生产试验，平均单产8 163kg/hm²，比对照品种长白9号增产4.2%。适宜吉林省白城、松原、通化、延边、吉林东部等中早熟稻作区种植。

栽培技术要点：4月上旬播种，隔离层育苗，播芽种350g/m²；盘育苗，每盘60g。5月中旬插秧，宜采取30cm×13.3cm或30cm×17.5cm密度栽植，每穴栽插2～3苗。氮、磷、钾配方施肥，施纯氮130kg/hm²，按基肥50%、补肥30%、穗肥20%的比例分期施用；施磷肥（P₂O₅）100kg/hm²，作底肥一次性施入；施钾肥(K₂O)100kg/hm²，60%作底肥、40%作穗肥，分两次施用。盐碱稻区必须施用锌肥，施硫酸锌25kg /hm²。分蘖期浅水灌溉，孕穗期浅水或湿润灌溉，成熟期干湿结合。注意防治二化螟、稻瘟病等。

北陆128 (Beilu 128)

品种来源：吉林省农业科学院水稻研究所1985年采用"一穗传"的方法从日本引进的北陆128中系选的新品系，原代号日引80。1994年通过吉林省农作物品种审定委员会审定，审定编号为吉审稻1994009。

形态特征和生物学特性：属粳型常规水稻。感光性弱，感温性中等，基本营养生长期短，中熟早粳。生育期138d，需≥10℃活动积温2 800～2 850℃。苗期叶色发黄、细长叶，生育中后期叶片挺举，秆硬株型好，分蘖力中上等，偏大穗型。谷粒呈椭圆形，大小适中，颖尖黄色，颖壳具有稀短芒。株高90cm，主茎叶15片，穗长约18cm，平均每穗100粒左右，千粒重约26g。

品质特性：直链淀粉含量17.7%，蛋白质含量6.6%，米白色。外观米质优良，适口性好。

抗性：田间抗瘟性中等，略强于下北。抗倒伏。

产量及适宜地区：1987—1989年区域试验，平均单产7 545kg/hm²，比对照品种下北增产5.2%；1991—1993年生产试验，平均单产8 250kg/hm²，比对照品种下北增产8.6%。适宜吉林省长春、四平、白城、吉林等地有效积温2 900℃左右的平原稻区种植。累计推广面积达2万hm²。

栽培技术要点：4月中下旬播种，5月中下旬插秧。插秧密度为每平方米15～25穴，行株距30cm×20cm或30cm×13cm，也可采用30cm×26cm等超稀植栽培，每穴栽插3苗。施纯氮控制在130kg/hm²以内。湿润灌溉为主，孕穗期保持深水层，生育期间注意防治稻瘟病。

滨旭（Binxu）

品种来源：日本品种。1979年日本东北稻作技术交流团带入吉林省农业科学院，1983年通过吉林省农作物品种审定委员会审定，审定编号为吉审稻1983003。

形态特征和生物学特性：属粳型常规水稻。感光性弱，感温性弱，基本营养生长期短，中熟早粳。生育期约130d，需≥10℃活动积温约2 700℃。苗期长势旺，苗色浅绿。抗寒性强，插秧后返青分蘖快，早生快发。分蘖力中等，叶片较长，直立上举，株型比较紧凑，秆较粗，叶鞘、叶缘、叶枕均为绿色。穗型较大，着粒较稀，出穗后穗子藏在剑叶下面，主蘖穗不整齐，出穗后籽粒灌浆成熟快。谷粒椭圆形，无芒，颖及颖尖黄色，谷粒充实饱满。株高约100cm，平均每穴有效穗数15个，平均每穗约65粒，结实率95%，千粒重26g。

品质特性：米白色，蛋白质含量8.4%，脂肪含量2.4%。米质中等。

抗性：耐肥，抗倒伏性较强，抗稻瘟病性刚引入阶段表现极强，自1983年以后变得极弱，很易感病。

产量及适宜地区：平均单产6 750kg/hm^2。适宜吉林省各地平原及半山区种植。1983年种植面积5.2万hm^2。1983年稻瘟病大流行，滨旭在各地普遍严重感病。

栽培技术要点：宜在中上等肥力条件下种植。保温育苗，4月中旬播种，5月下旬插秧，行穴距27cm×10cm，每穴栽插5～6苗。因其易感染稻瘟病，应注意防治。

长白1号 (Changbai 1)

品种来源：吉林省农业科学院1950年以丰穰为母本，北海1号为父本，有性杂交，1959年育成，原代号为公交9号。

形态特征和生物学特性：属粳型常规水稻。感光性弱，感温性中等，基本营养生长期短，早熟早粳。生育期125d，需≥10℃活动积温2 600～2 650℃。幼苗健壮，叶色淡绿，叶片稍短而窄，叶鞘、叶缘、叶枕均为绿色，分蘖力较强。着粒密度适中，不易落粒，谷粒呈椭圆形，粒较短，颖及颖尖均为黄色，无芒。株高80cm，穗长15.5cm，主穗106粒，平均每穗86粒，单株有效穗12个，千粒重25.3g。

品质特性：糙米率82.1%，腹白小，米白色。米质中上等。

抗性：较耐肥，抗倒伏性中等。耐寒性及抗稻瘟病性较强。

产量及适宜地区：一般平均单产5 250～5 505kg/hm²。适宜吉林省山区、半山区无霜期短的地区种植。1963年种植面积0.67万hm²。

栽培技术要点：宜在中上等肥力条件下栽培，采用塑料薄膜育苗或旱育苗，一般于4月下旬播种，盘育苗每盘播干种子0.1kg，床育苗每平方米播干种子0.3kg。5月下旬或6月初插秧，秧龄40d左右，行穴距24cm×10cm，每穴栽插5～6苗。在增施农家肥的基础上，施纯氮125kg/hm²，应前重后轻。浅水灌溉。9月上中旬收获。直播田要在5月中旬结束播种，保证安全抽穗成熟。

长白10号 (Changbai 10)

品种来源：吉林省农业科学院水稻研究所1994年以长白9号为母本，秋田小町为父本杂交系选育成，原代号吉97-8，又名吉丰8号。2002年通过吉林省农作物品种审定委员会审定，审定编号为吉审稻2002005。

形态特征和生物学特性：属粳型常规水稻。感光性弱，感温性弱，基本营养生长期短，早熟早粳，生育期132d，需≥10℃活动积温2 650℃。株型较紧凑，茎叶色浅黄，分蘖力较强，弯曲穗型，主蘖穗整齐，着粒密度适中。谷粒阔卵形，籽粒浅黄色，略带极稀短芒。株高106cm，每穴有效穗30个，穗长约23cm，主穗粒数185粒，结实率96%，千粒重28g。

品质特性：糙米率83.1%，精米率76.0%，整精米率74.0%，垩白度3.7%，透明度1级，碱消值7.0级，胶稠度84mm，直链淀粉含量16.9%，蛋白质含量8.0%。

抗性：1999—2001年吉林省农业科学院植物保护研究所连续3年采用分菌系人工接种、病区多点异地自然诱发鉴定，结果表明，苗瘟中抗，叶瘟中抗，穗瘟感。

产量及适宜地区：1998年预备试验，平均单产8 052kg/hm²，比对照品种长白9号增产1.4%；1999—2001年区域试验，平均单产7 689kg/hm²，比对照品种长白9号增产3.46%；2000—2001年生产试验，平均单产7 985kg/hm²，比对照品种长白品种9号增产0.93%。适宜吉林省中早熟稻区种植。累计推广面积13.8万hm²。

栽培技术要点：4月中下旬播种育苗，5月中下旬插秧。插秧密度30cm×16.5cm，每穴栽插3～4苗。施纯氮125～150kg/hm²、纯磷60～75kg/hm²、纯钾90～110kg/hm²。生育期间及时使用药剂防治稻瘟病等各种病虫害。

长白11 （Changbai 11）

品种来源：吉林省农业科学院水稻研究所1994年以长白9号为母本，一目惚为父本杂交系选育成，原代号吉97-3，又名吉丰3号。2002年通过吉林省农作物品种审定委员会审定，审定编号为吉审稻2002008。

形态特征和生物学特性：属粳型常规水稻。感光性弱，感温性弱，基本营养生长期短，中熟早粳。生育期133d，需≥10℃活动积温2650℃。株型紧凑，分蘖力中等，出穗成熟后，穗部在剑叶下面，穗较大，着粒密度适中，谷粒椭圆形，籽粒饱满，颖及颖尖均黄色，有间短黄芒。株高95～100cm，平均每穗粒数100粒，结实率90%，千粒重28g。

品质特性：糙米率84.7%，精米率77.2%，整精米率72.9%，粒长5.2mm，长宽比1.7，垩白粒率4.6%，垩白度3.4%，透明度1级，碱消值7.0级，胶稠度60mm，直链淀粉含量16.9%。

抗性：1999—2001年吉林省农业科学院植物保护研究所连续3年采用分菌系人工接种、病区多点异地自然诱发鉴定，结果表明，苗瘟中抗，叶瘟中感，穗瘟感。抗早霜、耐寒冷，根系发达，耐旱性较强，适应性广。

产量及适宜地区：1998年预备试验，平均单产8169kg/hm²，比对照品种长白9号平均增产2.9%；1999—2001年区域试验，平均单产7664kg/hm²，比对照品种长白9号平均增产2.72%；2000—2001年生产试验，平均单产8121kg/hm²，比对照品种长白9号平均增产2.7%。适宜吉林省中早熟、中熟稻区种植。

栽培技术要点：4月中下旬播种育苗，5月中下旬插秧。插秧密度30cm×16.5cm，每穴栽插3～4苗。施纯氮125～150kg/hm²、纯磷60～75kg/hm²、纯钾90～110kg/hm²。生育期间及时使用药剂防治稻瘟病等各种病虫害。

长白12 (Changbai 12)

品种来源：吉林省农业科学院水稻研究所1991年以奇锦丰为受体，以稗种总体DNA为供体，利用花粉管通道法创造转基因变异群体，经系谱法选育而成，原代号吉97$_{ST}$-29，又名丰优103。2002年通过吉林省农作物品种审定委员会审定，审定编号为吉审稻2002004。

形态特征和生物学特性：属粳型常规水稻。感光性弱，感温性弱，基本营养生长期短，中熟早粳。生育期132d，需≥10℃活动积温2650℃。株型较紧凑，茎叶色浅黄，分蘖力较强，弯曲穗型，主蘖穗整齐，着粒密度适中。谷粒阔卵形，籽粒浅黄色，略带极稀短芒。株高106cm，每穴有效穗30个，穗长约23cm，主穗粒数185粒，结实率96%，千粒重28g。

品质特性：糙米率84.7%，精米率78.6%，整精米率75.3%，粒长4.9mm，长宽比1.7，垩白粒率43.0%，垩白度3.8%，透明度1级，碱消值7.0级，胶稠度66mm，直链淀粉含量17.4%，蛋白质含量6.9%。

抗性：1999—2001年吉林省农业科学院植物保护研究所连续3年采用分菌系人工接种、病区多点异地自然诱发鉴定，结果表明，苗瘟中抗，叶瘟中抗，穗瘟感。

产量及适宜地区：1999年预备试验，平均单产8234kg/hm^2，比对照品种长白9号增产0.7%；1999—2001年生产试验，平均单产7752kg/hm^2，比对照品种长白9号增产1.0%；2000—2001年生产试验，平均单产8313kg/hm^2，比对照品种长白9号增产1.3%。适宜吉林省中早熟稻区种植。

栽培技术要点：稀播育壮秧，4月上中旬播种，5月中下旬插秧。插秧密度30cm×20cm，每穴栽插3～4苗。氮、磷、钾配方施肥。施纯氮140kg/hm^2，按底肥30%、分蘖肥30%、补肥20%、穗肥20%的比例分期施用；施纯磷（P$_2$O$_5$）60kg/hm^2；施纯钾100kg/hm^2，底肥50%、拔节期追50%，分两次施用。用水管理以浅水灌溉为主，生育期间浅—深—浅，干湿相结合灌水。7月上中旬注意防治二化螟，并注意及时防治稻瘟病。

长白13 (Changbai 13)

品种来源：吉林省农业科学院水稻研究所1993年从91ZB14幼穗体细胞无性系变异后代中选育而成的新品种，原代号生42。2002年通过吉林省农作物品种审定委员会审定，审定编号为吉审稻2002006。

形态特征和生物学特性：属粳型常规水稻。感光性弱，感温性弱，基本营养生长期短，早熟早粳。生育期132d，需≥10℃活动积温2 650℃。株型紧凑，分蘖力强，秆较粗，活秆成熟，抗倒伏性较强。弯曲穗型，主蘖穗整齐，着粒密度适中。谷粒呈椭圆形，无芒。株高96cm，每穗有效分蘖25个，穗长21～25cm，主穗粒数150粒，结实率93%，千粒重27g。

品质特性：糙米率83.1%，精米率75.6%，整精米率51.4%，粒长4.9mm，长宽比1.9，垩白粒率16.0%，垩白度3.3%，透明度1级，碱消值7.0级，胶稠度72mm，直链淀粉含量16.4%，蛋白质含量8.5%。

抗性：1999—2001年吉林省农业科学院植物保护研究所连续3年采用分菌系人工接种、病区多点异地自然诱发鉴定，结果表明，苗瘟中抗，叶瘟中感，穗瘟感。

产量及适宜地区：1998年预备试验，平均单产8 376kg/hm²，比对照品种长白9号平均增产2.4%；1999—2000年区域试验，平均单产8 040kg/hm²，比对照品种长白9号平均增产4.8%；2000—2001年生产试验，平均单产8 180kg/hm²，比对照品种长白9号平均增产3.6%。适宜吉林省≥10℃活动积温2 600～2 700℃的培育稻区种植。

栽培技术要点：早播稀播壮秧，4月15日左右播种，5月20日插秧，合理密植，一般插秧密度为30cm×（15～20）cm。合理施肥，多施农家肥和磷、钾、锌肥，施纯氮140kg/hm²、纯磷75kg/hm²、纯钾100kg/hm²、纯锌15kg/hm²。科学灌水，采用浅—深—浅灌水，7月初晒田。注意及时防治稻瘟病。

长白14（Changbai 14）

品种来源：吉林省吉农水稻高新技术发展有限责任公司1993年以超产1号为母本，89目114为父本杂交系统选育而成，原代号吉99F42，2003年通过吉林省农作物品种审定委员会审定，审定编号为吉审稻2003013。

形态特征和生物学特性：属粳型常规水稻。感光性弱，感温性中等，基本营养生长期短，早熟早粳。生育期132d，需≥10℃活动积温2 500℃。株型较收敛，茎叶淡绿色，分蘖力偏强，散穗型，主蘖穗较齐，着粒密度中等，粒形椭圆，籽粒浅黄色，无或微芒。植株高105.0cm，每穴有效穗数21个，主穗长25.0cm，主穗粒数305粒，平均粒数134.0粒，结实率98.7%，千粒重28.5g。

品质特性：糙米率85.7%，精米率79.1%，整精米率74.6%，粒长4.8mm，长宽比1.6，垩白粒率8.0%，垩白度2.1%，透明度1级，碱消值7.0级，胶稠度74mm，直链淀粉含量17.8%，蛋白质含量6.4%。依据农业部NY 122—86《优质食用稻米》标准，糙米率、精米率、整精米率、长宽比、透明度、碱消值、胶稠度、直链淀粉含量8项指标达优质米一级标准，垩白粒率、垩白度2项指标达优质米二级标准。

抗性：2000—2002年吉林省农业科学院植物保护研究所连续3年采用分菌系人工接种、病区多点异地自然诱发鉴定，结果表明，苗瘟中感，叶瘟中感，穗瘟感。

产量及适宜地区：2000年吉林省预试，平均单产7 572kg/hm²，比对照品种长白9号增产3.3%；2000—2002年吉林省区试，平均单产8 031kg/hm²，比对照品种长白9号增产4.7%；2002年生产试验，平均单产9 081kg/hm²，比对照品种长白9号增产6.1%。适宜吉林省除辽源地区以外的中早熟稻区种植。

栽培技术要点：4月中上旬播种，5月中下旬插秧。栽培密度为30cm×20cm，每穴栽插3苗。氮、磷、钾配方施肥，施纯氮150kg/hm²，按底肥30%，分蘖肥30%，补肥20%，穗肥20%的方式分期施入；施纯磷100kg/hm²，全部作底肥施入；施纯钾130kg/hm²，底肥2/3、拔节期追1/3，分两次施用。水分管理采用浅—深—浅常规方法。7月上中旬注意防治二化螟。稻瘟病易发区注意及时防治稻瘟病。

长白15（Changbai 15）

品种来源：吉林省农业科学院水稻研究所1999年以奥羽346为母本，长白9号为父本，杂交选育而成，原代号吉01-3678。分别通过国家（2007）和吉林省（2006）农作物品种审定委员会审定，审定编号为国审稻2007047和吉审稻2006002。

形态特征和生物学特性：属粳型常规水稻。感光性弱，感温性中等，基本营养生长期短，早熟早粳。生育期130～133d，比对照吉玉粳晚熟1.2d，需≥10℃活动积温2 650～2 700℃。株型紧凑，剑叶上举，茎叶浅绿色，分蘖力较强，谷粒椭圆形，颖及颖尖均黄色，无芒，谷粒饱满，色泽金黄。株高97.9cm，穗长16.9cm，每穗总粒数101.6粒，结实率91.4%，千粒重24.2g。

品质特性：糙米率84.4%，精米率77.4%，整精米率69.7%，长宽比1.8，垩白粒率19.0%，垩白度2.6%，透明度2级，碱消值7.0级，胶稠度72mm，直链淀粉含量17.3%，蛋白质含量7.6%。

抗性：2005—2006年北方区域试验，采用分菌系人工接种、病区多点异地自然诱发鉴定，结果表明，苗瘟3级，叶瘟5级，穗颈瘟3级，综合抗性指数3.8，纹枯病中抗。

产量及适宜地区：2005年参加吉玉粳组品种区域试验，平均单产10 221kg/hm²，比对照吉玉粳增产3.4%；2006年续试，平均单产10 250kg/hm²，比对照品种吉玉粳增产9.3%；两年区域试验，平均单产10 233kg/hm²，比对照品种吉玉粳增产5.8%。2006年生产试验，平均单产10 203kg/hm²，比对照品种吉玉粳增产11.8%。适宜黑龙江省第一积温带上限、吉林中熟稻区、辽宁东北部、宁夏引黄灌区以及内蒙古赤峰、通辽南部地区种植。

栽培技术要点：东北、西北早熟稻区根据当地生产情况与吉玉粳同期播种，每平方米播种催芽种子350g。秧龄35d左右插秧，行株距30cm×16.5cm，每穴栽插3～4苗。氮、磷、钾配方施肥，施纯氮150～170kg/hm²，按底肥：蘖肥：穗肥＝4：4：2的比例施用；施纯磷60～70kg/hm²，作底肥一次性施入；施纯钾90～110kg/hm²，底肥70%、拔节期追30%，分两次施用。水层管理采取分蘖期浅，孕穗期深，籽粒灌浆期浅的灌溉方法。注意及时防治二化螟等。

长白16（Changbai 16）

品种来源：吉林省农业科学院水稻研究所2000年以辽粳326为母本，长白9号为父本杂交，F$_1$再与黑93-8进行复交育成，原代号吉01-3341。2006年通过吉林省农作物品种审定委员会审定，审定编号为吉审稻2006003。

形态特征和生物学特性：属粳型常规水稻。感光性弱，感温性中等，基本营养生长期短，中熟早粳。生育期132d，需≥10℃活动积温2 650～2 700℃。株型较紧凑，分蘖力中上等，穗较大，弯穗型，籽粒椭圆形，着粒密度适中，颖及颖尖均黄色，无芒或顶芒。平均株高103.9cm，平均穗粒数121.5粒，结实率90%，千粒重24.3g。

品质特性：糙米率84.4%，精米率77.6%，整精米率68.2%，长宽比1.7，垩白粒率10%，垩白度0.8%，透明度2级，碱消值7.0级，胶稠度61mm，直链淀粉含量16.6%，蛋白质含量8.2%。

抗性：2003—2005年吉林省农业科学院植物保护研究所连续3年采用分菌系人工接种、病区多点异地自然诱发鉴定，结果表明，苗瘟中感，叶瘟中抗，穗颈瘟抗；纹枯病抗。

产量及适宜地区：2003年预备试验，平均单产8 073kg/hm^2，比对照品种长白9号增产4.9%；2004—2005年区域试验，平均单产8 063kg/hm^2，比对照品种长白9号增产4.3%。2005年生产试验，平均单产8 208kg/hm^2，比对照品种长白9号增产4.8%。适宜吉林省四平、通化、长春、吉林、松原等中早熟稻区及平原井灌稻作区种植。

栽培技术要点：稀播育壮秧，4月中下旬播种，播种量每平方米催芽种子350g；5月下旬插秧。栽培密度为行株距30cm×16.5cm，每穴栽插3～4苗。氮、磷、钾配方施肥，施纯氮150～170kg/hm^2，按底肥30%、分蘖肥40%、补肥20%、穗肥10%的比例分期施用；施纯磷60～70kg/hm^2，作底肥一次性施入；施纯钾90～110kg/hm^2，底肥70%、拔节期追30%，分两次施用。田间水分管理采取分蘖期浅，孕穗期深，籽粒灌浆期浅的灌溉方法。7月上中旬注意防治二化螟，抽穗前注意及时防治稻瘟病。

长白17 (Changbai 17)

品种来源：吉林省农业科学院水稻研究所1999年从松92-6中经系统选育而成，原代号吉生205。2006年通过吉林省农作物品种审定委员会审定，审定编号为吉审稻2006004。

形态特征和生物学特性：属粳型常规水稻。感光性弱，感温性中等，基本营养生长期短，中熟早粳。生育期132d，需≥10℃活动积温2 650 ～ 2 700℃。株型紧凑，茎叶绿色，分蘖力强，散穗型，主蘖穗整齐，着粒密度较密，籽粒椭圆形，籽粒黄色，无芒。平均株高94.7cm，穗长17cm，主穗粒数150粒，平均穗粒数124.3粒，结实率95%，千粒重26g。

品质特性：糙米率83.5%，精米率76.7%，整精米率54.3%，长宽比1.6，垩白粒率74.0%，垩白度9.3%，透明度3级，碱消值7.0级，胶稠度72mm，直链淀粉含量17.6%，蛋白质含量8.5%。

抗性：2003—2005年吉林省农业科学院植物保护研究所连续3年采用分菌系人工接种、病区多点异地自然诱发鉴定，结果表明，苗瘟中感，叶瘟中感，穗颈瘟感；纹枯病中抗。

产量及适宜地区：2003—2005年预备试验，平均单产8 574kg/hm²，比对照品种长白9号增产11.0%。2005年生产试验，平均单产8 618kg/hm²，比对照品种长白9号增产10.0%。适宜吉林省四平、通化、长春、吉林、松原等中早熟稻区及平原井灌稻作区种植。

栽培技术要点：稀播育壮秧，4月上中旬播种，播种量每平方米250g，5月中下旬插秧。栽培密度为行株距30cm×19.8cm，每穴栽插2 ～ 3苗。氮、磷、钾配方施肥，施纯氮140 ～ 150kg/hm²，按底肥40%、分蘖肥30%、补肥20%、穗肥10%的比例分期施用；施纯磷60 ～ 70kg/hm²，作底肥一次性施入；施纯钾90 ～ 110kg/hm²，底肥70%、拔节期30%，分两次施用。田间水分管理采用浅水促蘖，孕穗期深，籽粒灌浆期浅的灌溉方法。7月上中旬注意防治二化螟。抽穗前注意及时防治稻瘟病。

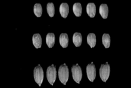

长白18（Changbai 18）

品种来源：吉林省农业科学院水稻研究所1999年从日冷1-3体细胞变异培养后代中筛选育成。2007年通过吉林省农作物品种审定委员会审定，审定编号为吉审稻2007001。

形态特征和生物学特性：属粳型常规水稻。感光性弱，感温性中等，基本营养生长期短，中熟早粳。生育期131d，需≥10℃活动积温2 650～2 700℃。株型紧凑，茎叶绿色，分蘖力强，散穗型，主蘖穗整齐，着粒密度较密，籽粒椭圆形、黄色，无芒。平均株高94.7cm，穗长17cm，主穗粒数150粒，平均穗粒数124.3粒，结实率95%，千粒重26g。

品质特性：糙米率82.1%，精米率73.9%，整精米率68.5%，粒长5.0mm，长宽比1.9，垩白粒率26.0%，垩白度3.3%，透明度2级，碱消值7.0级，胶稠度74mm，直链淀粉含量15.8%，蛋白质含量8.8%。

抗性：2004—2006年吉林省农业科学院植物保护研究所连续3年采用分菌系人工接种、病区多点异地自然诱发鉴定，结果表明，苗瘟中抗，叶瘟中抗，穗颈瘟中感；2005—2006年在15个田间自然诱发有效鉴定点次中，纹枯病中抗。

产量及适宜地区：2004年预备试验，平均单产7 919kg/hm²，比对照品种长白9号增产3.9%；2005—2006年区域试验，产量比对照品种长白9号增产1.4%。2006年生产试验，平均单产8 372kg/hm²，比对照品种长白9号增产8.1%。适宜吉林省通化地区以外的中早熟稻区种植。

栽培技术要点：稀播育壮秧，4月中下旬播种，播种量催芽种子350g/m²，5月中下旬插秧。栽培密度为行株距30cm×16.5cm，每穴栽插3～4苗。氮、磷、钾配方施肥，施纯氮150～170kg/hm²，按底肥30%、分蘖肥40%、补肥20%、穗肥10%的比例分期施用；施纯磷70～85kg/hm²，作底肥一次性施入；施纯钾90～110kg/hm²，底肥70%、拔节期追30%，分两次施用。田间水分管理采取分蘖期浅，孕穗期深，籽粒灌浆期浅的灌溉方法。注意防治二化螟、稻瘟病等。

长白19 (Changbai 19)

品种来源：吉林省农业科学院水稻研究所1998年以特优21为母本，特优11为父本杂交，通过系谱法选育而成，原代号吉T2。2007年通过吉林省农作物品种审定委员会审定，审定编号为吉审稻2007002。

形态特征和生物学特性：属粳型常规水稻。感光性弱，感温性中等，基本营养生长期短，中熟早粳。生育期132d，需≥10℃活动积温2 600℃。株型紧凑，茎叶绿色，分蘖力强，散穗型，主蘖穗整齐，着粒密度较密，籽粒椭圆形、黄色，无芒。平均株高94.7cm，穗长17cm，主穗粒数150粒，平均穗粒数124.3粒，结实率95%，千粒重26g。

品质特性：糙米率73.5%，精米率73.5%，整精米率66.6%，粒长5.5mm，长宽比2.2，垩白粒率16.0%，垩白度2.4%，透明度1级，碱消值7.0级，胶稠度64mm，直链淀粉含量16.8%，蛋白质含量8.2%。在2008年吉林省第五届水稻优质品种（系）鉴评会上被评为优质品种。

抗性：2004—2006年吉林省农业科学院植物保护研究所连续3年采用分菌系人工接种、病区多点异地自然诱发鉴定，结果表明，苗瘟中感，叶瘟中抗，穗颈瘟中感；2005—2006年在15个田间自然诱发有效鉴定点次中，纹枯病中抗。

产量及适宜地区：2004年预备试验，平均单产7 845kg/hm²，比对照品种长白9号增产4.3%。2005—2006年两年区域试验，平均单产7 890kg/hm²，比对照品种长白9号增产2.2%。2006年生产试验，平均单产7 745kg/hm²，比对照品种长白9号增产3.4%。适宜吉林省通化地区以外的中早熟稻区种植。

栽培技术要点：4月上中旬催芽播种，每平方米播种量350g，5月中下旬插秧。栽培密度为行株距为30cm×20cm，每穴栽插3～4苗。一般土壤条件下，施纯氮150kg/hm²，氮肥按底肥：蘖肥：穗肥=2：5：3的比例施用；施纯磷100kg/hm²，全部作底肥施入；施纯钾130kg/hm²，钾肥的2/3作底肥、1/3作穗肥施入。生育期间，在施药灭草时期（5～7d）应保持水层在苗高的2/3左右，其余时期一律浅水灌溉（3.0～5.0cm），在定浆期（蜡熟期）及时排除田间存水。注意防治稻瘟病、二化螟、纹枯病等。

长白2号 (Changbai 2)

品种来源：吉林省农业科学院1950年以丰穰为母本，北海1号为父本杂交，1959年育成，原代号为公交8号。

形态特征和生物学特性：属粳型常规水稻。感光性弱，感温性中等，基本营养生长期短，早熟早粳。生育期115～120d，需≥10℃活动积温2 600～2 650℃。幼苗期生长较快，苗健壮，叶片稍窄而短，叶色淡绿，叶鞘、叶缘、叶枕均为绿色，分蘖力较强。着粒密度较为适中，谷粒呈椭圆形，粒较短。颖黄色，颖尖红褐色，无芒。株高80cm，穗长15.9cm，主穗109粒，平均每穗80～100粒，千粒重26.5g。

品质特性：糙米率82.2%，米白色。米质中上等。

抗性：抗倒伏性中等。抗稻瘟病性较强。

产量及适宜地区：一般平均单产5 295kg/hm²左右。适宜吉林省山区、半山区种植。1964年种植面积1.33万hm²。

栽培技术要点：宜在中上等肥力条件下栽培。采用薄膜保温育苗，4月中旬播种，盘育苗每盘播干种子0.1kg，床育苗每平方米播干种子0.3kg，秧龄40d左右。5月下旬或6月初插秧，行穴距27cm×10cm，每穴栽插5～6苗。在增施农家肥的基础上，施纯氮125kg/hm²，应前重后轻。亦可直播栽培，5月末播种，8月抽穗，9月中旬成熟。宜采用浅水灌溉。

长白20 (Changbai 20)

品种来源: 吉林省农业科学院水稻研究所1996年以吉87-12为母本, 通31为父本杂交, 2002年育成, 试验代号吉K18。2008年通过吉林省农作物品种审定委员会审定, 审定编号为吉审稻2008001。

形态特征和生物学特性: 属粳型常规水稻。感光性弱, 感温性中等, 基本营养生长期短, 中熟早粳。生育期131d, 需≥10℃活动积温2 600℃。株型紧凑, 穗较大, 散穗型, 籽粒椭圆形, 颖和颖尖均黄色, 无芒或稀短芒。平均株高95.8cm, 有效穗数372万/hm², 平均穗长16.8cm, 主蘖穗整齐, 平均穗粒数101.2粒, 结实率88.4%, 千粒重24.0g。

品质特性: 糙米率83.9%, 精米率75.8%, 整精米率48.4%, 粒长4.6mm, 长宽比1.6, 垩白粒率7.0%, 垩白度1.5%, 透明度1级, 碱消值7.0级, 胶稠度80mm, 直链淀粉含量17.8%, 蛋白质含量7.7%。依据NY/T 593—2002《食用稻品种品质》标准, 米质符合六等食用粳稻品种品质规定要求。

抗性: 2005—2007年吉林省农业科学院植物保护研究所连续3年采用分菌系人工接种、病区多点异地自然诱发鉴定, 结果表明, 苗瘟中感, 叶瘟中感, 穗颈瘟中抗; 2005—2007年在15个田间自然诱发有效鉴定点次中, 纹枯病中抗。

产量及适宜地区: 2006—2007年两年区域试验, 平均单产8 103kg/hm², 比对照品种长白9号增产5.2%。2007年生产试验, 平均单产7 881kg/hm², 比对照品种长白9号增产10.9%。适宜吉林省白城、松原、通化、延边、四平、吉林东部等中早熟稻作区种植。

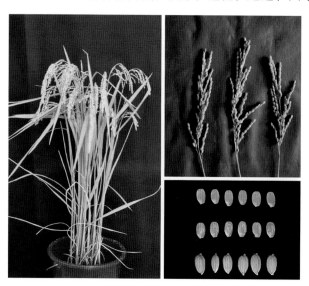

栽培技术要点: 稀播育壮秧, 4月上中旬播种, 每平方米播种量250g, 5月中下旬插秧。栽培密度为行株距30cm×20cm, 每穴栽插2～3苗。氮、磷、钾配方施肥, 施纯氮140～150kg/hm², 按底肥40%、分蘖肥30%、穗肥20%、粒肥10%的比例分期施用; 施磷肥80kg/hm², 作底肥一次性施入; 施钾肥80kg/hm², 底肥70%、蘖肥30%, 分两次施用。田间水分管理, 采用浅水促蘖, 孕穗期深, 籽粒灌浆期浅的灌溉方法。注意防治二化螟、稻瘟病等。

长白21 （Changbai 21）

品种来源：吉林省农业科学院水稻研究所2001年以吉98F41为母本，吉丰20为父本杂交，经系谱法育成，试验代号吉04-6。2009年通过吉林省农作物品种审定委员会审定，审定编号为吉审稻2009003。

形态特征和生物学特性：属粳型常规水稻。感光性弱，感温性弱，基本营养生长期短，早熟早粳。生育期130d，需≥10℃活动积温2 600℃。株型较紧凑，茎叶绿色，分蘖力较强，主蘖穗整齐，籽粒椭圆形，颖及颖尖均黄色，无芒。平均株高91.3cm，有效穗数373.5万/hm²，平均穗长15.7cm，平均穗粒数94.5粒，结实率89.6%，千粒重24.2g。

品质特性：糙米率83.5%，精米率76.0%，整精米率71.8%，粒长5.0mm，长宽比1.8，垩白粒率8.0%，垩白度1.2%，透明度1级，碱消值7.0级，胶稠度62mm，直链淀粉含量19.3%，蛋白质含量7.8%。依据农业部NY/T 593—2002《食用稻品种品质》标准，米质符合三等食用粳稻品种品质规定要求。

抗性：2006—2008年吉林省农业科学院植物保护研究所连续3年采用分菌系人工接种、病区多点异地自然诱发鉴定，结果表明，苗瘟中感，叶瘟中抗，穗瘟中抗；纹枯病中感。

产量及适宜地区：2007—2008年两年区域试验，平均单产8 745kg/hm²，比对照品种长白9号增产5.4%。2008年生产试验，平均单产8 940kg/hm²，比对照品种长白9号增产5.7%。适宜吉林省吉林、长春、白城、松原、延边、四平、通化等中早熟稻区种植。

栽培技术要点：稀播育壮秧，4月中旬播种，播种量每平方米催芽种子350g，5月中下旬插秧。栽培密度为行株距30cm×（15～20）cm，每穴栽插3～4苗。氮、磷、钾配方施肥，施纯氮140～150kg/hm²，按底肥30%、蘖肥40%、补肥20%、穗肥10%的比例分期施用；施纯磷80～95kg/hm²，作底肥一次性施入；施纯钾90～100kg/hm²，按底肥50%，拔节期追50%，分两次施用。田间水分管理采取分蘖期浅，孕穗期深，籽粒灌浆期浅的灌溉方法。生育期间注意防治稻瘟病、二化螟等。

长白22 （Changbai 22）

品种来源：吉林省农业科学院水稻研究所1999年以吉92D14为母本，通120为父本杂交，通过混合系谱法选育而成，试验代号吉2004F16。2009年通过吉林省农作物品种审定委员会审定，审定编号为吉审稻2009004。

形态特征和生物学特性：属粳型常规水稻。感光性弱，感温性弱，基本营养生长期短，中熟早粳。生育期132d，需≥10℃活动积温2 600℃。株型收敛，较紧凑，叶片上举，叶色较绿，分蘖力较强，半直立穗型，着粒密度适中，籽粒椭圆形，颖及颖尖均黄色，无芒。平均株高99.3cm，平均穗长17.8cm，平均穗粒数92.8粒，结实率92.2%，千粒重24.8g。

品质特性：糙米率83.8%，精米率75.0%，整精米率70.0%，粒长5.1mm，长宽比1.9，垩白粒率15.0%，垩白度2.8%，透明度1级，碱消值7.0级，胶稠度64mm，直链淀粉含量15.8%，蛋白质含量8.8%。依据农业部NY/T 593—2002《食用稻品种品质》标准，米质符合二等食用粳稻品种品质规定要求。

抗性：2006—2008年吉林省农业科学院植物保护研究所连续3年采用分菌系人工接种、病区多点异地自然诱发鉴定，结果表明，苗瘟中感，叶瘟中抗，穗瘟中抗；纹枯病中感。

产量及适宜地区：2007—2008年两年区域试验，平均单产9 036kg/hm²，比对照品种长白9号增产8.9%。2008年生产试验，平均单产9 264kg/hm²，比对照品种长白9号增产9.5%。适宜吉林省吉林、长春、白城、松原、延边、四平、通化等中早熟稻区种植。

栽培技术要点：稀播育壮秧，4月上中旬催芽播种，每平方米播种量300g左右，5月中下旬插秧。栽培密度为行株距30cm×20cm，每穴栽插3～4苗。一般土壤条件下，施纯氮150kg/hm²，按底肥20%、蘖肥50%、穗肥30%的比例分期施用；施纯磷100kg/hm²，全部作底肥一次性施用；施纯钾130kg/hm²，按底肥60%、穗肥40%，分两次施用。插秧田生育期间，在施药灭草时期（5～7d）应保持水层在苗高的2/3左右，其余时期一律浅水灌溉（3.0～5.0cm），在定浆期及时排除田间存水。生育期间注意防治稻瘟病、二化螟等。

长白23 (Changbai 23)

品种来源：吉林省农业科学院水稻研究所2001年夏以哈9860为母本，通419为父本杂交，经系谱法选育而成，试验代号吉05-4071。2010年通过吉林省农作物品种审定委员会审定，审定编号为吉审稻2010001。

形态特征和生物学特性：属粳型常规水稻。感光性弱，感温性弱，基本营养生长期短，早熟早粳。生育期130d，需≥10℃活动积温2600～2700℃。株型紧凑，分蘖力强，茎叶绿色，弯穗型，籽粒椭圆形，颖及颖尖黄色，个别短顶芒。平均株高96.3cm，有效穗数389万/hm²，穗长17.4cm，平均穗粒数108.2粒，结实率91.6%，千粒重23.4g。

品质特性：糙米率83%，精米率75.2%，整精米率68.3%，粒长5.2mm，长宽比1.9，垩白粒率12.0%，垩白度2.9%，透明度1级，碱消值7.0级，胶稠度64mm，直链淀粉含量17.4%，蛋白质含量8.7%。依据农业部NY/T 593—2002《食用稻品种品质》标准，米质符合三等食用粳稻品种品质规定要求。

抗性：2007—2009年吉林省农业科学院植物保护研究所连续3年采用分菌系人工接种、病区多点异地自然诱发鉴定，结果表明，苗瘟中感，叶瘟中抗，穗瘟中感；纹枯病中感。

产量及适宜地区：2008年区域试验，平均单产8 694kg/hm²，比对照品种长白9号增产4.6%；2009年区域试验，平均单产8 771kg/hm²，比对照品种长白9号增产7.4%；两年区域试验，平均单产8 732kg/hm²，比对照品种长白9号增产6.0%。2009年生产试验，平均单产8 688kg/hm²，比对照品种长白9号增产4.8%。适宜吉林省吉林、长春、白城、松原、延边、四平、通化等中早熟稻区种植。

栽培技术要点：稀播育壮秧，4月中旬播种，播种量每平方米催芽种子250g，5月中下旬插秧。栽培密度为行株距30cm×(15～20) cm，每穴栽插3～5苗。农家肥和化肥相结合，氮磷钾配合施用，施纯氮150～175kg/hm²，按底肥40%、蘖肥30%、补肥20%、穗肥10%的比例分期施入；施纯磷80～95kg/hm²，作底肥一次性施入；施纯钾100kg/hm²，底肥50%、拔节期追肥50%，分两次施入。盐碱地要配施锌肥。田间水分管理采用浅—深—浅间歇灌溉方式。生育期间注意防治稻瘟病、二化螟等。

长白24 (Changbai 24)

品种来源：吉林省农业科学院水稻研究所2000年以丰优201为母本，品系90D33/g4-1为父本杂交选育而成，试验代号吉2003F4。2010年通过吉林省农作物品种审定委员会审定，审定编号为吉审稻2010005。

形态特征和生物学特性：属粳型常规水稻。感光性弱，感温性弱，基本营养生长期短，早熟早粳。生育期130d，需≥10℃活动积温2 600～2 700℃。株型紧凑，叶片上举，茎叶深绿色，分蘖力中等，弯曲穗型，主蘖穗整齐，着粒密度适中，籽粒椭圆形，颖及颖尖均黄色，无或短芒。平均株高101.6cm，穗长16.1cm，平均穗粒数113.8粒，结实率91.4%，千粒重24.1g。

品质特性：糙米率84.4%，精米率76.3%，整精米率69.9%，粒长4.9mm，长宽比1.8，垩白粒率4.0%，垩白度0.5%，透明度1级，碱消值7.0级，胶稠度64mm，直链淀粉含量16.9%，蛋白质含量8.9%。依据农业部NY/T 593—2002《食用稻品种品质》标准，米质符合二等食用粳稻品种品质规定要求。

抗性：2007—2009年吉林省农业科学院植物保护研究所连续3年采用分菌系人工接种、病区多点异地自然诱发鉴定，结果表明，苗瘟中感，叶瘟中抗，穗瘟中抗；纹枯病中感。

产量及适宜地区：2006—2007年两年区域试验，平均单产8 382.0kg/hm²，比对照品种长白9号平均增产4.8%。2007年生产试验，平均单产7 525.5kg/hm²，比对照品种长白9号增产5.9%。适宜吉林省四平、吉林、长春、辽源、通化、松原、白城等中早熟稻区种植。

栽培技术要点：稀播育壮秧，4月中旬播种，播种量每平方米催芽种子300g，5月中下旬插秧。栽培密度为行株距30cm×（15～20）cm，每穴栽插3～4苗。氮、磷、钾配方施肥，施纯氮150～170kg/hm²，按底肥40%、蘖肥30%、补肥20%、穗肥10%的比例分期施入；施纯磷60～80kg/hm²，作底肥一次性施入；施纯钾90～120kg/hm²，底肥70%、拔节期追肥30%，分两次施用。田间水分管理采用浅—深—浅间歇灌溉方式。生育期间注意防治稻瘟病、二化螟等。

长白25 （Changbai 25）

品种来源：吉林省农业科学院水稻研究所2001年以保丰2号为母本，吉2000F29（超产2号/吉89-45）为父本杂交，经混合系谱法育成，原代号吉2006F32。2011年通过吉林省农作物品种审定委员会审定，审定编号为吉审稻2011001。

形态特征和生物学特性：属粳型常规水稻。感光性弱，感温性弱，基本营养生长期短，早熟早粳。生育期131d，需≥10℃活动积温2650℃。株型紧凑，分蘖力强，剑叶上举，茎叶绿色，略半弯穗型，谷粒椭圆，颖及颖尖黄色，几无芒。株高105.3cm，有效穗数366万/hm²，穗长18.1cm，平均穗粒数108.3粒，结实率90.2%，千粒重26.3g。

品质特性：糙米率83.3%，精米率74.8%，整精米率69.0%，粒长5.2mm，长宽比1.8，垩白粒率8.0%，垩白度0.4%，透明度1级，碱消值5.5级，胶稠度80mm，直链淀粉含量17.2%，蛋白质含量6.7%。依据农业部NY/T 593—2002《食用稻品种品质》标准，米质符合二等食用粳稻品种品质规定要求。

抗性：2008—2010年吉林省农业科学院植物保护研究所连续3年采用分菌系人工接种、病区多点异地自然诱发鉴定，结果表明，苗瘟中抗，叶瘟中抗，穗瘟中抗；纹枯病中抗。

产量及适宜地区：2009年区域试验，平均单产8642kg/hm²，比对照品种长白9号增产5.8%；2010年区域试验，平均单产8514kg/hm²，比对照品种长白9号增产6.4%；两年区域试验，平均单产8577kg/hm²，比对照品种长白9号增产6.1%。2009年生产试验，平均单产8742kg/hm²，比对照品种长白9号增产4.8%。适宜吉林省吉林、长春、白城、松原、延边、四平、通化等中早熟稻区种植。

栽培技术要点：稀播育壮秧，4月中旬播种，播种量每平方米催芽种子250g，5月中下旬插秧。行株距30cm×19.8cm，每穴栽插3～4苗。氮、磷、钾配方施肥，施纯氮150～170kg/hm²，按底肥40%、分蘖肥30%、补肥20%、穗肥10%的比例分期施用；施纯磷60～80kg/hm²，作底肥一次性施入；施纯钾90～120kg/hm²，底肥70%、追肥30%，分两次施用。水分管理采取分蘖期浅，孕穗期深，籽粒灌浆期浅的灌溉方法。注意防治二化螟、稻瘟病等。

长白3号（Changbai 3）

品种来源：吉林省农业科学院1950年以丰穰为母本，北海1号为父本杂交，1959年育成，原代号为公交7号。

形态特征和生物学特性：属粳型常规水稻。感光性弱，感温性中等，基本营养生长期短，早熟早粳。生育期110～120d，需≥10℃活动积温2 600℃以上。幼苗健壮，抗寒性较强，出苗迅速整齐，分蘖力中等。叶片稍窄，淡绿色，节间短，叶鞘、叶缘、叶枕均为绿色。穗较大，着粒密度适中，不易落粒。谷粒呈椭圆形，粒较短，颖黄色，颖尖淡褐色，无芒。株高80cm，主穗150粒，平均每穗85粒，单株有效穗12个，千粒重24.3g。

品质特性：米白色，腹白小，米质上等。

抗性：抗寒，秆强，耐肥，抗倒伏性中等，抗稻瘟病性较强。

产量及适宜地区：一般平均单产5 595～5 700kg/hm²。适宜吉林省山区、半山区种植。1964年种植面积1.33万hm²。

栽培技术要点：宜在较肥沃土壤条件下栽培，生育期较短，一般保温育苗4月下旬播种，5月下旬或6月初插秧，9月上中旬收获。施纯氮125kg/hm²，采用浅水灌溉。

长白4号 （Changbai 4）

品种来源：吉林省农业科学院1951年以石狩白毛为母本，北海1号为父本杂交，1960年育成，原代号为公交16。

形态特征和生物学特性：属粳型常规水稻。感光性弱，感温性中等，基本营养生长期短，早熟早粳。生育期125 ～ 130d，需≥10℃活动积温2 600 ～ 2 700℃。幼苗出土快，茎秆粗壮，分蘖力较弱，叶片较长而宽，叶色淡绿，叶鞘、叶缘、叶枕均为绿色。抽穗整齐，着粒密度中上，不易落粒，谷粒呈椭圆形而较短。颖黄色，有淡褐色长芒。株高100cm，穗长17.7cm，主穗138粒，平均每穗112粒，单株有效穗11个，千粒重25.5g。

品质特性：米白色，腹白甚小，糙米率82.5%。米质上等。

抗性：苗期抗寒，抗倒伏，抗稻瘟病性强。

产量及适宜地区：一般平均单产6 000 ～ 6 495kg/hm²。适宜吉林省通化、吉林、延边、白城等山区及半山区无霜期较短的地区种植。1964年种植面积2.67万hm²。

栽培技术要点：适宜在较肥沃的土壤条件下栽培。保温育苗，一般4月下旬播种，盘育苗每盘播干种子0.1kg，床育苗每平方米播干种子0.32kg。5月下旬或6月初插秧，24cm×10cm的插秧形式，每穴栽插7 ～ 8苗。施纯氮125kg/hm²。浅水灌溉，9月初停水，9月中下旬收获。

长白5号 (Changbai 5)

品种来源：吉林省农业科学院1952年以光复1号为母本，兴国为父本杂交育成。1961年推广。1978年通过吉林省农作物品种审定委员会认定为推广品种。原代号为公交36。

形态特征和生物学特性：属粳型常规水稻。感光性弱，感温性中等，基本营养生长期短，早熟早粳。生育期125d左右，需≥10℃活动积温2 600～2 650℃。幼苗生长势强，苗色浓绿，叶片稍短而直立，叶色浓绿，叶鞘、叶缘、叶枕均为绿色。茎秆较粗，株型较紧凑，分蘖力中等，抽穗整齐，着粒密度中等，谷粒阔卵形，无芒。颖尖红褐色，颖壳黄色。株高90～100cm，主茎叶12～13片，平均穗长15cm，主穗平均粒数80～90粒，结实率95%左右，平均每穴有效穗13个左右，千粒重27g。

品质特性：米白色，糙米率83.1%，精米蛋白质含量7.8%，脂肪含量2.5%。米质较好。

抗性：苗期抗寒，抗倒伏，抗稻瘟病性强。

产量及适宜地区：一般平均单产6 000kg/hm²。主要适宜吉林省无霜期短的半山区种植。1969年种植面积达6.67万hm²。

栽培技术要点：宜在中等肥力条件下种植。采用薄膜育苗，早播早插，保证安全抽穗成熟。直播田要在5月中旬结束播种。施纯氮125～130kg/hm²。浅水与间断性灌水相结合。生育期间注意防治稻瘟病。

长白6号 (Changbai 6)

品种来源：吉林省农业科学院1963年以松辽2号为母本，新宾1号为父本杂交育成，原代号吉71-1。1974年推广。1978年吉林省农作物品种审定委员会认定为推广品种。

形态特征和生物学特性：属粳型常规水稻。感光性弱，感温性中等，基本营养生长期短，早熟早粳。生育期125 ~ 128d，需≥10℃活动积温2 600 ~ 2 700℃。幼苗生长势强，苗粗壮，叶宽，色浓绿，株型紧凑，叶片直立，茎秆较细而坚韧，叶鞘、叶缘、叶枕均为绿色。分蘖力强，着粒密度中等，谷粒椭圆形，无芒（个别粒有黄短芒）。颖尖、颖壳均为黄色，抽穗欠整齐，但成熟一致，成穗率高，抽穗灌浆成熟快。株高90cm。主茎叶13 ~ 14片，穗长15cm，平均每穗粒数50 ~ 60粒，每穴有效穗17个左右，结实率95％，千粒重26g。

品质特性：米白色，糙米率84.5％，蛋白质含量7.8％，脂肪含量2.2％。米质优良。

抗性：苗期耐寒性强，耐肥，较抗倒伏，抗稻瘟病性强。

产量及适宜地区：一般平均单产6 750 ~ 7 500kg/hm²。主要分布在吉林、通化、延边地区的山区和半山区，平原区作为搭配品种种植。1978年种植面积11.3万hm²。

栽培技术要点：宜在中上等肥力条件下种植。采用薄膜保温育苗，4月上中旬播种，每平方米苗床播种量0.3kg。秧龄45d，5月下旬插秧，6月初结束，行穴距27cm×10cm，每穴栽插5 ~ 6苗。在增施农家肥的基础上，可施纯氮102 ~ 128kg/hm²，前重后轻。浅水灌溉。

长白7号 （Changbai 7）

品种来源：吉林省农业科学院1977年以6914-11-1为母本，合交742为父本杂交育成，原编号吉82-67。1986年通过吉林省农作物品种审定委员会审定，审定编号为吉审稻1986001。

形态特征和生物学特性：属粳型常规水稻。感光性弱，感温性中等，基本营养生长期短，早熟早粳。生育期128～130d，需≥10℃活动积温2 650～2 700℃。幼苗生长势较强，苗粗壮。株型紧凑，属中矮秆多穗型品种。叶鞘、叶缘、叶枕均为绿色，叶片直立，抽穗期间剑叶开张角度较大，分蘖力强，穗大小中等，主蘖穗较整齐，成穗率高。灌浆后穗部在剑叶上面，着粒密度适中，抽穗后灌浆迅速，谷粒椭圆形，颖壳较薄，黄色，有极稀间黄芒。株高85～95cm，平均每穗65粒，平均每穴有效穗17个，结实率90%，千粒重25g。

品质特性：糙米率81.0%，精米率72.0%，整精米率63.0%，米粒半透明，蛋白质含量8.6%。米质优良。

抗性：抗寒性较强，抗稻瘟病性强，耐肥，较抗倒伏。

产量及适宜地区：一般平均单产6 495 kg/hm²。适宜吉林省延边、吉林、通化等地的山区和半山区种植，长春、四平、白城等平原区可作为搭配品种。1987年种植面积0.37万hm²。

栽培技术要点：4月中旬播种，秧龄40d左右，5月末或6月初插秧。如采用旱育苗或大棚育苗，秧龄应适当缩短，播种期和插秧期适当晚一些，以防鸟害。一般行穴距27cm×10cm。施纯氮125kg/hm²。浅水灌溉与间歇灌溉相结合，孕穗期适当加深水层。

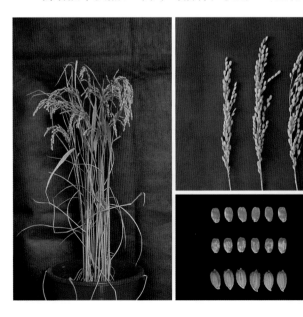

长白8号 (Changbai 8)

品种来源：吉林省农业科学院水稻研究所1985年从An170品种中通过系统选育而成，原代号吉87-12。1993年通过吉林省农作物品种审定委员会审定，审定编号为吉审稻1993003。

形态特征和生物学特性：属粳型常规水稻。感光性弱，感温性弱，基本营养生长期短，早熟早粳。生育期130d，需≥10℃活动积温2 500～2 600℃。株型紧凑，叶片直立，叶鞘、叶缘、叶枕均为绿色，茎秆强韧有弹性，出穗灌浆速度快，活秆成熟，分蘖力强，主蘖穗整齐一致，成穗率高。穗型中等，着粒密度适中，谷粒椭圆形，黄色，颖尖黄色，有间短黄芒。株高90cm，平均每穴有效穗数16.8个，平均穗粒数75粒，结实率90%，千粒重26g。

品质特性：糙米率83.3%，精米率70.0%，整精米率66.7%。米粒半透明，适口性好，品质优良。

抗性：抗稻瘟病性中等，对光温反应不敏感，抗寒性强。低温条件下种子发芽率高，幼苗生长旺盛，茎秆强韧，耐肥，抗倒伏。

产量及适宜地区：1989—1991年区域试验，平均单产7 140kg/hm²，比对照品种长白7号增产10.6%；1990—1991年生产试验，平均单产7 241kg/hm²，比对照品种长白7号增产11.1%。适宜吉林省东部半山区及中西部平原井灌稻区种植。1993—1995年累计推广面积4.7万hm²。

栽培技术要点：4月中下旬播种，5月下旬或6月初插秧。插秧密度26cm×13cm或30cm×13cm，每穴栽插5～6苗。施纯氮150kg/hm²，以磷、钾肥作基肥和穗肥。灌水采用浅灌与间歇灌溉相结合的方法，孕穗期适当增加水层，蜡熟期湿润灌溉。

长白9号 (Changbai 9)

品种来源：吉林省农业科学院水稻研究所1984年以吉粳60为母本，东北125为父本杂交系选育成。1993年通过吉林省农作物品种审定委员会审定，审定编号为吉审稻1993003。

形态特征和生物学特性：属粳型常规水稻。感光性弱，感温性弱，基本营养生长期短，早熟早粳。生育期130d，需≥10℃活动积温2 500～2 600℃。株型紧凑，叶片直立，叶鞘、叶缘、叶枕均为绿色。茎秆强韧有弹性，出穗灌浆速度快，活秆成熟。分蘖力强，主蘖穗整齐一致，成穗率高，穗型中等，着粒密度适中。谷粒椭圆形，黄色，颖尖黄色，有间短黄芒。株高90cm，平均每穴有效穗数16.8个，平均穗粒数75粒，结实率90%，千粒重26g。

品质特性：糙米率83.3%，精米率70.0%，整精米率66.7%。米粒半透明，适口性好，品质优良。

抗性：抗稻瘟病性中等。对光温反应不敏感，抗寒性强，低温条件下种子发芽率高，幼苗生长旺盛，茎秆强韧，耐肥，抗倒伏。

产量及适宜地区：1989—1991年区域试验，平均单产7 140kg/hm²，比对照品种长白7号增产10.6%；1990—1991年生产试验，平均单产7 241kg/hm²，比对照品种长白7号增产11.1%。适宜吉林省东部半山区及中西部平原井灌稻区种植。截至2005年累计推广面积133.3万hm²，年均占其适应面积的70%以上。

栽培技术要点：4月中下旬播种，5月下旬或6月初插秧。插秧密度26cm×13cm或30cm×13cm，每穴栽插5～6苗。施纯氮150kg/hm²，以磷、钾肥作基肥和穗肥。灌水采用浅灌与间歇灌溉相结合的方法，孕穗期适当增加水层，蜡熟期湿润灌溉。

长选1号 （Changxuan 1）

品种来源：吉林省长春市农业科学院水稻研究所1980年以吉粳60为母本，雄基9号为父本杂交育成。1994年通过吉林省农作物品种审定委员会审定，审定编号为吉审稻1994001。

形态特征和生物学特性：属粳型常规水稻。感光性弱，感温性弱，基本营养生长期短，迟熟早粳。生育期140d，需≥10℃活动积温2 800℃。幼苗叶色较淡，长势较强，对光温反应钝感，苗粗壮。株型紧凑，叶片直立，叶鞘、叶缘、叶枕均为绿色。茎秆富有弹性，抽穗后受光姿势好，活秆成熟。主蘗穗整齐，成穗率高，着粒密度适中。谷粒椭圆形，粒长中等，颖及颖尖黄色。稀间短芒，谷壳薄，浅黄色。株高约100cm，主茎叶14片，穗长18cm，分蘗力强，平均每穴有效穗17.1个，平均每穗85粒，结实率95%以上，千粒重28 ～ 32g。

品质特性：糙米率83.9%，精米率76.0%，整精米率74.0%，垩白粒率15.0%，透明度1级。米粒透明度好，米白色，米质优良，适口性好。

抗性：抗稻瘟病性中等。耐寒，较喜肥，抗倒伏。

产量及适宜地区：1991—1993年区域试验，平均单产8 445kg/hm²，比对照品种下北增产8.5%；1992—1993年生产试验，平均单产8 490kg/hm²，比对照品种下北增产5.4%。适宜吉林省长春、吉林、通化、辽源等地中晚熟稻区种植。

栽培技术要点：4月中旬播种，5月中旬插秧。插秧密度27cm×12cm或27cm×24cm，每穴栽插3 ～ 4苗。施纯氮150 ～ 165kg/hm²，并做到氮、磷、钾肥配合施用。以浅灌为主，干湿结合进行灌溉，并视其长势情况晒田。盐碱地栽培应在6月底以前经常排水洗碱。注意稻瘟病的防治。

长选10号 （Changxuan 10）

品种来源：吉林省长春市农业科学院水稻研究所1990年以藤系138为母本，长白7号为父本有性杂交系选育成。2002年通过吉林省农作物品种审定委员会审定，审定编号为吉审稻2002007。

形态特征和生物学特性：属粳型常规水稻。感光性弱，感温性弱，基本营养生长期短，早熟早粳。生育期132d，需≥10℃活动积温2 600 ～ 2 700℃。株型紧凑，茎秆较粗而有韧性，茎叶淡绿色。弯曲穗型，主蘖穗大小基本一致，着粒密度适中。谷粒椭圆形，籽粒淡黄色。株高96cm，主茎叶14片，每穴有效穗20 ～ 23个，穗长17 ～ 20cm，平均每穗95粒，最高140粒，千粒重27g。

品质特性：糙米率、精米率、整精米率、粒长、长宽比、垩白粒率、垩白度、透明度、碱消值、胶稠度、直链淀粉含量、蛋白质含量12项指标中有7项指标达到部颁优质米一级标准，1项指标达到部颁优质米二级标准。

抗性：1999—2001年吉林省农业科学院植物保护研究所连续3年采用分菌系人工接种、病区多点异地自然诱发鉴定，结果表明，苗瘟中抗，叶瘟感，穗瘟感。

产量及适宜地区：1998年预备试验，平均单产8 291kg/hm²，比对照品种长白9号平均增产4.4%；1999—2001年区域试验，平均单产7 580kg/hm²，比对照品种长白9号平均增产2.6%；2000—2001年生产试验，平均单产8 069kg/hm²，比对照品种长白9号平均增产4%。适宜吉林省长春、白城、松原、延边、通化等中早熟稻区种植。

栽培技术要点：4月上中旬播种，5月中下旬插秧。插秧密度30cm×（13.3 ～ 20）cm，每穴栽插2 ～ 3苗。施纯氮130kg/hm²，按底肥30%、分蘖肥20%、补肥20%、穗肥20%、粒肥10%的比例分期施用；施纯磷100kg/hm²，作底肥一次性施入；施纯钾100kg/hm²，其中底肥施2/3，拔节肥施1/3。以浅水灌溉为主，干湿结合。7月上中旬注意防治二化螟，并注意及时防治稻瘟病。

长选12 (Changxuan 12)

品种来源：吉林省长春市农业科学院水稻研究所1991年以早锦为母本，合江23为父本杂交系统选育而成。2003年通过吉林省农作物品种审定委员会审定，审定编号为吉审稻2003022。

形态特征和生物学特性：属粳型常规水稻。感光性弱，感温性弱，基本营养生长期短，早熟早粳。生育期138d，需≥10℃活动积温2850℃。株型紧凑，茎叶深绿色，分蘖力强，弯曲穗型，主蘖穗大小基本一致，着粒密度适中，粒形椭圆，籽粒淡黄色，无芒。植株高105cm，每穴有效穗24个，穗长18cm，主穗粒数140，平均粒数100粒，结实率90%，千粒重27g。

品质特性：依据农业部NY 122—86《优质食用稻米》标准，糙米率、精米率、长宽比、碱消值、胶稠度、直链淀粉含量、蛋白质含量7项指标达优质米一级标准，透明度1项指标达优质米二级标准。

抗性：2000—2002年吉林省农业科学院植物保护研究所连续3年采用分菌系人工接种、病区多点异地自然诱发鉴定，结果表明，苗瘟中抗，叶瘟感，穗瘟感。

产量及适宜地区：1999年预备试验，平均单产8 465kg/hm²，比对照品种通35增产4.3%；2000—2001年区域试验，平均单产8 648kg/hm²，比对照品种通35增产6.0%；2000—2001年生产试验，平均单产8 628 kg/hm²，比对照品种通35增产7.0%。适宜吉林省长春、吉林、松原南部、通化中晚熟稻区种植。

栽培技术要点：稀播育壮秧，4月上中旬播种，5月中下旬插秧。栽培密度为30cm×20cm，每穴栽插2～3苗。氮、磷、钾配方施肥，施纯氮150kg/hm²，按底肥30%、分蘖肥30%、补肥20%、穗肥20%的比例分期施用；施纯磷100kg/hm²，全部作底肥施入；施纯钾100kg/hm²，底肥70%、拔节期追30%，分两次施用。水分管理以浅水灌溉为主。7月上中旬注意防治二化螟，注意及时防治稻瘟病。

长选14（Changxuan 14）

品种来源：吉林省长春市农业科学院水稻研究所1993年以锦丰为母本，长选2号为父本杂交系选育而成，原代号长6。2004年通过吉林省农作物品种审定委员会审定，审定编号为吉审稻2004014。

形态特征和生物学特性：属粳型常规水稻。感光性弱，感温性弱，基本营养生长期短，迟熟早粳。生育期140d，需≥10℃活动积温2 850～2 900℃。株型紧凑，茎叶绿色，分蘖力强，株高105cm，穗长19cm，每穴有效穗22个，弯曲穗型，主穗粒数140粒，平均穗粒数110粒，着粒密度适中，结实率90%，籽粒椭圆形，黄色，无芒。千粒重24.5g。

品质特性：糙米率83.0%，精米率76.2%，整精米率74.0%，粒长5.0mm，长宽比1.8，垩白粒率10.0%，垩白度1.0%，透明度1级，碱消值7.0级，胶稠度72mm，直链淀粉含量16.6%，蛋白质含量6.7%。依据NY 122—86《优质食用稻米》标准，精米率、整精米率、粒长、长宽比、透明度、碱消值、胶稠度、直链淀粉含量8项指标达优质米一级标准，糙米率、垩白度2项指标达优质米二级标准。

抗性：2001—2003年吉林省农业科学院植物保护研究所连续3年采用分菌系人工接种、病区多点异地自然诱发鉴定，结果表明，苗瘟中感，叶瘟中感，穗瘟感。

产量及适宜地区：2001年预备试验，平均单产8 273kg/hm²，比对照品种通35增产0.6%；2002—2003年区域试验，平均单产8 267kg/hm²，比对照品种通35增产2.6%。2003年生产试验，平均单产8 213kg/hm²，比对照品种通35增产8.8%。适宜吉林省中晚熟稻区种植。

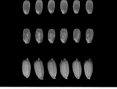

栽培技术要点：稀播育壮秧，4月中旬播种，5月中下旬插秧。栽培密度为30cm×20cm，每穴栽插1～3苗。氮、磷、钾配方施肥，施纯氮150kg/hm²，按底肥40%、分蘖肥20%、补肥20%、穗肥10%的比例分期施用；施纯磷75kg/hm²，作底肥一次性施入；施纯钾75kg/hm²，底肥70%、拔节期追30%，分两次施用。田间水分管理以浅水灌溉为主。7月上中旬注意防治二化螟，注意及时防治稻瘟病。

长选2号 （Changxuan 2）

品种来源：吉林省长春市农业科学院水稻研究所1984年以秋丰为母本，长白6号为父本杂交系选育成，原代号为长选89-181。1996年通过吉林省农作物品种审定委员会审定，审定编号为吉审稻1996004。

形态特征和生物学特性：属粳型常规水稻。感光性弱，感温性弱，基本营养生长期短，中熟早粳。生育期136d，需≥10℃活动积温2 700～2 800℃。剑叶上举，株型紧凑，茎秆粗而韧，叶绿色，幼苗发育良好。分蘖力强，主穗先抽出，齐穗后穗大小基本一致。谷粒椭圆形，顶端稀间短芒，颖及颖尖黄色。株高95cm，主茎叶14片，穗长17cm，单插秧平均每穴有效穗20～23个，平均穗粒数85粒，千粒重27～30g。

品质特性：糙米率83.1%，精米率73.5%，整精米率64.3%，长宽比1.6，垩白粒率18.0%，垩白大小8.0%，垩白度1.5%，透明度0.7级，碱消值7.0级，直链淀粉含量20.2%，蛋白质含量8.1%。适口性好，米质优良，在1995年吉林省首届水稻优质品种（系）鉴评会上被评为优质品系。

抗性：抗病，耐肥，抗倒伏，耐寒。

产量及适宜地区：1993—1995年区域试验，平均单产7 925kg/hm²，比对照品种藤系138增产6.2%；1994—1995年生产试验，平均单产7 085kg/hm²，比对照品种藤系138增产8.1%。适宜吉林省中熟稻区种植，中晚熟稻区可作搭配品种种植。

栽培技术要点：4月中旬播种，5月中旬插秧。插秧密度27cm×12cm或27cm×24cm，每穴栽插3～4苗。施纯氮150～165kg/hm²，并做到氮、磷、钾肥配合施用。以浅灌为主，干湿结合进行灌溉，并视其长势情况晒田。盐碱地栽培应在6月底以前经常排水洗碱。注意稻瘟病的防治。

超产1号（Chaochan 1）

品种来源：吉林省农业科学院水稻研究所以青系96/GB902//下北为杂交组合，采用系谱法选育而成，原品系代号为吉90D33。分别通过吉林省（1995）和国家（1999）农作物品种审定委员会审定，审定编号分别为国审稻990005和吉审稻1995009。

形态特征和生物学特性：属中秆多穗型晚熟常规粳稻品种。感光性弱，感温性中等，基本营养生长期短，迟熟早粳。生育期145d，需≥10℃活动积温2 900℃以上。叶片淡绿色，株型好，分蘖力强。茎秆韧性强，耐肥抗倒，穗短芒，颖尖黄色，谷粒椭圆形。株高95～100cm，主穗粒数100～110粒，千粒重26g。

品质特性：糙米率83.2%，精米率73.6%，整精米率61.3%，长宽比1.6，垩白度0.0%，透明度1级，碱消值7.0级，胶稠度86mm，直链淀粉含量17.7%，蛋白质含量6.76%。达国家二级优质米标准。米质优，适口性好，在1995年吉林省首届水稻优质品种（系）鉴评会上被评为优质品种。

抗性：抗冷性强，耐肥、抗倒伏，抗稻瘟病和白叶枯病。

产量及适宜地区：1992—1994年吉林省区域试验，平均单产8 415kg/hm²，比对照品种秋光增产5.0%，增产显著；1993—1994年生产试验，平均单产8 375kg/hm²，比对照品种秋光增产7.9%。1994—1995年参加北方稻区区试，两年平均单产9 092kg/hm²，比对照品种秋光增产8.6%。适宜吉林、辽宁省北部以及山西、宁夏部分地区种植。据1997年统计，超产1号品种累计在北方稻区（吉林、辽宁、宁夏、内蒙古）推广面积达80万hm²，占适应地区面积的70%。

栽培技术要点：4月上中旬播种，5月中旬插秧，插秧密度26cm×13cm或30cm×20cm。施肥方法遵循前重、中轻、后补的原则，全生育期施纯氮150kg/hm²为宜，适当配施磷、钾肥。采用浅—深—浅和间歇灌溉的管水方法。

城西3号 (Chengxi 3)

品种来源：吉林省珲春县三家子乡三家子村农业科技站1966年从松辽2号（公交11）中系选育成。1979年通过吉林省农作物品种审定委员会审定。

形态特征和生物学特性：属粳型常规水稻。感光性弱，感温性弱，基本营养生长期短，早熟早粳。生育期125d，需≥10℃活动积温2 600～2 650℃。幼苗粗壮，生长势强，苗色浓绿，茎秆较细而坚韧。叶较宽而直立，分蘖力较弱，抽穗齐，散穗型，成熟一致，灌浆成熟快，着粒密度中等，谷粒椭圆形，无芒，颖尖红褐色，颖壳黄色。株高90cm，主茎叶12～13片，穗长15～17cm，平均穗粒数85～90粒，结实率85%，千粒重26g。

品质特性：米白色，糙米率80.0%以上。米质优良。

抗性：苗期耐冷性较强，耐肥水，抗倒伏，抗稻瘟病性中等。

产量及适宜地区：一般平均单产4 500～5 250kg/hm²。主要适宜吉林省低温多湿的珲春海风口区和延边部分半山区种植。该品种累计推广面积超过0.73万hm²。

栽培技术要点：采用薄膜育苗，4月上旬播种，每平方米苗床播种量0.3kg，秧龄40d。行穴距27cm×10cm，每穴栽插7～8苗。一般施纯氮76.5kg/hm²，前重后轻。浅—深—浅灌溉并结合晒田。

春承101（Chuncheng 101）

品种来源：吉林省长春市农业科学院水稻研究所1996年以通22为母本，长白7号为父本杂交育成，试验代号长01-19。2008年通过吉林省农作物品种审定委员会审定，审定编号为吉审稻2008006。

形态特征和生物学特性：属粳型常规水稻。感光性弱，感温性中等，基本营养生长期短，中熟早粳。生育期132d，需≥10℃活动积温2 650～2 700℃。茎叶绿色，分蘖力较强，剑叶上举，中散穗型，主蘖穗整齐，籽粒椭圆形，颖壳黄色。平均株高96.9cm，有效穗数370.5万/hm²，平均穗长18.3cm，平均穗粒数99.6粒，结实率97.7%，千粒重26.1g。

品质特性：糙米率84.5%，精米率76.3%，整精米率76.3%，粒长5.0mm，长宽比1.9，垩白粒率13.0%，垩白度2.1%，透明度1级，碱消值7.0级，胶稠度72mm，直链淀粉含量16.4%，蛋白质含量9.3%。依据NY/T 593—2002《食用稻品种品质》标准，米质符合二等食用粳稻品种品质规定要求。

抗性：2004—2006年吉林省农业科学院植物保护研究所连续3年采用分菌系人工接种、病区多点异地自然诱发鉴定，结果表明，苗瘟中感，叶瘟中感，穗颈瘟感；2005—2006年在15个田间自然诱发有效鉴定点次中，纹枯病中抗。

产量及适宜地区：2005年区域试验，平均单产7 898kg/hm²，比对照品种长白9号增产3.8%；2006年区域试验，平均单产8 090kg/hm²，比对照品种长白9号增产4.9%；两年区域试验比对照品种长白9号增产5.5%。2006年生产试验，平均单产8 064kg/hm²，比对照品种长白9号增产7.6%。适宜吉林省白城、松原、通化、延边、四平等中早熟稻作区种植。

栽培技术要点：4月上中旬播种，5月中下旬插秧。栽培密度为行株距30cm×13cm或30cm×20cm，每穴栽插3～4苗。一般土壤肥力条件下，施纯氮125～150kg/hm²，纯磷75kg/hm²，纯钾75kg/hm²，氮肥按底肥：蘖肥：穗肥=4：4：2的比例施入；磷肥全部作底肥一次性施入；钾肥的2/3作底肥、1/3作穗肥，分两次施用。田间水分管理以浅水灌溉为主。7月上中旬注意防治二化螟，注意及时防治稻瘟病。

春承501 （Chuncheng 501）

品种来源：吉林省长春市农业科学院1995年以吉粳65为母本，通31/九稻13 F$_2$为父本杂交育成，试验代号春丰E001。2009年通过吉林省农作物品种审定委员会审定，审定编号为吉审稻2009019。

形态特征和生物学特性：属粳型常规水稻。感光性弱，感温性弱，基本营养生长期短，迟熟早粳。生育期145d，需≥10℃活动积温2900～3050℃。株型紧凑，叶片坚挺上举，分蘖力较强，半弯散穗型，主蘖穗整齐，着粒密度适中，籽粒椭圆形，颖及颖尖均黄色，无或微芒。平均株高98cm，平均穗长17cm，平均穗粒数110粒，结实率87%，千粒重26.7g。

品质特性：糙米率83.2%，精米率75.1%，整精米率69.8%，粒长5.0mm，长宽比1.6，垩白粒率24.0%，垩白度1.6%，透明度1级，碱消值7.0级，胶稠度66mm，直链淀粉含量17.9%，蛋白质含量7.8%。依据农业部NY/T 593—2002《食用稻品种品质》标准，米质符合二等食用粳稻品种品质规定要求。

抗性：2006—2008年吉林省农业科学院植物保护研究所连续3年采用分菌系人工接种、病区多点异地自然诱发鉴定，结果表明，苗瘟中抗，叶瘟中抗，穗瘟中抗；纹枯病中感。

产量及适宜地区：2007年区域试验，平均单产9 315kg/hm^2，比对照品种关东107增产7.2%；2008年区域试验，平均单产9 324kg/hm^2，比对照品种关东107增产5.1%；两年区域试验，平均单产9 320kg/hm^2，比对照种关东107增产6.1%。2008年生产试验，平均单产8 646kg/hm^2，比对照品种关东107增产3.7%。适宜吉林省四平、吉林、辽源、通化、松原等晚熟平原稻区种植。

栽培技术要点：稀播育壮秧，4月上旬播种，每平方米播催芽种子350g，5月中旬插秧。栽培密度为行株距30cm×20cm，每穴栽插3～4苗。氮、磷、钾配方施肥，施纯氮145～155kg/hm^2，按底肥40%、分蘖肥30%、补肥20%、穗肥10%的比例分期施用；施纯磷75～85kg/hm^2，作底肥一次性施入；施纯钾90～100kg/hm^2，按底肥70%、拔节期追30%，分两次施用。田间水分管理采取分蘖期浅，孕穗期深，籽粒灌浆期浅的灌溉方法。生育期间注意及时防治稻瘟病。

稻光1号（Daoguang 1）

品种来源：吉林省通化市农业科学院1988年以秋光为母本，以京引127为父本杂交选育而成，原代号通粳793。2004年通过吉林省农作物品种审定委员会审定，审定编号为吉审稻2004001。

形态特征和生物学特性：属粳型常规水稻。感光性弱，感温性弱，基本营养生长期短，中熟早粳。生育期137d，需≥10℃活动积温2 800℃。分蘖力中等，叶色浅绿，剑叶上举，茎秆粗壮，田间稻穗半压圈，主蘖穗整齐，着粒密度适中，籽粒黄色，椭圆形，无芒。株高110cm，单株分蘖16个，穗长21cm，主穗粒数180粒，结实率90%，千粒重27 g。

品质特性：依据农业部NY 122—86《优质食用稻米》标准，精米率、整精米率、长宽比、垩白粒率、垩白度、碱消值、胶稠度、直链淀粉含量、蛋白质含量9项指标达部优质米一级标准，糙米率、粒长2项指标达部优质米二级标准。

抗性：2001—2003年吉林省农业科学院植物保护研究所连续3年采用分菌系人工接种、病区多点异地自然诱发鉴定，结果表明，苗瘟中抗，叶瘟中感，穗瘟中感。

产量及适宜地区：2001年预备试验，平均单产7 619kg/hm²，比对照品种吉玉粳增产0.4%；2002—2003年区域试验，平均单产7 917kg/hm²，比对照品种吉玉粳增产2.1%；2003年生产试验，平均单产8 408kg/hm²，比对照品种吉玉粳增产2.8%。适宜吉林省中熟稻区种植。累计推广种植面积2.2万hm²。

栽培技术要点：塑料薄膜旱育稀播，每平方米播种量100～150g，5月中下旬插秧，要掌握肥地宜稀、薄地宜密的原则。栽培密度为30cm×20cm，每穴栽插2～3苗。一般地块施纯氮150kg/hm²，其中底肥50%、返青肥30%（出穗前40d左右）、穗肥20%（抽穗前15d左右）；作底肥一次性施入纯磷70kg/hm²和纯钾80kg/hm²。水分管理采取分蘖期浅水灌溉，孕穗期浅水或湿润灌溉，成熟期干湿结合。7月上中旬注意防治二化螟，注意及时防治稻瘟病。

东稻03-056 (Dongdao 03-056)

品种来源：中国科学院东北地理与农业生态研究所1994年以水稻转菰后代C23为母本，一目惚为父本杂交育成，又名东稻1号。2007年通过吉林省农作物品种审定委员会审定，审定编号为吉审稻2007014。

形态特征和生物学特性：属粳型常规水稻。感光性弱，感温性弱，基本营养生长期短，迟熟早粳。生育期145d，需≥10℃活动积温2 950～3 100℃。株型紧凑，叶片上举，茎叶浅淡绿，分蘖力强，弯穗型，主蘖穗整齐，着粒密度适中，粒形椭圆，颖及颖尖均黄色，稀间有芒。平均株高110.6cm，主穗长18cm，平均穗粒数101.8粒，结实率85%，千粒重25.0g。

品质特性：糙米率84.1%，精米率75.9%，整精米率73.4%，粒长4.8mm，长宽比1.7，垩白粒率17.0%，垩白度1.7%，透明度1级，碱消值7.0级，胶稠度72mm，直链淀粉含量17.4%，蛋白质含量7.2%。依据NY/T 593—2002《食用稻品种品质》标准，米质符合二等食用粳稻品种品质规定要求。

抗性：2004—2006年吉林省农业科学院植物保护研究所连续3年采用分菌系人工接种、病区多点异地自然诱发鉴定，结果表明，苗瘟感，叶瘟中抗，穗颈瘟中感；2005—2006年在15个田间自然诱发有效鉴定点次中，纹枯病中抗。

产量及适宜地区：2004年预备试验，平均单产8 784kg/hm²，比对照品种关东107增产1.5%；2005年区域试验，平均单产8 433kg/hm²，比对照品种关东107增产10.4%；2006年区域试验，平均单产8 357kg/hm²，比对照品种关东107增产6.5%；两年区域试验，平均单产8 396kg/hm²，比对照品种关东107增产8.4%。2006年生产试验，平均单产8 298kg，比对照品种关东107增产2.5%。适宜吉林省四平、吉林、辽源、通化、松原等晚熟平原区种植。

栽培技术要点：稀播育壮秧，4月上旬播种，每平方米播催芽种子350g，5月中旬插秧。栽培密度为行株距30cm×16.5cm，每穴栽插3～4苗。氮、磷、钾配方施肥，施纯氮150kg/hm²，按底肥30%、分蘖肥40%、补肥20%、穗肥10%的比例分期施用；施纯磷70kg/hm²，作底肥一次性施入；施纯钾100kg/hm²，底肥70%，拔节期追30%，分两次施用。田间水分管理采取分蘖期浅，孕穗期深，籽粒灌浆期浅的灌溉方法。抽穗前注意及时防治稻瘟病。

东稻2号 （Dongdao 2）

品种来源：中国科学院东北地理与农业生态研究所2000年从贵州省引进的地方水稻品种野谷子的变异株中经系统选育法育成，试验代号东稻03-3088。2008年通过吉林省农作物品种审定委员会审定，审定编号为吉审稻2008014。

形态特征和生物学特性：属粳型常规水稻。感光性弱，感温性中等，基本营养生长期短，中熟早粳。生育期135d，需≥10℃活动积温2 700℃。株型紧凑，叶片上举，茎叶浅绿色，分蘖力中等，弯穗型，籽粒椭圆形，颖及颖尖均黄色，稀间短芒。平均株高103.6cm，有效穗数321万/hm²，主穗长21cm，平均穗粒数114.6粒，结实率88.4%，千粒重25.8g。

品质特性：糙米率84.3%，精米率76.2%，整精米率74.0%，粒长4.9mm，长宽比1.7，垩白粒率11.0%，垩白度1.3%，透明度1级，碱消值7.0级，胶稠度73mm，直链淀粉含量17.2%，蛋白质含量8.3%。依据NY/T 593—2002《食用稻品种品质》标准，米质符合二等食用粳稻品种品质规定要求。

抗性：2004—2006年吉林省农业科学院植物保护研究所连续3年采用分菌系人工接种、病区多点异地自然诱发鉴定，结果表明，苗瘟感，叶瘟感，穗颈瘟感；纹枯病中抗。

产量及适宜地区：2005—2006年两年区域试验比对照品种吉玉粳增产2.8%。2006年生产试验，平均单产8 199kg/hm²，比对照品种吉玉粳增产3.3%。适宜吉林省松原、通化、延边、四平、长春等中熟稻作区种植。

栽培技术要点：稀播育壮秧，4月上旬播种，每平方米播催芽种子250g，5月中下旬插秧。栽培密度为行株距30cm×16.5cm，每穴栽插3～4苗。氮、磷、钾配方施肥，施纯氮130～150kg/hm²，按底肥30%、分蘖肥40%、补肥20%、穗肥10%的比例分期施用；施纯磷80kg/hm²，作底肥一次性施入；施纯钾110kg/hm²，底肥70%、拔节期追肥30%，分两次施用。田间水分管理采取分蘖期浅，孕穗期深，籽粒灌浆期浅的灌溉方法。生育期间注意防治稻瘟病。

东稻3号 （Dongdao 3）

品种来源：中国科学院东北地理与农业生态研究所1994年以通育211为母本，农大10号为父本进行有性杂交，经系谱法选育而成，试验代号东稻04-478。2008年通过吉林省农作物品种审定委员会审定，审定编号为吉审稻2008023。

形态特征和生物学特性：属粳型常规水稻。感光性弱，感温性弱，基本营养生长期短，迟熟早粳。生育期146d，需≥10℃活动积温3 000℃。株型收敛，叶片上举，茎叶浅淡绿，分蘖力强，弯穗型，着粒密度适中，籽粒稍长，颖及颖尖均黄色，无芒。平均株高109.3cm，有效穗数373.5万/hm²，平均穗长19.2cm，平均穗粒数103.0粒，结实率90.0%，千粒重24.3g。

品质特性：糙米率83.9%，精米率76.2%，整精米率69.7%，粒长5.0mm，长宽比1.8，垩白粒率15.0%，垩白度1.7%，透明度1级，碱消值7.0级，胶稠度70mm，直链淀粉含量17.1%，蛋白质含量7.1%。依据农业部NY/T 593—2002《食用稻品种品质》标准，米质符合二等食用粳稻品种品质规定要求。

抗性：2005—2007年吉林省农业科学院植物保护研究所连续3年采用分菌系人工接种、病区多点异地自然诱发鉴定，结果表明，苗瘟中感，叶瘟中感，穗瘟感；纹枯病中抗。

产量及适宜地区：2006—2007年两年区域试验，平均单产8 235kg/hm²，比对照品种关东107增产0.3%。2007年生产试验，平均单产8 169kg/hm²，比对照品种关东107增产2.4%。适宜吉林省松原、通化、四平、长春、吉林等晚熟稻作区种植。

栽培技术要点：稀播育壮秧，4月上旬播种，每平方米播催芽种子250g，5月中下旬插秧。栽培密度为行株距30cm×16.5cm，每穴栽插3～4苗。氮、磷、钾配方施肥，施纯氮130～150kg/hm²，按底肥30%、分蘖肥40%、补肥20%、穗肥10%的比例分期施用；施纯磷80kg/hm²，作底肥一次性施入；施纯钾110kg/hm²，底肥70%、拔节期追30%，分两次施用。田间水分管理采取分蘖期浅，孕穗期深，籽粒灌浆期浅的灌溉方法。生育期间注意及时防治稻瘟病。

东稻4号 （Dongdao 4）

品种来源：中国科学院东北地理与农业生态研究所1994年以农大10号为母本，秋田小町为父本杂交育成，试验代号东稻06-605。2010年通过吉林省农作物品种审定委员会审定，审定编号为吉审稻2010004。

形态特征和生物学特性：属粳型常规水稻。感光性弱，感温性弱，基本营养生长期短，早熟早粳。生育期131d，需≥10℃活动积温2 600～2 700℃。株型紧凑，叶片上举，茎叶深绿色，分蘖力中等偏上，弯曲穗型，主蘖穗整齐，着粒密度适中，一次枝梗多，二次枝梗少，籽粒椭圆形，颖及颖尖均黄色，无芒。平均株高99.5cm，有效穗数360万/hm²，穗长18.6cm，平均穗粒数100.1粒，结实率92.2%，千粒重28.6g。

品质特性：糙米率83.5%，精米率75.3%，整精米率70.3%，粒长5.1mm，长宽比1.7，垩白粒率48.0%，垩白度9.5%，透明度1级，碱消值7.0级，胶稠度83mm，直链淀粉含量18.0%，蛋白质含量7.9%。依据农业部NY/T 593—2002《食用稻品种品质》标准，米质符合四等食用粳稻品种品质规定要求。

抗性：2007—2009年吉林省农业科学院植物保护研究所连续3年采用分菌系人工接种、病区多点异地自然诱发鉴定，结果表明，苗瘟中抗，叶瘟中抗，穗瘟中抗；纹枯病中感。

产量及适宜地区：2008年区域试验，平均单产8 481kg/hm²，比对照品种长白9号增产2.0%，2009年区域试验，平均单产8 862kg/hm²，比对照品种长白9号增产8.5%；两年区域试验，平均单产8 672kg/hm²，比对照品种长白9号增产5.2%。2009年生产试验，平均单产8 844kg/hm²，比对照品种长白9号增产6.7%。适宜吉林省白城、吉林、辽源等中早熟稻区种植。

栽培技术要点：稀播育壮秧，4月中旬播种，播种量每平方米催芽种子300g，5月中下旬插秧。栽培密度为行株距30cm×16.7cm，每穴栽插3～4苗。氮、磷、钾配方施肥。施纯氮170～190kg/hm²，按底肥40%、分蘖肥30%、补肥20%、穗肥10%的比例分期施入；施纯磷60～80kg/hm²，作底肥一次性施用；施纯钾90～120kg/hm²，底肥70%、追肥30%，分两次施入。田间水分管理采取分蘖期浅，孕穗期深，籽粒灌浆期浅的灌溉方法。注意防治二化螟、稻瘟病等。

东粳6号 （Donggeng 6）

品种来源：吉林省通化市富民种子有限公司1998年以通育120为母本，秋光为父本杂交，杂交后代通过集团育种方法和田间鉴定选择，于2007年选育而成，试验代号东粳6号。2011年通过吉林省农作物品种审定委员会审定，审定编号为吉审稻2011011。

形态特征和生物学特性：属粳型常规水稻。感光性弱，感温性弱，基本营养生长期短，迟熟早粳。生育期139d，需≥10℃活动积温2850℃。株型适中，叶片上举，茎叶绿色，分蘖力较强，活秆成熟，弯曲穗型，主蘖穗较整齐，着粒密度适中，籽粒椭圆形，颖及颖尖均黄色，无芒，平均株高108.9cm，有效穗数307.5万/hm²，平均穗长21.7cm，平均穗粒数120.4粒，结实率87.1%，千粒重27.4g。

品质特性：糙米率84.0%，精米率73.4%，整精米率63.2%，粒长5.3mm，长宽比1.8，垩白粒率48.0%，垩白度4.3%，透明度1级，碱消值5.0级，胶稠度70mm，直链淀粉含量17.6%，蛋白质含量7.9%。依据农业部NY/T 593—2002《食用稻品种品质》标准，米质符合四等食用粳稻品种品质规定要求。

抗性：2008—2010年吉林省农业科学院植物保护研究所连续3年采用分菌系人工接种、病区多点异地自然诱发鉴定，结果表明，苗瘟中抗，叶瘟中抗，穗瘟感；纹枯病中感。

产量及适宜地区：2009—2010年两年区域试验，平均单产8676kg/hm²，比对照品种通35增产5.5%。2010年生产试验，平均单产8891kg/hm²，比对照品种通35增产8.3%。适宜吉林省四平、长春、辽源、通化、松原、延边等中晚熟稻区种植。

栽培技术要点：稀播育壮秧，4月上旬播种，每平方米播催芽种子150g，5月中旬插秧。栽培密度为行株距30cm×20cm，每穴栽插2～3棵苗。氮、磷、钾配方施肥。施纯氮135～150kg/hm²，按底肥30kg/hm²、分蘖肥55kg/hm²、补肥30kg/hm²、穗肥30kg/hm²的比例分期施用；施纯磷60kg/hm²，作底肥一次性施入；施纯钾90kg/hm²，底肥40%、拔节期追肥60%，分两次施用。田间水分管理以浅水灌溉为主，分蘖期间结合人工除草。注意防治二化螟、稻瘟病等。

东光2号 （Dongguang 2）

品种来源：吉林省珲春县马川子乡东光村农科站1966年从延边州农业科学研究所培育的6107-12（松辽2号/青森5号）中系选育成。1979年通过吉林省农作物品种审定委员会审定。

形态特征和生物学特性：属粳型常规水稻。感光性弱，感温性弱，基本营养生长期短，早熟早粳。生育期约125d，需≥10℃活动积温2600℃。幼苗长势较强，苗色浓绿。茎秆较矮，叶色浅绿，短而直立，株型紧凑，分蘖力较强，抽穗整齐，谷粒椭圆形，中长芒，颖壳黄白色。株高约85cm，主茎叶11～12片，平均每穴有效穗13个，穗长约15cm，平均每穗60粒，结实率85%，千粒重26g。

品质特性：米白色，糙米率80%。米质好。

抗性：耐寒性强，耐肥，抗倒伏，中抗稻瘟病。

产量及适宜地区：一般平均单产5250kg/hm²，在良好的栽培条件下，可达6000kg/hm²。主要适宜吉林省延边山区丘陵及珲春盆地中早熟区种植。

栽培技术要点：保温育苗，4月中旬播种，每平方米播种量0.3kg。5月下旬插秧，行穴距30cm×13cm，每穴栽插4～5苗。在施足底肥基础上，施纯氮125kg/hm²。浅水间歇灌溉，孕穗期深水护胎。

丰选2号 （Fengxuan 2）

品种来源：吉林省东丰县农业技术推广总站1979年以双丰9号为母本，福选1号为父本杂交系选育成，原代号东88-1。1994年通过吉林省农作物品种审定委员会审定，审定编号为吉审稻1994004。

形态特征和生物学特性：属于常规粳稻品种。感光性弱，感温性弱，基本营养生长期短，中熟早粳。生育期141d，需≥10℃活动积温2 800℃。茎秆强韧有弹性，株型紧凑，叶鞘、叶缘、叶枕均为绿色，叶片直立上举，活秆成熟，分蘖力中等，抽穗整齐，主蘖穗整齐一致，穗较大，半散穗型，谷粒呈椭圆形，颖及颖尖均为黄色，有稀短芒。株高100cm，主茎叶数14片，平均每穗85～90粒，结实率90%，千粒重27g。

品质特性：米质优良。

抗性：抗稻瘟病性强。抗寒性强，抽穗后成熟快。耐肥、抗倒伏。

产量及适宜地区：1991—1993年区域试验，平均单产8 460kg/hm²，比对照品种下北增产7.0%；1992—1993年生产试验，平均单产9 476kg/hm²，比对照品种下北增产8.8%。主要适宜吉林省吉林、延边、通化、长春、辽源、四平、松原等平原及半山区种植。累计推广面积达2万多hm²。

栽培技术要点：4月上中旬播种，5月中下旬插秧。插秧密度30cm×20cm，每穴栽插3～4苗。在增施农家肥和磷、钾肥的基础上，施纯氮135～150kg/hm²，以40%作底肥、30%作分蘖肥和中期补肥、30%作后期穗粒肥。灌水采用浅水灌溉和间歇灌溉相结合的方法。

丰选3号 （Fengxuan 3）

品种来源：吉林省东丰县种子管理站1992年从东88-1品种分离株中系选育成，原代号东92-20。2002年通过吉林省农作物品种审定委员会审定，审定编号为吉审稻2002009。

形态特征和生物学特性：属粳型常规水稻。感光性弱，感温性弱，基本营养生长期短，中熟早粳。生育期135～137d，需≥10℃活动积温2 700℃。株型紧凑，叶色深绿，剑叶长度为中，穗较大，半散穗型，谷粒椭圆形，略带稀短芒。株高103cm，主茎叶13片，平均每穗粒数105粒，千粒重27.5g。

品质特性：稻米品质8项指标达部颁优质米一级标准，2项指标达部颁优质米二级标准。

抗性：1999—2001年吉林省农业科学院植物保护研究连续3年所采用分菌系人工接种、病区多点异地自然诱发鉴定，结果表明，苗瘟中感，叶瘟中抗，穗瘟感。抗早霜、耐寒冷，根系发达，耐旱性较强，适应性广。

产量及适宜地区：1999—2001年区域试验，平均单产7 800kg/hm²，比对照品种吉玉粳增产2.8%；2000—2001年生产试验，平均单产8 124kg/hm²，比对照品种吉玉粳增产4.8%。适宜吉林省≥10℃活动积温2 600℃以上中熟稻作区种植。累计推广4.8万hm²。

栽培技术要点：4月中下旬播种育苗，5月中下旬插秧。插秧密度30cm×16.5cm，每穴栽插3～4苗。施纯氮125～150kg/hm²、纯磷60～75kg/hm²、纯钾90～110kg/hm²。生育期间及时使用药剂防治稻瘟病等各种病虫害。

赋育333（Fuyu 333）

品种来源：吉林省西部绿洲投资有限公司1998年以赋育2号为母本，五常93-8为父本杂交选育而成。2008年通过吉林省农作物品种审定委员会审定，审定编号为吉审稻2008013。

形态特征和生物学特性：属粳型常规水稻。感光性弱，感温性中等，基本营养生长期短，中熟早粳。生育期137d，需≥10℃活动积温2 700℃。株型较收敛，叶色较绿，弯穗型，籽粒长形，短芒，颖壳黄色。平均株高107.3cm，有效穗数276万/hm^2，平均穗长20.3cm，平均穗粒数108.5粒，结实率94.9%，千粒重31.4g。

品质特性：糙米率83.1%，精米率74.9%，整精米率72.1%，粒长6.4mm，长宽比2.6，垩白粒率10.0%，垩白度0.6%，透明度1级，碱消值7.0级，胶稠度66mm，直链淀粉含量17.4%，蛋白质含量8.5%。依据NY/T 593—2002《食用稻品种品质》标准，米质符合一等食用粳稻品种品质规定要求。

抗性：2005—2007年吉林省农业科学院植物保护研究所连续3年采用分菌系人工接种、病区多点异地自然诱发鉴定，结果表明，苗瘟中感，叶瘟中抗，穗颈瘟中感；纹枯病中感。

产量及适宜地区：2006—2007年两年区域试验比对照品种吉玉粳增产−6.1%。2007年生产试验，平均单产7 254kg/hm^2，比对照品种吉玉粳增产−9.8%。适宜吉林省白城、松原、吉林东部等中熟稻作区种植。

栽培技术要点：稀播育壮秧，4月中上旬播种，每平方米播催芽种子400g，5月中下旬插秧。栽培密度为行株距30cm×20cm，每穴栽插3～4苗。一般土壤肥力条件下，施纯氮150kg/hm^2，纯钾140kg/hm^2，纯磷90kg/hm^2，氮肥按底肥：蘖肥：穗肥＝3：5：2的比例施入；磷肥和钾肥全部作底肥一次性施入。秧田生育期间，施药灭草时期（5～7d）应保持水层在苗高的2/3左右，其余时期一律浅水灌溉（3.0～5.0cm）；如遇低温天气，将水位提至苗高的2/3左右；拔节期，需要排水晒田一次（3～5d），其后，浅水管理。定浆期（蜡熟期）及时排除田间存水。生育期间注意防治稻瘟病、二化螟、纹枯病等。

富霞3号 (Fuxia 3)

品种来源：吉林省富霞农业种子有限公司、长春市农业科学院2001年以秋田小町为母本，东北131为父本选育而成。2009年通过吉林省农作物品种审定委员会审定，审定编号为吉审稻2009018。

形态特征和生物学特性：属粳型常规水稻。感光性弱，感温性弱，基本营养生长期短，迟熟早粳。生育期146d，需≥10℃活动积温2950～3100℃。株型紧凑，叶片坚挺上举，分蘖力强，半弯散穗型，主蘖穗整齐，着粒密度适中，籽粒椭圆形，颖及颖尖均黄色，无或微芒。平均株高104.7cm，平均穗长18.1cm，平均穗粒数95.6粒，结实率91%，千粒重26.1g。

品质特性：糙米率84.2%，精米率76.6%，整精米率70.6%，粒长4.9mm，长宽比1.8，垩白粒率7.0%，垩白度0.7%，透明度1级，碱消值7.0级，胶稠度68mm，直链淀粉含量17.2%，蛋白质含量7.8%。依据农业部NY/T 593—2002《食用稻品种品质》标准，米质符合二等食用粳稻品种品质规定要求。

抗性：2006—2008年吉林省农业科学院植物保护研究所连续3年采用分菌系人工接种、病区多点异地自然诱发鉴定，结果表明，苗瘟中感，叶瘟中抗，穗瘟感；纹枯病中抗。

产量及适宜地区：2007年区域试验，平均单产8 909kg/hm²，比对照品种关东107增产2.6%；2008年区域试验，平均单产8 922kg/hm²，比对照品种关东107增产0.6%；两年区域试验，平均单产8 916kg/hm²，比对照品种关东107增产1.5%。2008年生产试验，平均单产8 825kg/hm²，比对照品种关东107增产5.8%。适宜吉林省四平、吉林、辽源、通化、松原等晚熟平原稻区种植。

栽培技术要点：稀播育壮秧，4月上旬播种，每平方米播催芽种子350g，5月中旬插秧。栽培密度为行株距30cm×20cm，每穴栽插3～4苗。氮、磷、钾配方施肥，施纯氮145～155kg/hm²，按底肥40%、分蘖肥30%、补肥20%、穗肥10%的比例分期施用；施纯磷75～85kg/hm²，作底肥一次性施入；施纯钾90～100kg/hm²，按底肥70%、分蘖肥追30%，分两次施用。田间水分管理采取分蘖期浅，孕穗期深，籽粒灌浆期浅的灌溉方法。生育期间注意及时防治稻瘟病。

富源4号 (Fuyuan 4)

品种来源：吉林省农业科学院水稻研究所利用外引光（温）敏核不育系31116s、30301s、5047S、4018S等为母本与超产1号、超产2号等12个当地主栽的优良品种为父本，采用双列随机轮回育种方法选育而成，原代号吉96D10。2000年通过国家农作物品种审定委员会审定，审定编号为国审稻20000011，2002年通过宁夏农作物品种审定委员会审定，审定编号为宁审稻2002008。

形态特征和生物学特性：属粳型常规水稻。感光性弱，感温性中等，基本营养生长期短，迟熟早粳。全生育期144d，需≥10℃活动积温2 700 ～ 2 800℃。株型较松散，叶片较长，叶色淡绿，前期早生快发，后期活秆成熟。茎秆韧性强，分蘖力强。谷粒长卵圆形，颖及颖尖黄色，无芒。着粒密度适中，丰产性好。株高100cm，穗长20.1cm，穗粒数126粒，结实率98.3%，千粒重26g。

品质特性：糙米率83.8%，精米率76.2%，整精米率72.8%，粒长5.0mm，长宽比1.8，垩白粒率12.0%，垩白度1.4%，透明度1级，碱消值7.0级，胶稠度78mm，直链淀粉含量18.2%，蛋白质含量7.6%。食味突出。

抗性：茎秆韧性强、抗倒伏，耐寒，中抗稻瘟病，适应性好。

产量及适宜地区：1998—1999年全国北方稻区吉玉粳熟期组区试，平均单产9 413kg/hm²，比对照品种吉玉粳增产9.8%；1999年生产试验，平均单产9 105kg /hm²，比对照品种吉玉粳增产6.7%。适宜北方吉玉粳熟期稻作区种植。该品种2000年以来累计推广超过21.4万hm²。

栽培技术要点：在吉林省，4月下旬播种，5月中下旬插秧，插秧密度26cm×12cm或30cm×20cm。中等土壤肥力条件下，施纯氮150kg/hm²，纯磷100kg/hm²，纯钾130kg /hm²。氮肥的20%作底肥施入，20%作蘖肥施入（6月5日左右），30%作补肥施入（6月25 ～ 30日），15%作第一次穗肥施入（7月10日左右），10%作第二次穗肥施入（7月25日左右），5%作粒肥（8月5 ～ 10日）施入；磷肥全部作底肥施入；钾肥的2/3作底肥，1/3在7月10日左右作穗肥施入。生育期的施肥一定要因地制宜，肥力高的地块要适量少施，反之则适量多施。

光阳6号（Guangyang 6）

品种来源：吉林省柳河县三源浦镇光阳村农业科学实验站1965年以元子2号为母本，铁路稻为父本杂交育成，1974年推广。1978年通过吉林省农作物品种审定委员会审定。

形态特征和生物学特性：属粳型常规水稻。感光性弱，感温性弱，基本营养生长期短，中熟早粳。生育期约132d，需≥10℃活动积温约2 750℃。幼苗长势中等，苗色浓绿，茎秆较细，叶片直立，株型较紧凑。分蘖力中等，叶色浓绿，叶鞘、叶缘、叶枕均绿色。穗颈细长。抽穗整齐，成穗率高。成熟快。谷粒椭圆形，无芒，颖壳黄色，颖尖褐色。株高约100cm，主茎叶14片，平均每穴有效穗11个，穗长18cm，每穗约70粒，结实率94%，千粒重27g。

品质特性：米白色，糙米率80.0%。米质优良。

抗性：苗期抗寒性中等。

产量及适宜地区：一般平均单产6 500kg/hm²。主要适宜吉林省柳河、九台、永吉等地种植。

栽培技术要点：适宜在中上等肥力条件下种植。保温育苗，4月中旬播种，每平方米苗床播种量0.3kg；大棚盘育苗，每盘播干种子0.1kg。5月下旬插秧，行穴距27cm×10cm，每穴栽插5～6苗。施纯氮90kg/hm²。浅水间歇灌溉。

寒2号 (Han 2)

品种来源：吉林省农业科学院水稻研究所于1977年在抗冷鉴定的早熟混合品种中，用"一穗传"方法选育而成。1987年通过吉林省农作物品种审定委员会审定，审定编号为吉审稻1987004。

形态特征和生物学特性：属粳型常规水稻。感光性弱，感温性弱，基本营养生长期短，迟熟早粳。生育期114d，需≥10℃活动积温2 500℃。茎粗中等，茎秆粗壮而坚韧，叶片绿色，叶宽中等，出穗整齐。谷粒呈阔卵形，无芒，颖及颖尖黄色。株高80～90cm，穗长18～20cm，平均穗粒数100粒，在旱种条件下每穗平均91.2粒，结实率90%以上，千粒重26.9g。

品质特性：糙米率81.9%，米粒腹白较小，蛋白质含量10.2%。米质优。

抗性：抗稻瘟病性中强，抗寒、抗旱性较强，抗倒伏。喜肥，适应性较广。

产量及适宜地区：1985—1986年区域试验，平均单产4 329kg/hm²，比对照品种公陆7号增产27.3%；1985—1986年生产试验，平均单产5 178kg/hm²，比对照品种公陆7号增产14.6%。适宜吉林省西部平原中熟区低洼易涝地进行旱作及东部半山区、山区可地膜覆盖种植。

栽培技术要点：4月下旬播种。如移栽，于5月末或6月上旬插秧，每穴栽插5～7苗，行穴距24cm×10cm。施纯氮100～125kg/hm²；如旱作，一般播种量125kg/hm²，干旱可酌情补水。易发病区应密切注意稻瘟病的发生，及时进行药剂防治，确保丰收。

寒9号 (Han 9)

品种来源：吉林省农业科学院水稻研究所于1977年在抗冷鉴定早熟多品种的混合种中利用"一穗传"方法选育而成。1987年通过吉林省农作物品种审定委员会审定，审定编号为吉审稻1987003。

形态特征和生物学特性：属粳型常规水稻。感光性弱，感温性弱，基本营养生长期短，早熟早粳。生育期125d，需≥10℃活动积温2 600℃。茎秆粗壮而坚韧，叶宽中等而直立，叶色绿，分蘖力中等，出穗整齐，着粒稍密，谷粒呈阔卵形，颖尖黄色。无芒。株高92.7cm，平均每穴有效穗14个，穗长18～20cm，每穗平均粒数100粒，结实率94%以上，千粒重26g。

品质特性：蛋白质含量8.2%～9.8%，米粒腹白小，糙米率82%。米质上等。

抗性：抗逆性强，耐肥，抗寒，抗稻瘟病性中等。

产量及适宜地区：1985—1986年区域试验，平均单产4 310kg/hm²，比对照品种公陆7号增产26.8%；1985—1986年生产试验，平均单产4 833kg/hm²。适宜吉林省中西部中熟平原地区低洼易涝地旱作或东部山区、半山区地膜覆盖种植。

栽培技术要点：宜在中上等肥力条件下栽培。采用塑料薄膜保温旱育苗，每平方米播种量0.5kg，4月中旬或下旬播种，5月下旬至6月初插秧，行穴距24cm×12cm，每穴栽插5～7苗。施纯氮100～125kg/hm²。浅水灌溉。旱种时应十分强调适时整地，以利保摘出苗。人工与药剂相结合及时防除杂草。密切注意稻瘟病的发生和防治。

合江23 (Hejiang 23)

品种来源：黑龙江省农业科学院水稻研究所于1975年以合江20为母本，松前为父本杂交育成。1986年通过黑龙江省农作物品种审定委员会审定，审定编号为黑审稻1986001；1991年通过国家农作物品种审定委员会审定，审定编号为GS01020-1990。

形态特征和生物学特性：属粳型常规水稻。感光性弱，感温性中等，基本营养生长期短，迟熟早粳。生育期128～130d，需≥10℃活动积温2 500℃。苗期生长势强，苗色浅绿。株高约86cm，平均每穴有效穗25个，穗长19.2cm，主穗114粒，结实率94.2%，千粒重27.5g。

品质特性：糙米率82.6%，精米率79.5%，整精米率78.3%，蛋白质含量8.94%，直链淀粉含量19.0%，胶稠度60mm，碱消值6.9级。食味好。

抗性：耐寒、耐肥力强，抗稻瘟病性强。

产量及适宜地区：1983—1984年参加黑龙江省区域试验，两年平均单产6 480kg/hm²，比对照品种合江19增产6.3%；1985年5个点次生产试验，平均单产7 326kg/hm²，比对照品种合江19增产7.05%，1986—1987年参加全国北方9省份联合区域试验，平均单产6 807kg/hm²，比对照品种合江22增产14.9%。主要适宜黑龙江省第二积温带，吉林省冷凉地区及河北、山西、陕西省高海拔地区种植。

栽培技术要点：采用保温育苗，4月中下旬播种，秧龄40d。行株距27cm×10cm，每穴栽插5～6苗。施纯氮100kg/hm²。灌水采用浅—深—浅的方法。

黑糯1号 （Heinuo 1）

品种来源：吉林省农业科学院水稻研究所1991年以韩国黑糯为母本，清香糯为父本杂交，通过系谱法选育而成。2007年通过吉林省农作物品种审定委员会审定，审定编号为吉审稻2007018。

形态特征和生物学特性：属粳型常规特种稻黑糯稻。感光性弱，感温性中等，基本营养生长期短，迟熟早粳。生育期140d，需≥10℃活动积温2 800℃。株型较收敛，叶色较绿且较宽，散穗，谷粒长椭圆形，无芒，颖壳黄色，糙米黑色。株高105cm左右，有效分蘖18个，平均穗粒数120粒，结实率86%，千粒重22g。

品质特性：蛋白质含量10.5g，脂肪含量6.0g，总糖含量75.0g，尼克酸含量2.0mg，维生素B_1含量0.19mg，维生素B_2含量0.04mg，Ca含量17.5mg，Fe含量7.9mg，Zn含量2.2mg，Mg含量7.6mg，Cr含量1.6mg（每100g糙米）。

抗性：2006年吉林省农业科学院植物保护研究所采用分菌系人工接种、病区多点异地自然诱发鉴定，结果表明，苗瘟感，叶瘟感，穗瘟中感；纹枯病抗。

产量及适宜地区：2006年现场验收，平均单产7 347kg/hm²，比对照品种龙锦1号增产21.1%。适宜吉林省中熟稻区种植。

栽培技术要点：稀播育壮秧，4月上中旬催芽播种，每平方米播种350g，5月中下旬插秧。插秧密度为30cm×20cm，每穴栽插3～4苗。一般土壤条件下，施纯氮150kg/hm²，按底肥：蘖肥：穗肥＝2：5：3的比例施用；施纯磷100kg/hm²，全部作底肥施入；施纯钾130kg/hm²，2/3作底肥、1/3作穗肥，分两次施用。插秧田生育期间，在施药灭草时期（5～7d）应保持水层在苗高的2/3左右，其余时期一律浅水灌溉（3.0～5.0cm），在定浆期（蜡熟期）及时排除田间存水。生育期间注意稻瘟病、二化螟、纹枯病等的防治。

黑香稻1号 （Heixiangdao 1）

品种来源：吉林省吉林市宏业种子有限公司2001年在龙锦1号倒伏田块中选择不倒伏的半直立穗植株，用系普法选育而成。2006年通过吉林省农作物品种审定委员会审定，审定编号为吉审稻2006017。

形态特征和生物学特性：属粳型特种稻。感光性强，感温性弱，基本营养生长期短，晚熟早粳。生育期140d，需≥10℃活动积温2 800℃。株型较收敛，剑叶短、宽、厚，分蘖力强，半直立穗，籽粒椭圆形，颖尖、颖壳前期紫黑色，成熟时转暗黄色，无芒，糙米为黑色，有香味。株高102cm，平均穗粒数130粒，千粒重23.9g。

品质特性：糙米率81.6%，糙米粗蛋白质含量7.3%，100g稻米维生素B_1含量0.28mg、维生素B_2含量0.06mg，铁含量23.6mg/kg，锌含量20.4mg/kg，锰含量26.2mg/kg，硒含量0.10mg/kg。

抗性：2003—2005年吉林省农业科学院植物保护研究所连续3年采用分菌系人工接种、病区多点异地自然诱发鉴定，结果表明，苗瘟抗，叶瘟感，穗瘟抗；纹枯病中抗。

产量及适宜地区：2005年生产试验，平均单产6 845kg/hm²，比对照品种龙锦1号增产27.0%；水稻专业组专家田间测产，平均单产6 887kg/hm²，比对照品种龙锦1号增产20.1%。适宜吉林省中晚熟稻区种植（通化地区除外）。

栽培技术要点：4月上中旬播种，5月中下旬插秧。栽培密度为行株距30cm×20cm。一般土壤肥力条件下，施纯氮150kg/hm²，纯磷75kg/hm²，纯钾100kg/hm²。田间水分管理以浅水灌溉为主。7月上中旬注意防治二化螟，注意及时防治稻瘟病。

亨粳101（Henggeng 101）

品种来源：吉林省亨达种业有限公司2000年由亨引HB-1变异株经系选育成，试验代号亨丰013。2008年通过吉林省农作物品种审定委员会审定，审定编号为吉审稻2008002。

形态特征和生物学特性：属粳型常规水稻。感光性弱，感温性中等，基本营养生长期短，中熟早粳。生育期132d，需≥10℃活动积温2 600℃。叶色较绿，分蘖力强，散穗型，籽粒椭圆形，颖及颖尖黄色，无或微芒。平均株高97.9cm，有效穗数346.5万/hm²，平均穗长18.1cm，平均穗粒数112.8粒，结实率88.0%，千粒重24.4g。

品质特性：糙米率82.8%，精米率75.3%，整精米率66.2%，粒长4.7mm，长宽比1.6，垩白粒率26.0%，垩白度3.4%，透明度1级，碱消值7.0级，胶稠度78mm，直链淀粉含量17.1%，蛋白质含量7.8%。依据NY/T 593—2002《食用稻品种品质》标准，米质符合三等食用粳稻品种品质规定要求。

抗性：2005—2007年吉林省农业科学院植物保护研究所连续3年采用分菌系人工接种、病区多点异地自然诱发鉴定，结果表明，苗瘟抗，叶瘟感，穗颈瘟中抗；2005—2007年在15个田间自然诱发有效鉴定点次中，纹枯病中抗。

产量及适宜地区：2006年区域试验，平均单产7 697kg/hm²，比对照品种长白9号增产−1.0%；2007年区域试验，平均单产8 747kg/hm²，比对照品种长白9号增产5.6%；两年区域试验比对照品种长白9号增产2.4%。2007年生产试验，平均单产7 635kg/hm²，比对照品种长白9号增产8.0%。适宜吉林省白城、松原、延边、吉林东部等中早熟稻作区种植。

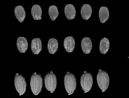

栽培技术要点：4月上中旬播种，5月中下旬插秧。栽培密度为行株距30cm×13cm或30cm×20cm，每穴栽插2～3苗。一般土壤肥力条件下，施纯氮125～150kg/hm²，纯钾75kg/hm²，纯磷75kg/hm²；氮肥按底肥：蘖肥：穗肥＝4：4：2的比例施入；磷肥全部作底肥一次性施入；钾肥的2/3作底肥、1/3作穗肥，分两次施用。田间水分管理以浅水灌溉为主。7月上中旬注意防治二化螟，注意及时防治稻瘟病。

红香1号 (Hongxiang 1)

品种来源：吉林省农业科学院水稻研究所1991年以屉锦为母本，龙睛4号为父本配制杂交组合，通过系谱法选育而成。2008年通过吉林省农作物品种审定委员会审定，审定编号为吉审稻2008027。

形态特征和生物学特性：属常规粳型特种稻红香米。感光性弱，感温性弱，基本营养生长期短，中熟早粳。生育期138d，需≥10℃活动积温2 800℃。株型较收敛，叶色较绿且较宽，分蘖力中等，散穗，籽粒细长形，颖壳黄色，无芒，糙米红色。平均株高100cm，主茎叶14片，每穴有效分蘖18个，主穗长约20 cm，平均穗粒数120粒，结实率94%，千粒重22.0g。

品质特性：经白求恩医科大学卫生检测分析中心检测，微量元素含量较高，每100g中含维生素B_1 0.31mg、维生素B_2 0.10mg、Fe 11.4mg、Zn 1.6mg、Mg 7.0mg、Se 3.0μg、Cr 1.7mg，营养丰富。

抗性：2006年吉林省农业科学院植物保护研究所采用分菌系人工接种、病区多点异地自然诱发鉴定，结果表明，苗瘟感，叶瘟感，穗瘟中感；纹枯病中抗。

产量及适宜地区：2006年专家组现场验收，平均单产6 702kg/hm²，比对照品种龙锦1号增产10.5%。适宜吉林省松原、通化、四平、长春、吉林等晚熟稻作区种植。

栽培技术要点：稀播育壮秧，4月上中旬催芽播种，每平方米播种量350g，5月中下旬插秧。栽培密度为行株距30cm×20cm，每穴栽插3 ~ 4苗。一般土壤条件下，施纯氮150kg/hm²、纯钾130kg/hm²、纯磷100kg/hm²。氮肥按底肥：蘖肥：穗肥＝2：5：3的比例施用；磷肥全部作底肥施入；钾肥的2/3作底肥、1/3作穗肥，分两次施用。秧田生育期间，在施药灭草时期（5 ~ 7d）应保持水层在苗高的2/3左右，其余时期一律浅水灌溉（3.0 ~ 5.0cm），定浆期（蜡熟期）及时排除田间存水。生育期间注意防治稻瘟病、二化螟、纹枯病等。

宏科67 （Hongke 67）

品种来源：吉林省辉南县宏科水稻科研中心2000年以自选品系辉选98-8为母本，五优93-8为父本杂交，采用系谱法育成，试验代号宏科36。2011年通过吉林省农作物品种审定委员会审定，审定编号为吉审稻2011016。

形态特征和生物学特性：属粳型常规水稻。感光性弱，感温性弱，基本营养生长期短，迟熟早粳。生育期143d，需≥10℃活动积温2 850℃。株型中散适中，分蘖力强，剑叶上举、长度为中，茎叶绿色，弯穗型，主蘖穗整齐，着粒稀疏度适中，籽粒椭圆偏长，颖及颖尖均黄色。平均株高108.2cm，有效穗数367.5万/hm²，平均穗长20.8cm，每穗总粒数111.6粒，结实率91.4%，千粒重22.7g。

品质特性：糙米率81.5%，精米率73.9%，整精米率73.6%，粒长5.4mm，长宽比2.0，垩白粒率2.0%，垩白度0.1%，透明度1级，碱消值7.0级，胶稠度80mm，直链淀粉含量17.7%，蛋白质含量7.9%。依据农业部NY/T 593—2002《食用稻品种品质》标准，米质符合一等食用粳稻品种品质规定要求。

抗性：2008—2010年吉林省农业科学院植物保护研究所连续3年采用分菌系人工接种、病区多点异地自然诱发鉴定，结果表明，苗瘟中感，叶瘟感，穗瘟中抗；纹枯病中抗。

产量及适宜地区：2009—2010年两年区域试验，平均单产8 364kg/hm²，比对照品种通35增产1.7%。2010年生产试验，平均单产8 304kg/hm²，比对照品种通35增产1.2%。适宜吉林省吉林、长春、松原、四平、通化、辽源、延边等中晚熟稻区种植。

栽培技术要点：稀播育壮秧。4月上中旬播种，5月中下旬插秧。栽培密度为行株距30cm×20cm，每穴栽插3～4苗。中等肥力稻田，施纯氮135～140kg/hm²，按底肥35.5%、返青肥30.5%、蘖肥17%、穗肥17%的方式分期施入；施纯磷60～75kg/hm²，作底肥一次性施入；施纯钾60～75kg，底肥67%、追肥33%，分两次施用。田间管理采用浅水插秧，深水活棵，浅水分蘖，适时晒田，晒田后及时灌水，后期间歇灌溉。生育期间注意防治二化螟、稻瘟病等。

宏科8号 (Hongke 8)

品种来源：吉林省辉南县农业站1999年从辉选98-8品系田中选择优良分离株，采用系统法选育而成，试验代号辉粳55。2008年通过吉林省农作物品种审定委员会审定，审定编号为吉审稻2008007。

形态特征和生物学特性：属粳型常规水稻。感光性弱，感温性中等，基本营养生长期短，中熟早粳。生育期137d，需≥10℃活动积温2 800℃。茎叶浅绿，弯穗型，籽粒椭圆形，颖壳黄色，无芒。平均株高102.5cm，有效穗数343.5万/hm²，平均穗长17.6cm，平均穗粒数95.1粒，结实率90.2%，千粒重25.2g。

品质特性：糙米率84.0%，精米率75.9%，整精米率75.1%，粒长4.8mm，长宽比1.7，垩白粒率8.0%，垩白度0.7%，透明度1级，碱消值7.0级，胶稠度66mm，直链淀粉含量15.5%，蛋白质含量9.6%。依据NY/T 593—2002《食用稻品种品质》标准，米质符合一等食用粳稻品种品质规定要求。

抗性：2005—2007年吉林省农业科学院植物保护研究所连续3年采用分菌系人工接种、病区多点异地自然诱发鉴定，结果表明，苗瘟中感，叶瘟中抗，穗颈瘟中感；2005—2007年在15个田间自然诱发有效鉴定点次中，纹枯病中感。

产量及适宜地区：2006年区域试验，平均单产8 189kg/hm²，比对照品种吉玉粳增产1.5%；2007年区域试验，平均单产8 256kg/hm²，比对照品种吉玉粳增产1.1%；两年区域试验比对照品种吉玉粳增产1.3%。2007年生产试验，平均单产8 052kg/hm²，比对照品种吉玉粳增产0.1%。适宜吉林省白城、松原、通化、延边、四平、长春、吉林等中熟稻作区种植。

栽培技术要点：稀播育壮秧，4月上中旬播种，5月中下旬插秧。栽培密度为行株距30cm×20cm，每穴栽插3～4苗。采用氮、磷、钾配方施肥，施纯氮150kg/hm²，按底肥50%、分蘖肥30%、穗肥20%的比例分期施入；施纯磷70kg/hm²，施纯钾80kg/hm²，作底肥一次性施入。田间水分管理以浅水灌溉为主，孕穗期浅水或湿润灌溉，成熟期干湿结合。6月10日防治负泥虫和潜叶蝇，防治二化螟、稻瘟病等。

宏科88（Hongke 88）

品种来源：吉林省辉南县宏科水稻科研中心1999年以辉选98-8为母本，秋田小町为父本进行有性杂交，采用系谱法育成，试验代号宏科19。2011年通过吉林省农作物品种审定委员会审定，审定编号为吉审稻2011006。

形态特征和生物学特性：属粳型常规水稻。感光性弱，感温性弱，基本营养生长期短，中熟早粳。生育期138d，需≥10℃活动积温2750℃。株型适中，茎叶绿色，分蘖力强，剑叶上举、长度为中，弯穗型，主蘖穗整齐，着粒密度适中，籽粒椭圆形，颖及颖尖黄色，有稀疏芒。平均株高106.9cm，有效穗数395万/hm²，平均穗长18.9cm，平均穗粒数98.7粒，结实率91.3%，千粒重25.1 g。

品质特性：糙米率83.2%，精米率75.0%，整精米率73.4%，粒长5.3mm，长宽比2.0，垩白粒率5.0%，垩白度0.5%，透明度1级，碱消值6.5级，胶稠度80mm，直链淀粉含量17.2%，蛋白质含量6.6%。依据农业部NY/T 593—2002《食用稻品种品质》标准，米质符合一等食用粳稻品种品质规定要求。

抗性：2008—2010年吉林省农业科学院植物保护研究所连续3年采用分菌系人工接种、病区多点异地自然诱发鉴定，结果表明，苗瘟中抗，叶瘟感，穗瘟中感；纹枯病中抗。

产量及适宜地区：2009—2010年两年区域试验，平均单产8 333kg/hm²，比对照品种吉玉粳增产4.9%。2010年生产试验，平均单产8 535kg/hm²，比对照品种吉玉粳增产4.5%。适宜吉林省吉林、长春、四平、通化、延边、辽源等中熟稻区种植。

栽培技术要点：稀播育壮秧。4月上中旬播种，5月中下旬插秧。栽培密度为行株距30cm×20cm，每穴栽插3～4苗。中等肥力稻田，施纯氮135～140kg/hm²，按底肥35.5%、返青肥30.5%、蘖肥17%、穗肥17%的比例分期施入；施纯磷60～75kg/hm²，作底肥一次性施入；施纯钾60～75kg/hm²，底肥67%、追肥33%，分两次施用。田间管理采用浅水插秧，深水活棵，浅水分蘖，适时晒田，晒田后及时灌水，后期间歇灌溉。生育期间注意防治二化螟、稻瘟病等。

辉粳7号 （Huigeng 7）

品种来源：吉林省辉南县辉南镇农科站1997年从通育124生产田选择自然变异株，采用系统法选育而成，原代号辉选98-8。2005年通过吉林省农作物品种审定委员会审定，审定编号为吉审稻2005013。

形态特征和生物学特性：属粳型常规水稻。感光性弱，感温性中等，基本营养生长期短，中熟早粳。生育期136d，需≥10℃活动积温2 700℃。株型中散适中，茎叶浅绿色，分蘖力强，剑叶长度为中，中散穗型，主蘖穗整齐，着粒密度中，籽粒长椭圆形、黄色，具稀短芒。株高95～100cm，主茎叶13～14片，每穴有效穗数25个，穗长20cm，主穗粒数180～210粒，平均穗粒数120粒，结实率90%～95%，千粒重22.3g。

品质特性：糙米率83.0%，精米率76.0%，整精米率69.0%，粒长4.9mm，长宽比1.8，垩白粒率5.0%，垩白度0.5%，透明度1级，碱消值7.0级，胶稠度82mm，直链淀粉含量18.7%，蛋白质含量7.4%。达到国家三级优质米标准。

抗性：2002—2004年吉林省农业科学院植物保护研究所连续3年采用分菌系人工接种、病区多点异地自然诱发鉴定，结果表明，苗瘟中抗，叶瘟中感，穗瘟感。

产量及适宜地区：2002年预备试验，平均单产8 582kg/hm²，比对照品种吉玉粳增产7.5%；2003—2004年区域试验，两年平均单产8 127kg/hm²，比对照品种吉玉粳增产3.4%。适宜吉林省中熟稻区种植。

栽培技术要点：适时稀播，培育壮秧。4月上中旬播种。旱育苗，100～150g/m²；盘育苗，50～60g/盘；抛秧盘育苗，2～3粒/眼；隔离层育苗，300g/m²。适时插秧，合理稀植。5月中下旬插秧，易采取30cm×(20～26.7) cm密度栽培，每穴栽插2～3棵壮苗。因地制宜，平衡施肥。中等肥力稻田，施纯氮120kg/hm²、有效磷75kg/hm²、有效钾100kg/hm²。耙地前施底肥50%氮肥、100%磷肥、67%钾肥；追返青肥20%氮肥；6月20～25日，分蘖肥施20%氮肥；7月10～15日，穗肥施10%氮肥、34%钾肥。节水增温，适当晒田。浅水插秧，深水活棵，浅水分蘖，适时晒田，晒田后及时灌水，后期间歇灌溉。注意防治二化螟、稻瘟病等。

恢粘 (Huizhan)

品种来源：吉林省农业科学院水稻研究所从恢复系田间代号6187[3074A×（B8×京引177）]组合中系选育成。1995年通过吉林省农作物品种审定委员会审定，审定编号为吉审稻1995010。

形态特征和生物学特性：属粳型常规水稻。感光性弱，感温性中等，基本营养生长期短，中熟早粳。生育期135d，需≥10℃活动积温2 700℃。株型紧凑，分蘖力强，着粒密度适中，主蘖穗一致。谷粒椭圆形，颖及颖尖黄色，无芒。株高约98cm，主茎叶14片，平均每穴有效穗数17个，穗长18cm，平均每穗99.9粒，结实率95%，千粒重24g。

品质特性：糙米率82.0%，米粒乳白色。米质优良。

抗性：较抗稻瘟病，耐寒、耐肥、抗倒。

产量及适宜地区：1992—1994年区域试验，平均单产7 470kg/hm²，比对照品种通粘1号增产9.7%；1993—1994年生产试验，平均单产7 260kg/hm²，比对照品种通粘1号增产15.1%。主要适宜吉林省中晚熟稻区种植。自审定以来累计推广面积达2万hm²。

栽培技术要点：4月中旬播种，培育壮秧。盘育苗每盘播干种子375g，旱育苗每平方米播干种子175g，秧龄30d。5月中旬带蘖插秧，插秧密度30cm×30cm或30cm×20cm，每穴栽插3～4苗。7月下旬抽穗，9月上旬成熟。适于中上等肥力条件栽培，施纯氮150kg/hm²，前重后轻，分期施入。浅水灌溉，干湿结合。注意防治稻瘟病。

吉大3号（Jida 3）

品种来源：吉林大学植物科学学院1998年以二九丰为母本，海选2号为父本杂交育成，试验代号吉大2004-2。2009年通过吉林省农作物品种审定委员会审定，审定编号为吉审稻2009016。

形态特征和生物学特性：属粳型常规水稻。感光性弱，感温性弱，基本营养生长期短，迟熟早粳。生育期142d，需≥10℃活动积温2900℃。株型紧凑，叶片坚挺上举，茎叶较绿，分蘖力中等，主蘖穗整齐，半直立穗型，籽粒椭圆形，颖及颖尖均黄色，无芒。平均株高95cm，平均穗长18cm，平均穗粒数149粒，结实率88%，千粒重24.5g。

品质特性：糙米率82.8%，精米率75.0%，整精米率68.8%，粒长5mm，长宽比1.7，垩白粒率29.0%，垩白度1.7%，透明度1级，碱消值7.0级，胶稠度62mm，直链淀粉含量18.1%，蛋白质含量7.9%。依据农业部NY/T 593—2002《食用稻品种品质》标准，米质符合四等食用粳稻品种品质规定要求。

抗性：2006—2008年吉林省农业科学院植物保护研究所连续3年采用分菌系人工接种、病区多点异地自然诱发鉴定，结果表明，苗瘟中抗，叶瘟中抗，穗瘟中感；纹枯病中感。

产量及适宜地区：2007年区域试验，平均单产9 182kg/hm²，比对照品种通35增产6.9%；2008年区域试验，平均单产9 041kg/hm²，比对照品种通35增产6.0%；两年区域试验，平均单产9 111kg/hm²，比对照品种通35增产6.4%。2008年生产试验，平均单产8 868kg/hm²，比对照品种通35增产7.6%。适宜吉林省通化、吉林、长春、辽源、四平、松原、延边等中晚熟稻区种植。

栽培技术要点：稀播育壮秧，4月上旬播种，每平方米播催芽种子350g，5月中旬插秧。栽培密度为行株距30cm×20cm，每穴栽插3～4苗。氮、磷、钾配方施肥，施纯氮170kg/hm²，按底肥40%、分蘖肥30%、补肥20%、穗肥10%的比例分期施用；施纯磷80kg/hm²，作底肥一次性施入；施纯钾100kg/hm²，按底肥70%、拔节期追30%，分两次施用。田间水分管理采取分蘖期浅，孕穗期深，籽粒灌浆期浅的灌溉方法。7月上中旬注意防治二化螟、稻瘟病和稻曲病等。

吉大6号 （Jida 6）

品种来源：吉林大学植物科学学院1998年以吉光400粒为母本，超产1号为父本杂交育成，试验代号吉大2004-98。2009年通过吉林省农作物品种审定委员会审定，审定编号为吉审稻2009008。

形态特征和生物学特性：属粳型常规水稻。感光性弱，感温性弱，基本营养生长期短，中熟早粳。生育期138d，需≥10℃活动积温2750℃。株型紧凑，叶片坚挺上举，茎叶绿色，分蘖力中等，弯穗型，主蘖穗整齐，着粒密度适中，粒形椭圆，颖及颖尖均黄色，无芒。平均株高100cm，平均穗长17cm，平均穗粒数112粒，结实率90.5%，千粒重23.6g。

品质特性：糙米率85.4%，精米率77.5%，整精米率70.5%，粒长4.8mm，长宽比1.6，垩白粒率12.0%，垩白度1.9%，透明度1级，碱消值7.0级，胶稠度66mm，直链淀粉含量19.7%，蛋白质含量7.8%。依据农业部NY/T 593—2002《食用稻品种品质》标准，米质符合三等食用粳稻品种品质规定要求。

抗性：2006—2008年吉林省农业科学院植物保护研究所连续3年采用分菌系人工接种、病区多点异地自然诱发鉴定，结果表明，苗瘟中感，叶瘟感，穗瘟中感；纹枯病中感。

产量及适宜地区：2007—2008年两年区域试验，平均单产8 783kg/hm²，比对照品种吉玉粳增产7.6%。2008年生产试验，平均单产9 288kg/hm²，比对照品种吉玉粳增产7.1%。适宜吉林省四平、吉林、长春、辽源、通化、松原、白城等中熟稻区种植。

栽培技术要点：稀播育壮秧，4月上旬播种，每平方米播催芽种子350g，5月中旬插秧。栽培密度为行株距30cm×20cm，每穴栽插3～4苗。氮、磷、钾配方施肥，施纯氮150～170kg/hm²，按底肥40%、蘖肥30%、补肥20%、穗肥10%的比例分期施用；施纯磷60～80kg/hm²，作底肥一次性施入；施纯钾90～120kg/hm²，按底肥70%、追肥30%，分两次施用。田间水分管理采取分蘖期浅，孕穗期深，籽粒灌浆期浅的灌溉方法。注意防治二化螟、稻瘟病等。

吉宏207（Jihong 207）

品种来源：吉林省宏业种业公司1997年以秋光为母本，通88-7为父本杂交育成，试验代号金浪207。2008年通过吉林省农作物品种审定委员会审定，审定编号为吉审稻2008015。

形态特征和生物学特性：属粳型常规水稻。感光性弱，感温性中等，基本营养生长期短，迟熟早粳。生育期142d，需≥10℃活动积温2 800℃。株型紧凑，分蘖力中上等，弯穗型，籽粒椭圆形，颖壳黄色，稀短芒。平均株高104.3cm，有效穗数427.5万/hm²，平均穗长17.7cm，平均穗粒数106.3粒，结实率86.7%，千粒重25.9g。

品质特性：糙米率84.2%，精米率76.2%，整精米率60.2%，粒长4.9mm，长宽比1.6，垩白粒率28.0%，垩白度4.1%，透明度1级，碱消值7.0级，胶稠度68mm，直链淀粉含量18.3%，蛋白质含量8.1%。依据NY/T 593—2002《食用稻品种品质》标准，米质符合五等食用粳稻品种品质规定要求。

抗性：2005—2007年吉林省农业科学院植物保护研究所连续3年采用分菌系人工接种、病区多点异地自然诱发鉴定，结果表明，苗瘟感，叶瘟中感，穗颈瘟中感；2005—2007年在15个田间自然诱发有效鉴定点次中，纹枯病中感。

产量及适宜地区：2005年筛选试验，平均单产8 201kg/hm²，比对照品种通35增产6.0%；2006年区域试验，平均单产9 386kg/hm²，比对照品种通35增产10.0%；2007年区域试验，平均单产9 221kg/hm²，比对照品种通35增产8.7%；两年区域试验比对照品种通35增产9.3%。2006年生产试验，平均单产8 513kg/hm²，比对照品种通35增产10.1%。适宜吉林省松原、通化、延边、四平、长春、吉林等中晚熟稻作区种植。

栽培技术要点：稀植育壮秧，4月上旬播种，5月上中旬插秧。栽培密度为行株距30cm×20cm，每穴栽插3～4苗。中等肥力条件下，施纯氮150kg/hm²、纯磷70kg/hm²、纯钾100kg/hm²。田间水分管理以浅为主，抽穗后间歇灌溉。生育期间注意病虫害的防治。

吉粳101 （Jigeng 101）

品种来源：吉林省农业科学院水稻研究所1994年以T1043为母本，T67为父本，采用系谱法选育而成。2005年通过吉林省农作物品种审定委员会审定，审定编号为吉审稻2005010。

形态特征和生物学特性：属常规粳稻品种。感光性弱，感温性中等，基本营养生长期短，中熟早粳。生育期135d，需≥10℃活动积温2 600℃。株型较紧凑，叶色淡绿色，叶片长而上举，分蘖力强，茎秆强韧抗倒伏，一次枝梗多，稀短芒，颖壳、颖尖及芒均为黄色。株高约90cm，主茎叶14片，单本有效分蘖为25个，主穗长约30cm，主穗实粒数220粒，着粒密度为每厘米6.6粒，结实率95%，千粒重约25.9g。

品质特性：糙米率82.8%，精米率75.9%，整精米率73.8%，粒长5.0mm，长宽比1.7，垩白粒率11.0%，垩白度3.2%，透明度1级，碱消值7.0级，胶稠度98mm，直链淀粉含量19.5%，蛋白质含量7.8%。

抗性：2003—2004年吉林省农业科学院植物保护研究所连续2年采用分菌系人工接种、病区多点异地自然诱发鉴定，结果表明，苗瘟中抗，叶瘟中抗，穗瘟中抗。

产量及适宜地区：2002—2004年区域试验，平均单产8 250kg/hm²，比对照品种吉玉粳增产4.7%。2004年生产试验，平均单产8 835kg/hm²，比对照品种吉玉粳增产3.3%。适宜吉林省东部、西部中早熟河水灌溉稻区和吉林省中部、南部井水灌溉稻区（需要有效积温2 600℃以上）种植。

栽培技术要点：稀播育壮秧，4月中上旬催芽播种，每平方米播种量为350g，5月中下旬插秧。行株距为30cm×20cm左右，每穴栽插3～4苗。一般土壤条件下施纯氮150kg/hm²、纯钾130kg/hm²、纯磷100kg/hm²。氮肥按底肥20%、蘖肥50%、穗肥30%的比例施用；磷肥全部作底肥施入；钾肥的2/3作底肥，1/3作穗肥施入。插秧田生育期间，在施药灭草时期（5～7d）应保持水层在苗高的2/3左右，其余时期一律浅水灌溉（3～5cm），在定浆期（蜡熟期）及时排除田间存水。生育期间防治稻瘟病、二化螟、纹枯病等。

吉粳102（Jigeng 102）

品种来源：吉林省农业科学院水稻研究所1994年以超产2号为母本，吉香1号为父本，通过混合系谱法选育而成，原代号吉2000F27。2005年通过吉林省农作物品种审定委员会审定，审定编号为吉审稻2005012。

形态特征和生物学特性：属粳型常规水稻。感光性弱，感温性中等，基本营养生长期短，中熟早粳。生育期135d，需≥10℃活动积温2 600℃。株型较收敛，叶色较绿，分蘖力中等，散穗，颖壳黄色，谷粒长椭圆形，无芒。株高101.6cm，主穗粒数258粒，平均穗粒数118粒，千粒重25g。

品质特性：糙米率85.1%，精米率78.9%，整精米率73.6%，粒长4.8mm，长宽比1.7，垩白粒率6.0%，垩白度0.7%，透明度1级，碱消值7.0级，胶稠度65mm，直链淀粉含量15.2%，蛋白质含量8.2%。达到国家《优质稻谷》标准一级。

抗性：2002—2004年吉林省农业科学院植物保护研究所连续3年采用分菌系人工接种、病区多点异地自然诱发鉴定，结果表明，苗瘟中抗，叶瘟中抗，穗瘟中抗。

产量及适宜地区：2002年预备试验，平均单产8 790kg/hm²，比对照品种吉玉粳增10.1%；2002—2004年区域试验，平均单产8 448kg/hm²，比对照品种吉玉粳增产7.2%，达显著水平；2004年生产试验，平均单产9 303kg/hm²，比对照品种吉玉粳增产8.8%。2005年被认定为国家级超级稻，2006—2007年在吉林省累计推广面积9.8万hm²。适宜吉林省吉林、长春、通化、四平、松原、延边等中熟稻区种植。

栽培技术要点：吉林省条件下，4月中上旬催芽播种，5月中下旬插秧，插秧密度为30.0cm×20.0cm。一般土壤条件下，施纯氮150kg/hm²、纯磷100kg/hm²、纯钾130kg/hm²。氮肥按底肥：蘖肥：穗肥＝2：5：3的比例施用；磷肥全部做底肥施入；钾肥的2/3作底肥、1/3作穗肥施入。插秧田生育期间，在施药灭草时期（5～7d）应保持水层在苗高的2/3左右，其余时期一律浅水灌溉（3.0～5.0cm），在定浆期（蜡熟期）及时排除田间存水。生育期间注意防治稻瘟病、二化螟、纹枯病等。

吉粳106（Jigeng 106）

品种来源：吉林省农业科学院水稻研究所1999年从复交组合"90D7/笹锦//吉玉粳"后代中，通过混合系谱法选育而成，原代号吉2000G18。2006年通过吉林省农作物品种审定委员会审定，审定编号为吉审稻2006006。

形态特征和生物学特性：属粳型常规水稻。感光性弱，感温性弱，基本营养生长期短，中熟早粳。生育期136d，需≥10℃活动积温2700℃。株型较收敛，叶色较绿，散穗，籽粒长椭圆形，无或微芒，颖壳黄色，稻米清白或略带垩白。平均株高101.1cm，有效分蘖19.4个，平均穗粒数120.9粒，结实率92.4%，千粒重23.7g。

品质特性：糙米率83.8%，精米率77.5%，整精米率67.1%，粒长4.5mm，长宽比1.6，垩白粒率26.0%，垩白度5.1%，透明度2级，碱消值7.0级，胶稠度74mm，直链淀粉含量16.8%，蛋白质含量8.4%。

抗性：2003—2005年吉林省农业科学院植物保护研究所连续3年采用分菌系人工接种、病区多点异地自然诱发鉴定，结果表明，苗瘟抗，叶瘟感，穗瘟中抗；纹枯病中抗。

产量及适宜地区：2003—2005年区域试验，平均单产8252kg/hm²，比对照品种吉玉粳增产3.5%。2005年生产试验，平均单产8513kg/hm²，比对照品种吉玉粳增产5.5%。适宜吉林省中熟稻区种植。

栽培技术要点：稀播育壮秧，4月上中旬催芽播种，播种量350g/m²，5月中下旬插秧。栽培密度为行株距30cm×20cm，每穴栽插3～4苗。一般土壤条件下，施纯氮150kg/hm²，按底肥：蘖肥：穗肥为2：5：3的比例施用；施纯磷100kg/hm²，作底肥一次性施入；施纯钾130kg/hm²，钾肥的2/3作底肥、1/3作穗肥施入。插秧田生育期间，在施药灭草时期（5～7d）应保持水层在苗高的2/3左右，其余时期一律浅水灌溉（3.0～5.0cm），在蜡熟期及时排除田间存水。生育期间注意防治稻瘟病、二化螟、纹枯病等。

吉粳107 (Jigeng 107)

品种来源：吉林省农业科学院水稻研究所1996年以超产2号为母本，吉玉粳为父本杂交，通过混合系谱法选育而成，原代号吉2003L119。2007年通过吉林省农作物品种审定委员会审定，审定编号为吉审稻2007004。

形态特征和生物学特性：属粳型常规水稻。感光性弱，感温性中等，基本营养生长期短，中熟早粳。生育期138d，需≥10℃活动积温2 750℃。株型较收敛，叶色较绿，散穗，谷粒长椭圆形，稀短芒，颖壳黄色，稻米清白或略带垩白。平均株高94cm，有效分蘖19.6个，平均穗粒数105粒，结实率90.1%，千粒重26.3 g。

品质特性：糙米率84.3%，精米率76.7%，整精米率68.5%，粒长5.2mm，长宽比1.9，垩白粒率14.0%，垩白度2.3%，透明度1级，碱消值7.0级，胶稠度83mm，直链淀粉含量17.5%，蛋白质含量7.8%。

抗性：2004—2006年吉林省农业科学院植物保护研究所连续3年采用分菌系人工接种、病区多点异地自然诱发鉴定，结果表明，苗瘟中抗，叶瘟中抗，穗颈瘟中感；2005—2006年在15个田间自然诱发有效鉴定点次中，纹枯病中抗。

产量及适宜地区：2004年预备试验，平均单产8 292kg/hm²，比对照品种吉玉粳增产1.9%；2004—2005年区域试验，平均单产8 330kg/hm²，比对照品种吉玉粳增产5.4%。2006年生产试验，平均单产8 165kg/hm²，比对照品种吉玉粳增产2.9%。适宜吉林省中熟上限稻区种植。

栽培技术要点：稀播育壮秧，4月中上旬催芽播种，每平方米播种量350g；5月中下旬插秧。栽培密度为行株距30cm×20cm，每穴栽插3～4苗。一般土壤条件下，施纯氮150kg/hm²，氮肥按底肥：蘖肥：穗肥=2：5：3的比例施用；施纯磷100kg/hm²，全部作底肥施入；施纯钾130kg/hm²，钾肥的2/3作底肥、1/3作穗肥施入。生育期间，在施药灭草时期（5～7d）应保持水层在苗高的2/3左右，其余时期一律浅水灌溉（3.0～5.0cm），在定浆期及时排除田间存水。注意防治稻瘟病、二化螟、纹枯病等。

吉粳111（Jigeng 111）

品种来源：吉林省农业科学院水稻研究所1999年以吉92D14为母本，长白9号为父本杂交，通过混合系谱法选育而成，试验代号吉2004F60。2009年通过吉林省农作物品种审定委员会审定，审定编号为吉审稻2009006。

形态特征和生物学特性：属粳型常规水稻。感光性弱，感温性弱，基本营养生长期短，中熟早粳。生育期137d，需≥10℃活动积温2700℃。株型收敛，叶色较绿，分蘖力较强，半直立穗型，着粒密度适中，籽粒椭圆形，颖及颖尖均黄色，无芒。平均株高101cm，平均穗长16.8cm，平均穗粒数116.8粒，结实率90.9%，千粒重24.0g。

品质特性：糙米率85.3%，精米率76.5%，整精米率68.6%，粒长4.7mm，长宽比1.6，垩白粒率8.0%，垩白度1.1%，透明度1级，碱消值7.0级，胶稠度66mm，直链淀粉含量21.3%，蛋白质含量7.9%。依据农业部NY/T 593—2002《食用稻品种品质》标准，米质符合四等食用粳稻品种品质规定要求。

抗性：2006—2008年吉林省农业科学院植物保护研究所连续3年采用分菌系人工接种、病区多点异地自然诱发鉴定，结果表明，苗瘟中感，叶瘟感，穗瘟中感；纹枯病中感。

产量及适宜地区：2007—2008年两年区域试验，平均单产8594kg/hm²，比对照品种吉玉粳增产5.3%。2008年生产试验，平均单产8957kg/hm²，比对照品种吉玉粳增产3.4%。适宜吉林省四平、吉林、长春、辽源、通化、松原、白城等中熟稻区种植。

栽培技术要点：稀播育壮秧，4月中上旬催芽播种，每平方米播催芽种子300g左右，5月中下旬插秧。栽培密度为行株距30cm×20cm，每穴栽插3～4苗。一般土壤条件下，施纯氮150kg/hm²，按底肥20%、蘖肥50%、穗肥30%的比例分期施用；施纯磷100kg/hm²，全部作底肥施用；施纯钾130kg/hm²，按底肥60%、穗肥40%，分两次施用。插秧田生育期间，在施药灭草时期（5～7d）应保持水层在苗高的2/3左右，其余时期一律浅水灌溉（3.0～5.0cm），在定浆期（蜡熟期）及时排除田间存水。生育期间注意防治稻瘟病、二化螟、纹枯病等。

吉粳112（Jigeng 112）

品种来源：吉林省农业科学院水稻研究所1997年以东北163为母本，吉86-11为父本杂交育成，试验代号吉大2004-113。2009年通过吉林省农作物品种审定委员会审定，审定编号为吉审稻2009005。

形态特征和生物学特性：属粳型常规水稻。感光性弱，感温性弱，基本营养生长期短，中熟早粳。生育期134d，需≥10℃活动积温2 700℃。株型紧凑，叶片上举，茎叶深绿色，分蘖力中等，弯曲穗型，主蘖穗整齐，着粒密度适中，籽粒椭圆形，颖及颖尖均黄色，无芒。平均株高100cm，平均穗长17cm，平均穗粒数120粒，结实率91.5%，千粒重23.9g。

品质特性：糙米率84.5%，精米率75.8%，整精米率71.4%，粒长5.0mm，长宽比1.8，垩白粒率11.0%，垩白度1.2%，透明度1级，碱消值7.0级，胶稠度63mm，直链淀粉含量19.4%，蛋白质含量9%。依据农业部NY/T 593—2002《食用稻品种品质》标准，米质符合三等食用粳稻品种品质规定要求。

抗性：2006—2008年吉林省农业科学院植物保护研究所连续3年采用分菌系人工接种、病区多点异地自然诱发鉴定，结果表明，苗瘟中感，叶瘟中感，穗瘟中感；纹枯病中抗。

产量及适宜地区：2007—2008年两年区域试验，平均单产8 534kg/hm²，比对照品种吉玉粳增产4.5%。2008年生产试验，平均单产9 111kg/hm²，比对照品种吉玉粳增产5.2%。适宜吉林省四平、吉林、长春、辽源、通化、松原、白城等中熟稻区种植。

栽培技术要点：稀播育壮秧，4月上旬播种，每平方米播催芽种子350g，5月中旬插秧。栽培密度为行株距30cm×20cm，每穴栽插3～4苗。氮、磷、钾配方施肥。施纯氮150～170kg/hm²，按底肥40%、蘖肥30%、补肥20%、穗肥10%的比例分期施用；施纯磷60～80kg/hm²，作底肥一次性施用；施纯钾90～120kg/hm²，按底肥70%、追肥30%，分两次施用。田间水分管理采取分蘖期浅，孕穗期深，籽粒灌浆期浅的灌溉方法。注意防治二化螟、稻瘟病等。

吉粳44（Jigeng 44）

品种来源：吉林省农业科学院1961年以松辽4号为母本，（Linia85+Cabanmo）混合花粉为父本杂交，1967年育成，原代号为公交44。

形态特征和生物学特性：属粳型常规水稻。感光性弱，感温性中等，基本营养生长期短，中熟早粳。生育期约140d，需≥10℃活动积温2 800～2 900℃。苗期叶宽，色浓绿，生长健壮。茎秆稍粗而强硬，株型紧凑，分蘖力较强，叶片稍宽而直立，叶鞘、叶缘、叶枕均为绿色，穗颈较粗，抽穗整齐。谷粒阔卵形，无芒，颖壳黄色，颖尖红色。株高约100cm，主茎叶14～15片，平均每穴有效穗数16个，平均每穗70粒，结实率90%，千粒重约25g。

品质特性：米白色，糙米率80.0%，蛋白质含量9.3%，脂肪含量2.6%。米质优良。

抗性：苗期抗寒性强，耐肥、抗倒伏，抗稻瘟病性强。

产量及适宜地区：一般平均单产6 750kg/hm²左右。主要适宜吉林省无霜期140d左右的地区种植。1969年种植面积1.33万hm²。

栽培技术要点：宜于肥沃土壤种植。薄膜保温育苗或旱育苗，4月上旬播种，秧龄40～45d。5月中旬插秧，行穴距27cm×10cm，每穴栽插5～6苗。施纯氮130～150kg/hm²。采用浅水灌溉。

吉粳46（Jigeng 46）

品种来源：吉林省农业科学院1961年以松辽5号为母本，利用高粱花粉引起的蒙导作用，使其性状有所改变而育成，原代号为公交46。1967年推广。

形态特征和生物学特性：属粳型常规水稻。感光性弱，感温性中等，基本营养生长期短，早熟早粳。生育期130d，需≥10℃活动积温2 700～2 750℃。幼苗生长快，叶片较宽，叶色浓绿，长势健壮。分蘖力较强，抽穗整齐，成穗率高。茎秆较细，株型紧凑，叶片直立，叶鞘、叶缘、叶枕均为绿色。穗较大，谷粒椭圆形，无芒，颖及颖尖黄色。株高100cm左右，平均每穗75粒，平均每穴有效穗数15个，千粒重26g。

品质特性：米白色，糙米率80.0%，蛋白质含量9.3%，脂肪含量2.63%。米质优良。

抗性：抗寒性强，比较耐瘠薄，耐肥，抗倒伏性较差，抗稻瘟病性中等。

产量及适宜地区：一般平均单产6 750kg/hm²。主要适宜吉林省延边、珲春、梨树、白城、前郭、长春、通化无霜期较短的山区、半山区种植。推广面积达到1.33万hm²。

栽培技术要点：适于在中等肥力条件下种植。薄膜保温育苗，4月中旬播种，每平方米苗床播种量0.3kg左右，盘育苗每盘播干种子0.1kg。秧龄40d左右，5月下旬插秧，行穴距27cm×10cm，每穴栽插5～6苗。施纯氮125kg/hm²。浅水灌溉与间歇灌溉相结合。

吉粳50（Jigeng 50）

品种来源：吉林省农业科学院以松辽4号为母本，农垦20为父本杂交，1967年育成，原代号为公交50。

形态特征和生物学特性：属粳型常规水稻。感光性弱，感温性中等，基本营养生长期短，中熟早粳。生育期135d，需≥10℃活动积温2 750～2 800℃。幼苗长势健壮，色淡绿秆硬，株型较好，叶片直立，宽窄适中，叶鞘、叶缘、叶枕均为绿色。分蘖力强，穗偏大，谷粒呈椭圆形，颖及颖尖均为黄色，无芒。株高100cm，主穗122粒，单株有效穗数17个，千粒重25g。

品质特性：米白色。

抗性：抗寒耐肥，不倒伏，抗稻瘟病性较强。

产量及适宜地区：一般平均单产7 000kg/hm²。适宜吉林省吉林、通化、四平、长春等地区栽培。1970年种植面积1.33万hm²。

栽培技术要点：宜在中上等肥力条件下栽培。薄膜保温育苗，4月中旬播种，秧龄35～40d。5月下旬插秧，行穴距27cm×10cm，每穴栽插4～5苗。9月下旬收获，施纯氮125kg/hm²，前重后轻。浅水与间歇灌溉。生育期间注意稻瘟病防治。

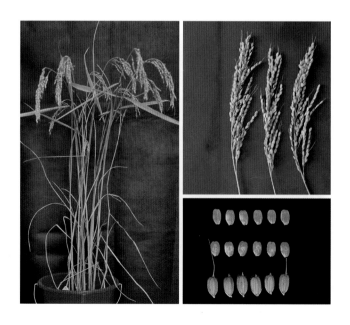

吉粳501 （Jigeng 501）

品种来源：吉林省农业科学院水稻研究所1996年以超产2号为母本，吉玉粳为父本，通过系谱选择法选育而成，原代号为吉2000F59。2005年分别通过国家和吉林省农作物品种审定委员会审定，审定编号为国审稻2005050和吉审稻2005005。

形态特征和生物学特性：属常规粳稻品种。感光性弱，感温性中等，基本营养生长期短，中熟早粳。生育期140d，需≥10℃活动积温2 700℃。株型较收敛，叶色较绿，分蘖力较强，着粒密度适中，谷粒椭圆形，颖壳黄色，稀短芒。株高93.9cm，穗长17.3cm，每穗总粒数107.1粒，结实率88.7%，千粒重24.3g。

品质特性：糙米率84.8%，精米率78.1%，整精米率67.9%，粒长5.1mm，长宽比1.9，垩白粒率17.0%，垩白度2.2%，透明度1级，碱消值7.0级，胶稠度82mm，直链淀粉含量19.0%，蛋白质含量9.0%。

抗性：2003—2004年吉林省农业科学院植物保护研究所连续2年采用分菌系人工接种、病区多点异地自然诱发鉴定，结果表明，苗瘟中抗，叶瘟中抗，穗瘟中抗。

产量及适宜地区：2003年参加北方稻区吉玉粳组区域试验，平均单产9 278kg/hm²，比对照品种吉玉粳增产1.7%；2004年续试，平均单产8 972kg/hm²，比对照品种吉玉粳增产2.1%；两年区域试验，平均单产9 131kg/hm²，比对照品种吉玉粳增产1.9%。2004年生产试验，平均单产8 717kg/hm²，比对照品种吉玉粳增产14.5%。适宜在黑龙江省第一积温带上限、吉林省中熟稻区、辽宁东北部、宁夏引黄灌区以及内蒙古赤峰、通辽南部、甘肃中北部及河西稻区种植。

栽培技术要点：稀播育全蘖壮秧，4月上中旬播种，5月中下旬插秧。栽培密度为行株距40cm×20cm，每穴栽插2～3苗。氮、磷、钾配方施肥，施纯氮135～150kg/hm²，按底肥30kg/hm²、分蘖肥55kg/hm²、补肥30kg/hm²、穗肥30kg/hm²分期施用；施纯磷60kg/hm²，全部作底肥施入；施纯钾90 kg/hm²，底肥占40%、拔节期追肥60%，分两次施用。田间水分管理以浅水灌溉为主，分蘖期间结合人工除草。7月上中旬注意防治二化螟，注意及时防治稻瘟病。

吉粳502（Jigeng 502）

品种来源：吉林省农业科学院水稻研究所1994年以超产2号为母本，以三系杂交组合恢73-28//铁22//IR28为父本，通过混合系谱法选育而成，原代号吉2000F46。2005年通过吉林省农作物品种审定委员会审定，审定编号为吉审稻2005007。

形态特征和生物学特性：属常规粳稻品种。感光性弱，感温性中等，基本营养生长期短，中熟早粳。生育期138d，需≥10℃活动积温2 750℃。株型较收敛，叶色较绿，分蘖力中等，散穗，谷粒长椭圆形，无芒，颖壳黄色，稻米清白或略带垩白。株高100cm，主穗粒数258粒，平均穗粒数115粒，千粒重26.6g。

品质特性：糙米率84.6%，精米率78.6%，整精米率78.1%，粒长5.0mm，长宽比1.8，垩白粒率11.0%，垩白度1.6%，透明度1级，碱消值7.0级，胶稠度72mm，直链淀粉含量17.1%，蛋白质含量8.5%。

抗性：2003—2004年吉林省农业科学院植物保护研究所连续2年采用分菌系人工接种、病区多点异地自然诱发鉴定，结果表明，苗瘟中抗，叶瘟中抗，穗瘟中抗。

产量及适宜地区：2002年预备试验，平均单产8 448kg/hm²，比对照品种通35增产5.8%；2002—2004年区域试验，平均单产8 340kg/hm²，比对照品种通35增产6.9%，达显著水平。2004年生产试验，平均单产8 888kg/hm²，比对照品种通35增产8.7%。适宜吉林省四平、辽源、长春、松原、通化等中晚熟稻区种植。

栽培技术要点：稀播育壮秧，4月上中旬催芽播种，每平方米播种量为350g，5月中下旬插秧。栽培密度为行株距30cm×20cm，每穴栽插3～4苗。一般土壤条件下，施纯氮150kg/hm²、纯钾130kg/hm²、纯磷100kg/hm²；氮肥按底肥20%、蘖肥50%、穗肥30%的比例施用，磷肥全部作底肥施入，钾肥的2/3作底肥、1/3作穗肥施入。插秧田生育期间，在施药灭草时期（5～7d）应保持水层在苗高的2/3左右，其余时期一律浅水灌溉（3～5cm），在定浆期（蜡熟期）及时排除田间存水。生育期间注意主要防治稻瘟病、二化螟、纹枯病等。

吉粳503 （Jigeng 503）

品种来源：吉林省农业科学院水稻研究所1999年以奥羽346为母本，丰优207为父本杂交选育而成，原代号吉01-3786。2006年通过吉林省农作物品种审定委员会审定，审定编号为吉审稻2006009。

形态特征和生物学特性：属粳型常规水稻。感光性弱，感温性弱，基本营养生长期短，中熟早粳。生育期138～140d，需≥10℃活动积温2850℃。株型紧凑，叶片坚挺上举，叶色浅绿，分蘖力较强，弯曲穗型，主蘖穗整齐，穗大粒多，着粒密度适中，籽粒长椭圆形，颖尖黄色，无芒。平均株高103.8cm，有效穗数346.5万/hm²，平均穗粒数126.2粒，结实率87.7%，千粒重23.9g。

品质特性：糙米率83.5%，精米率77.7%，整精米率65.5%，粒长5.1mm，长宽比1.8，垩白粒率34.0%，垩白度3.1%，透明度2级，碱消值7.0级，胶稠度68mm，蛋白质含量8.9%。

抗性：2003—2005年吉林省农业科学院植物保护研究所连续3年采用分菌系人工接种、病区多点异地自然诱发鉴定，结果表明，苗瘟抗，叶瘟中抗，穗瘟中抗；纹枯病中抗。

产量及适宜地区：2003年预备试验，平均单产8 463kg/hm²，比对照品种通35增产7.1%；2004—2005年区域试验，平均单产8 409kg/hm²，比对照品种通35增产5.0%。2005年生产试验，平均单产7 934kg/hm²，比对照品种通35增产1.9%。适宜吉林省四平、长春、吉林、辽源、通化、松原等中晚熟平原稻区种植。

栽培技术要点：稀播育壮秧，4月中旬播种，每平方米播催芽种子350g，5月中旬插秧。栽培密度为行株距30cm×20cm，每穴栽插3～4苗。氮、磷、钾配方施肥，施纯氮125～150kg/hm²，按底肥40%、分蘖肥40%、穗肥20%的比例分期施用；施纯磷80～100kg/hm²，全部作底肥施用；施纯钾90～100kg/hm²，底肥50%、拔节期追50%，分两次施用。田间水分管理采取分蘖期浅，孕穗期深，籽粒灌浆期浅的灌溉方法。7月中下旬及时防治稻瘟病、二化螟等。

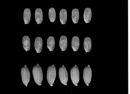

吉粳505（Jigeng 505）

品种来源：吉林省农业科学院水稻研究所1996年以超产2号为母本，吉玉粳为父本杂交选育而成。2007年通过吉林省农作物品种审定委员会审定，审定编号为吉审稻2007006。

形态特征和生物学特性：属粳型常规水稻。感光性弱，感温性弱，基本营养生长期短，中熟早粳。生育期141d，需≥10℃活动积温2800℃。株型较收敛，叶色较绿，散穗，谷粒长椭圆形，稀短芒，颖壳黄色，稻米清白或略带垩白。平均株高100.1cm，有效分蘖259.5万个/hm²，平均穗粒数105.9粒，结实率91.8%，千粒重25.7g。

品质特性：糙米率84.3%，精米率76.5%，整精米率68.7%，粒长5.1mm，长宽比1.8，垩白粒率14.0%，垩白度2.1%，透明度1级，碱消值7.0级，胶稠度86mm，直链淀粉含量17.8%，蛋白质含量7.3%。

抗性：2004—2006年吉林省农业科学院植物保护研究所连续3年采用分菌系人工接种、病区多点异地自然诱发鉴定，结果表明，苗瘟中抗，叶瘟抗，穗颈瘟中感；2005—2006年在15个田间自然诱发有效鉴定点次中，纹枯病中感。

产量及适宜地区：2004年预备试验，平均单产8 751kg/hm²，比对照品种通35增产5.5%。2005—2006年两年区域试验，平均单产8 681kg/hm²，比对照品种通35增产4.9%。2006年生产试验，平均单产8 460kg/hm²，比对照品种通35增产4.2%。适宜吉林省≥10℃活动积温2 800℃以上中晚熟稻区种植。

栽培技术要点：稀播育壮秧，4月上中旬催芽播种，每平方米播种量350g，5月中下旬插秧。栽培密度为行株距30cm×20cm，每穴栽插3～4苗。一般土壤条件下，施纯氮150kg/hm²，氮肥按底肥：蘖肥：穗肥=2：5：3的比例施用；施纯磷100kg/hm²，全部作底肥施入；施纯钾130kg/hm²，钾肥的2/3作底肥、1/3作穗肥施入。生育期间，在施药灭草时期（5～7d）应保持水层在苗高的2/3左右，其余时期一律浅水灌溉（3.0～5.0cm），在定浆期（蜡熟期）及时排除田间存水。注意防治稻瘟病、二化螟、纹枯病等。

吉粳506（Jigeng 506）

品种来源：吉林省农业科学院水稻研究所1997年配制杂交组合吉89-45/手支号//超产1号，通过混合系谱法选育而成，试验代号吉2003F27。2008年通过吉林省农作物品种审定委员会审定，审定编号为吉审稻2008020。

形态特征和生物学特性：属粳型常规水稻。感光性弱，感温性弱，基本营养生长期短，迟熟早粳。生育期142d，需≥10℃活动积温2 700℃。株型收敛，叶片上举，叶片长宽比适中，穗型略半直，叶色较绿，籽粒椭圆形，颖壳黄色，无芒。平均株高100.2cm，有效穗数400.5万/hm²，平均穗长17.6cm，平均穗粒数115.0粒，结实率86.6%，千粒重25.6g。

品质特性：糙米率84.4%，精米率76.3%，整精米率69.9%，粒长4.9mm，长宽比1.8，垩白粒率4.0%，垩白度0.5%，透明度1级，碱消值7.0级，胶稠度64mm，直链淀粉含量16.9%，蛋白质含量7.0%。依据NY/T 593—2002《食用稻品种品质》标准，米质符合二等食用粳稻品种品质规定要求。

抗性：2005—2007年吉林省农业科学院植物保护研究所连续3年采用分菌系人工接种、病区多点异地自然诱发鉴定，结果表明，苗瘟中感，叶瘟中感，穗颈瘟中抗；2005—2007年在15个田间自然诱发有效鉴定点次中，纹枯病感。

产量及适宜地区：2005年预备试验，平均单产8 171kg/hm²，比对照品种通35增产4.2%；2006—2007年两年区域试验平均比对照品种通35增产8.0%。2007年生产试验，平均单产8 375kg/hm²，比对照品种通35增产8.3%。适宜吉林省松原、通化、延边、四平、长春、吉林等中晚熟稻作区种植。

栽培技术要点：稀播育壮秧，4月上中旬播种，每平方米播催芽种子350g；5月中下旬插秧。栽培密度为行株距30cm×20cm，每穴栽插3～4苗。一般土壤肥力条件下，施纯氮150kg/hm²、纯钾130kg/hm²、纯磷100kg/hm²，氮肥按底肥∶蘖肥∶穗肥＝2∶5∶3的比例施用；磷肥全部作底肥施入；钾肥的2/3作底肥、1/3作穗肥，分两次施用。秧田生育期间，在施药灭草时期（5～7d）应保持水层在苗高的2/3左右，其余时期一律浅水灌溉（3.0～5.0cm），定浆期及时排除田间存水。生育期间注意防治稻瘟病、二化螟、纹枯病等。

吉粳507（Jigeng 507）

品种来源：吉林省农业科学院水稻研究所2000年以辽盐12/吉丰8为母本，信交488为父本杂交，2002年育成，试验代号吉02-2534。2008年通过吉林省农作物品种审定委员会审定，审定编号为吉审稻2008021。

形态特征和生物学特性：属粳型常规水稻。感光性弱，感温性弱，基本营养生长期短，迟熟早粳。生育期140d，需≥10℃活动积温2 700℃。株型紧凑，分蘖力较强，弯穗型，主蘖穗整齐，籽粒椭圆形，颖及颖尖均黄色，稀短芒。平均株高104.5cm，有效穗数354万/hm²，平均穗长18.0cm，平均穗粒数101.3粒，结实率91.8%，千粒重26.6g。

品质特性：糙米率84.6%，精米率76.8%，整精米率60.0%，粒长5.0mm，长宽比1.8，垩白粒率14.0%，垩白度1.7%，透明度1级，碱消值7.0级，胶稠度69mm，直链淀粉含量18.2%，蛋白质含量7.0%。依据NY/T 593—2002《食用稻品种品质》标准，米质符合六等食用粳稻品种品质规定要求。

抗性：2004—2006年吉林省农业科学院植物保护研究所连续3年采用分菌系人工接种、病区多点异地自然诱发鉴定，结果表明，苗瘟中抗，叶瘟中抗，穗颈瘟中抗；2005—2006年在15个田间自然诱发有效鉴定点次中，纹枯病中抗。

产量及适宜地区：2004年预备试验，平均单产8 702kg/hm²，比对照品种通35增产4.9%；2005—2006年两年区域试验平均比对照品种通35增产5.8%。2006年生产试验，平均单产8 543kg/hm²，比对照品种通35增产5.2%。适宜吉林省松原、通化、延边、四平、长春、吉林等中晚熟稻作区种植。

栽培技术要点：稀播育壮秧，4月上中旬播种，每平方米播催芽种子350g，5月中下旬插秧。栽培密度为行株距30cm×16.5cm，每穴栽插3～4苗。氮、磷、钾配方施肥，施纯氮150～170kg/hm²，按底肥30%、分蘖肥40%、补肥20%、穗肥10%的比例分期施用；施纯磷70～85kg/hm²，作底肥一次性施入；施纯钾90～110kg/hm²，底肥70%、拔节期追30%，分两次施用。田间水分管理采取分蘖期浅，孕穗期深，籽粒灌浆期浅的灌溉方法。注意防治二化螟、稻瘟病等。

吉粳509（Jigeng 509）

品种来源：吉林省农业科学院水稻研究所2000年以五常93-8为母本，品系超一/89目114为父本杂交选育而成，试验代号吉2005F39。2010年通过吉林省农作物品种审定委员会审定，审定编号为吉审稻2010012。

形态特征和生物学特性：属粳型常规水稻。感光性弱，感温性弱，基本营养生长期短，迟熟早粳。生育期141d，需≥10℃活动积温2850℃。株型紧凑，叶片上举，茎叶深绿色，分蘖力中等，弯曲穗型，主蘖穗整齐，着粒密度适中，籽粒椭圆形，颖及颖尖均黄色，稀短芒。平均株高101.4cm，穗长18.2cm，平均穗粒数144.0粒，结实率89.1%，千粒重25.2g。

品质特性：糙米率84.7%，精米率76.5%，整精米率69.0%，粒长5.2mm，长宽比1.8，垩白粒率14.0%，垩白度2.2%，透明度1级，碱消值7.0级，胶稠度70mm，直链淀粉含量17.9%，蛋白质含量7.6%。依据农业部NY/T 593—2002《食用稻品种品质》标准，米质符合二等食用粳稻品种品质规定要求。

抗性：2007—2009年吉林省农业科学院植物保护研究所连续3年采用分菌系人工接种、病区多点异地自然诱发鉴定，结果表明，苗瘟中感，叶瘟中感，穗瘟感；纹枯病中抗。

产量及适宜地区：2008—2009年两年区域试验，平均单产8727kg/hm²，比对照品种通35增产5.0%。2009年生产试验，平均单产8784kg/hm²，比对照品种通35增产6.7%。适宜吉林省四平、长春、辽源、松原等中晚熟稻区种植。

栽培技术要点：稀播育壮秧，4月中旬播种，播种量每平方米催芽种子300g，5月中下旬插秧。栽培密度为行株距30cm×19.8cm，每穴栽插3～4苗。氮、磷、钾配方施肥，施纯氮150～170kg/hm²，按底肥40%、分蘖肥30%、补肥20%、穗肥10%的比例分期施用；施纯磷60～80kg/hm²，作底肥一次性施入；施纯钾90～120kg/hm²，按底肥70%、追肥30%，分两次施用。田间水分管理采取分蘖期浅，孕穗期深，籽粒灌浆期浅的灌溉方法。注意防治二化螟、稻瘟病等。

吉粳51 (Jigeng 51)

品种来源：吉林省农业科学院以松辽4号为母本，农垦20为父本杂交，1967年育成，原代号为公交51。

形态特征和生物学特性：属粳型常规水稻。感光性弱，感温性中等，基本营养生长期短，中熟早粳。生育期135d，需≥10℃活动积温2 750～2 800℃。幼苗整齐，长势壮，色淡绿。茎秆较细，株型较紧凑，叶片直立，叶色淡绿，叶鞘、叶缘、叶枕均为绿色。分蘖力强，出穗整齐，灌浆成熟快，着粒密度适中，谷粒呈椭圆形，颖及颖尖均为黄色，无芒（极个别粒有稀短芒）。株高约100cm，单株有效穗18个，穗长约16cm，主穗126粒，平均每穗60粒，千粒重28g。

品质特性：米白色。

抗性：较耐肥，一般不倒伏，中抗稻瘟病。

产量及适宜地区：一般平均单产7 000kg/hm²。适宜吉林省的吉林、延边、四平、长春等地区种植。1970年种植面积1.33万hm²。

栽培技术要点：适于中上等肥力条件下栽培。塑料薄膜保温育苗，一般4月中旬播种，秧龄40d左右。5月中下旬插秧，采用27cm×12cm的插秧形式，每穴栽插4～5苗。施纯氮150kg/hm²，宜前重后轻，适当配施磷、钾作底肥和穗肥。浅水与间歇灌溉相结合。9月下旬收获。稻瘟病易发病区注意用药防治。

吉粳510（Jigeng 510）

品种来源：吉林省农业科学院水稻研究所2001年夏以吉96-43为母本，吉92D14为父本杂交，经混合系谱法育成，试验代号吉2006F46。2011年通过吉林省农作物品种审定委员会审定，审定编号为吉审稻2011010。

形态特征和生物学特性：属粳型常规水稻。感光性弱，感温性弱，基本营养生长期短，迟熟早粳。生育期140d，需≥10℃活动积温2 850℃。株型略紧凑，分蘖力强，茎叶绿色，弯穗型，籽粒椭圆形，颖及颖尖均黄色，个别稀顶芒。平均株高105.6cm，有效穗数342万/hm²，平均穗长17.0cm，平均穗粒数111.5粒，结实率90.0%，千粒重26.5g。

品质特性：糙米率84.9%，精米率76.4%，整精米率71.2%，粒长5.1mm，长宽比1.7，垩白粒率17.0%，垩白度1.9%，透明度1级，碱消值7.0级，胶稠度64mm，直链淀粉含量18.2%，蛋白质含量8.3%。依据农业部NY/T 593—2002《食用稻品种品质》标准，米质符合三等食用粳稻品种品质规定要求。

抗性：2008—2010年吉林省农业科学院植物保护研究所连续3年采用分菌系人工接种、病区多点异地自然诱发鉴定，结果表明，苗瘟中感，叶瘟中感，穗瘟中抗；纹枯病中抗。

产量及适宜地区：2009年区域试验，平均单产8 730kg/hm²，比对照品种通35增产9.5%；2010年区域试验，平均单产8 523kg/hm²，比对照品种通35增产0.5%；两年区域试验，平均单产8 627kg/hm²，比对照品种通35增产4.9%。2010年生产试验，平均单产8 657kg/hm²，比对照品种通35增产5.5%。适宜吉林省四平、吉林、长春、辽源、通化、松原、延边等中晚熟稻区种植。

栽培技术要点：稀播育壮秧，4月中旬播种，播种量每平方米催芽种子250g，5月中下旬插秧。栽培密度为行株距30cm×19.8cm，每穴栽插3～4苗。氮、磷、钾配方施肥，施纯氮150～170kg/hm²，按底肥40%、分蘖肥30%、补肥20%、穗肥10%的比例分期施用；施纯磷60～80kg/hm²，作底肥一次性施入；施纯钾90～120kg/hm²，底肥70%、追肥30%，分两次施用。田间水分管理采取分蘖期浅，孕穗期深，籽粒灌浆期浅的灌溉方法。注意防治二化螟、稻瘟病等。

吉粳53（Jigeng 53）

品种来源：吉林省农业科学院1961年以松辽4号为母本，农垦20为父本杂交育成，1967年推广。1978年通过吉林省农作物品种审定委员会审定，原代号为公交53。

形态特征和生物学特性：属粳型常规水稻。感光性弱，感温性中等，基本营养生长期短，中熟早粳。生育期140d，需≥10℃活动积温2 800 ~ 2 900℃。苗期生长健壮，苗色浓绿。茎秆粗壮，株型紧凑，叶片稍宽而直立，叶色浓绿，叶鞘、叶缘、叶枕均为绿色。分蘖力较强，抽穗整齐，成穗率高，穗较大，穗颈粗短，谷粒椭圆形，无芒，颖尖、颖壳黄色。株高105 ~ 115cm，主茎叶14 ~ 15片，穗长约18cm，着粒较密，平均每穴有效穗数14个，穗粒数80 ~ 100粒，结实率92%，千粒重26g。

品质特性：米白色，糙米率85.0%，蛋白质含量7.0%，脂肪含量2.5%。米质较好。

抗性：苗期抗寒性较强，较耐肥，抗倒伏性中等，抗稻瘟病性较强。

产量及适宜地区：一般平均单产6 750kg/hm²。主要适宜吉林省吉林、延边、通化、四平等无霜期140d左右的地区及辽宁省沈阳、铁岭、昌图、新宾以及新疆米泉县等地区栽培。1972年种植面积5.33万hm²。

栽培技术要点：宜在肥力较高的条件下种植。采用大棚育苗或旱育苗，做到早播稀播。5月末插完秧，行穴距27cm×10cm，每穴栽插5 ~ 7苗。在增施农家肥的基础上施纯氮127kg/hm²。浅水间歇灌溉。

吉粳56 (Jigeng 56)

品种来源：吉林省农业科学院1961年以松辽2号为母本，农垦20为父本杂交，1968年育成，原代号为公交60。

形态特征和生物学特性：属粳型常规水稻。感光性弱，感温性中等，基本营养生长期短，中熟早粳。生育期140d，需≥10℃活动积温2 800～2 900℃。幼苗生长健壮，秆稍细，叶片较窄且短，叶色绿，叶鞘、叶缘、叶枕均为绿色。分蘖力较强，穗大小中等，着粒密度适中，谷粒呈阔卵形，颖黄色，颖尖红褐色，无芒。株高100cm，主穗106粒，单株有效穗15个，千粒重27g。

品质特性：米白色。

抗性：较耐肥，一般不倒伏，抗稻瘟病性强，丰产性较好。

产量及适宜地区：一般平均单产6 750～7 000kg/hm²。适宜吉林省吉林、延边、通化、四平、长春等地区种植。1972年种植面积5.33万hm²。

栽培技术要点：塑料大棚育苗，一般4月中旬播种，每盘播干种子0.1kg，旱育苗播量每平方米0.3kg。秧龄40d，5月中下旬插秧，行穴距27cm×10cm，每穴栽插4～5苗。施纯氮125～150kg/hm²。浅—深—浅灌溉，9月初落干。9月下旬收获。

吉粳60 （Jigeng 60）

品种来源：吉林省农业科学院1967年从吉粳53中系选育成，1973年吉林省种子工作会议确定推广。1978年通过吉林省农作物品种审定委员会审定。

形态特征和生物学特性：属粳型常规水稻。感光性弱，感温性中等，基本营养生长期短，中熟早粳。生育期约135d，需≥10℃活动积温2 750～2800℃。幼苗较细，叶较宽，叶色较深。茎秆粗壮，株型紧凑，叶片较宽，直立上举，颜色浓绿，叶鞘、叶缘、叶枕均为绿色。分蘖力中等，抽穗整齐，成穗率高，穗较大，较紧密，穗颈粗短。谷粒椭圆形，无芒、颖尖、颖壳黄色，丰产性好。株高约105cm，主茎叶14～15片，平均每穴有效穗12个左右，结实率95%，穗长约20cm，平均每穗约100粒，千粒重25g。

品质特性：米白色，糙米率84.0%，蛋白质含量7.5%，脂肪含量2.3%。米质优良。

抗性：耐肥、抗倒伏性较差，抗稻瘟病性较强。

产量及适宜地区：一般平均单产7 000kg/hm^{2}左右。适宜吉林省各平原地区、黑龙江省松花江地区以及辽宁省北部等地种植。1975年前后，吉林省年种植面积13.5万hm^2，占当时水稻面积的55%以上，1978年种植面积18.67万hm^2，截至1984年累计种植面积167万hm^2。

栽培技术要点：宜在中上等肥力条件下栽培。采用薄膜保温育苗，4月上旬播种，每平方米播种量0.3kg。秧龄40～45d，5月下旬插秧，行穴距27cm×10cm，每穴栽插7～8苗。避免施肥过量或不当，防止发病和后期倒伏。

吉粳61（Jigeng 61）

品种来源：吉林省农业科学院1976年以7120-1-3-68（吉粳53/辽宁人工引变）为母本，B2为父本杂交育成，原品系代号为吉80-43。1983年吉林省农作物品种审定委员会确定推广。审定编号为吉审稻1983001。

形态特征和生物学特性：属粳型常规水稻。感光性弱，感温性弱，基本营养生长期短，中熟早粳。生育期132d，需≥10℃活动积温2 700～2 750℃。苗期生长势旺，幼苗挺秀健壮，茎秆较细，叶片直立上举，株型紧凑，属中短秆多蘖性品种，叶鞘、叶缘、叶枕均为绿色，穗中等，着粒密度适中，抽穗整齐，成穗率高，谷粒椭圆形，无芒，颖尖、颖壳黄色。株高约90cm，主茎叶14片，平均每穴有效穗16个，平均每穗65粒，千粒重25g。

品质特性：米白色，糙米率83.0%。品质优良。

抗性：抗寒性较强，耐肥、抗倒伏性中等，中抗稻瘟病。

产量及适宜地区：一般平均单产6 750kg/hm²。主要适宜吉林省吉林、通化、四平、长春等地区种植。1985年种植面积0.67万hm²。

栽培技术要点：薄膜保温育苗，4月中上旬播种，每平方米苗床播种量0.3kg，盘育苗每盘播干种子0.1kg。秧龄40～45d，5月下旬插秧，行穴距27cm×10cm，每穴栽插5～6苗。在增施农家肥和磷、钾肥的基础上，施纯氮150kg/hm²为宜。浅水灌溉与间歇灌溉相结合。

吉粳62 （Jigeng 62）

品种来源：吉林省农业科学院水稻研究所1977年以Pi5为母本，合交752为父本杂交育成，原编号吉83-16。1987年通过吉林省农作物品种审定委员会审定，审定编号为吉审稻1987001。

形态特征和生物学特性：属粳型常规水稻。感光性弱，感温性弱，基本营养生长期短，迟熟早粳。生育期138d，需≥10℃活动积温2 800℃。幼苗浅绿色，茎秆有弹性，叶片上举，叶鞘、叶缘、叶枕均为绿色，分蘖力强，穗整齐，成穗率高，谷粒椭圆形，颖及颖尖黄色，无芒。株高95cm，有效穗数17.5个，平均每穗70粒，结实率90%，千粒重25g。

品质特性：糙米率83.6%，精米率75.2%，整精米率65.9%，蛋白质含量7.6%，米粒半透明，有光泽，米质优良。

抗性：抗逆性强，耐肥，抗寒，抗稻瘟病性中等。

产量及适宜地区：1985—1986年区域试验，平均单产7 748kg/hm²，比对照品种吉粳60增产13.8%；1985—1986年生产试验，平均单产7 754kg/hm²，比对照品种吉粳60增产14.4%。主要适宜吉林省四平、长春、吉林、延边、通化、白城等地种植。累计推广面积超过9.62万hm²。

栽培技术要点：适宜中上等肥力条件下栽培。播种前做好种子消毒，预防恶苗病。采用大棚育苗或旱育苗时，一般4月上旬播种，播种量75～100kg/hm²，秧龄40d。采用壮秧早播栽培技术，5月下旬结束插秧。行穴距27cm×10cm（或13cm），每穴栽插4～5苗，肥力中等或插秧较晚，应增加每穴株数。一般中等肥力条件下，施纯氮130～150kg/hm²，宜前重后轻，即50%底肥、30%蘖肥、20%穗肥。返青后到分蘖期保持浅水，拔节始期长势过旺适当晒田，避免徒长。注意喷药防治穗瘟病。

吉粳63 （Jigeng 63）

　　品种来源：吉林省农业科学院水稻研究所1980年以中丹1号为母本，雄基9号为父本杂交系选育成，原代号吉84-83。1989年通过吉林省农作物品种审定委员会审定，审定编号为吉审稻1989001。

　　形态特征和生物学特性：属粳型常规水稻。感光性弱，感温性弱，基本营养生长期短，迟熟早粳。生育期138d，需≥10℃活动积温2 800 ～ 2 850℃。多蘖型品种，主蘖穗整齐一致，叶片上举，光能利用率高于群体发育，叶鞘、叶缘、叶枕均为绿色，穗较小，谷粒呈椭圆形，颖及颖尖黄色，稀间短芒。株高95cm，平均穴有效穗数20.6个，平均穗粒数65粒，结实率达95%，千粒重27 ～ 32g。

　　品质特性：糙米率82.3%，精米率78.2%，整精米率66.1%，米粒垩白小，透明度大。米质优良。

　　抗性：抗逆性强，耐肥，抗寒，抗稻瘟病性中等。

　　产量及适宜地区：1985—1987年区域试验，平均单产7 531.5kg/hm²，比对照品种吉粳60增产9.53%；1985—1987年生产试验，平均单产8 140.5kg/hm²，比对照品种吉粳60增产15.9%。适宜吉林省吉林、长春、四平、白城、通化种植吉粳60、京引127的地区种植。1989—1993年累计推广面积11.05万hm²。

　　栽培技术要点：4月上中旬播种，播前要做好种子消毒，防治恶苗病。5月下旬插秧，9月中旬成熟。中等肥力插秧密度26cm×10cm（或26cm×13cm）。一般栽培条件下，施纯氮150kg/hm²，有利于发挥品种的增产潜力。采用浅水灌溉与间歇灌溉相结合的方法。在多发病区栽培应结合施药，注意穗瘟病的防治。

吉粳64 （Jigeng 64）

品种来源：吉林省农业科学院水稻研究所1983年以寒9号为母本，C57-80为父本杂交系选育成，原代号吉86-11。1993年通过吉林省农作物品种审定委员会审定，审定编号为吉审稻1993005。

形态特征和生物学特性：属粳型常规水稻。感光性弱，感温性弱，基本营养生长期短，迟熟早粳。生育期136d，需≥10℃活动积温2 700℃。茎秆有弹性，叶片上举，叶鞘、叶缘、叶枕均为绿色，分蘖力强，主蘖穗整齐，成穗率高，谷粒椭圆形，颖及颖壳黄色，无芒。株高97cm，穗长18～20cm，穗粒数90粒，结实率80%，千粒重27～29g。

品质特性：糙米率84.5%，精米率76.1%，整精米率73%，透明度1级，碱消值7.0级，胶稠度84mm，直链淀粉含量19.3%，蛋白质含量7.8%。米饭洁白，光泽好，食味佳。

抗性：抗稻瘟病性中等。苗期耐寒性强，耐盐碱，抗倒伏，较抗恶苗病及纹枯病。

产量及适宜地区：1989—1991年区域试验，平均单产7 950kg/hm²，比对照品种吉粳62增产8.3%；1990—1991年生产试验，平均单产7 950kg/hm²，比对照品种吉粳62增产10.3%。适宜吉林省中熟和中晚熟稻区种植。

栽培技术要点：一般4月上中旬播种，5月中下旬插秧。插秧密度26cm×16cm或30cm×13cm，每穴栽插4～5苗。一般施纯氮150～200kg/hm²。采用浅水灌溉或间歇灌溉相结合方法。易发稻瘟病区注意药剂防治，以确保丰收。

吉粳65（Jigeng 65）

品种来源：吉林省农业科学院水稻研究所1987年从关东107中系选而成。1995年通过吉林省农作物品种审定委员会审定，审定编号为吉审稻1995003。

形态特征和生物学特性：属粳型常规水稻。感光性弱，感温性弱，基本营养生长期短，迟熟早粳。生育期145d，需≥10℃活动积温2 850 ～ 2 900℃。叶片绿色，剑叶中长而直立，株型紧凑。分蘖力较强，着粒密度中等，谷粒椭圆形，颖及颖尖黄色，稀短芒。株高93.5cm，单株有效穗数23个，穗长16.5 ～ 17.3cm，每穗粒数91.1粒，结实率85%，千粒重25.1g。

品质特性：糙米率83.0%，精米率76.1%，蛋白质含量7.1%，直链淀粉含量20.0%，胶稠度85mm，碱消值7.0级。米质优良。

抗性：1991—1993年经吉林省农业科学院植物保护研究所鉴定结果，中抗苗瘟，中感叶瘟；田间抗性较强。抗倒伏性强。

产量及适宜地区：1991—1993年区域试验，平均单产8 593kg/hm²，比对照品种秋光增产3.4%；1992—1994年生产试验，平均单产8 235kg/hm²，比对照品种秋光增产7.0%。适宜吉林省吉林、长春、四平等晚熟稻区种植。1995年以来吉林省累计推广面积超过6万hm²。

栽培技术要点：4月上中旬播种，5月中旬插秧，插秧密度26cm×13cm或30cm× (13 ～ 20) cm，每穴栽插3 ～ 5苗。氮、磷、钾混合施效果较好，施氮量不超过150kg/hm²，分3 ～ 4次施入，掌握前重、中轻、后补的原则。以浅灌为主，看苗晒田，干湿结合。

吉粳66（Jigeng 66）

品种来源：吉林省农业科学院水稻研究所1989年以吉88-30（秋光×京引127）为母本，吉引86-11为父本杂交系选育成，原代号吉91-2605。1997年通过吉林省农作物品种审定委员会审定，审定编号为吉审稻1997001。

形态特征和生物学特性：属粳型常规水稻。感光性弱，感温性弱，基本营养生长期短，迟熟早粳。生育期145d，需≥10℃活动积温2 900～3 000℃。分蘖力强，叶鞘、叶缘、叶枕均为绿色，谷粒椭圆形，颖及颖尖均黄色，无芒。株高90～100cm，单本插秧分蘖20个以上，平均每穗粒数100粒，结实率90%，谷草比为1.5，千粒重26g。

品质特性：糙米率83.1%，精米率76.4%，整精米率73.7%，透明1级，粒长5.1mm，长宽比1.7，垩白粒率6.0%，垩白度0.6%，碱消值7.0级，胶稠度89.0mm，直链淀粉含量19.4%，蛋白质含量7.5%。在1998年吉林省第二届水稻优质品种（系）鉴评会上被评为优质品种。

抗性：1994—1996年连续3年进行苗期人工接种鉴定，并于本田生育期间进行异地多点自然诱发叶瘟病和穗瘟病鉴定，结果表明，综合评价苗瘟中感，叶瘟为高抗，穗瘟为中抗。

产量及适宜地区：1994—1996年区域试验，平均单产8 367kg/hm²，比对照品种秋光增产3.4%；1995—1996年生产试验，平均单产8 534kg/hm²，比对照品种秋光增产4.8%。适宜吉林省长春、四平、辽源、吉林平原区≥10℃活动积温2 900℃以上的稻区种植。吉林省累计推广面积超过2.5万hm²。

栽培技术要点：4月上旬播种育苗，5月上旬插秧，秧龄30～35d。插秧密度30cm×16.5cm，每穴栽插3～4苗。施纯氮150～175kg/hm²，宜前重，并以适量磷、钾肥搭配作底肥。

吉粳67 (Jigeng 67)

品种来源：吉林省农业科学院水稻研究所1994年以藤系135为母本，秋田32为父本杂交系选育成，原代号吉90-91，又名玉丰。1997年通过吉林省农作物品种审定委员会审定，审定编号为吉审稻1997002。

形态特征和生物学特性：属粳型常规水稻。感光性弱，感温性弱，基本营养生长期短，迟熟早粳。生育期140d，需≥10℃活动积温2 800℃。株型紧凑，分蘖力强，叶鞘、叶缘、叶枕均为绿色。主蘖穗整齐，谷粒椭圆形，颖及颖尖均黄色，无芒。株高95cm，单本插秧分蘖20个，主穗着粒170粒，每穗平均粒数100粒，结实率90%，千粒重25g。

品质特性：米粒完整，洁白，腹白少，适口性好。达到国家级优质米标准。

抗性：耐寒性强，茎秆强韧，耐肥，抗倒伏。

产量及适宜地区：1994—1996年区域试验，平均单产8 780kg/hm²，比对照品种吉引12增产6.2%；1995—1996年生产试验，平均单产8 753kg/hm²，比对照品种吉引12增产7.0%。适宜吉林省长春、吉林、通化地区的平原区≥10℃活动积温2 800℃以上的中晚熟稻区种植。1997年以来吉林省累计推广面积超过3.3万hm²。

栽培技术要点：4月上中旬育苗，5月中旬插秧，秧龄30～35d。插秧密度为30cm×16.5cm，每穴栽插3～4苗。施纯氮150～175kg/hm²，宜前重，并以适量磷、钾肥搭配作底肥。

吉粳68 （Jigeng 68）

品种来源：吉林省农业科学院水稻研究所1990年以吉B86－11为母本，C19为父本杂交系选育成，原代号吉92-2542，又名黄金浪。1998年通过吉林省农作物品种审定委员会审定，审定编号为吉审稻1998006。

形态特征和生物学特性：属粳型常规水稻。感光性弱，感温性弱，基本营养生长期短，中熟早粳。生育期135d，需≥10℃活动积温2 750℃。茎秆强韧不倒伏，分蘖力强，无芒，颖及颖尖均黄色。株高95～100cm，单本插秧分蘖20个，平均穗粒数100～110粒，千粒重28～30g。

品质特性：稻米品质优良。

抗性：抗病性较强，抗寒、耐盐碱。

产量及适宜地区：1995—1997年区域试验，平均单产7 923kg /hm²，比对照品种藤系138增产6.0%；1996—1997年生产试验，平均单产7 833kg /hm²，比对照品种藤系138增产7.0%。适宜吉林省无霜期135～140d，≥10℃活动积温2 750℃的平原稻区种植。

栽培技术要点：4月中旬播种，5月中下旬插秧。插秧密度30cm×17cm，每穴栽插3～4苗。施纯氮125～150kg /hm²，宜前重施。

吉粳69 (Jigeng 69)

品种来源：吉林省农业科学院水稻研究所1991年由（769/02428//展三）F₄代经南繁北育在旱种、井水灌溉、早晚播人工接种稻瘟病等多种选择压力下，系统选育而成，原代号丰优201。1998年通过吉林省农作物品种审定委员会审定，审定编号为吉审稻1998003。

形态特征和生物学特性：属粳型常规水稻。感光性弱，感温性弱，基本营养生长期短，中熟早粳。生育期比对照品种藤系138长2～3d，需≥10℃活动积温2 650℃。茎秆强韧抗倒伏。分蘖力强，无芒，颖壳及颖尖鲜黄色。株高约95cm，每穴有效穗数36个，上主穗粒数160粒，结实率96%，千粒重24.5g。

品质特性：糙米率83.4%，精米率75.8%，整精米率71.2%，粒长4.7mm，长宽比1.6，垩白粒率9.0%，垩白度1.0%，透明度1级，碱消值7.0级，胶稠度63mm，直链淀粉含量18.3%，蛋白质含量9.0%。其中7项指标达部颁优质米一级标准，4项指标达部颁优质米二级标准，各项指标达到国家颁发的优质稻谷标准。

抗性：1995—1997年吉林省农业科学院植物保护研究所连续3年采用分菌系人工接种，病区多点异地自然诱发鉴定，结果表明，抗稻瘟病、纹枯病、稻曲病。

产量及适宜地区：1995—1997年区域试验，平均单产7 746kg /hm²，比对照品种藤系138增产3.7%；1996—1997年生产试验，平均单产8 103kg/hm²，比对照品种藤系138增产8.4%。适宜吉林省≥10℃活动积温2 650℃以上的稻区种植，也适宜辽宁、黑龙江、山西、河北、内蒙古等省份种植。是井灌稻区、盐碱地稻区的首选。1997年以来吉林省累计推广面积超过9.3万hm²。

栽培技术要点：播种时播催芽种子150～200g/m²。出苗后适时通风炼苗，防止立枯病发生。在培育壮秧的基础上，于5月20日左右插秧，行穴距30cm×20cm，每穴3苗，保证插秧质量。合理施肥增施农家肥，配施磷、钾肥。施纯氮150kg /hm²、纯磷75kg /hm²、纯钾100kg /hm²。全生育期以湿润灌溉为主，中期排水晒田，增强抗倒伏性。出穗前、出穗后用稻瘟灵乳油防治稻瘟病。出穗前5～7d用络氨酮或DT杀菌剂防治稻曲病。注意防治二化螟等。

吉粳70（Jigeng 70）

品种来源：吉林省农业科学院水稻研究所1986年以下北为母本，吉粳60为父本杂交系选育成，原代号吉K911，又名雪峰。1998年通过吉林省农作物品种审定委员会审定，审定编号为吉审稻1998002。

形态特征和生物学特性：属粳型常规水稻。感光性弱，感温性弱，基本营养生长期短，迟熟早粳。生育期142d，需≥10℃活动积温2900～3000℃。株型紧凑直立，茎秆强韧不倒伏，分蘖力中等，谷粒椭圆形，稀短芒，颖呈黄色。株高105cm，平均穗粒数130粒，千粒重25g。

品质特性：糙米率82.8%，精米率73.6%，整精米率66.9%，粒长5.1mm，长宽比1.7，垩白粒率26.0%，垩白度4.2%，透明度2级，碱消值7.0级，胶稠度74mm，直链淀粉含量17.6%，蛋白质含量8.8%。米质优良。在1998年吉林省第二届水稻优质品种（系）鉴评会上被评为优质品种。

抗性：1995—1997年吉林省农业科学院植物保护研究所连续3年采用分菌系人工接种，病区多点异地自然诱发鉴定，结果表明，中抗稻瘟病，抗倒伏。

产量及适宜地区：1995—1997年区域试验，平均单产8192kg/hm²，比对照品种吉引12增产0.6%；1996—1997年生产试验，平均单产8124kg/hm²，比对照品种吉引12增产4.6%。适宜吉林省≥10℃活动积温2900～3000℃的平原稻区种植。1997年以来吉林省累计推广面积超过3.3万hm²。

栽培技术要点：4月上旬播种，5月上中旬插秧，插秧密度30cm×17cm，每穴栽插2～3苗。施纯氮125kg/hm²。

吉粳71（Jigeng 71）

品种来源：吉林省农业科学院水稻研究所以多个粳型杂交稻优良不育系为母本，多个优良常规品种（系）为父本，通过混合双列轮回育种方法选择优良单株，1990年对其后代进行株系选择育成，原代号吉93D22。1999年通过吉林省农作物品种审定委员会审定，审定编号为吉审稻1999002。

形态特征和生物学特性：属粳型常规水稻。感光性弱，感温性弱，基本营养生长期短，中熟早粳。生育期135～137d，需≥10℃活动积温2 700～2 800℃。株型紧凑，叶片较上举，叶色较绿，叶片长宽比适中，生育健壮。分蘖力强。株高96cm，丛插有效分蘖20.7个，穗长17cm，穗粒数96个，结实率95.1%，千粒重26.2g。

品质特性：糙米率83.3%，精米率76.2%，整精米率72.8%，粒长5.0mm，长宽比1.8，透明度1级，垩白粒率12.0%，垩白度1.4%，碱消值7.0级，胶稠度78mm，直链淀粉含量18.2%，蛋白质含量7.6%。食味好，米质优。

抗性：1995—1997年吉林省农业科学院植物保护研究所连续3年进行了分菌系人工接种鉴定及多点异地自然诱发鉴定，结果表明，苗瘟中抗，叶瘟中感，穗颈瘟感。生产上较抗二化螟，耐冷，前期早生快发，后期活秆成熟，茎秆韧性强，抗倒伏。

产量及适宜地区：1995—1997年区域试验，平均单产8 004kg/hm²，比对照品种吉玉粳增产7.1%；1996—1997年生产试验，平均单产9 804kg/hm²，比对照品种吉玉粳平均增产7.4%。适宜吉林省中熟稻区种植。累计全省推广面积5.92万hm²。

栽培技术要点：4月中下旬播种，5月中下旬插秧。插秧密度26cm×13cm或30cm×20cm。一般土壤肥力条件下，施纯氮150～170kg/hm²，配合施用磷、钾肥，pH在7.5左右的稻区配合施用一定量的锌肥。整个本田生育期间按前重、中轻、后补的原则施肥。水管理为浅—深—浅。推广中应采用综合防病措施。

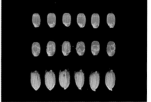

吉粳72 （Jigeng 72）

品种来源：吉林省农业科学院水稻研究所1989年利用秋光幼穗体细胞无性系诱导技术育成，原代号组培11。1999年通过吉林省农作物品种审定委员会审定，审定编号为吉审稻1999009。

形态特征和生物学特性：属粳型常规水稻。感光性弱，感温性弱，基本营养生长期短，迟熟早粳。生育期145d，需≥10℃活动积温2 950℃。籽粒金黄色，无芒。株高95cm，主穗粒数150 ～ 180粒，结实率90%，千粒重27g。

品质特性：糙米率84.0%，精米率75.6%，整精米率72.7%，粒长4.9mm，长宽比1.6，透明度1级，垩白粒率17.0%，垩白度12.5%，碱消值7.0级，胶稠度57.5mm，直链淀粉含量17.6%，蛋白质含量7.2%。食味好，米质优。

抗性：1996—1998年吉林省农业科学院植物保护研究所连续3年采用分菌系人工接种、病区多点异地自然诱发鉴定，结果表明，苗瘟中抗，叶瘟中抗，穗颈瘟中抗。耐盐碱，抗病性强，活秆成熟，后期灌浆速度快，抗倒伏，耐低温。

产量及适宜地区：1996—1998年区域试验，平均单产8 424kg/hm²，比对照品种关东107增产2.0%；1997—1998年生产试验，平均单产8 247kg/hm²，比对照品种关东107增产8.2%。适宜吉林省吉林、四平、长春、通化等≥10℃活动积温3 000℃左右的平原稻区种植。

栽培技术要点：稀播育壮秧，每平方米种子量200 ～ 250g，4月10日播种，5月

20日插秧。合理密植，一般为30cm×13.3cm或30cm×20cm，每穴栽插3 ～ 4苗。合理增施农家肥和磷、钾肥，施纯氮140kg/hm²、纯钾100kg/hm²、纯磷75kg/hm²。科学灌水，采用浅—深—浅方式，7月初晒田。推广中采用综合防病措施。

吉粳73（Jigeng 73）

品种来源：吉林省农业科学院水稻研究所1993年由（冷11-2/萨特恩）F$_9$代单株，经^{60}Co辐射处理后系统选育而成，原代号吉96-16。1999年通过吉林省农作物品种审定委员会审定，审定编号为吉审稻1999006。

形态特征和生物学特性：属粳型常规水稻。感光性弱，感温性弱，基本营养生长期短，迟熟早粳，生育期146d，需≥10℃活动积温2 950℃。前期叶色深绿，后期逐渐转淡，茎秆强韧抗倒伏。分蘖力强，活秆成熟。出穗期偏晚，灌浆成熟速度快。米粒细长，略带稀短芒。株高约96cm，主穗长约25cm，主穗粒数180粒，结实率96%，千粒重约22.4g。

品质特性：糙米率81.5%，精米率74.7%，整精米率74.4%，粒长5.3mm，长宽比2.2，透明度1级，垩白粒率7.0%，垩白度0.6%，碱消值7.0级，胶稠度78mm，直链淀粉含量19.3%，蛋白质含量8.0%。食味好，米质优。在1998年吉林省第二届水稻优质品种（系）鉴评会上被评为优质品系。

抗性：1995—1997年吉林省农业科学院植物保护研究所连续3年采用分菌系人工接种、病区多点异地自然诱发鉴定，结果表明，苗瘟中抗，叶瘟中抗，穗颈瘟中抗。耐盐碱。

产量及适宜地区：1995—1996年评比试验，平均单产8 893kg/hm^2，比对照品种关东107增产6.0%；1996—1998年的生态鉴定和生产示范，平均单产分别达8 530kg/hm^{2}和8 986kg/hm^2，分别比对照品种关东107增产7.3%和6.4%。适宜吉林省吉林、四平、通化等≥10℃活动积温3 000℃左右的平原稻区种植。累计全省推广面积7.5万hm^2。

栽培技术要点：4月上旬播种育苗，稀播旱育或精播钵盘培育大龄多蘖壮秧。稀栽浅插，插秧密度30cm×（22～33）cm。施纯氮130～150kg/hm^2，纯磷60～75kg/hm^2，纯钾90～120kg/hm^2，氮肥按底肥、分蘖肥、补肥、穗肥比例施入。整个生育期水肥管理宜平稳促进、稳健生长，靠壮秆大穗、高度结实、主攻成熟的秋优型机能稻作体系夺高产。推广中应采用综合防病措施。

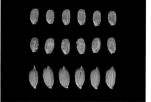

吉粳74 （Jigeng 74）

品种来源：吉林省农业科学院水稻研究所1990年以冷11-2/四特早粳2//X-8杂交，系统选育而成，原代号为吉9331，又名丰优203。2000年通过吉林省农作物品种审定委员会审定，审定编号为吉审稻2000001。

形态特征和生物学特性：属粳型常规水稻。感光性弱，感温性弱，基本营养生长期短，中熟早粳。生育期136d，需≥10℃活动积温2 650℃。茎秆强韧抗倒伏，叶色淡绿，剑叶呈水平状伸展。分蘖力强，略带稀短芒，颖壳、颖尖及芒均白黄色。株高96cm，主穗长约23cm，主穗粒数175粒，结实率96%，千粒重约28g。

品质特性：糙米率84.6%，精米率77.5%，整精米率71.6%，粒长5.0mm，长宽比1.7，透明度1级，垩白粒率44.0%，垩白度5.6%，碱消值7.0级，胶稠度78mm，直链淀粉含量19.6%，蛋白质含量8.0%

抗性：1997—1999年吉林省农业科学院植物保护研究所连续3年采用分菌系人工接种、病区多点异地自然诱发鉴定，结果表明，苗瘟感，叶瘟中抗，穗颈瘟中感。

产量及适宜地区：1997—1999年区域试验，平均单产8 237kg/hm²，比对照品种吉玉粳增产8.0%；1998—1999年生产试验，平均单产8 091kg/hm²，比对照品种吉玉粳增产4.0%。适宜吉林省水稻生育期间≥10℃活动积温2 650℃以上的稻区种植。累计全省推广面积3.5万hm²。

栽培技术要点：4月中旬播种育秧，5月下旬插秧，秧龄5～5.5叶。插秧密度30cm×20cm或30cm×30cm，每穴栽插2～3苗。全生育期施纯氮130～150kg/hm²、纯磷60～75kg/hm²、纯钾90～120kg/hm²。氮肥按底肥、分蘖肥、补肥、穗肥4次施入。生育期间及时防治稻瘟病。

吉粳75（Jigeng 75）

品种来源：吉林省农业科学院水稻研究所1988年以秋丰为母本，南30为父本有性杂交；1989年以秋丰×南30为母本，以南30为父本进行回交，经多代选拔稳定后育成，原代号吉89-52，又名吉优1号。2000年通过吉林省农作物品种审定委员会审定，审定编号为吉审稻2000003。

形态特征和生物学特性：属粳型常规水稻。感光性弱，感温性弱，基本营养生长期短，中熟早粳。生育期136d。分蘖强，茎秆强韧抗倒伏，叶色淡绿，颖壳及颖尖黄色，无芒。株高96cm，有效分蘖可达35个，主穗长23cm，主穗粒数200粒以上，结实率95%，千粒重26g。

品质特性：糙米率80%，精米率72%。米质优。

抗性：1997—1999年吉林省农业科学院植物保护研究所连续3年采用分菌系人工接种、病区多点异地自然诱发鉴定，结果表明，苗瘟中抗，叶瘟中感，穗颈瘟感。耐盐碱。

产量及适宜地区：1997—1999年区域试验，平均单产8 027kg/hm²，比对照品种吉玉粳增产4.8%；1998—1999年生产试验，平均单产7 949kg/hm²，比对照品种吉玉粳增产3.8%。适宜吉林省生育期间≥10℃活动积温2 650℃以上的稻区种植。累计全省推广面积7.3万hm²。

栽培技术要点：4月中旬播种，5月下旬插秧。秧龄4～5片叶，插秧密度为30cm×18cm或30cm×30cm。施纯氮130～150kg/hm²、纯磷60～75kg/hm²、纯钾90～120kg/hm²，前重后轻。灌水方式为浅—深—浅。生育期间防治稻瘟病和纹枯病发生。

吉粳76（Jigeng 76）

品种来源：吉林省农业科学院水稻研究所1992年以粳型三系杂交稻多个优良不育系为母本，多个综合农艺性状优良的常规品种（系）为父本，采用混合双列轮回育种方法选育而成，原代号吉91D5，又名超产2号。2000年通过吉林省农作物品种审定委员会审定，审定编号为吉审稻2000004。

形态特征和生物学特性：属粳型常规水稻。感光性弱，感温性中等，基本营养生长期短，迟熟早粳。生育期137d，需≥10℃活动积温2 700～2 800℃。株型较紧凑，叶片上举，叶片长宽比适中，叶色淡绿。穗中等大小，着粒密度适中，谷粒长椭圆形，颖及颖尖淡黄色、无芒。株高94cm，有效分蘖20个，穗长17cm，平均穗粒数95个，结实率92%，谷草比为1：1.17，千粒重25g。

品质特性：糙米率83.8%，精米率76.1%，整精米率68.9%，粒长5.0mm，长宽比1.8，垩白粒率1.0%，垩白度0.6%，透明度1级，碱消值7.0级，胶稠度78mm，直链淀粉含量18.4%，蛋白质含量8.3%。适口性好，在1996年吉林省第一届水稻优质品种（系）鉴评会上被评为优质品系。

抗性：光温反应稳定，耐冷，前期早生快发、后期活秆成熟韧性强，抗倒伏。人工接种鉴定中感苗瘟，中抗叶瘟，感穗瘟。

产量及适宜地区：1994—1996年区域试验，平均单产8 712kg/hm²，比对照品种吉引12增产5.0%；1995—1996年生产试验，平均单产8 135kg/hm²，比对照品种吉引12增产1.2%。适宜吉林省≥10℃活动积温2 750℃以上的稻区种植。据2001年统计，累计在北方稻区（吉林、辽宁、新疆、内蒙古）推广面积达27.3万hm²，占适宜地区面积的31%。

栽培技术要点：4月中下旬播种，5月下旬插秧，插秧密度为30cm×（18～30）cm。一般土壤肥力条件下，施纯氮150kg/hm²，整个生育期间按前重、中轻、后补的原则施用氮肥。配合施用磷、钾肥。水管理为浅—深—浅。生育期间注意防治稻瘟病、纹枯病的发生。

吉粳77 (Jigeng 77)

品种来源：吉林省农业科学院水稻研究所1989年利用生物技术从青系96幼穗体细胞无性系后代中筛选培育而成，原代号组培2号。1999年通过吉林省农作物品种审定委员会审定，审定编号为吉审稻1999001。

形态特征和生物学特性：属粳型常规水稻。感光性弱，感温性弱，基本营养生长期短，迟熟早粳。生育期145d，需≥10℃活动积温2 950℃。分蘖力强，前期早生快发，后期灌浆速度快，茎秆坚韧，抗倒伏强，稻谷颖壳金黄色，无芒，籽粒椭圆形。株高100cm，平均每穗115粒，结实率90%，千粒重25.5g。

品质特性：米质外观和食味好，出米率高。蛋白质含量高。

抗性：抗稻瘟病性优于秋光，抗螟虫性较好。

产量及适宜地区：1994—1996年区域试验，平均单产8 384kg/hm^2，比秋光增产4.6%；1995—1996年生产试验，平均单产8 372kg/hm^2，比秋光增产3.0%。适宜吉林省吉林、通化、四平、长春等≥10℃活动积温3 000℃的稻区种植。

栽培技术要点：4月10日左右播种，稀播育壮秧，每平方米播种量150～200g，5月20日左右插秧，插秧密度一般（30×13）cm～（30×20）cm。增施农家肥，配施磷、钾肥。施纯氮150kg/hm^2。灌水以湿润灌溉为主，孕穗期保持深水层，中期排水晒田，增强抗倒伏性。插秧时综合防病。

吉粳78（Jigeng 78）

品种来源：吉林省农业科学院水稻研究所1992年以玉丰为母本，北陆128为父本杂交系选育成，原代号吉96-10，又名吉丰10号。分别通过吉林省（2001）和国家（2003）农作物品种审定委员会审定，审定编号为吉审稻2000004。

形态特征和生物学特性：属粳型常规水稻。感光性弱，感温性弱，基本营养生长期短，迟熟早粳。生育期138d，需≥10℃活动积温2 800℃。株型紧凑，茎叶色较浅，出穗后，穗在剑叶下面，属叶里藏金类型，穗较大，弯曲穗型，着粒密度适中，谷粒椭圆形，有间短黄芒。株高95～100cm，平均每穗粒数100粒，千粒重25.5g。

品质特性：糙米率84.0%，精米率77.1%，整精米率69.7%，粒长4.9mm，长宽比1.7，垩白粒率3.3%，垩白度5.0%，透明度2级，碱消值7.0级，胶稠度66mm，直链淀粉含量18.0%，蛋白质含量7.8%。

抗性：1998—2000年吉林省农业科学院植物保护研究所连续3年采用分菌系人工接种、病区多点异地自然诱发鉴定，结果表明，苗瘟中抗，叶瘟中抗，穗瘟感。

产量及适宜地区：1997年预试平均单产7 889kg/hm²；1998—2000年区试平均单产8 853kg/hm²；1999—2000年生产试验平均单产8 166kg/hm²。分别比对照品种农大3号增产11.2%、4.9%和2.0%。适宜吉林省≥10℃活动积温2 800℃左右的吉林、四平、长春、松原等适宜区种植。累计推广面积达1万hm²。

栽培技术要点：4月10～15日播种，每平方米播催芽种子250g，5月15～20日插秧。插秧密度30cm×16.5cm。施纯氮125～150kg/hm²，并配合磷、钾肥。秧田采用浅—深—浅的灌水方法。注意药剂防治稻瘟病。

吉粳79（Jigeng 79）

品种来源：吉林省农业科学院水稻研究所于1990年从青系96幼穗体细胞无性系后代中选育而成，原代号组培28号。2001年通过吉林省农作物品种审定委员会审定，审定编号为吉审稻2001005。

形态特征和生物学特性：属粳型常规水稻。感光性弱，感温性中等，基本营养生长期短，中熟早粳。生育期135d，需≥10℃活动积温2 800℃。株型紧凑，茎叶色淡黄，后期灌浆速度快，活秆成熟。穗较大，弯曲穗型，着粒密度适中。谷粒椭圆形，籽粒金黄色，无芒。株高95cm，平均每穗粒数150粒，千粒重27g。

品质特性：糙米率83.0%，精米率75.2%，整精米率73.3%，粒长5.0mm，长宽比1.6，垩白粒率19.0%，垩白度5.3%，透明度1级，碱消值7.0级，胶稠度87mm，直链淀粉含量19.0%，蛋白质含量8.6%。

抗性：1996—1997年吉林省农业科学院植物保护研究所连续2年采用分菌系人工接种、病区多点异地自然诱发鉴定，结果表明，苗瘟中抗，叶瘟中抗，穗瘟中感，具有一定的田间抗性，抗虫害能力强。抗冷害性强，耐盐碱，抗倒伏性较强。

产量及适宜地区：1996—1997年参加吉林省北方区域试验，平均单产7 766kg/hm²，比对照品种长选89-181增产3.3%；1998—1999年生产试验，平均单产8 320kg/hm²，比对照品种藤系138增产7.3%。适宜吉林省四平、长春、吉林、松原、通化等≥10℃活动积温2 800～2 900℃以上的平原稻区种植。累计推广面积达1.6万hm²。

栽培技术要点：4月10～15日播种，每平方米播催芽种子200g。5月15～20日插秧，插秧密度30cm×16.5cm。施纯氮125～150kg/hm²，并配合磷、钾肥。采用浅—深—浅的灌水方法。应注意及时防治稻瘟病。

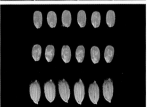

吉粳80 （Jigeng 80）

品种来源：吉林省农业科学院水稻研究所1990年以吉86-11为母本，长白7号为父本杂交系选育成，原代号吉97F17。2002年通过吉林省农作物品种审定委员会审定，审定编号为吉审稻2002013。

形态特征和生物学特性：属粳型常规水稻。感光性弱，感温性中等，基本营养生长期短，中熟早粳。生育期136～138d，需≥10℃活动积温2750℃。株型收敛，叶色较绿，分蘖性较强，属多穗型优质高产品种，散穗，谷粒长椭圆形，微或无芒。株高95～100cm，平均穗粒数115.0粒，千粒重27.7g。

品质特性：糙米率85.9%，精米率78.4%，整精米率66.4%，粒长4.6mm，长宽比1.7，垩白粒率56.0%，垩白度6.3%，透明度2级，碱消值7.0级，胶稠度75mm，直链淀粉含量16.8%，蛋白质含量7.4%。米饭口感清香柔软，适口性好。

抗性：1999—2001年吉林省农业科学院植物保护研究所连续3年采用分菌系人工接种、病区多点异地自然诱发鉴定，结果表明，苗瘟中抗，叶瘟中感，穗瘟感，较抗倒伏，耐冷性强，较耐盐碱。

产量及适宜地区：1999—2000年区域试验，平均单产8 223kg/hm²，平均比对照品种增产6.6%；2000—2001年生产试验，平均单产8 510kg/hm²，平均比对照品种增产9.9%。适宜吉林省生育期在136～140d的稻区种植。

栽培技术要点：4月中旬播种，5月中下旬插秧，插秧密度30cm×20cm。一般土壤肥力条件下，施纯氮150kg/hm²、纯钾130kg/hm²、纯磷100kg/hm²。磷肥全部作底肥施入，钾肥的2/3作底肥，1/3作穗肥施入，10%作第二次穗肥施入。插秧田生育期间在施药灭草时期（5～7d）应保持水层在苗高的2/3，其余时间一律浅水3～5cm灌溉，蜡熟期应及时排除田间存水。注意及时防治稻瘟病。

吉粳800（Jigeng 800）

品种来源：吉林省农业科学院水稻研究所1999年以藤系138/吉86-11F_1为母本，94H51为父本杂交，通过系谱法选育而成，原代号吉2000F61。2006年通过吉林省农作物品种审定委员会审定，审定编号为吉审稻2006014。

形态特征和生物学特性：属粳型常规水稻。感光性弱，感温性弱，基本营养生长期短，晚熟早粳。生育期144d，需≥10℃活动积温2 900℃。株型较收敛，叶色较绿，散穗，谷粒长椭圆形，无芒，颖壳黄色，稻米清白或略带垩白。株高107.9cm，有效分蘖21.1个，平均穗粒数137.7粒，结实率90.7%，千粒重24.6g。

品质特性：糙米率81.1%，精米率74.0%，整精米率73.3%，粒长5.2mm，长宽比2.1，垩白粒率1.0%，垩白度0.1%，透明度1级，碱消值7.0级，胶稠度71mm，直链淀粉含量19.4%，蛋白质含量7.6%。

抗性：2003—2005年吉林省农业科学院植物保护研究所连续3年采用分菌系人工接种、病区多点异地自然诱发鉴定，结果表明，苗瘟抗，叶瘟感，穗瘟抗；纹枯病中抗。

产量及适宜地区：2003年预备试验，平均单产8 237kg/hm²，比对照品种关东107增产7.5%；2004—2005年区域试验，平均单产8 537kg/hm²，比对照品种关东107增产9.3%。2005年生产试验，平均单产8 520kg/hm²，比对照品种关东107增产3.6%。截至2010年在吉林省累计推广15.0万hm²，适宜吉林省晚熟稻区种植。

栽培技术要点：稀播育壮秧，4月上中旬催芽播种，播种量350g/m²，5月中下旬插秧。栽培密度为行株距30cm×20cm，每穴栽插3～4苗。一般土壤条件下，施纯氮150kg/hm²，纯钾130kg/hm²，纯磷100kg/hm²；氮肥按底肥：蘖肥：穗肥=2：5：3的比例施用；磷肥全部作底肥施入；钾肥的2/3作底肥、1/3作穗肥施入。插秧田生育期间，在施药灭草时期（5～7d）应保持水层在苗高的2/3左右，其余时期一律浅水灌溉（3.0～5.0cm），在定浆期（蜡熟期）及时排除田间存水。生育期间注意防治稻瘟病、二化螟、纹枯病等。

吉粳802 （Jigeng 802）

品种来源：吉林省农业科学院水稻研究所1996年以超产2号为母本，吉玉粳为父本杂交，通过混合系谱法选育而成，原代号吉2003L97。2007年通过吉林省农作物品种审定委员会审定，审定编号为吉审稻2007012。

形态特征和生物学特性：属粳型常规水稻。感光性弱，感温性弱，基本营养生长期短，迟熟早粳。生育期144d，需≥10℃活动积温3 000℃。株型较收敛，叶色较绿，散穗，谷粒长椭圆形，稀短芒，颖壳黄色，稻米清白或略带垩白。平均株高99.4cm，平均穗粒数105.9粒，结实率88.6%，千粒重25.3g。

品质特性：糙米率84.3%，精米率76.6%，整精米率71.7%，粒长5.1mm，长宽比1.9，垩白粒率22.0%，垩白度2.5%，透明度1级，碱消值7.0级，胶稠度78mm，直链淀粉含量17.4%，蛋白质含量7.0%。依据NY/T 593—2002《食用稻品种品质》标准，米质符合二等食用粳稻品种品质规定要求。

抗性：2004—2006年吉林省农业科学院植物保护研究所连续3年采用分菌系人工接种、病区多点异地自然诱发鉴定，结果表明，苗瘟中抗，叶瘟中抗，穗颈瘟感；2005—2006年在15个田间自然诱发有效鉴定点次中，纹枯病抗。

产量及适宜地区：2004年预备试验，平均单产8 808kg/hm²，比对照品种关东107增产1.7%；2005—2006年两年区域试验，平均单产8 246kg/hm²，比对照品种关东107增产6.5%。2006年生产试验，平均单产8 472kg/hm²，比对照品种关东107增产4.7%。适宜吉林省通化地区以外的晚熟稻区种植。

栽培技术要点：稀播育壮秧，4月上中旬催芽播种，每平方米播种量350g，5月中下旬插秧。栽培密度为行株距30cm×20cm，每穴栽插3～4苗。一般土壤条件下，施纯氮150kg/hm²，纯钾130kg/hm²，纯磷100kg/hm²，氮肥按底肥：蘖肥：穗肥＝2：5：3的比例施用；磷肥全部作底肥施入；钾肥的2/3作底肥，1/3作穗肥施入。插秧田生育期间，在施药灭草时期（5～7d）应保持水层在苗高的2/3左右，其余时期一律浅水灌溉（3.0～5.0cm），在定浆期及时排除田间存水。生育期间及时防治稻瘟病、二化螟、纹枯病等。

吉粳803（Jigeng 803）

品种来源：吉林省农业科学院水稻研究所1999年以奥羽346为母本，长白9号为父本杂交育成。2007年通过吉林省农作物品种审定委员会审定，审定编号为吉审稻2007013。

形态特征和生物学特性：属粳型常规水稻。感光性弱，感温性弱，基本营养生长期短，迟熟早粳。生育期145d，需≥10℃活动积温2 950～3 100℃。株型紧凑，叶片坚挺上举，茎叶浅淡绿，分蘖力中等，半直立穗型，主蘖穗整齐，着粒密度适中，粒形椭圆，颖及颖尖均黄色，稀间短芒。株高100～105cm，主穗长18cm，平均穗粒数130粒，结实率95%，千粒重22.5g。

品质特性：糙米率84.3%，精米率76.6%，整精米率71.7%，粒长5.1mm，长宽比1.9，垩白粒率22.0%，垩白度2.5%，透明度1级，碱消值7.0级，胶稠度78mm，直链淀粉含量17.4%，蛋白质含量7.0%。依据NY/T 593—2002《食用稻品种品质》标准，米质符合二等米食用标准。在2008年吉林省第五届水稻优质品种（系）鉴评会上被评为优质品种。

抗性：2004—2006年吉林省农业科学院植物保护研究所连续3年采用分菌系人工接种、病区多点异地自然诱发鉴定，结果表明，苗瘟中抗，叶瘟中抗，穗颈瘟抗；纹枯病抗。

产量及适宜地区：2004年预备试验，平均单产8 268kg/hm²，比对照品种关东107增产−5.3%；2005—2006年两年区域试验，平均单产8 549kg/hm²，比对照品种关东107增产8.4%。2006年生产试验，平均单产8 333kg/hm²，比对照品种关东107增产1.3%。适宜吉林省四平、吉林、辽源、通化、松原等晚熟平原区种植。

栽培技术要点：稀播育壮秧，4月上旬播种，每平方米播催芽种子350g，5月中旬插秧。栽培密度为行株距30cm×16.5cm，每穴栽插3～4苗。施纯氮150～170kg/hm²，按底肥30%、分蘖肥40%、补肥20%、穗肥10%的比例分期施用；施纯磷70～85kg/hm²，作底肥一次性施入；施纯钾90～110kg/hm²，底肥70%、拔节期追30%，分两次施用。田间水分管理采取分蘖期浅，孕穗期深，籽粒灌浆期浅的灌溉方法。注意防治二化螟、稻瘟病等。

吉粳804（Jigeng 804）

品种来源：吉林省农业科学院水稻研究所1997年以富源4号为母本，超产1号为父本进行杂交，通过混合系谱法于2002年选育而成，试验代号吉2003F53。2008年通过吉林省农作物品种审定委员会审定，审定编号为吉审稻2008024。

形态特征和生物学特性：属粳型常规水稻。感光性弱，感温性弱，基本营养生长期短，迟熟早粳。生育期146d，需≥10℃活动积温3 000℃。株型收敛，叶片上举，叶色较绿，半直立穗，籽粒椭圆形，颖壳黄色，无芒。平均株高105.7cm，有效穗数355.5万/hm²，平均穗长17.3cm，平均穗粒数120.2粒，结实率87.1%，千粒重25.5g。

品质特性：糙米率84.4%，精米率76.6%，整精米率64.7%，粒长4.5mm，长宽比1.5，垩白粒率12.0%，垩白度1.6%，透明度1级，碱消值7.0级，胶稠度76mm，直链淀粉含量18.6%，蛋白质含量6.5%。依据农业部NY/T 593—2002《食用稻品种品质》标准，米质符合四等食用粳稻品种品质规定要求。

抗性：2005—2007年吉林省农业科学院植物保护研究所连续3年采用分菌系人工接种、病区多点异地自然诱发鉴定，结果表明，苗瘟中感，叶瘟中抗，穗瘟感；纹枯病中感。

产量及适宜地区：2006—2007年两年区域试验，平均单产8 630kg/hm²，比对照品种关东107增产4.4%。2007年生产试验，平均单产8 736kg/hm²，比对照品种关东107增产9.5%。适宜吉林省松原、通化、四平、长春等晚熟稻作区种植。

栽培技术要点：稀播育壮秧，4月上中旬播种，每平方米播催芽种子350g，5月中旬插

秧。栽培密度为行株距30cm×20cm，每穴栽插3～4苗。一般土壤条件下，施纯氮150kg/hm²左右、纯钾130kg/hm²、纯磷100kg/hm²，氮肥按底肥：蘖肥：穗肥＝2：5：3的比例施用；磷肥全部作底肥施入；钾肥的2/3作底肥、1/3作穗肥，分两次施用。秧田生育期间，在施药灭草时期（5～7d）应保持水层在苗高的2/3左右，其余时期一律浅水灌溉（3.0～5.0cm），定浆期（蜡熟期）及时排除田间存水。生育期间注意防治稻瘟病、二化螟、纹枯病等。

吉粳805 (Jigeng 805)

品种来源：吉林省农业科学院水稻研究所2001年以吉98F41为母本，吉丰20为父本进行杂交，2003年育成，试验代号吉03-2355。2008年通过吉林省农作物品种审定委员会审定，审定编号为吉审稻2008025。

形态特征和生物学特性：属粳型常规水稻。感光性弱，感温性弱，基本营养生长期短，迟熟早粳。生育期145d，需≥10℃活动积温2 950～3 000℃。株型紧凑，叶片上举，分蘖力较强，弯穗型，主蘖穗整齐，着粒密度适中，籽粒椭圆形，颖及颖尖均黄色，无芒。平均株高107.3cm，有效穗数385.5万/hm^2，平均穗长17.6cm，平均穗粒数107.2粒，结实率89.7%，千粒重24.8g。

品质特性：糙米率84.4%，精米率75.7%，整精米率62.1%，粒长4.7mm，长宽比1.8，垩白粒率11.0%，垩白度1.8%，透明度1级，碱消值7.0级，胶稠度78mm，直链淀粉含量17.7%，蛋白质含量7.4%。依据农业部NY/T 593—2002《食用稻品种品质》标准，米质符合五等食用粳稻品种品质规定要求。

抗性：2005—2007年吉林省农业科学院植物保护研究所连续3年采用分菌系人工接种、病区多点异地自然诱发鉴定，结果表明，苗瘟中感，叶瘟感，穗瘟感；纹枯病中抗。

产量及适宜地区：2006—2007年两年区域试验，平均单产8 765kg/hm^2，比对照品种关东107增产6.0%。2007年生产试验，平均单产8 511kg/hm^2，比对照品种关东107增产6.7%。适宜吉林省松原、四平、长春、吉林等晚熟稻作区种植。

栽培技术要点：稀播育壮秧，4月上旬播种，每平方米播催芽种子350g，5月中旬插秧。栽培密度为行株距30cm×15cm或30cm×20cm，每穴栽插3～4苗。氮、磷、钾配方施肥，施纯氮150～170kg/hm^2，按底肥30%、分蘖肥40%、补肥20%、穗肥10%的比例分期施用；施纯磷70～85kg/hm^2，作底肥一次性施入；施纯钾90～110kg/hm^2，按底肥50%、拔节期追50%，分两次施用。田间水分管理采取分蘖期浅，孕穗期深，籽粒灌浆期浅的灌溉方法。注意防治二化螟、稻瘟病等。

吉粳807 （Jigeng 807）

品种来源：吉林省农业科学院水稻研究所1999年以品系"A41-21-6/K351"组合作母本，品系"组培11/通124"作父本，运用混合系谱法选育而成，试验代号吉2004F82。2009年通过吉林省农作物品种审定委员会审定，审定编号为吉审稻2009023。

形态特征和生物学特性：属粳型常规水稻。感光性弱，感温性弱，基本营养生长期短，迟熟早粳。生育期146d，需≥10℃活动积温2 900℃。株型收敛，较紧凑，叶色较绿，分蘖力较强，穗型略半直，着粒密度适中，籽粒椭圆形，颖及颖尖均黄色，长芒。平均株高99.3cm，平均穗长16cm，平均穗粒数94.9粒，结实率87.3%，千粒重27.8g。

品质特性：糙米率84.4%，精米率75.6%，整精米率65.5%，粒长5.1mm，长宽比1.7，垩白粒率52.0%，垩白度3.2%，透明度1级，碱消值7.0级，胶稠度82mm，直链淀粉含量18.6%，蛋白质含量6.5%。依据农业部NY/T 593—2002《食用稻品种品质》标准，米质符合四等食用粳稻品种品质规定要求。

抗性：2006—2008年吉林省农业科学院植物保护研究所连续3年采用分菌系人工接种、病区多点异地自然诱发鉴定，结果表明，苗瘟中感，叶瘟中抗，穗瘟中抗；纹枯病中抗。

产量及适宜地区：2007年区域试验，平均单产9 167kg/hm²，比对照品种关东107增产5.5%；2008年区域试验，平均单产9 391kg/hm²，比对照品种关东107增产5.8%；两年区域试验，平均单产9 279kg/hm²，比对照品种关东107增产5.7%。2008年生产试验，平均单产8 846kg/hm²，比对照品种关东107增产6.1%。适宜吉林省四平、吉林、辽源、通化、松原等晚熟平原稻区种植。

栽培技术要点：稀播育壮秧，4月上中旬催芽播种，每平方米播催芽种子300g左右，5月中下旬插秧。栽培密度为行株距30cm×20cm，每穴栽插3～4苗。一般土壤条件下，施纯氮150kg/hm²，按底肥20%、蘖肥50%、穗肥30%的比例分期施用；施纯磷100kg/hm²，全部作底肥一次性施入；施纯钾130kg/hm²，按底肥60%、穗肥40%，分两次施用。插秧田生育期间，在施药灭草时期（5～7d）应保持水层在苗高的2/3左右，其余时期一律浅水灌溉（3.0～5.0cm），在定浆期及时排除田间存水。生育期间注意防治稻瘟病、二化螟、纹枯病等。

吉粳808（Jigeng 808）

品种来源：吉林省吉农水稻高新科技发展有限责任公司2000年以秋光为母本，吉粳87为父本，经有性杂交系谱法选育而成，试验代号吉07Z09。2011年通过吉林省农作物品种审定委员会审定，审定编号为吉审稻2011018。

形态特征和生物学特性：属粳型常规水稻。感光性弱，感温性弱，基本营养生长期短，迟熟早粳。生育期144d，需≥10℃活动积温2 950℃。株型紧凑，分蘖力强，茎叶绿色，籽粒椭圆形，颖及颖尖均黄色。平均株高103.9cm，有效穗数384万/hm²，平均穗长20.4cm，平均穗粒数103.7粒，结实率89.0%，千粒重26.7g。

品质特性：糙米率84.2%，精米率76.5%，整精米率70.1%，粒长5.1mm，长宽比1.7，垩白粒率3.0%，垩白度0.2%，透明度1级，碱消值7.0级，胶稠度68mm，直链淀粉含量18.2%，蛋白质含量8.6%。依据农业部NY/T 593—2002《食用稻品种品质》标准，米质符合三等食用粳稻品种品质规定要求。

抗性：2008—2010年吉林省农业科学院植物保护研究所连续3年采用分菌系人工接种、病区多点异地自然诱发鉴定，结果表明，苗瘟中感，叶瘟中抗，穗瘟中感；纹枯病中感。

产量及适宜地区：2009年区域试验，平均单产8 612kg/hm²，比对照品种秋光增产4.7%；2010年区域试验，平均单产8 628kg/hm²，比对照品种秋光增产5.2%；两年区域试验，平均单产8 621kg/hm²，比对照品种秋光增产5.0%。2010年生产试验，平均单产8 894kg/hm²，比对照品种秋光增产6.0%。适宜吉林省四平、吉林、通化、长春、松原等晚熟稻区种植。

栽培技术要点：稀播育壮秧，4月上中旬播种，播种量每平方米催芽种子250g，5月中下旬插秧。栽培密度为行株距30cm×（15～20）cm，每穴栽插3～5苗。农家肥和化肥相结合，氮、磷、钾配合施用，施纯氮150～175kg/hm²，按底肥40%、蘖肥30%、补肥20%、穗肥10%的比例分期施用；施纯磷80～95kg/hm²，作底肥一次性施入；施纯钾100kg/hm²，底肥和拔节期各施50%，分两次施用。田间水分管理采用浅—深—浅间歇灌溉方式。生育期间注意防治稻瘟病、二化螟等。

吉粳81 （Jigeng 81）

　　品种来源：吉林省农业科学院水稻研究所1994年从一目惚/舞姬F₈代幼穗体细胞变异无性系后代中选育而成，原代号品香1号，又名品星1号。2002年通过吉林省农作物品种审定委员会审定，审定编号为吉审稻2002024。

　　形态特征和生物学特性：属粳型常规水稻。感光性弱，感温性中等，基本营养生长期短，迟熟早粳。生育期145d，需≥10℃活动积温2 950℃。株型紧凑，分蘖力强，活秆成熟，弯曲穗型，主蘖穗整齐，着粒密度适中，谷粒呈椭圆形，谷粒有稀短芒。株高95cm，主穗粒数100粒，穗长21～25cm，结实率90%，千粒重26 g。

　　品质特性：糙米率83.1%，精米率75.5%，整精米率67.0%，粒长5.0mm，长宽比1.5，垩白粒率56.0%，垩白度1.5%，透明度2级，碱消值7.0级，胶稠度85mm，直链淀粉含量16.1%，蛋白质含量7.4%。米饭口感清香柔软，适口性好。外观米质和口感品质优良。2000年吉林省第三届水稻优质品种（系）鉴评会上被评为优质品种。

　　抗性：2000—2001年吉林省农业科学院植物保护研究所连续2年采用分菌系人工接种、病区多点异地自然诱发鉴定，结果表明，苗瘟感，叶瘟感，穗瘟感。

　　产量及适宜地区：1999年预备试验，平均单产8 223kg/hm²，比对照品种关东107增产1.9%；2001年生产试验，平均单产8 510kg/hm²，比对照品种关东107增产1.7%。适宜吉林省四平、长春、松原、通化等晚熟稻区种植。吉林省累计推广10万hm²左右。

　　栽培技术要点：早播稀播壮秧，4月15日左右播种，5月20日插秧。合理密植，插秧行距一般为30cm，株距13.3～20cm。合理施肥，多施农家肥和磷、钾、锌肥，施纯氮140kg/hm²、纯磷75kg/hm²、纯钾100kg/hm²、纯锌15kg/hm²。科学灌水，采用浅—深—浅灌水，7月初晒田。注意及时防治稻瘟病。

吉粳82（Jigeng 82）

品种来源：吉林省农业科学院水稻研究所于1993年从91DE幼穗体细胞无性系变异后代中选育而成的新品种，原代号生36和组培36。2002年通过吉林省农作物品种审定委员会审定，审定编号为吉审稻2002012。

形态特征和生物学特性：属粳型常规水稻。感光性弱，感温性中等，基本营养生长期短，中熟早粳。生育期136d，需≥10℃活动积温2750℃。株型紧凑，秆较粗，分蘖力强，抗倒伏性好，前期早生快发，后期灌溉速度快，活秆成熟。弯曲穗型，主蘖穗整齐，着粒密度适中。谷粒呈椭圆形，无芒。株高98cm，平均每穴有效分蘖22个，穗长20cm，主穗粒数100～110粒，结实率90%，千粒重28g。

品质特性：糙米率83.2%，精米率76.1%，整精米率61.4%，粒长4.8mm，长宽比1.6，垩白粒率22.0%，垩白度1.5%，透明度1级，碱消值7.0级，胶稠度84mm，直链淀粉含量18.7%，蛋白质含量7.9%。外观米质和口感品质优良。

抗性：1999—2001年吉林省农业科学院植物保护研究所连续3年采用分菌系人工接种、病区多点异地自然诱发鉴定，结果表明，苗瘟中抗，叶瘟感，穗瘟感。

产量及适宜地区：1998年预备试验，平均单产8418kg/hm²，比对照品种吉玉粳平均增产2.8%；1999—2001年区域试验，平均单产7964kg/hm²，比对照品种吉玉粳增产3.2%；2000—2001年生产试验，平均单产8369kg/hm²，比对照品种吉玉粳平均增产8.0%。适宜吉林省长春、四平、吉林、松原等≥10℃活动积温2800℃左右稻区种植。

栽培技术要点：早播稀播壮秧，4月15日左右播种，5月20日插秧。合理密植，一般插秧密度30cm×（17～20）cm。合理施肥，多施农家肥和磷、钾、锌肥，施纯氮140kg/hm²、纯磷75kg/hm²、纯钾100kg/hm²、纯锌15kg/hm²。科学灌水，采用浅—深—浅灌水，7月初晒田。注意及时防治稻瘟病。

吉粳83（Jigeng 83）

品种来源：吉林省农业科学院水稻研究所于1991年以东北141为母本，自选系D4-41为父本进行有性杂交系选育成，原代号丰优307。2002年通过吉林省品种审定委员会审定，审定编号为吉审稻2002012。

形态特征和生物学特性：属粳型常规水稻。感光性弱，感温性中等，基本营养生长期短，迟熟早粳。生育期约141d，需≥10℃活动积温2900℃。株型紧凑，茎叶色浅黄，分蘖力中，弯曲穗型，主蘖穗整齐，着粒密度偏低。谷粒椭圆形，籽粒浅黄色，略稀短至稀中芒。株高105cm，每穴有效穗35个，穗长约21cm，主穗粒数160粒，结实率96%，千粒重26g。

品质特性：糙米率83.7%，精米率77.8%，整精米率73.9%，粒长5.1mm，长宽比1.8，垩白粒率9.0%，垩白度0.4%，透明度1级，碱消值7.0级，胶稠度76mm，直链淀粉含量16.4%，蛋白质含量7.6%。外观米质和口感品质优良。2000年吉林省第三届水稻优质品种（系）鉴评会上被评为优质品种。

抗性：1999—2001年吉林省农业科学院植物保护研究所连续3年采用分菌系人工接种、病区多点异地自然诱发鉴定，结果表明，苗瘟中感，叶瘟中感，穗瘟感。

产量及适宜地区：1999—2001年区域试验，平均单产8 754kg/hm²，比对照品种通35平均增产6.5%；2000—2001年生产试验，平均单产8 517kg/hm²，比对照品种通35增产5.7%。适宜吉林省种植通35的中晚熟稻作区种植。截至2009年累计推广种植面积28.3万hm²。

栽培技术要点：适宜在中上等肥力条件下种植，稀播育壮秧。4月中旬播种育苗，5月中下旬插秧。插秧密度一般30 cm×（17～20）cm，每穴栽插3～4苗。施肥提倡农肥与化肥相结合，氮、磷、钾配方施肥。中等肥力条件下，施纯氮150kg/hm²。水管理以浅为主，干湿结合。注意及时防治稻瘟病。

吉粳84（Jigeng 84）

品种来源：吉林省吉农水稻高新科技发展有限责任公司通过不同抗瘟性基因品种（系）混植组合体的选配程序和方法选育而成，原代号吉95D70，又名保丰3号。2003年通过吉林省农作物品种审定委员会审定，审定编号为吉审稻2003014。

形态特征和生物学特性：属粳型常规水稻。感光性弱，感温性中等，基本营养生长期短，迟熟早粳。生育期143～145d，需≥10℃活动积温2 900℃。株型收敛，茎叶绿色，分蘖力强，偏散穗型，主蘖穗整齐，着粒密度中等，粒形椭圆，籽粒浅黄色，稀短芒。植株高86.7cm，每穴有效穗数23个，主穗长23.0cm，主穗粒数228粒，平均粒数94.5个，结实率91.3%，千粒重24.8g。

品质特性：糙米率83.1%，精米率75.5%，整精米率67.0%，粒长5.0mm，长宽比1.5，垩白粒率56.0%，垩白度1.5%，透明度2级，碱消值7.0级，胶稠度85mm，直链淀粉含量16.1%，蛋白质含量7.4%。依据农业部NY 122—86《优质食用稻米》标准，糙米率、精米率、整精米率、长宽比、透明度、碱消值、胶稠度、直链淀粉含量、蛋白质含量9项指标达优质米一级标准，垩白度1项指标达优质米二级标准。

抗性：2000—2001年吉林省农业科学院植物保护研究所连续2年采用分菌系人工接种、病区多点异地自然诱发鉴定，结果表明，苗瘟中抗，叶瘟中感，穗瘟感。

产量及适宜地区：1997年吉林省预试，平均单产7 572kg/hm²，比对照品种关东107增产2.4%；1998—2000年吉林省区试，平均单产8 834kg/hm²，比对照品种关东107增产6.0%；1999—2000年生产试验，平均单产8 307kg/hm²，比对照品种关东107增产10.0%。适宜吉林省长春、吉林、四平、松原晚熟稻区种植。

栽培技术要点：4月中上旬催芽播种，5月中下旬插秧。地下水灌溉，栽插密度为28cm×13cm；水库、河流水灌溉栽插密度为30cm×20cm，每穴栽插3苗。氮、磷、钾配方施肥，施纯氮180kg/hm²，氮肥的20%作底肥施入，20%作第一次蘖肥施入，30%作第二次蘖肥施入，20%作第一次穗肥施入，10%作第二次穗肥施入，穗肥最好用半迟效性或速效性肥料（如碳酸氢铵、硫酸铵等）；生育期间氮肥的施用一定要因地制宜，自然土壤肥力高的地块可适量少施，反之则应适量多施一些；施纯磷150kg/hm²，全部作底肥施入；施纯钾180kg/hm²，底肥2/3、拔节期追1/3，分两次施用。水分管理采用浅—深—浅常规方法；7月上中旬注意防治二化螟，稻瘟病易发区注意及时防治稻瘟病。

吉粳85（Jigeng 85）

品种来源：吉林省吉农水稻高新技术发展有限责任公司1993年以超产2号为母本，吉86-12为父本杂交系统选育而成，原代号吉98F56。2003年通过吉林省农作物品种审定委员会审定，审定编号为吉审稻2003010。

形态特征和生物学特性：属粳型常规水稻。感光性弱，感温性中等，基本营养生长期短，中熟早粳。生育期138d，需≥10℃活动积温2 800℃。株型半收敛，茎叶色中绿，分蘖力中等偏上，散穗型，主蘖穗整齐，着粒密度中等偏上，粒形椭圆，籽粒黄色，无或微芒。植株高98.0cm，每穴有效穗数20个，穗长23.0cm，主穗粒数313个，平均穗粒数149.0粒，结实率96.7%，千粒重27.3g。

品质特性：糙米率84.1%，精米率77.2%，整精米率69.9%，粒长4.9mm，长宽比1.6，垩白粒率31.0%，垩白度6.4%，透明度2级，碱消值7.0级，胶稠度66mm，直链淀粉含量17.7%，蛋白质含量7.7%。米饭口感清香柔软，适口性好。

抗性：2000—2002年吉林省农业科学院植物保护研究所连续3年采用分菌系人工接种、病区多点异地自然诱发鉴定，结果表明，苗瘟中抗，叶瘟感，穗瘟中感。

产量及适宜地区：2000年吉林省预试，平均单产8 343kg/hm²，比对照品种通35增产8.9%；2001—2002年吉林省区试，平均单产8 682kg/hm²，比对照品种通35增产8.7%；2002年生产试验，平均单产10 073kg/hm²，比对照品种通35增产16.8%。适宜吉林省长春、吉林、四平、通化、松原、延边南部中晚熟稻区种植。

栽培技术要点：稀播育壮秧，4月中上旬播种，5月中下旬插秧。栽培密度为30cm×20cm，每穴栽插3苗。氮、磷、钾配方施肥，施纯氮150kg/hm²，按底肥30%、分蘖肥30%、补肥20%、穗肥20%的比例分期施用；施纯磷100kg/hm²，作底肥全部施入；施纯钾130kg/hm²，底肥2/3、拔节期追1/3，分两次施用。水分管理采用浅—深—浅常规方法。7月上中旬注意防治二化螟。稻瘟病易发区注意及时防治稻瘟病。

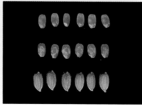

吉粳86（Jigeng 86）

品种来源：吉林省吉农水稻高新科技发展有限责任公司1990年以日本新品系庄621幼穗体细胞无性系变异后代中选育而成，原代号为组培22。2003年通过吉林省农作物品种审定委员会审定，审定编号为吉审稻2003006。

形态特征和生物学特性：属粳型常规水稻。感光性弱，感温性中等，基本营养生长期短，中熟早粳。生育期137d，需≥10℃活动积温2 800℃。株型紧凑，茎叶淡绿色，分蘖力强，上位穗型，主蘖穗整齐，粒形短圆，籽粒黄色，无芒。植株高96cm，每穴有效穗数25个，主穗长25cm，主穗粒数150～180粒，结实率90%，千粒重25g。

品质特性：依据农业部NY 122—86《优质食用稻米》标准，糙米率、精米率、整精米率、长宽比、垩白度、透明度、碱消值、胶稠度、蛋白质含量9项指标达优质米一级标准；垩白粒率、直链淀粉含量2项指标达优质米二级标准。

抗性：2000—2003年吉林省农业科学院植物保护研究所连续3年采用分菌系人工接种、病区多点异地自然诱发鉴定，结果表明，苗瘟中抗，叶瘟中抗，穗瘟感。

产量及适宜地区：1994—1995年组内品比，平均单产8 516kg/hm²，比对照品种吉玉粳增产5.6%；1997—1998年北方区域试验，平均单产8 312kg/hm²，比对照品种吉玉粳增产2.2%，1995年大面积生产田，平均单产9 000kg/hm²，最高产量为11 500kg/hm²，比当地主栽品种增产41.0%。适宜吉林省长春、四平、松原、延边、白城中熟稻区种植。吉林省累计推广面积1万hm²左右。

栽培技术要点：稀播育壮秧，每平方米200～250g芽种，4月10日播种，5月20日插秧。栽培密度为30cm×（13.3～20）cm，每穴栽插3～4苗。氮、磷、钾配方施肥，增施农家肥，施纯氮140～150kg/hm²、纯磷90kg/hm²，纯钾84kg/hm²，采用4：3：2：1比例。采用浅—深—浅灌溉方法，并结合7月初晒田。及时防治病虫害，特别注意稻瘟病的防治。

吉粳87 (Jigeng 87)

品种来源: 吉林省吉农水稻高新技术发展有限责任公司1993年以秋光为母本, IR 261-22/C44-22为父本杂交选育而成, 原代号吉98F32。2003年通过吉林省农作物品种审定委员会审定, 审定编号为吉审稻2003011。

形态特征和生物学特性: 属粳型常规水稻。感光性弱, 感温性中等, 基本营养生长期短, 中熟早粳。生育期136～138d, 需≥10℃活动积温2 650℃。株型半收敛, 茎叶绿色, 分蘖力较强, 散穗型, 主蘖穗较整齐, 着粒密度较稀, 粒形椭圆, 籽粒黄色, 稀短芒。植株高97.0cm, 每穴有效穗22个, 穗长23.5cm, 主穗粒数205粒, 平均粒数80.0粒, 结实率98.7%, 千粒重26.6g。

品质特性: 糙米率82.6%, 精米率76.0%, 整精米率71.6%, 粒长4.9mm, 长宽比1.7, 垩白粒率10.0%, 垩白度0.6%, 透明度1级, 碱消值7.0级, 胶稠度62mm, 直链淀粉含量17.9%, 蛋白质含量7.6%。米饭口感清香柔软, 适口性好。依据农业部NY 122—86《优质食用稻米》标准, 精米率、整精米率、长宽比、垩白度、透明度、碱消值、直链淀粉含量、蛋白质含量8项指标达优质米一级标准, 糙米率、胶稠度2项指标达优质米二级标准。

抗性: 2000—2002年吉林省农业科学院植物保护研究所连续3年采用分菌系人工接种、病区多点异地自然诱发鉴定, 结果表明, 苗瘟中抗, 叶瘟感, 穗瘟感。

产量及适宜地区: 2000年吉林省预试, 平均单产7 538kg/hm², 比对照品种吉玉粳增产2.5%; 2000—2002年吉林省区试, 平均单产7 782kg/hm², 比对照品种吉玉粳增产0.6%; 2002年生产试验, 平均单产8 249kg/hm², 比对照品种吉玉粳增产1.5%。适宜吉林省除通化地区以外的中熟稻区种植。

栽培技术要点: 4月中上旬播种, 5月中下旬插秧。栽培密度为30cm×20cm, 每穴栽插3苗。氮、磷、钾配方施肥。施纯氮150kg/hm², 按底肥30%、分蘖肥30%、补肥20%、穗肥20%的比例分期施入; 施纯磷100kg/hm², 全部作底肥施入; 施纯钾130kg/hm², 底肥2/3、拔节期追1/3, 分两次施用。水分管理采用浅—深—浅常规方法。注意防治二化螟、稻瘟病等。

吉粳88（Jigeng 88）

品种来源：吉林省农业科学院水稻研究所以奥羽346为母本，长白9号为父本杂交，采用系谱法选育而成，原品系代号为吉01-124。2005年通过国家和吉林省农作物品种审定委员会审定，审定编号分别为国审稻2005051和吉审稻2005001。

形态特征和生物学特性：属粳型常规水稻。感光性弱，感温性中等，基本营养生长期短，迟熟早粳。生育期143～145 d，需≥10℃活动积温2 900～3 100℃。株型紧凑，叶片坚挺上举，茎叶浅淡绿，半直立穗型，主蘖穗整齐，颖色及颖尖均呈黄色，种皮白色，稀间短芒。株高100～105 cm，主穗长18 cm，有效穗数187.3万穗/hm²，穗粒数134.2粒，结实率95%，千粒重22.5 g。

品质特性：糙米率84.9%，精米率78.5%，整精米率77.6%，粒长4.4mm，长宽比1.6，垩白粒率4.0%，垩白度0.4%，透明度1级，胶稠度76mm，直链淀粉含量16.7%，蛋白质含量7.4%。达到国家《优质稻谷》标准1级。

抗性：2002—2004年吉林省农业科学院植物保护研究所连续3年采用分菌系人工接种、病区多点异地自然诱发鉴定，结果表明，中抗苗瘟和叶瘟，感穗颈瘟。孕穗期耐冷性强，抗旱性中等，耐盐性中等。

产量及适宜地区：2002年预备试验，平均单产8 151.0kg/hm²，比对照品种通35增产6.4%；2003—2004年区域试验，两年平均单产8 089.5kg/hm²，比对照品种通35增产3.7%。2004年生产试验，平均单产8 515.5kg/hm²，比对照品种通35增产3.7%。适宜吉林省四平、吉林、辽源、通化、松原等中晚至晚熟平原稻作区种植。

栽培技术要点：4月上中旬播种，采用大棚旱育秧，播种量催芽种子350 g/m²。5月中下旬移栽，行株距30.0 cm×16.5 cm，每穴插栽3～4苗。氮、磷、钾配方施肥，施纯氮150.0～188 kg/hm²，分4～5次均施；施磷肥（P₂O₅）60～75kg/hm²，作底肥一次性施入；施钾肥（K₂O）90.0～112.5 kg/hm²，按底肥70%、穗肥30%分两次施用。灌溉应采取分蘖期浅、孕穗期深、籽粒灌浆期浅的灌溉方法。7月上中旬注意防治二化螟，抽穗前及时防治稻瘟病等病虫害。

吉粳89（Jigeng 89）

品种来源：吉林省吉农水稻高新技术发展有限责任公司、吉林省农业科学院水稻研究所以T1034（包台矮杂////南粳35///22152//Basmati370/22152//中作75///A41-14）为母本，T67（藤系144//T509/一品稻）为父本杂交选育而成，原代号T32，又名特优21。2003年通过吉林省农作物品种审定委员会审定，审定编号为吉审稻2003008。

形态特征和生物学特性：属粳型常规水稻。感光性弱，感温性中等，基本营养生长期短，迟熟早粳。生育期141d，需≥10℃活动积温2850℃。株型紧凑，茎叶淡绿色，分蘖力强，散穗型，着粒密度稀，粒形偏长，籽粒黄色，有芒。植株高105cm，每穴有效穗30个，穗长28cm，主蘖穗30cm，主穗粒数300粒，平均粒数150粒，结实率95%，千粒重28g。

品质特性：糙米率82.8%，精米率75.9%，整精米率73.8%，粒长5.5mm，长宽比1.9，垩白粒率36.0%，垩白度3.2%，透明度1级，碱消值7.0级，胶稠度98mm，直链淀粉含量19.5%，蛋白质含量7.8%。米饭口感清香柔软，适口性好。外观米质和口感品质优良。2000年吉林省第三届水稻优质品种（系）鉴评会上被评为优质品系。

抗性：2000—2002年吉林省农业科学院植物保护研究所连续3年采用分菌系人工接种、病区多点异地自然诱发鉴定，结果表明，苗瘟感，叶瘟中感，穗瘟感，抗纹枯病及稻曲病，耐盐碱、抗旱、抗冷耐霜冻、抗倒伏。

产量及适宜地区：2000年吉林省预试，平均单产7715kg/hm²，比对照品种通35增产2.3%；2000—2002年吉林省区试，平均单产8138kg/hm²，比对照品种通35增产0.9%；2001—2002年生产试验，平均单产9155kg/hm²，比对照品种通35增产6.2%。适宜吉林省吉林、长春、四平、松原中晚熟稻区种植。

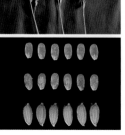

栽培技术要点：稀播育壮秧，4月上中旬播种，5月中下旬插秧。栽培密度为30cm×20cm，每穴栽插3苗。氮、磷、钾配方施肥。施纯氮120kg/hm²，按底肥30%、分蘖肥30%、补肥20%、穗肥20%的比例分期施用；施纯磷175kg/hm²；施纯钾100kg/hm²，底肥50%、拔节期追50%，分两次施用。水分管理浅—深—浅方式。注意防治二化螟、稻瘟病等。

吉粳90 (Jigeng 90)

品种来源：吉林省吉农水稻高新技术发展有限责任公司1990年以通35为母本，吉85冷11-2为父本杂交系统选育而成，原代号高产113。2003年通过吉林省农作物品种审定委员会审定，审定编号为吉审稻2003009。

形态特征和生物学特性：属粳型常规水稻。感光性弱，感温性中等，基本营养生长期短，迟熟早粳。生育期145d，需≥10℃活动积温2 850℃。株型紧凑，茎、叶浅绿色，分蘖力中上，半散穗型，主蘖穗整齐，着粒密度较密，粒形椭圆，籽粒黄色，无芒。植株高105cm，每穴有效穗20个，穗长22.5cm，主穗粒数180粒，平均粒数126.7粒，结实率87.5%，千粒重27 g。

品质特性：依据农业部NY 122—86《优质食用稻米》标准，糙米率、精米率、长宽比、透明度、碱消值、胶稠度、蛋白质含量7项指标达优质米一级标准，垩白度、直链淀粉含量2项指标达优质二级标准。

抗性：2000—2002年吉林省农业科学院植物保护研究所连续3年采用分菌系人工接种、病区多点异地自然诱发鉴定，结果表明，苗瘟中抗，叶瘟中抗，穗瘟中感。

产量及适宜地区：1999年吉林省预试，平均单产8 610kg/hm²，比对照品种通35增产6.1%；2000—2001年吉林省区试，平均单产分别为8 640kg/hm²和8 535kg/hm²，比对照品种通35分别增产6.8%和1.8%，平均增产4.3%；2000—2001年生产试验，平均单产分别为8 298kg/hm²和8 592kg/hm²，比对照品种通35分别增产8.8%和8.1%，平均增产8.5%。适宜吉林省长春、松原、白城地区及吉林西、南部晚熟稻区种植。

栽培技术要点：稀播育壮秧，4月中旬播种，5月上中旬插秧。栽培密度为30cm×17cm，每穴栽插3苗。氮、磷、钾配方施肥。施纯氮130kg/hm²，按底肥30%、分蘖肥30%、补肥20%、穗肥20%的比例分期施用；施纯磷130kg/hm²，全部作底肥施入；施纯钾150kg/hm²，底肥50%、拔节期追50%，分两次施用。水分管理采用浅—深—浅常规方法。7月上中旬注意防治二化螟，稻瘟病易发区注意及时防治稻瘟病。

吉粳91 (Jigeng 91)

品种来源：吉林省吉农水稻高新技术发展有限责任公司1993年以超产2号为母本，青系96/轰杂135为父本杂交系统选育而成，原代号吉98F41。2003年通过吉林省农作物品种审定委员会审定，审定编号为吉审稻2003012。

形态特征和生物学特性：属粳型常规水稻。感光性弱，感温性中等，基本营养生长期短，迟熟早粳。生育期145d，需≥10℃活动积温2 900℃。株型收敛，茎叶中绿色，分蘖力强，散穗型，主蘖穗较整齐，着粒密度偏稀，粒形长椭圆，籽粒淡黄色，稀芒。植株高100.0cm，每穴有效穗数23个，主穗长24.0cm，主穗粒数287粒，平均穗粒数107.0个，结实率96.7%，千粒重25.9g。

品质特性：糙米率83.3%，精米率77.1%，整精米率71.6%，粒长5.2mm，长宽比1.8，垩白粒率1.0%，垩白度0.3%，透明度1级，碱消值7.0级，胶稠度62mm，直链淀粉含量18.7%，蛋白质含量6.5%。依据农业部NY 122—86《优质食用稻米》标准，9项指标达优质米一级标准，2项指标达优质米二级标准。

抗性：2000—2002年吉林省农业科学院植物保护研究所连续3年采用分菌系人工接种、病区多点异地自然诱发鉴定，结果表明，苗瘟中抗，叶瘟感，穗瘟中感。

产量及适宜地区：2000年吉林省预试，平均单产7 838kg/hm²，比对照品种关东107增产3.8%；2000—2002年吉林省区试，平均单产8 373kg/hm²，比对照品种关东107增产5.7%；2002年生产试验，平均单产10 319kg/hm²，比对照品种关东107增产9.1%。适宜吉林省长春、吉林、四平、通化、辽源、松原晚熟稻区种植。

栽培技术要点：4月中上旬播种，5月中下旬插秧。栽培密度为30cm×20cm，每穴栽插3苗。氮、磷、钾配方施肥，施纯氮150kg/hm²，按底肥30%，分蘖肥30%，补肥20%，穗肥20%的方式分期施入；施纯磷100kg/hm²，全部作底肥施入；施纯钾130kg/hm²，底肥2/3、拔节期追1/3，分两次施用。水分管理采用浅—深—浅常规方法。注意防治二化螟、稻瘟病等。

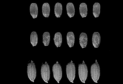

吉粳92 （Jigeng 92）

品种来源：吉林省吉农水稻高新科技发展有限责任公司1992—2002年以津轻乙女为母本，D₅-36为父本杂交系统选育而成，原代号吉98ZC-32。2003年通过吉林省农作物品种审定委员会审定，审定编号为吉审稻2003007。

形态特征和生物学特性：属粳型常规水稻。感光性弱，感温性中等，基本营养生长期短，迟熟早粳。生育期144d，需≥10℃活动积温2 900℃。株型较紧凑，茎叶绿色，分蘖力极强，散穗型，主蘖穗较整齐，粒形阔卵形，籽粒黄色，稀短芒。植株高100cm，每穴有效穗40个，主穗长22cm，主穗粒数170粒，平均粒数105粒，结实率96%，千粒重27 g。

品质特性：糙米率84.0%，精米率77.6%，整精米率70.2%，粒长5.0mm，长宽比1.8，垩白粒率10.0%，垩白度5%，透明度1级，碱消值7.0级，胶稠度70mm，直链淀粉含量16.9%，蛋白质含量7.7%。

抗性：2000—2002年吉林省农业科学院植物保护研究所连续3年采用分菌系人工接种、病区多点异地自然诱发鉴定，结果表明，苗瘟中感，叶瘟感，穗瘟感。

产量及适宜地区：2000年吉林省预试，平均单产7 955kg/hm²，比对照品种关东107增产5.3%；2001—2002年区域试验，平均单产8 070kg/hm²，比对照品种关东107减产0.4%；2002年生产试验，平均单产9 483kg/hm²，比对照品种关东107增产0.2%。适宜吉林省长春、吉林、四平、松原、通化晚熟稻区种植。

栽培技术要点：稀播育壮秧，4月上中旬播种，5月中下旬插秧。栽培密度为30cm×(20～30)cm，每穴栽插2～3苗。氮、磷、钾配方施肥，施纯氮130～150kg/hm²，按底肥40～45kg/hm²、分蘖肥40～45kg/hm²、补肥25～30kg/hm²、穗肥25～30kg/hm²的比例分期施用；施纯磷60～75kg/hm²，施纯钾90～100kg/hm²，底肥60%、拔节期追40%，分两次施用。水分管理浅水促蘖、深水护胎、湿润壮籽、干湿结合。7月上中旬注意防治二化螟，7月下旬注意及时防治稻瘟病。

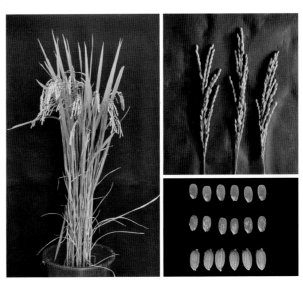

吉粳94（Jigeng 94）

品种来源：吉林省农业科学院水稻研究所从1994年配制的三系杂交稻组合"442糯A/R261-22×C44-2"的后代选育成，原代号吉99F98。2004年通过吉林省农作物品种审定委员会审定，审定编号为吉审稻2004008。

形态特征和生物学特性：属粳型常规水稻。感光性弱，感温性中等，基本营养生长期短，中熟早粳。生育期138d，需≥10℃活动积温2750℃。株型紧凑，茎、叶浅绿色，分蘖力中上，半散穗型，主蘖穗整齐，着粒密度较密，粒形椭圆，籽粒黄色，无芒。植株高105cm，每穴有效穗20个，穗长22.5cm，主穗粒数180粒，平均粒数126.7粒，结实率87.5%，千粒重27g。

品质特性：糙米率84.2%，精米率77.2%，整精米率75.3%，粒长5.0mm，长宽比1.6，垩白粒率9.0%，垩白度0.7%，透明度1级，碱消值7.0级，胶稠度78.0mm，直链淀粉含量18.3%，蛋白质含量7.8%。依据NY 122—86《优质食用稻米》标准，糙米率、精米率、整精米率、长宽比、垩白度、透明度、碱消值、胶稠度、蛋白质含量9项指标达部优一级米标准，垩白粒率、直链淀粉含量2项指标达部优二级米标准。

抗性：2002—2003年吉林省农业科学院植物保护研究所连续3年采用分菌系人工接种、病区多点异地自然诱发鉴定，结果表明，苗瘟中抗，叶瘟中抗，穗瘟中抗。

产量及适宜地区：2001年吉林省预备试验，平均单产8829kg/hm²，较对照品种通35增产7.4%，2002—2003年吉林省区域试验，平均单产8540kg/hm²，比对照品种通35增产5.3%；2003年吉林省生产试验，平均单产7649kg/hm²，比对照品种通35增产1.3%。适宜吉林省中至中晚熟稻区种植。

栽培技术要点：4月中上旬播种，5月中下旬插秧。栽培密度为30.0cm×20.0cm。一般土壤肥力条件下，施纯氮150.0kg/hm²，按底肥：蘖肥：穗肥＝2：5：3的比例施入；施纯磷100kg/hm²，全部作底肥一次性施入；施纯钾130kg/hm²，2/3作底肥，1/3作穗肥施入。田间水分管理以浅水灌溉为主。7月上中旬注意防治二化螟，并注意及时防治稻瘟病。

吉粳95（Jigeng 95）

品种来源：吉林省吉农水稻高新科技发展有限责任公司（吉林省农业科学院水稻研究所）1996年以P17为母本，超产2号为父本杂交选育而成，原代号吉99-2719。2004年通过吉林省农作物品种审定委员会审定，审定编号为吉审稻2004016。

形态特征和生物学特性：属粳型常规水稻。感光性弱，感温性中等，基本营养生长期短，中熟早粳。生育期138d，需≥10℃活动积温2 750℃。株型紧凑，茎叶浓绿色，分蘖力强，散穗型，主蘖穗整齐，着粒密度适中，籽粒长椭圆形，颖及颖尖均黄色，无芒。株高约105cm，每穴有效穗25个，主穗长18cm，主穗粒数120粒，平均穗粒数100粒，结实率95%，千粒重24 g。

品质特性：糙米率84.2%，精米率77.2%，整精米率75.3%，粒长5.0mm，长宽比1.6，垩白粒率9.0%，垩白度0.7%，透明度1级，碱消值7.0级，胶稠度78.0mm，直链淀粉含量18.3%，蛋白质含量7.8%。依据NY 122—86《优质食用稻米》标准，糙米率、精米率、整精米率、长宽比、垩白粒率、垩白度、透明度、碱消值、直链淀粉含量、蛋白质含量10项指标达优质米一级标准。

抗性：2001—2003年吉林省农业科学院植物保护研究所连续3年采用分菌系人工接种、病区多点异地自然诱发鉴定，结果表明，苗瘟中感，叶瘟感，穗瘟感。

产量及适宜地区：2001年吉林省预备试验，平均单产8 751kg/hm²，比对照品种关东107增产7.5%；2002—2003年吉林省区域试验，平均单产8 417kg/hm²，比对照品种关东107增产5.0%。2003年吉林省生产试验，平均单产8 457kg/hm²，比对照品种关东107增产0.6%。适宜吉林省四平、吉林、辽源、通化、松原等晚熟平原地区种植。

栽培技术要点：稀播育壮秧，4月上旬播种，播种量每平方米催芽种子350g，5月中旬插秧。栽培密度为30cm×16.5cm，每穴栽插3～4苗。氮、磷、钾配方施肥，施纯氮125～150kg/hm²，按底肥40%、分蘖肥30%、补肥20%、穗肥10%的比例分期施用；施纯磷60～70kg/hm²，作底肥一次性施入；施纯钾90～110kg/hm²，按底肥70%、拔节期追30%，分两次施用。水分管理采取分蘖期浅，孕穗期深，籽粒灌浆期浅的灌溉方法。注意防治二化螟、稻瘟病等。

吉科稻512 (Jikedao 512)

品种来源：吉林农业科技学院1999年以秋田小町为母本，通95-74为父本进行有性杂交，后代经系谱法选育而成，试验代号通院512。2010年通过吉林省农作物品种审定委员会审定，审定编号为吉审稻2010017。

形态特征和生物学特性：属粳型常规水稻。感光性弱，感温性较强，基本营养生长期短，迟熟早粳。生育期141d，需≥10℃活动积温2 850℃。株型紧凑，分蘖力强，中散穗型，主蘖穗整齐，着粒密度适中，籽粒偏长粒形，黄色，无芒。平均株高111.0cm，穗长19.8cm，平均穗粒数116.1粒，结实率89.5%，千粒重25.0g。

品质特性：糙米率83.1%，精米率75.3%，整精米率66.8%，粒长5.5mm，长宽比2.1，垩白粒率29.0%，垩白度7.3%，透明度1级，碱消值7.0级，胶稠度60mm，直链淀粉含量17.9%，蛋白质含量7.4%。依据农业部NY/T 593—2002《食用稻品种品质》标准，米质符合四等食用粳稻品种品质规定要求。

抗性：2007—2009年吉林省农业科学院植物保护研究所连续3年采用分菌系人工接种、病区多点异地自然诱发鉴定，结果表明，苗瘟中感，叶瘟抗，穗瘟中抗；纹枯病中感。

产量及适宜地区：2008年区域试验，平均单产8 792kg/hm²，比对照品种通35增产2.9%；2009年区域试验，平均单产8 687kg/hm²，比对照品种通35增产7.6%；两年区域试验，平均单产8 739kg/hm²，比对照品种通35增产5.2%。2009年生产试验，平均单产8 628kg/hm²，比对照品种通35增产7.4%。适宜吉林省通化、吉林、长春、辽源、四平、松原、延边等中晚熟稻区种植。

栽培技术要点：稀播育壮秧，4月上旬播种，5月下旬插秧。栽培密度为行株距30cm×20cm，每穴栽插2～3苗。氮、磷、钾配方施肥，施纯氮140kg/hm²，按底肥50%、补肥25%、穗肥25%的比例分期施入；施纯磷70kg/hm²，作底肥一次性施入；施纯钾90kg/hm²，底肥60%、拔节期追40%，分两次施用。田间管理以浅水灌溉为主，间歇灌溉。生育期间注意防治二化螟和稻瘟病。

吉辽杂优1号 （Jiliaozayou 1）

品种来源：吉林省农业科学院水稻研究所、辽宁省农业科学院稻作研究所以不育系99A为母本，以恢复系C746为父本选育的粳型杂交稻，试验代号辽优9946。2009年通过吉林省农作物品种审定委员会审定，审定编号为吉审稻2009022。

形态特征和生物学特性：属粳型杂交稻。感光性弱，感温性弱，基本营养生长期短，迟熟早粳。生育期146d，需≥10℃活动积温2 950℃。株型较收敛，叶色较绿且较宽，散穗，籽粒长椭圆形，稀少芒，颖壳黄色。平均株高105.7cm，平均穗长18.3cm，平均穗粒数155.5粒，结实率83.4%，千粒重26.4g。

品质特性：糙米率84.9%，精米率75.6%，整精米率66.8%，粒长5.4mm，长宽比1.8，垩白粒率46.0%，垩白度5.0%，透明度2级，碱消值7.0级，胶稠度82mm，直链淀粉含量19.8%，蛋白质含量7.7%。依据农业部NY/T 593—2002《食用稻品种品质》标准，米质符合三等食用粳稻品种品质规定要求。

抗性：2006—2008年吉林省农业科学院植物保护研究所连续3年采用分菌系人工接种、病区多点异地自然诱发鉴定，结果表明，苗瘟中感，叶瘟中抗，穗瘟中抗；纹枯病抗。

产量及适宜地区：2007年区域试验，平均单产9 563kg/hm²，比对照品种关东107增产10.1%；2008年区域试验，平均单产9 938kg/hm²，比对照品种关东107增产12.0%；两年区域试验，平均单产9 750kg/hm²，比对照品种关东107增产11.0%。2008年生产试验，平均单产8 867kg/hm²，比对照品种关东107增产6.4%。适宜吉林省四平、松原等晚熟平原稻区种植。

栽培技术要点：稀播育壮秧，4月上旬催芽播种，每平方米播种量350g，5月中下旬插秧。栽培密度为行株距30cm×20cm左右，每穴栽插3～4苗。一般土壤条件下，施纯氮150kg/hm²，按底肥20%、蘖肥50%、穗肥30%的比例分期施用；施纯磷100kg/hm²，全部作底肥施用；施纯钾130kg/hm²，按底肥60%、穗肥40%，分两次施用。插秧田生育期间，在施药灭草时期（5～7d）应保持水层在苗高的2/3左右，其余时期一律浅水灌溉（3.0～5.0cm），在定浆期（蜡熟期）及时排除田间存水。生育期间注意防治稻瘟病、二化螟、纹枯病等。

吉陆1号（Jilu 1）

品种来源：吉林农业大学1981年从合法7107中系统选育而成。1987年通过吉林省农作物品种审定委员会审定，审定编号为吉审稻1987002。

形态特征和生物学特性：属于粳型常规水旱兼用水稻。感光性弱，感温性弱，基本营养生长期短，早熟早粳。生育期109d，需≥10℃活动积温2 400℃。茎秆粗细中等，叶片淡绿，分蘖力中等，成穗较高，抽穗整齐，谷粒椭圆形，颖壳黄色，短芒。植株高96cm，平均穗长17～20cm，平均穗粒数107粒，千粒重25g。

品质特性：米质优良。

抗性：前期耐旱、耐寒性强，轻感穗颈瘟，较抗倒伏。

产量及适宜地区：1985—1986年区域试验，平均单产3 689kg/hm²，比对照品种公陆7号增产8.5%；1985—1986年生产试验，平均单产3 975kg/hm²，比对照品种公陆7号增产9.55%。适宜吉林省长春、四平地区中上等肥力、含盐碱量极轻或非盐碱地块种植，在一些涝洼、沟塘地、半山区、平川地也可种植。

栽培技术要点：播期以5月上旬为宜，每公顷播种量110～150kg，播深4～5cm，播后及时踩好格子，而后再镇压一次，以利保苗。一般保苗330万～390万苗/hm²，大、小垄作均可。施农家肥15t/hm²、磷酸二铵150kg/hm²。人工和药剂除草相结合，做到出苗前后各用铁挠子搂一遍，达到松土、除草的效果，并注意防治病虫害。选地要求中上等肥力土壤，含盐碱量轻或非盐碱地种植。

吉农大13（Jinongda 13）

品种来源：吉林农业大学水稻研究所1991年以奇稻1号为母本，农大自选系2284为父本进行有性杂交，1992年再用秋光进行复交，经系谱法选育而成。2002年通过吉林省农作物品种审定委员会审定，审定编号为吉审稻2002020。

形态特征和生物学特性：属粳型常规水稻。感光性弱，感温性弱，基本营养生长期短，中熟早粳。生育期138d，需≥10℃活动积温2 850℃。株型紧凑，茎叶色浅黄，秆较粗，分蘖力较强，弯曲穗型，主蘖穗整齐，着粒密度适中。谷粒椭圆形，籽粒浅黄色，无芒。株高105cm，每穴有效穗22个，穗长20～24cm，平均穗粒数140粒，结实率90%，千粒重26g。

品质特性：糙米率84.5%，精米率77.6%，整精米率65.4%，粒长5.0mm，长宽比1.9，垩白粒率30.0%，垩白度3.4%，透明度2级，碱消值7.0级，胶稠度92mm，直链淀粉含量16.8%，蛋白质含量7.1%。

抗性：1999—2001年吉林省农业科学院植物保护研究所连续3年采用分菌系人工接种、病区多点异地自然诱发鉴定，结果表明，苗瘟中感，成株期叶瘟感，穗瘟感。

产量及适宜地区：1999年预备试验，平均单产8 423kg/hm²，比对照农大3号增产3.8%；2000—2001年区域试验，平均单产8 646kg/hm²，比对照品种通35增产6.2%；2000—2001年生产试验，平均单产8 526kg/hm²，比对照品种通35增产5.7%。适宜吉林省生育期≥10℃活动积温2 850℃中晚熟稻区种植。

栽培技术要点：稀播育壮秧，4月上旬播种，5月中旬插秧。插秧密度30cm×20cm，每穴栽插3～4苗。氮、磷、钾配方施肥。施纯氮130kg/hm²，按底肥30%、分蘖肥20%、补肥10%、穗肥30%、粒肥10%的比例分期施用；施纯磷（P_2O_5）100kg/hm²，底肥50%、拔节期追50%，分两次施用，施钾肥（K_2O）50kg/hm²。水管理以浅水灌溉为主，生育期间浅—深—浅，干湿相结合灌水。7月上中旬注意防治二化螟，并注意及时防治稻瘟病。

吉农大18（Jinongda 18）

品种来源：吉林农业大学水稻研究所1993年以组培7号为母本，自选系93-14为父本杂交系统选育而成。2003年通过吉林省农作物品种审定委员会审定，审定编号为吉审稻2003023。

形态特征和生物学特性：属粳型常规水稻。感光性弱，感温性弱，基本营养生长期短，中熟早粳。生育期140d，需≥10℃活动积温2 850℃。株型紧凑，茎叶浅绿色，弯曲穗型，主蘖穗整齐，着粒密度适中，粒形椭圆形，籽粒浅黄色，稀间短芒。植株高105cm，每穴有效穗25个，穗长22.4cm，主穗粒数135粒，平均粒数100粒，结实率90%，千粒重27g。

品质特性：糙米率82.7%，精米率76.0%，整精米率74.6%，粒长4.8mm，长宽比1.8，垩白粒率4.0%，垩白度0.4%，透明度1级，碱消值7.0级，胶稠度80mm，直链淀粉含量17.5%，蛋白质含量6.9%。依据农业部NY 122—86《优质食用稻米》标准，精米率、整精米率、长宽比1.8、垩白粒率、垩白度、透明度、碱消值、胶稠度、直链淀粉含量9项指标达优质米一级标准，糙米率1项指标达优质米二级标准。

抗性：2000—2002年吉林省农业科学院植物保护研究所连续3年采用分菌系人工接种，病区多点异地自然诱发鉴定，结果表明，苗瘟中抗，成株期叶瘟中抗，穗瘟感。

产量及适宜地区：2000年吉林省预试，平均单产8 232kg/hm²，比对照品种通35增产7.4%；2001—2002年吉林省区试，平均单产8 682kg/hm²，比对照品种通35增产4.2%；2002年生产试验，平均单产9 137kg/hm²，比对照品种通35增产6.0%。适宜吉林省长春、吉林、松原、通化中晚熟稻区种植。

栽培技术要点：稀播育壮秧，4月上旬播种，5月中下旬插秧。栽培密度为30cm×20cm，每穴栽插2～3苗。氮、磷、钾配方施肥，施纯氮140kg/hm²，按底肥30%、分蘖肥30%、补肥20%、穗肥20%的比例分期施用；施纯磷60kg/hm²，全部作底肥施入；施纯钾100kg/hm²，底肥50%，拔节期追50%，分两次施用。水分管理采用浅—深—浅方式。注意防治二化螟、稻瘟病等。

吉农大19 (Jinongda 19)

品种来源：吉林农业大学1992年以合单84-076为母本，通系103为父本杂交，1993年以F_2代为受体，以大豆总DNA为供体，利用花粉管通道法转基因变异群体，经系谱法选育而成。2004年通过吉林省农作物品种审定委员会审定，审定编号为吉审稻2004009。

形态特征和生物学特性：属粳型常规水稻。感光性弱，感温性中等，基本营养生长期短，中熟早粳。生育期132d，需≥10℃活动积温2 700℃。株型紧凑，叶色浅绿，弯曲穗型，主蘖穗整齐，着粒密度适中，籽粒椭圆形，浅黄色，稀间有芒。株高98cm，每穴有效穗28个，穗长23.5cm，主穗粒数130粒，平均粒数110粒，结实率90%，千粒重26g。

品质特性：糙米率84.2%，精米率77.2%，整精米率75.3%，粒长5.0mm，长宽比1.6，垩白粒率9.0%，垩白度0.7%，透明度1级，碱消值7.0级，胶稠度78.0mm，直链淀粉含量18.3%，蛋白质含量7.8%。依据NY 122—86《优质食用稻米》标准，精米率、整米率、长宽比、垩白粒率、垩白度、透明度、碱消值、胶稠度、直链淀粉含量9项指标达部颁一级米标准，糙米率1项指标达部颁二级米标准。

抗性：2002—2003年吉林省农业科学院植物保护研究所连续3年采用分菌系人工接种、病区多点异地自然诱发鉴定，结果表明，苗瘟中感，叶瘟感，穗瘟感。

产量及适宜地区：2002—2003年吉林省区域试验，平均单产8 175kg/hm²，比对照品种长白9号增产2.3%；2003年吉林省生产试验，平均单产7 881kg/hm²，比对照品种长白9号增产0.8%。适宜吉林省白城、长春、松原、四平、梅河口等稻区种植。

栽培技术要点：稀播育壮秧，4月上旬播种，5月中下旬插秧。栽培密度为30cm×20cm，每穴栽插2～3苗。氮、磷、钾配方施肥，施纯氮150kg/hm²，按底肥30%、分蘖肥30%、补肥20%、穗肥20%的比例分期施用；施磷肥（P_2O_5）60kg/hm²，作底肥一次性施入；施钾肥（K_2O）80kg/hm²，按底肥50%、拔节期追50%，分两次施用。田间水分管理采用浅—深—浅方式，干湿相结合。注意防治二化螟、稻瘟病等。

吉农大23 （Jinongda 23）

品种来源：吉林农业大学1997年以通88-7为母本，松粳3号为父本，进行有性杂交选育而成。2008年通过吉林省农作物品种审定委员会审定，审定编号为吉审稻2008003。

形态特征和生物学特性：属粳型常规水稻。感光性弱，感温性中等，基本营养生长期短，中熟早粳。生育期132d，需 ≥ 10℃活动积温2 600℃。株型较紧凑，分蘖力中上等，弯穗型，籽粒椭圆形，颖及颖尖均黄色，无芒或顶芒。平均株高99.3cm，有效穗数330万/hm²，平均穗长15.9cm，平均穗粒数102.5粒，结实率88.9%，千粒重27.6g。

品质特性：糙米率85.2%，精米率77.4%，整精米率72.8%，粒长4.7mm，长宽比1.7，垩白粒率4.0%，垩白度0.3%，透明度1级，碱消值7.0级，胶稠度73mm，直链淀粉含量16.5%，蛋白质含量8.2%。依据NY/T 593—2002《食用稻品种品质》标准，米质符合一等食用粳稻品种品质规定要求。

抗性：2005—2007年吉林省农业科学院植物保护研究所连续3年采用分菌系人工接种、病区多点异地自然诱发鉴定，结果表明，苗瘟中感，叶瘟中感，穗颈瘟中感；2005—2007年在15个田间自然诱发有效鉴定点次中，纹枯病中感。

产量及适宜地区：2006年区域试验，平均单产7 971kg/hm²，比对照品种长白9号增产3.4%；2007年区域试验，平均单产8 840kg/hm²，比对照品种长白9号增产6.8%；两年区域试验比对照品种长白9号平均增产5.1%。2007年生产试验，平均单产7 742kg/hm²，比对照品种长白9号增产8.9%。适宜吉林省白城、松原、延边、吉林东部等中早熟稻作区种植。

栽培技术要点：稀播育壮秧，4月上中旬播种，每平方米播种量催芽种子250g，5月下旬插秧。栽培密度为行株距30cm×20cm，每穴栽插3～4苗。氮、磷、钾配方施肥，施纯氮140～160kg/hm²，按底肥40%、分蘖肥40%、补肥20%的比例分期施用；施纯磷70kg/hm²，作底肥一次性施入；施纯钾90kg/hm²，底肥70%、拔节期追30%，分两次施用。田间水分管理采取分蘖期浅，孕穗期深，籽粒灌浆期浅的灌溉方法。7月上中旬注意防治二化螟，抽穗前后注意及时防治稻瘟病。

吉农大27（Jinongda 27）

品种来源：吉林农业大学1997年以吉86-11为母本，农大3号为父本进行有性杂交，经系普法育成。2008年通过吉林省农作物品种审定委员会审定，审定编号为吉审稻2008008。

形态特征和生物学特性：属粳型常规水稻。感光性弱，感温性中等，基本营养生长期短，中熟早粳。生育期132d，需≥10℃活动积温2 600℃。株型紧凑，分蘖力中上等，弯穗型，半紧穗，籽粒椭圆形，颖及颖尖均黄色，无芒或偶见顶芒。平均株高103.9cm，有效穗数375万/hm²，平均穗长16.3cm，平均穗粒数91.9粒，结实率90.1%，稻谷千粒重26.8g。

品质特性：糙米率85.3%，精米率77.5%，整精米率73.9%，粒长4.8mm，长宽比1.7，垩白粒率3.0%，垩白度0.2%，透明度1级，碱消值7.0级，胶稠度73mm，直链淀粉含量16.3%，蛋白质含量8.1%。依据NY/T 593—2002《食用稻品种品质》标准，米质符合一等食用粳稻品种品质规定要求。

抗性：2005—2007年吉林省农业科学院植物保护研究所连续3年采用分菌系人工接种、病区多点异地自然诱发鉴定，结果表明，苗瘟中感，叶瘟中感，穗颈瘟中感；2005—2007年在15个田间自然诱发有效鉴定点次中，纹枯病中感。

产量及适宜地区：2006年区域试验，平均单产8 375kg/hm²，比对照品种吉玉粳增产3.8%；2007年区域试验，平均单产8 621kg/hm²，比对照品种吉玉粳增产5.5%；两年区域试验比对照品种吉玉粳增产4.7%。2007年生产试验，平均单产8 765kg/hm²，比对照品种吉玉粳增产9.0%。适宜吉林省白城、松原、通化、延边、四平、长春、吉林等中熟稻作区种植。

栽培技术要点：稀播育壮秧，4月上中旬播种，每平方米播催芽种子250g，5月下旬插秧。栽培密度为行株距30cm×20cm，每穴栽插3～4苗。氮、磷、钾配方施肥，施纯氮140～160kg/hm²，按底肥40%、分蘖肥40%、补肥20%的比例分期施用；施纯磷70kg/hm²，作底肥一次性施入；施纯钾90kg/hm²，底肥70%、拔节期追30%，分两次施用。田间水分管理采取分蘖期浅，孕穗期深，籽粒灌浆期浅的灌溉方法。注意防治二化螟、稻瘟病等。

吉农大3号 （Jinongda 3）

品种来源：吉林农业大学水稻研究所1984年以吉农83-40为母本，下北为父本有性杂交，再用吉粳60复交，经系谱法育成，原代号吉农大90-8。1995年通过吉林省农作物品种审定委员会审定，审定编号为吉审稻1995005。

形态特征和生物学特性：属粳型常规水稻。感光性弱，感温性弱，基本营养生长期短，迟熟早粳。生育期140d，需≥10℃活动积温2 800℃。茎秆粗壮有弹性，分蘖力强，主蘖穗整齐，成穗率高，空秕率低，着粒密度适中。谷粒呈椭圆形，无芒或稀间短芒，颖壳较薄，颖及颖尖均黄色。株高约100cm，平均有效穗数22.7个，穗长19cm，平均每穗粒数约95粒，结实率95%，千粒重26～28g。

品质特性：糙米率82.7%，精米率74.0%，整精米率63.4%，粒长4.9mm，长宽比1.8，垩白粒率8%，垩白度0.4%，透明度0.71级，碱消值7.0级，胶稠度72mm，直链淀粉含量18.5%，蛋白质含量7.8%。米粒透明、米质优，在1995年吉林省第一届水稻优质品种（系）鉴评会上被评为优质品种。

抗性：1992—1994年区域试验抗病鉴定结果表明，苗期中感稻瘟病，成株期中抗叶瘟，中感穗瘟。耐寒，不早衰，抗倒伏。

产量及适宜地区：1992—1994年区域试验，平均单产8 610kg/hm²，比对照品种下北增产7.1%；1993—1994年生产试验，平均单产8 670kg/hm²，比对照品种下北增产9.2%。适宜吉林省吉林、长春、四平、通化、辽源、松原中晚熟稻区种植。1995年以来吉林省推广面积超过10万hm²。

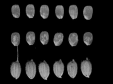

栽培技术要点：4月上中旬播种，5月下旬插秧。插秧密度30cm×13cm或30cm×20cm，每穴栽插2～3苗。施肥宜农家肥与化肥相结合，做到氮、磷、钾配合施用。施纯氮150kg/hm²，纯磷70～80kg/hm²，纯钾50～60kg/hm²，要底肥足，穗肥保（抽穗前15～20d），按7∶3的比例施入。水层前期以浅为宜，孕穗期适当加深水层，中后期以间歇灌水为主，干湿结合，适时晒田，9月上旬及时撤水。生长期如遇高温多湿天气，注意防治稻瘟病。

吉农大30（Jinongda 30）

品种来源：吉林农业大学1997年以五优1号为母本，松粳3号为父本进行有性杂交，经系谱法选育而成。2009年通过吉林省农作物品种审定委员会审定，审定编号为吉审稻2009011。

形态特征和生物学特性：属粳型常规水稻。感光性弱，感温性弱，基本营养生长期短，迟熟早粳。生育期141d，需≥10℃活动积温2 800℃。株型紧凑，穗较大，弯穗型，半紧凑，主蘗穗整齐，着粒密度适中，籽粒椭圆形，颖及颖尖均黄色，无芒或稀短芒。平均株高96.1cm，有效穗数339万/hm²，平均穗长17.0cm，平均穗粒数118.5粒，结实率89.1%，千粒重25.2g。

品质特性：糙米率85.4%，精米率77.0%，整精米率71.3%，粒长4.8mm，长宽比1.7，垩白粒率20.0%，垩白度1.4%，透明度1级，碱消值7.0级，胶稠度72mm，直链淀粉含量17.6%，蛋白质含量8.0%。依据农业部NY/T 593—2002《食用稻品种品质》标准，米质符合二等食用粳稻品种品质规定要求。

抗性：2006—2008年吉林省农业科学院植物保护研究所连续3年采用分菌系人工接种、病区多点异地自然诱发鉴定，结果表明，苗瘟中抗，叶瘟中抗，穗瘟中抗；纹枯病中抗。

产量及适宜地区：2007—2008年两年区域试验，平均单产9 195kg/hm²，比对照品种通35增产7.4%。2008年生产试验，平均单产8 726kg/hm²，比对照品种通35增产7.0%。适宜吉林省通化、吉林、长春、辽源、四平、松原、延边等中晚熟稻区种植。

栽培技术要点：4月上旬播种，稀播育壮秧，每平方米播催芽种子350g，钵盘育苗每孔3～4粒。插秧密度为行株距30cm×20cm，每穴栽插3～4苗。氮、磷、钾配方施肥，施纯氮140～160kg/hm²，按底肥40%、分蘗肥30%、补肥20%、穗肥10%的比例分期施用；施纯磷80kg/hm²，作底肥一次性施入；施纯钾90～100kg/hm²，按底肥60%、拔节期追肥40%，分两次施用。田间水分管理采用分蘗期浅，孕穗期深，籽粒灌浆期浅的灌溉方法。注意防治二化螟、稻瘟病等。

吉农大31（Jinongda 31）

品种来源：吉林农业大学1998年以吉农大8号为母本，秋光为父本进行有性杂交，后代系谱法于2003年选育而成。2009年通过吉林省农作物品种审定委员会审定，审定编号为吉审稻2009012。

形态特征和生物学特性：属粳型常规水稻。感光性弱，感温性弱，基本营养生长期短，迟熟早粳。生育期141d，需≥10℃活动积温2 800℃。株型较紧凑，分蘖力中上等，弯穗型，着粒密度适中，籽粒椭圆形，颖及颖尖均黄色，无芒。平均株高97.6cm，平均穗长17.4cm，平均穗粒数110.9粒，结实率87.7%，千粒重26.3g。

品质特性：糙米率84.3%，精米率76.2%，整精米率74.7%，粒长5mm，长宽比1.8，垩白粒率0%，垩白度0%，透明度1级，碱消值7.0级，胶稠度82mm，直链淀粉含量19.5%，蛋白质含量9.0%。依据农业部NY/T 593—2002《食用稻品种品质》标准，米质符合三等食用粳稻品种品质规定要求。

抗性：2006—2008年吉林省农业科学院植物保护研究所连续3年采用分菌系人工接种、病区多点异地自然诱发鉴定，结果表明，苗瘟中感，叶瘟中抗，穗瘟感；纹枯病中抗。

产量及适宜地区：2007—2008年两年区域试验，平均单产9 255kg/hm²，比对照品种通35增产8.1%。2008年生产试验，平均单产8 640kg/hm²，比对照品种通35增产5.9%。适宜吉林省吉林、长春、四平、松原、延边等中晚熟稻作区种植。

栽培技术要点：稀播育壮秧，4月上中旬播种，播种量每平方米催芽种子300g，5月中下旬插秧。栽培密度为行株距30cm×20cm，每穴栽插4～6苗。氮、磷、钾配方施肥，施纯氮140～160kg/hm²，按底肥40%、分蘖肥40%、补肥20%的比例分期施用；施纯磷80kg/hm²，作底肥一次性施入；施纯钾100kg/hm²，按底肥70%、拔节期追30%，分两次施用。田间水分管理采取分蘖期浅，孕穗期深，籽粒灌浆期浅的灌溉方法。注意防治二化螟、稻瘟病等。

吉农大37（Jinongda 37）

品种来源：吉林农业大学1997年以吉农大2号为母本，通育211为父本进行有性杂交，后代经系谱法选育而成。2009年通过吉林省农作物品种审定委员会审定，审定编号为吉审稻2009002。

形态特征和生物学特性：属粳型常规糯稻。感光性弱，感温性较强，基本营养生长期短，中熟早粳。生育期131d，需≥10℃活动积温2 650℃。株型较紧凑，分蘖力强，活秆成熟，半弯穗型，着粒密度适中，籽粒椭圆偏长，颖及颖尖均黄色，无芒或偶见短芒。平均株高100.2cm，平均穗长17.8cm，平均穗粒数98.9粒，结实率87.7%，千粒重27.9g。

品质特性：糙米率83.4%，精米率75.6%，整精米率74.5%，粒长5.0mm，长宽比1.9，垩白粒率0%，垩白度0%，透明度1级，碱消值7.0级，胶稠度70mm，直链淀粉含量18.9%，蛋白质含量9.2%。依据农业部NY/T 593—2002《食用稻品种品质》标准，米质符合三等食用粳稻品种品质规定要求。

抗性：2006—2008年吉林省农业科学院植物保护研究所连续3年采用分菌系人工接种、病区多点异地自然诱发鉴定，结果表明，苗瘟中抗，叶瘟中抗，穗瘟感；纹枯病中抗。

产量及适宜地区：2007年区域试验，平均单产13 463kg/hm²，比对照品种长白9号增产8.3%；2008年区域试验，平均单产9 153kg/hm²，比对照品种长白9号增产10.1%；两年区域试验，平均单产9 057kg/hm²，比对照品种长白9号增产9.2%。2008年生产试验，平均单产8 946kg/hm²，比对照品种长白9号增产5.8%。适宜吉林省吉林、长春、白城、松原、延边、四平、通化等中早熟稻区种植。

栽培技术要点：稀播育壮秧，4月上中旬播种，播种量每平方米催芽种子300g，5月中下旬插秧。栽培密度为行株距30cm×20cm，每穴栽插4～5苗。氮、磷、钾配方施肥，施纯氮140～160kg/hm²，按底肥40%、蘖肥40%、补肥20%的比例分期施用；施纯磷70kg/hm²，作底肥一次性施入；施纯钾100kg/hm²，按底肥70%、拔节期追30%，分两次施用。田间水分管理采取分蘖期浅，孕穗期深，籽粒灌浆期浅的灌溉方法。生育期间注意防治稻瘟病、二化螟等。

吉农大39（Jinongda 39）

品种来源：吉林农业大学2001年以吉农大3号为母本，哈工稻1号为父本进行品种间有性杂交而育成。2009年通过吉林省农作物品种审定委员会审定，审定编号为吉审稻2009009。

形态特征和生物学特性：属粳型常规水稻。感光性弱，感温性弱，基本营养生长期短，中熟早粳。生育期137d，需≥10℃活动积温2 700℃。株型紧凑，分蘖力强，半弯穗型，半紧穗，着粒密度适中，籽粒椭圆形，颖及颖尖均黄色，无芒或偶见短芒。平均株高104.5cm，平均穗长16.7cm，平均穗粒数95.6粒，结实率93.1%，千粒重26.5g。

品质特性：糙米率84.6%，精米率76.9%，整精米率74.9%，粒长4.7mm，长宽比1.6，垩白粒率9.0%，垩白度1.9%，透明度1级，碱消值7.0级，胶稠度71mm，直链淀粉含量16.8%，蛋白质含量7.6%。依据农业部NY/T 593—2002《食用稻品种品质》标准，米质符合二等食用粳稻品种品质规定要求。

抗性：2006—2008年吉林省农业科学院植物保护研究所连续3年采用分菌系人工接种、病区多点异地自然诱发鉴定，结果表明，苗瘟感，叶瘟感，穗瘟中感；纹枯病中感。

产量及适宜地区：2007年区域试验，平均单产8 585kg/hm²，比对照品种吉玉粳增产5.6%；2008年区域试验，平均单产8 600kg/hm²，比对照品种吉玉粳增产4.9%；两年区域试验，平均单产8 592kg/hm²，比对照品种吉玉粳增产5.2%。2008年生产试验，平均单产9 318kg/hm²，比对照品种吉玉粳增产7.5%。适宜吉林省四平、吉林、长春、辽源、通化、松原、白城等中熟稻区种植。

栽培技术要点：稀播育壮秧，4月上中旬播种，播种量每平方米催芽种子250g。5月中下旬插秧。栽培密度为行株距30cm×20cm，每穴栽插3～5苗。氮、磷、钾配方施肥，施纯氮130～150kg/hm²，按底肥50%、分蘖肥30%、补肥20%的比例分期施用；施纯磷80kg/hm²，作底肥一次性施用；施纯钾100kg/hm²，按底肥70%、拔节期追30%，分两次施用。田间水分管理采取分蘖期浅，孕穗期深，籽粒灌浆期浅的灌溉方法。注意防治二化螟、稻瘟病等。

吉农大45（Jinongda 45）

品种来源：吉林农业大学1998年以吉粳69为母本，吉农大2884为父本杂交育成，试验代号农大45。2010年通过吉林省农作物品种审定委员会审定，审定编号为吉审稻2010003。

形态特征和生物学特性：属粳型常规水稻。感光性弱，感温性弱，基本营养生长期短，早熟早粳。生育期131d，需≥10℃活动积温2 600～2 700℃。株型紧凑，叶片上举，茎叶绿色，分蘖力中等，半弯曲穗型，主蘖穗整齐，着粒密度适中，籽粒椭圆形，颖及颖尖均黄色，无芒。平均株高102.0cm，有效穗数346.5万/hm²，主穗长17.5cm，平均穗粒数117.6粒，结实率87.3%，千粒重25.9g。

品质特性：糙米率84.5%，精米率76.4%，整精米率69.5%，粒长5.1mm，长宽比1.7，垩白粒率20.0%，垩白度4.8%，透明度1级，碱消值7.0级，胶稠度73mm，直链淀粉含量16.7%，蛋白质含量8.0%。依据农业部NY/T 593—2002《食用稻品种品质》标准，米质符合三等食用粳稻品种品质规定要求。

抗性：2007—2009年吉林省农业科学院植物保护研究所连续3年采用分菌系人工接种、病区多点异地自然诱发鉴定，结果表明，苗瘟中抗，叶瘟抗，穗瘟中抗；纹枯病中感。

产量及适宜地区：2008—2009年两年区域试验，平均单产8 742.7kg/hm²，比对照品种长白9号增产6.1%。2009年生产试验，平均单产8 894.2kg/hm²，比对照品种长白9号增产7.3%。适宜吉林省四平、吉林、长春、辽源、通化、松原、白城、延边等中早熟稻区种植。

栽培技术要点：稀播育壮秧，4月上中旬播种，播种量每平方米催芽种子250g，5月中下旬插秧。栽培密度为行株距30cm×20cm，每穴栽插4～6苗。氮、磷、钾配方施肥，施纯氮150kg/hm²，按底肥40%、分蘖肥30%、补肥20%、穗肥10%的比例分期施用；施纯磷75kg/hm²，作底肥一次性施入；施纯钾90kg/hm²，底肥70%、拔节期追30%，分两次施用。田间水分管理采取分蘖期浅，孕穗期深，籽粒灌浆期浅的灌溉方法。注意防治二化螟、稻瘟病等。

吉农大603（Jinongda 603）

品种来源：吉林农业大学2003年用吉农大19太空处理育成，试验代号吉农大603。2011年通过吉林省农作物品种审定委员会审定，审定编号为吉审稻2011004。

形态特征和生物学特性：属粳型常规水稻。感光性弱，感温性弱，基本营养生长期短，中熟早粳。生育期136d，需≥10℃活动积温2 750℃。株型紧凑，分蘖力强，茎叶绿色，半弯穗型，籽粒椭圆形，颖及颖尖均黄色，无芒或偶见短芒。平均株高105.2cm，有效穗数393万/hm²，平均穗长17.8cm，平均穗粒数104.0粒，结实率89.8%，千粒重25.5g。

品质特性：糙米率84.2%，精米率76.2%，整精米率74.7%，粒长5.0mm，长宽比1.8，垩白粒率4.0%，垩白度0.2%，透明度1级，碱消值6.5级，胶稠度85mm，直链淀粉含量16.0%，蛋白质含量6.4%。依据农业部NY/T 593—2002《食用稻品种品质》标准，米质符合一等食用粳稻品种品质规定要求。

抗性：2008—2010年吉林省农业科学院植物保护研究所连续3年采用分菌系人工接种、病区多点异地自然诱发鉴定，结果表明，苗瘟中感，叶瘟中抗，穗瘟中感；纹枯病中抗。

产量及适宜地区：2009年区域试验，平均单产8 109kg/hm²，比对照品种吉玉粳增产4.4%；2010年区域试验，平均单产8 537kg/hm²，比对照品种吉玉粳增产5.1%；两年区域试验，平均单产8 322kg/hm²，比对照品种吉玉粳增产4.8%。2010年生产试验，平均单产8 649kg/hm²，比对照品种吉玉粳增产5.9%。适宜吉林省长春、延边、四平、通化、辽源、吉林等中熟稻区种植。

栽培技术要点：稀播育壮秧，4月中旬播种，播种量每平方米催芽种子250g，5月中下旬插秧。栽培密度为行株距30cm×20cm或30cm×13cm，每穴栽插3～5苗。农家肥和化肥相结合，氮、磷、钾配合施用，施纯氮140～160kg/hm²，按底肥40%、蘖肥30%、补肥20%、穗肥10%的比例分期施用；施纯磷80～95kg/hm²，作底肥一次性施入；施纯钾80kg/hm²，底肥70%、补肥30%，分两次施用。盐碱地要配施锌肥，适当增施硅钙肥。田间水分管理采用浅—深—浅间歇灌溉方式。生育期间注意防治稻瘟病、二化螟。

吉农大7号（Jinongda 7）

品种来源：吉林农业大学水稻研究所1987年以辽粳10号为母本，九87-11为父本杂交系选育成，原代号96-26。1995年通过吉林省农作物品种审定委员会审定，审定编号为吉审稻1995005。

形态特征和生物学特性：属粳型常规水稻。感光性弱，感温性弱，基本营养生长期短，迟熟早粳。生育期145d，需≥10℃活动积温2 950℃。株型紧凑，叶片直立，叶色浅绿。分蘖力强，主蘖穗整齐，谷粒椭圆形，无芒或稀间短芒，颖及颖尖黄色。株高100cm，穗长20cm，平均每穗粒数105粒，结实率90%，有效穗数400万/hm²，千粒重26g。

品质特性：糙米率83.4%，精米率75.6%，整精米率72.4%，粒长5.0mm，长宽比1.8，垩白粒率10.0%，垩白度1.1%，透明度2级，碱消值7.0级，胶稠度68mm，直链淀粉含量17.2%，蛋白质含量7.8%。米粒透明、米质优，在1998年吉林省第二届水稻优质品种（系）鉴评会上被评为优质品种。

抗性：经吉林省农业科学院连续4年（1992—1996年）稻瘟病抗性鉴定，结果表明，苗瘟中抗，叶瘟中抗，穗瘟中感，抗稻瘟病性显著，优于对照品种秋光。

产量及适宜地区：1994—1996年区域试验，平均单产8 601kg/hm²，比对照品种秋光增产5.9%；1995—1996年生产试验，平均单产8 528kg/hm²，比对照品种秋光增产4.7%。适宜吉林省≥10℃活动积温2 900℃以上的稻区种植。自1995年审定以来种植推广面积超过15.1万hm²。

栽培技术要点：稀播旱育壮秧，4月10日左右播种，5月中旬插秧。插秧密度30cm×（13.3～20）cm，每穴栽插3～4苗。施纯氮150kg/hm²，基肥和分蘖肥为60%，拔节至抽穗期分3次施用，追肥为40%；施纯磷60kg/hm²，全部作基肥施入；施钾肥50kg/hm²，在拔节期和抽穗期各施一半。水层管理以浅水灌溉与间歇灌溉相结合，孕穗期保持深水层，收割前15d撤水，不宜过早。

吉农大8号（Jinongda 8）

品种来源：吉林农业大学水稻研究所1986年以长白7号为母本，吉粳62为父本有性杂交，1987年再用合江23复交经系谱法育成，原代号92-106。1998年通过吉林省农作物品种审定委员会审定，审定编号为吉审稻1998001。

形态特征和生物学特性：属粳型常规水稻。感光性弱，感温性弱，基本营养生长期短，中熟早粳。生育期136d，需≥10℃活动积温2750℃。叶片直立，主蘖穗整齐一致，着粒密度适中。谷粒椭圆形，颖及颖尖均呈黄色，无芒或稀间短芒。株高96～100cm，穗长20cm，平均每穗粒数100粒，结实率90%，千粒重26g。

品质特性：糙米率83.2%，精米率75.2%，整精米率63.37%。适口性好，米质优良。

抗性：1995—1997年吉林省农业科学院植物保护研究所连续3年采用分菌系人工接种，病区多点异地自然诱发鉴定，结果表明，苗瘟感，成株期叶瘟中抗，穗瘟感。抗倒伏。

产量及适宜地区：1995—1997年区域试验，平均单产7896kg/hm²，比对照品种藤系138增产7.6%；1996—1997年生产试验，平均单产7880kg/hm²，比对照品种藤系138增产7.6%。适宜吉林省生育期≥10℃活动积温2750℃以上的中熟稻区种植，中晚熟稻区可作搭配品种种植。

栽培技术要点：稀播旱育壮秧，采用间塑钵盘育苗。4月上旬播种，5月中下旬插秧。插秧密度30cm×13cm或30cm×20cm，每穴栽插2～3苗。施纯氮150kg/hm²，并配合磷、钾肥作底肥，氮肥要分期施用，按底肥、分蘖肥、穗肥、粒肥4：3：2：1的比例分期施入。生育期间用水管理，宜采用浅灌与间歇灌溉相结合的灌溉方法。

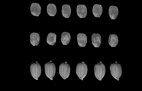

吉农大808 （Jinongda 808）

品种来源：吉林农业大学1996年以五优1号作母本，松粳3号为父本进行有性杂交选育而成，原代号农大22-0021。2007年通过吉林省农作物品种审定委员会审定，审定编号为吉审稻2007007。

形态特征和生物学特性：属粳型常规水稻，感光性弱，感温性弱，基本营养生长期短，迟熟早粳。生育期140d，需≥10℃活动积温2 800℃。株型紧凑，剑叶上举，幼苗叶色浓绿，叶鞘深绿色，半直立穗型，着粒较密，籽粒黄色，粒形偏长，稀间短芒。平均株高104.9cm，全株14片叶，穗长24cm，平均穗粒数116.4粒，结实率86.7%，千粒重25.2g。

品质特性：糙米率84.0%，精米率75.1%，整精米率70.8%，粒长5.2mm，长宽比2.0，垩白粒率5.0%，垩白度0.8%，透明度1级，碱消值7.0级，胶稠度80mm，直链淀粉含量18.6%，蛋白质含量8.2%。依据NY/T 593—2002《食用稻品种品质》标准，米质符合三等食用粳稻品种品质规定要求。

抗性：2004—2006年吉林省农业科学院植物保护研究所连续3年采用分菌系人工接种、病区多点异地自然诱发鉴定，结果表明，苗瘟中感，叶瘟中抗，穗颈瘟感；2005—2006年在15个田间自然诱发有效鉴定点次中，纹枯病中抗。

产量及适宜地区：2004年预备试验，平均单产8 504kg/hm²，比对照品种通35增产2.5%；2005年区域试验，平均单产8 126kg/hm²，比对照品种通35增产1.6%；2006年区域试验，平均单产8 897kg/hm²，比对照品种通35增产4.2%；两年区域试验，平均单产8 511kg/hm²，比对照品种通35增产3.0%。2006年生产试验，平均单产8 727kg/hm²，比对照品种通35增产7.5%。适宜吉林省长春、吉林、松原、四平中晚熟稻区种植。

栽培技术要点：3月下旬至4月初播种，稀播育壮秧或简塑钵盘育苗。5月中下旬插秧。栽培密度为行株距30cm×16cm，每穴栽插3～4苗。施纯氮140～160kg/hm²，按底肥40%、分蘖肥30%、孕穗肥30%的比例分期施入；施纯磷80kg/hm²，全部作底肥施用；施纯钾80kg/hm²，底肥施50%、拔节期追施50%，分两次施用。田间水分管理采用浅—深—浅灌溉方式，干湿相结合。7月上中旬注意防治二化螟，注意及时防治稻瘟病。

吉农大828（Jinongda 828）

品种来源：吉林农业大学1998年以通31为母本，吉农大7号为父本经有性杂交，通过系谱法选育而成，试验代号农大07-22。2010年通过吉林省农作物品种审定委员会审定，审定编号为吉审稻2010006。

形态特征和生物学特性：属粳型常规水稻。感光性弱，感温性弱，基本营养生长期短，中熟早粳。生育期135d，需≥10℃活动积温2 750℃。株型紧凑，分蘖力强，穗较大，弯穗型，主蘖穗整齐，着粒密度适中，籽粒椭圆形，颖及颖尖均黄色，无芒或稀短芒。平均株高98.9cm，有效穗数357万/hm²，穗长20cm，平均穗粒数118.5粒，结实率90.8%，千粒重25.2g。

品质特性：糙米率83.9%，精米率75.7%，整精米率72.7%，粒长4.8mm，长宽比1.6，垩白粒率24.0%，垩白度4.9%，透明度1级，碱消值7.0级，胶稠度84mm，直链淀粉含量17.3%，蛋白质含量8.3%。依据农业部NY/T 593—2002《食用稻品种品质》标准，米质符合三等食用粳稻品种品质规定要求。

抗性：2007—2009吉林省农业科学院植物保护研究所连续3年采用分菌系人工接种、病区多点异地自然诱发鉴定，结果表明，苗瘟中感，叶瘟中感，穗瘟感；纹枯病中抗。

产量及适宜地区：2008—2009年两年区域试验，平均单产8 431.4kg/hm²，比对照品种吉玉粳增产5.6%。2009年生产试验，平均单产8 750.1kg/hm²，比对照品种吉玉粳增产6.2%。适宜吉林省长春、四平、松原、白城、通化等中熟稻区种植。

栽培技术要点：稀播育壮秧，4月上中旬播种，播种量每平方米催芽种子300g；钵盘育苗，每孔3～5粒；5月中下旬插秧。栽培密度为行株距30cm×20cm，每穴栽插3～4苗。氮、磷、钾配方施肥，施纯氮140～160kg/hm²，按底肥40%、分蘖肥30%、补肥20%、穗肥10%的比例分期施用；施纯磷80kg/hm²，全部作底肥施用；施纯钾90～100kg/hm²，底肥60%、拔节期追40%，分两次施用。田间水分管理采取分蘖期浅，孕穗期深，籽粒灌浆期浅的灌溉方法。注意防治二化螟、稻瘟病等。

吉农大838（Jinongda 838）

品种来源：吉林农业大学1997年以籼粳杂交后代201为母本，松粳3号为父本进行有性杂交，经系谱法选育而成，试验代号农大07-31。2010年通过吉林省农作物品种审定委员会审定，审定编号为吉审稻2010010。

形态特征和生物学特性：属粳型常规水稻。感光性弱，感温性弱，基本营养生长期短，迟熟早粳。生育期141d，需≥10℃活动积温2850℃。株型紧凑，分蘖力强，中紧穗型，主蘖穗整齐，颖及颖尖均黄色，稀短芒或无芒。平均株高101.6cm，有效穗数327万/hm²，平均穗长19.6cm，平均穗粒数104.0粒，结实率91.6%，千粒重26.5g。

品质特性：糙米率84.1%，精米率76.2%，整精米率69.1%，粒长5.0mm，长比宽1.7，垩白粒率10.0%，垩白度1.7，透明度1级，碱消值7.0级，胶稠度76mm，直链淀粉含量17.2%，蛋白质含量8.0%。依据农业部NY/T 593—2002《食用稻品种品质》标准，米质符合二等食用粳稻品种品质规定要求。

抗性：2007—2009年吉林省农业科学院植物保护研究所连续3年采用分菌系人工接种、病区多点异地自然诱发鉴定，结果表明，苗瘟中感，叶瘟中抗，穗瘟中抗，纹枯病中抗。

产量及适宜地区：2008—2009年两年区域试验，平均单产8880kg/hm²，比对照品种通35增产6.6%。2009年生产试验，平均单产8964kg/hm²，比对照品种通35增产8.8%。适宜吉林省吉林、长春、四平、松原、通化等中晚熟稻区种植。

栽培技术要点：稀播育壮秧，4月中旬播种，播种量每平方米催芽种子300g，钵盘育苗每孔3～5粒，5月中下旬插秧。栽培密度为行株距30cm×20cm，每穴栽插3～4苗。农家肥和化肥相结合，氮、磷、钾配合施用。施纯氮150kg/hm²，按底肥40%、蘖肥30%、补肥20%、穗肥10%的比例分期施用；施纯磷80kg/hm²，作底肥一次性施入；施纯钾90～100kg/hm²，用底肥50%，补肥50%，分两次施用。田间水分管理采用浅—深—浅间歇灌溉方式。生育期间注意防治稻瘟病、二化螟。

吉农大858（Jinongda 858）

品种来源：吉林农业大学1999年以通31为母本，通系103为父本，经人工有性杂交系谱法选育而成，试验代号吉农大08-31。2011年通过吉林省农作物品种审定委员会审定，审定编号为吉审稻2011015。

形态特征和生物学特性：属粳型常规水稻。感光性弱，感温性弱，基本营养生长期短，迟熟早粳。生育期141d，需≥10℃活动积温2 850℃。株型紧凑，分蘖力较强，弯穗型，籽粒椭圆形，颖及颖尖均黄色，无芒或稀短芒。平均株高103.9cm，有效穗数309万/hm²，平均穗长19.3cm，平均穗粒数103.3粒，结实率92.9%，千粒重29.0g。

品质特性：糙米率84.5%，精米率76.3%，整精米率70.4%，粒长5.2mm，长宽比1.8，垩白粒率10.0%，垩白度1.1%，透明度1级，碱消值7.0级，胶稠度72mm，直链淀粉含量17.6%，蛋白质含量8.2%。依据农业部NY/T 593—2002《食用稻品种品质》标准，米质符合二等食用粳稻品种品质规定要求。

抗性：2008—2010年吉林省农业科学院植物保护研究所连续3年采用分菌系人工接种、病区多点异地自然诱发鉴定，结果表明，苗瘟中抗，叶瘟抗，穗瘟感；纹枯病中抗。

产量及适宜地区：2009年区域试验，平均单产8 387kg/hm²，比对照品种通35增产5.2%；2010年区域试验，平均单产9 047kg/hm²，比对照品种通35增产6.7%；两年区域试验，平均单产8 717kg/hm²，比对照品种通35增产5.9%。2010年生产试验，平均单产8 466kg/hm²，比对照品种通35增产4.2%。适宜吉林省长春、松原、四平、通化、辽源、延边等中晚熟稻区种植。

栽培技术要点：稀播育壮秧，4月上旬播种，采用钵盘育壮秧，每个钵孔4～5粒，5月中下旬插秧。栽培密度为行株距30cm×16cm，每穴栽插3～5苗。农家肥和化肥相结合，氮、磷、钾配合施用，施纯氮150～175kg/hm²，按底肥40%、蘖肥30%、补肥20%、穗肥10%的比例分期施用；施纯磷80～95kg/hm²，作底肥一次性施入；施纯钾100kg/hm²，底肥和拔节期各施50%，分两次施用。盐碱地要配施锌肥。田间水分管理采用浅—深—浅间歇灌溉方式。生育期间注意防治稻瘟病、二化螟等。

吉农引6号 （Jinongyin 6）

品种来源：吉林省农业科学院水稻研究所于1999年从日本宫城县古川农业试验场引进，2000—2002年进行资源特性鉴定，2003—2004年进行异地生态鉴定，2004年同时参加产量鉴定和示范。该品种由日本宫城县古川农业试验场1982年以东北131为母本，中部44为父本杂交育成，日本命名为"心待"。2008年通过吉林省农作物品种审定委员会审定，审定编号为吉审稻2008026。

形态特征和生物学特性：属粳型常规水稻。感光性弱，感温性中等，基本营养生长期短，迟熟中粳。生育期145d左右，需≥10℃活动积温2900℃以上。叶片略披，较窄，叶色绿。分蘖力强，弯穗型，着粒密度适中，穗大小中等。籽粒椭圆形，颖尖黄色，稀短中芒。平均株高103.4cm，有效穗数468万/hm²，平均穗粒数78.7粒，结实率90.1%，千粒重25.6g。

品质特性：糙米率83.6%，精米率75.8%，整精米率71.3%，粒长5.1mm，长宽比2.0，垩白粒率5%，垩白度0.9%，透明度1级，碱消值7级，胶稠度62mm，直链淀粉含量15.9%，蛋白质含量7.4%。达到国家二级优质米标准。

抗性：人工接种鉴定，苗瘟感，异地多点田间自然诱发鉴定，叶瘟和穗瘟均为中感；最高叶瘟病级6级，穗瘟最高发病率15%，对抗纹枯病表现为抗。耐冷性强，活秆成熟。

产量及适宜地区：2006年引种试验平均单产7895kg/hm²，比对照品种关东107减产2.4%。2007年生产试验，平均单产8225kg/hm²，比对照品种关东107增产5.3%。适宜吉林省四平、长春、吉林、辽源、通化、松原等晚熟平原稻作区。

栽培要点：4月上中旬播种，每平方米播催芽种子350g，5月中旬插秧，行株距30cm×20cm，每穴栽插3～4苗。氮、磷、钾配方施肥，公顷施纯氮125～150kg，按底肥40%、分蘖肥40%、穗肥20%的比例分期施用。施纯磷80～100kg，全部作底肥一次性施入；施纯钾90～100kg/hm²，底肥50%、拔节期追50%，分两次施用。水分管理采取分蘖期浅，孕穗期深，籽粒灌浆期浅的灌溉方法。7月中、下旬及时防治稻瘟病、二化螟等病虫害。

吉糯7号 （Jinuo 7）

品种来源：吉林省农业科学院水稻研究所1989年以吉86-11为母本，通粘1号为父本杂交于1998年系选育成，原代号高产糯4号。2002年通过吉林省农作物品种审定委员会审定，审定编号为吉审稻2002027。

形态特征和生物学特性：属粳型常规糯稻。感光性弱，感温性中等，基本营养生长期短，中熟早粳。生育期138～140d，需≥10℃活动积温2 850℃。株型紧凑，功能叶片长，叶色较深，分蘖力强，着粒密度适中。谷粒椭圆形，颖尖紫红色，无芒。株高102cm，平均株穗长21.4cm，每穗粒数112粒，主穗174粒，结实率90%，千粒重27～28 g。

品质特性：米色乳白，黏性强。

抗性：2001年吉林省农业科学院植物保护研究所采用分菌系人工接种、病区多点异地自然诱发鉴定，结果表明，苗瘟感，叶瘟中感，穗瘟感。

产量及适宜地区：1999—2000年产量比较试验，平均单产为8 519kg/hm²，比通粘1号增产8.6%；2001年区域试验，平均单产8 120kg/hm²，比延粘1号增产24.6%；2001年在德惠、双阳、公主冷、东丰4个点生产试验示范，平均单产8 204kg/hm²，比对照品种通粘1号增产8.0%。适宜吉林省中晚熟稻区种植。

栽培技术要点：4月上中旬播种，5月上中旬插秧。插秧密度30cm×17cm，每穴栽插2～3苗。施纯氮120kg/hm²，底肥施用磷、钾肥各100kg/hm²。水层管理，插秧后至收获前10～15d保持水层3～5cm深。注意及时防治稻瘟病。

吉星粳稻18（Jixinggengdao 18）

品种来源：吉林省吉林市晨光农业科技专业合作社 1996年以秋光为母本，凤旱鉴为父本杂交选育而成，试验代号 AF7-4。2010年通过吉林省农作物品种审定委员会审定，审定编号为吉审稻2010021。

形态特征和生物学特性：属粳型常规水稻。感光性弱，感温性较强，基本营养生长期短，迟熟早粳。生育期146d，需≥10℃活动积温3 000℃。株型紧凑，叶片上举，茎叶绿色，分蘖力强，弯曲穗型，着粒密度适中，籽粒椭圆形，颖及颖尖均黄白色，无芒。平均株高113.8cm，有效穗数402万/hm²，穗长18.6cm，平均穗粒数110.7粒，结实率85.5%，千粒重23.6g。

品质特性：糙米率84.8%，精米率76.9%，整精米率71.6%，粒长4.8mm，长宽比1.7，垩白粒率12.0%，垩白度2.2%，透明度1级，碱消值7.0级，胶稠度75mm，直链淀粉含量18.3%，蛋白质含量8.0%。依据农业部NY/T 593—2002《食用稻品种品质》标准，米质符合三等食用粳稻品种品质规定要求。

抗性：2007—2009年吉林省农业科学院植物保护研究所连续3年采用分菌系人工接种、病区多点异地自然诱发鉴定，结果表明，苗瘟中抗，叶瘟中抗，穗瘟抗；纹枯病抗。

产量及适宜地区：2008—2009年两年区域试验，平均单产8 714kg/hm²，比对照品种秋光平均增产4.1%。2009年生产试验，平均单产8 681kg/hm²，比对照品种秋光增产4.5%。适宜吉林省四平、吉林、长春、辽源、通化、松原等晚熟稻区种植。

栽培技术要点：稀播育壮秧，4月上旬播种，每平方米播催芽种子250g，5月下旬插秧。栽培密度为行株距30cm×20cm，每穴栽插3～4苗。氮、磷、钾配方施肥，施纯氮150kg/hm²，按底肥40%、补肥20%、穗肥30%、粒肥10%的比例分期施入；施纯磷（P₂O₅）75kg/hm²，作底肥一次性施入；施纯钾（K₂O）75kg/hm²，底肥70%、穗肥30%，分两次施用。田间水分管理采取分蘖期浅，孕穗期深，籽粒灌浆期浅的灌溉方法。注意防治二化螟、稻瘟病等。

吉玉粳（Jiyugeng）

品种来源：吉林省农业科学院水稻研究所1988年以恢73为母本，秋光为父本系选育成，原代号吉90-g4。1996年通过吉林省农作物品种审定委员会审定，审定编号为吉审稻1996005。

形态特征和生物学特性：属粳型常规水稻。感光性弱，感温性弱，基本营养生长期短，中熟早粳。生育期135d，需≥10℃活动积温2 750℃。分蘖力强，穗较大，谷粒椭圆形，颖及颖尖均黄色、无芒。株高95～100cm，平均每穗粒数100粒，单本插秧有效穗20个，结实率90%，千粒重25g。

品质特性：糙米率83.7%，精米率75.7%，整精米率69.8%，透明度1级，粒长4.7mm，长宽比1.6，垩白粒率7.0%，垩白度12.5%，碱消值7.0级，胶稠度60.0mm，直链淀粉含量18.8%，蛋白质含量9.9%。米质优良。

抗性：抗稻瘟病性强。耐寒性和耐盐碱性强。耐肥，抗倒伏，活秆成熟不早衰。

产量及适宜地区：1993—1995年参加吉林省区域试验，平均单产7 953kg/hm²，比对照品种藤系138增产6.2%；1994—1995年参加吉林省生产试验，平均单产7 019kg/hm²，比对照品种藤系138增产7.5%。适宜吉林省生育期间需≥10℃活动积温2 750℃的中熟稻区种植。1996年吉林省推广面积达10.78万hm²，居全省种植品种第一位，约占适宜种植区域的40%以上，目前已成为生产上主栽品种之一。截至2008年累计推广面积达28.5万hm²。

栽培技术要点：4月中旬播种育苗，5月中旬插秧。插秧密度30cm×15cm或30cm×20cm，每穴栽插3～4苗。施纯氮150kg/hm²，并配合磷、钾肥作底肥。宜采用浅灌与间歇灌溉相结合的灌水方法。

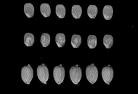

吉粘10号 （Jizhan 10）

品种来源：吉林省农业科学院水稻研究所2001年以吉01-2828为母本，品星1号为父本杂交，经系谱法育成，试验代号吉07-23。2011年通过吉林省农作物品种审定委员会审定，审定编号为吉审稻2011021。

形态特征和生物学特性：属粳型常规糯稻。感光性弱，感温性中等，基本营养生长期短，中熟早粳。生育期137d，需≥10℃活动积温2 800℃。株型紧凑，分蘖力较强，茎叶浓绿色，弯穗型，籽粒椭圆偏长，颖及颖尖均黄色，无芒。平均株高101.1cm，有效穗数327万/hm²，平均穗长17.7cm，平均穗粒数116.7粒，结实率93.0%，千粒重26.3g。

品质特性：糙米率83.6%，精米率73.8%，整精米率68.0%，粒长5.0mm，长宽比1.8，碱消值5.5级，胶稠度100mm，直链淀粉含量1.1%，蛋白质含量8.3%。依据农业部NY/T 593—2002《食用稻品种品质》标准，米质符合三等食用糯稻品种品质规定要求。

抗性：2009—2010年吉林省农业科学院植物保护研究所连续2年采用分菌系人工接种、病区多点异地自然诱发鉴定，结果表明，苗瘟中抗，叶瘟中抗，穗瘟中感；纹枯病中抗。

产量及适宜地区：2009—2010年两年区域试验，平均单产8 100kg/hm²，比对照品种通粘1号增产6.7%。2010年生产试验，平均单产8 351kg/hm²，比对照品种通粘1号增产4.7%。适宜吉林省吉林、长春、四平、通化等中熟稻区种植。

栽培技术要点：稀播育壮秧，4月中旬播种，播种量每平方米催芽种子250g，5月中下旬插秧。栽培密度为行株距30cm×（15～20）cm，每穴栽插3～5苗。农家肥和化肥相结合，氮、磷、钾配合施用，施纯氮135～150kg/hm²，按底肥40%、蘖肥30%、补肥20%、穗肥10%的比例分期施用；施纯磷90～100kg/hm²，作底肥一次性施入；施纯钾100kg/hm²，底肥和拔节期各施50%，分两次施用。盐碱地要配施锌肥。田间水分管理采用浅—深—浅间歇灌溉方式。生育期间注意防治稻瘟病、二化螟等。

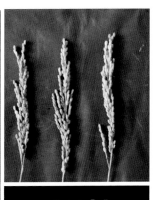

吉粘3号（Jizhan 3）

品种来源：吉林省农业科学院水稻研究所1993—2001年以龙浩甲为母本，龙糯1号为父本杂交系选育成，原代号丰粘1号。2002年通过吉林省农作物品种审定委员会审定，审定编号为吉审稻2002028。

形态特征和生物学特性：粳型常规糯稻品种。感光性弱，感温性中等，基本营养生长期短，中熟早粳。生育期143d，需≥10℃活动积温2 850℃。株型紧凑，功能叶片长，叶色较深，分蘖力强，着粒密度适中，谷粒椭圆形，颖尖黄色，无芒。株高102cm，平均穗长23cm，每穗粒数165粒，结实率90%，千粒重26g。

品质特性：米色乳白，黏性强。

抗性：2001年吉林省农业科学院植物保护研究所采用分菌系人工接种、病区多点异地自然诱发鉴定，结果表明，叶瘟感，穗瘟感。

产量及适宜地区：2001年区域试验，平均单产8 640kg/hm²，比对照品种通粘1号增产24.6%。适宜吉林省中晚熟稻区种植。

栽培技术要点：4月上中旬播种，5月上中旬插秧。插秧密度30cm×17cm，每穴栽插2～3苗。施纯氮130kg/hm²，底肥施用磷、钾肥各100kg/hm²。水层管理，插秧后至收获前10～15d保持水层3～5cm深。注意及时防治稻瘟病。

吉粘4号 （Jizhan 4）

品种来源：吉林省农业科学院水稻研究所1993年以龙浩甲为母本，龙糯1号为父本杂交系选育成，原代号丰粘5号。2002年通过吉林省农作物品种审定委员会审定，审定编号为吉审稻2002030。

形态特征和生物学特性：属粳型常规糯稻品种。感光性弱，感温性中等，基本营养生长期短，迟熟早粳。生育期145d，需≥10℃活动积温3 000℃。株型较紧凑，偏上位穗，叶色淡黄，茎叶色浅黄，秆较粗。分蘖力较强，弯曲穗型，主蘖穗整齐，着粒密度适中。谷粒椭圆形，颖及颖尖黄色，无芒。株高109cm，每穴有效穗22个，穗长20 ～ 24cm，平均穗粒数140粒，结实率90%，千粒重25 g。

品质特性：糙米率87.3%，精米率74.6%，整精米率71.3%。米色乳白有光泽。

抗性：2001年吉林省农业科学院植物保护研究所采用分菌系人工接种、病区多点异地自然诱发鉴定，结果表明，苗瘟感，叶瘟感，穗瘟感。

产量及适宜地区：2001年区域试验，平均单产8 120kg/hm²，比通粘1号增产24.6%。适宜吉林省中晚熟稻区种植。

栽培技术要点：稀播育壮秧，4月上旬播种，5月中旬插秧。插秧密度30cm×20cm，每穴栽插3 ～ 4苗。氮、磷、钾配方施肥，施纯氮130kg/hm²，按底肥30%、分蘖肥20%、补肥10%、穗肥30%、粒肥10%的比例分期施用；施磷肥（P₂O₅）100kg/hm²；施钾肥（K₂O）100kg/hm²，底肥50%、拔节期追50%，分两次施用。水分管理以浅水灌溉为主，生育期间浅—深—浅，干湿相结合灌水。综合防治病虫草害。注意及时防治稻瘟病。

吉粘5号 （Jizhan 5）

品种来源：吉林省农业科学院水稻研究所1995年以甜米为母本，R24为父本杂交，原代号新粘3号。2002年通过吉林省农作物品种审定委员会审定，审定编号为吉审稻2002031。

形态特征和生物学特性：属粳型常规糯稻品种。感光性弱，感温性中等，基本营养生长期短，迟熟早粳。生育期145d，需≥10℃活动积温2 900～3 000℃。株型紧凑，秆较粗，活秆成熟，抗倒伏性较强，分蘖力强，主蘖穗整齐，弯曲穗型，着粒密度适中。谷粒呈略细长形，稀芒。株高103cm，主穗粒数110粒，结实率90%，千粒重25g。

品质特性：精米率78.0%，米色乳白，黏性大，食味好。

抗性：2001年吉林省农业科学院植物保护研究所采用分菌系人工接种、病区多点异地自然诱发鉴定，结果表明，苗瘟中抗，叶瘟中感，穗瘟中感。

产量及适宜地区：2001年区域试验，平均单产7 842kg/hm²，比对照品种通粘1号增产2.0%。适宜吉林省晚熟稻区种植。

栽培技术要点：早播稀播壮秧，4月15日左右播种，5月20日插秧，插秧密度一般为30cm×（13.3～20）cm。合理施肥，多施农家肥和磷、钾、锌肥，施纯氮140kg/hm²、纯磷75kg/hm²、纯钾100kg/hm²、纯锌15kg/hm²。科学灌水方式，采用浅—深—浅灌水，7月初晒田。注意及时防治稻瘟病。

吉粘6号 (Jizhan 6)

品种来源：吉林省农业科学院水稻研究所1997年以T659/吉95-24为母本，吉95-15为父本杂交选育而成，原代号吉02-2。2006年通过吉林省农作物品种审定委员会审定，审定编号为吉审稻20060018。

形态特征和生物学特性：属粳型糯稻。感光性弱，感温性弱，基本营养生长期短，中熟早粳。生育期136d，需≥10℃活动积温2750℃。株型紧凑，叶片较宽，叶色浅绿，分蘖力稍弱，弯曲穗型，主蘖穗整齐，穗大粒多，着粒密度适中，籽粒长椭圆形，长宽比1.8，颖尖黄色，无芒。平均株高115.6cm，平均穗粒数115.1粒，结实率91.7%，千粒重26.4g。

品质特性：糙米率81.9%，精米率73.5%，整精米率52.2%，粒长5.1mm，长宽比1.8，阴糯米率1.0%，垩白度1级，碱消值7.0级，胶稠度100mm，直链淀粉含量1.7%，蛋白质含量8.5%。

抗性：2004—2005年吉林省农业科学院植物保护研究所连续2年采用分菌系人工接种、病区多点异地自然诱发鉴定，结果表明，苗瘟中抗，叶瘟中抗，穗瘟中感；纹枯病中抗。

产量及适宜地区：2004—2005年区域试验，平均单产7901kg/hm²，比对照品种通粘1号增产2.5%。2005年生产试验，平均单产7427kg/hm²，比对照品种通粘1号增产0.5%。适宜吉林省四平、长春、吉林、辽源、通化、松原等中熟稻区种植。

栽培技术要点：稀播育壮秧，4月中旬播种，播种量催芽种子350g/m²，5月中下旬插秧。栽培密度为行株距30cm×16.5cm，每穴栽插3～4苗。氮、磷、钾配方施肥，施纯氮125～150kg/hm²，按底肥40%、分蘖肥40%、穗肥20%的比例分期施用；施纯磷80～100kg/hm²，全部作底肥施用；施纯钾100kg/hm²，底肥50%、拔节期追50%，分两次施用。田间水分管理采取分蘖期浅，孕穗期深，籽粒灌浆期浅的灌溉方法。7月中下旬及时防治稻瘟病、二化螟等病虫害。

吉粘8号 （Jizhan 8）

品种来源：吉林省农业科学院水稻研究所2001年以甜米为母本，T215为父本杂交，后代中通过系谱法选育而成，原代号特粘3号。2006年通过吉林省农作物品种审定委员会审定，审定编号为吉审稻2006019。

形态特征和生物学特性：属粳型糯稻品种。感光性弱，感温性弱，基本营养生长期短，晚熟早粳。生育期141d，需≥10℃活动积温2 750℃。株型较收敛，叶色浅绿，下位穗，籽粒长椭圆形，有稀少芒，颖壳黄色。平均株高103.5cm，主穗长20cm，主穗粒数260粒，平均穗粒数138.2粒，结实率80%，千粒重22.0g。

品质特性：糙米率82.6%，精米率75.0%，整精米率61.5%，粒长4.5mm，长宽比1.7，阴糯米率1.0%，垩白度4级，碱消值7.0级，胶稠度100mm，直链淀粉含量1.5%，蛋白质含量8.4%。

抗性：2004—2005年吉林省农业科学院植物保护研究所连续2年采用分菌系人工接种、病区多点异地自然诱发鉴定，结果表明，苗瘟中感，叶瘟中感，穗瘟中感；纹枯病抗。

产量及适宜地区：2004—2005年区域试验，平均单产8 135kg/hm²，比对照品种通粘1号增产5.5%。2005年生产试验，平均单产7 881kg/hm²，比对照品种通粘1号增产6.7%。适宜吉林省生育期在140d左右的中晚熟稻区种植。

栽培技术要点：4月上中旬播种，稀播育壮秧，播种量催芽种子350g/m²以内，5月中下旬插秧。栽培密度为行株距30cm×20cm。一般土壤肥力条件下，施纯氮150.0kg/hm²，氮肥按底肥：蘖肥：穗肥=2：5：3的比例施入；施纯磷100kg/hm²，全部作底肥一次性施入；施纯钾130kg/hm²，钾肥的2/3作底肥、1/3作穗肥施入。田间用水管理采取浅—深—浅方式，即分蘖期浅，孕穗期深，灌浆期浅。生育期间注意防治稻瘟病。

吉粘9号（Jizhan 9）

品种来源：吉林省农业科学院水稻研究所2001年以吉01-2827为母本，新品系珍优1号为父本杂交，经系谱法育成，试验代号吉07-24。2010年通过吉林省农作物品种审定委员会审定，审定编号为吉审稻2010029。

形态特征和生物学特性：属粳型常规糯稻。感光性弱，感温性较强，基本营养生长期短，迟熟早粳。生育期140d，需≥10℃活动积温2 850℃。株型紧凑，茎叶浓绿色，分蘖力较强，主蘖穗整齐，籽粒椭圆形，金黄色，颖尖黄色，稀短芒。平均株高105cm，有效穗数321万/hm²，穗长16.1cm，平均每穗粒数102.3粒，结实率85.4%，千粒重24.6g。

品质特性：糙米率83.6%，精米率75.3%，整精米率66.3%，粒长4.9mm，长宽比1.8，碱消值7.0级，胶稠度100mm，直链淀粉含量1.4%，蛋白质含量7.8%，垩白度1.0%，阴糯米率2.0%。依据农业部NY/T 593—2002《食用稻品种品质》标准，米质符合三等食用粳糯稻品种品质规定要求。

抗性：2008—2009年吉林省农业科学院植物保护研究所连续2年采用分菌系人工接种、病区多点异地自然诱发鉴定，结果表明，苗瘟中抗，叶瘟中抗，穗瘟抗；纹枯病中抗。

产量及适宜地区：2008年专家组田间测产平均单产8 993kg/hm²，比对照品种通粘1号增产8.9%；2009年区域试验，平均单产7 761kg/hm²，比对照品种通粘1号增产5.2%；两年试验，平均单产为8 376kg/hm²，比对照品种通粘1号增产7.2%。2009年生产试验，平均单产8 105kg/hm²，比对照品种通粘1号增产8.0%。适宜吉林省四平、通化、长春、吉林、松原、辽源等中晚熟平原稻区种植。

栽培技术要点：稀播育壮秧，4月中旬播种，播种量每平方米催芽种子300g，5月中下旬插秧。栽培密度为行株距30cm×20cm，每穴栽插3～4苗。氮、磷、钾配方施肥，施纯氮140～150kg/hm²，按底肥40%、分蘖肥40%、穗肥20%的比例分期施入；施纯磷90～100kg/hm²，作底肥一次性施入；施纯钾100～110kg/hm²，底肥50%、追肥50%，分两次施用。田间水分管理采取分蘖期浅，孕穗期深，籽粒灌浆期浅的灌溉方法。注意防治二化螟、稻瘟病等。

金浪1号 （Jinlang 1）

品种来源：吉林省吉林市农业科学院水稻研究所、吉林宏业种子公司1993年以S16为母本，藤系144为父本杂交系统选育而成。2003年通过吉林省农作物品种审定委员会审定，审定编号为吉审稻2003027。

形态特征和生物学特性：属粳型常规水稻。感光性弱，感温性弱，基本营养生长期短，中熟早粳。生育期132～134d，需≥10℃活动积温2 680℃。株型紧凑，茎叶浅绿色，分蘖力强，弯曲穗型，主蘖穗整齐，着粒密度适中，粒形椭圆，籽粒黄色，无芒。植株高100cm，每穴有效穗28个，穗长24cm，主穗粒数190粒，平均粒数100粒，结实率90%，千粒重26.5g。

品质特性：糙米率82.7%，精米率76.0%，整精米率74.6%，粒长4.8mm，长宽比1.8，垩白粒率4.0%，垩白度0.4%，透明度1级，碱消值7.0级，胶稠度80mm，直链淀粉含量17.5%，蛋白质含量6.9%。依据农业部NY 122—86《优质食用稻米》标准，糙米率、精米率、整精米率、长宽比、垩白粒率、垩白度、透明度、碱消值、胶稠度、蛋白质含量10项指标达优质米一级标准，直链淀粉含量1项指标达优质米二级标准。

抗性：2000—2002年吉林省农业科学院植物保护研究所连续3年采用分菌系人工接种、病区多点异地自然诱发鉴定，结果表明，苗瘟中抗，成株期叶瘟中感，穗瘟感。

产量及适宜地区：2000—2002年吉林省区试，平均单产8 093kg/hm²，比对照品种长白9号增产4.75%；2002年生产试验，平均单产9 107kg/hm²，比对照品种长白9号增产6.4%。适宜吉林省长春、松原、延边、通化、辽源中早和中熟稻区种植。累计推广种植面积4万hm²。

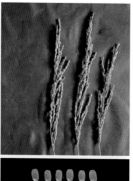

栽培技术要点：稀播育壮秧，4月中旬播种，5月中下旬插秧。栽培密度为30cm×20cm，每穴栽插3～4苗。氮、磷、钾配方施肥，施纯氮120～140kg/hm²，按底肥40%、分蘖肥30%、补肥20%、穗肥10%的比例分期施用；施纯磷60～75kg/hm²，全部作底肥施入；施纯钾90～100kg/hm²，底肥50%、拔节期追50%，分两次施入。水分管理以浅水灌溉为主，干湿结合。7月上中旬注意防治二化螟，注意及时防治稻瘟病。

金浪301 （Jinlang 301）

品种来源：吉林省吉林市宏业种子有限公司1997年以东北143为母本，上育397为父本，进行有性杂交选育而成，原代号现代2586。2006年通过吉林省农作物品种审定委员会审定，审定编号为吉审稻2006016。

形态特征和生物学特性：属粳型常规水稻。感光性弱，感温性中等，基本营养生长期短，晚熟早粳。生育期145d，需≥10℃活动积温2 900℃。株型紧凑，叶片角度小，茎叶浅绿色，分蘖力中上等，主蘖穗整齐，着粒密度适中，籽粒椭圆形，颖及颖尖黄色，无芒。平均株高115.1cm，每穴有效穗20个，主穗长24cm，主穗粒数242粒，平均穗粒数121.5粒，结实率90%，千粒重24g。

品质特性：糙米率82.3%，精米率74.0%，整精米率59.1%，粒长5.0mm，长宽比1.8，垩白粒率39.0%，垩白度4.7%，透明度2级，碱消值7.0级，胶稠度68mm，直链淀粉含量17.7%，蛋白质含量8.5%。

抗性：2003—2005年吉林省农业科学院植物保护研究所连续3年采用分菌系人工接种、病区多点异地自然诱发鉴定，结果表明，苗瘟中感，叶瘟中抗，穗颈瘟中感；纹枯病中抗。

产量及适宜地区：2003年预备试验，平均单产8 190kg/hm²，比对照品种关东107增产−6.2%；2004—2005年区域试验，平均单产8 273kg/hm²，比对照品种关东107增产5.4%。2005年生产试验，平均单产8 802kg/hm²，比对照品种关东107增产7.1%。适宜吉林省晚熟稻区种植。

栽培技术要点：稀播育壮秧，4月上旬播种，5月中旬插秧。栽培密度为行株距30cm×20cm，每穴栽插3～4苗。施纯氮130kg/hm²、纯磷70kg/hm²、纯钾100kg/hm²。田间水分管理以浅水灌溉为主，抽穗后间歇灌溉。生育期间用药剂防治各种病虫害。

金浪303（Jinlang 303）

品种来源：吉林省吉林市宏业种子有限公司1997年以藤系144/秋田小町为母本，上育397为父本杂交育成，原代号现代2441。2007年通过吉林省农作物品种审定委员会审定，审定编号为吉审稻2007017。

形态特征和生物学特性：属粳型常规水稻。感光性弱，感温性中等，基本营养生长期短，迟熟早粳。生育期144d，需≥10℃活动积温2 900℃。株型紧凑，茎叶浅绿色，分蘖力中上等，大穗，着粒较密，谷粒椭圆，颖壳黄色，无芒。平均株高112.4cm，平均穗长21.2cm，平均穗粒数118.1粒，结实率89.1％，千粒重24.9g。

品质特性：糙米率81.9％，精米率73.4％，整精米率62.5％，粒长5.1mm，长宽比1.9，垩白粒率20.0％，垩白度1.6％，透明度1级，碱消值7.0级，胶稠度62mm，直链淀粉含量17.0％，蛋白质含量9.1％。依据NY/T 593—2002《食用稻品种品质》标准，米质符合五等食用粳稻品种品质规定要求。

抗性：2004—2006年吉林省农业科学院植物保护研究所连续3年采用分菌系人工接种、病区多点异地自然诱发鉴定，结果表明，苗瘟中感，叶瘟中感，穗颈瘟中感；2005—2006年在15个田间自然诱发有效鉴定点次中，纹枯病中抗。

产量及适宜地区：2004年预备试验，平均单产8 699kg/hm²，比对照品种关东107增产0.5％；2005年区域试验，平均单产7 934kg/hm²，比对照品种关东107增产3.9％；2006年区域试验，平均单产8 249kg/hm²，比对照品种关东107增产5.1％；两年区域试验，平均单产8 091kg/hm²，比对照品种关东107增产4.5％。2006年生产试验，平均单产8 268kg/hm²，比对照品种关东107增产2.1％。适宜吉林省≥10℃活动积温2 900℃左右的晚熟稻区种植。

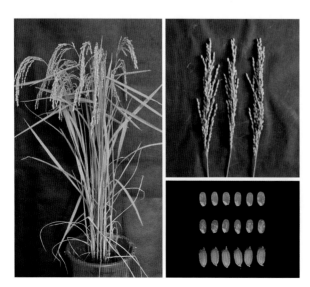

栽培技术要点：稀植育壮秧，4月上旬播种育苗，5月上中旬插秧。栽培密度为行株距30cm×20cm，每穴栽插3～4苗。中等肥力条件下，施纯氮130kg/hm²，纯磷70kg/hm²，纯钾100kg/hm²。田间水分管理以浅为主，抽穗后间歇灌溉。生育期间用药剂防治病虫害。

锦丰 （Jinfeng）

品种来源：吉林省种子总站和吉林市种子公司1984年从早锦变异株中采用系谱人工选择育成，原代号850011，审定编号为吉审稻1995002。

形态特征和生物学特性：属粳型常规水稻。感光性弱，感温性弱，基本营养生长期短，迟熟早粳。生育期142d，需≥10℃活动积温2 800℃。叶片直立，叶鞘、叶缘、叶枕均绿色，株型紧凑，茎秆韧性好，活秆成熟，分蘖力强，着粒密度适中，主蘖穗一致，谷粒椭圆形，颖及颖尖黄色，无芒。株高95cm，主茎叶14片，单本插秧平均每穴有效穗约18个，穗长18.5cm，平均每穗约95粒，结实率93%以上，稻谷千粒重26g。

品质特性：糙米率84.0%，精米率77.5%，整精米率67.9%。米粒透明，无腹白，米质优良。

抗性：对温光反应不敏感，抗纹枯病。耐肥抗倒。

产量及适宜地区：1992—1994年区域试验，平均单产8 390kg/hm²，比对照品种下北增产5.0%；1993—1994年生产试验，平均单产8 214kg/hm²，比对照品种下北增产8%。主要适宜吉林省吉林、长春、四平、通化平原地区的晚熟稻区种植。累计推广面积达9.7万hm²。

栽培技术要点：4月上中旬播种，5月中旬插秧，9月中旬成熟。培育壮秧，秧龄30d，插秧密度39cm×13cm或30cm×20cm，每穴栽插3～4苗。中等肥力条件下施纯氮150～165kg/hm²，前重后轻，分期施入。浅水灌溉，干湿结合。7月初秧苗长势过旺酌情晒田。生育期注意药剂防治。

九稻11（Jiudao 11）

品种来源：吉林省吉林市农业科学院1977年以吉粳60×松前的F_6为母本，M71-11-3为父本杂交系选育成，原代号九8515。1990年通过吉林省农作物品种审定委员会审定，审定编号为吉审稻1990002。

形态特征和生物学特性：属粳型常规水稻。感光性弱，感温性弱，基本营养生长期短，迟熟早粳。生育期140d，需≥10℃活动积温2 900℃。株型紧凑，叶片长度中等，剑叶角度较直立，叶色绿。着粒密度适中，谷粒椭圆形，颖及颖尖黄色，无芒。株高95cm，主茎叶13片，穗长17cm，平均穗粒数75粒，结实率90%，千粒重25g。

品质特性：糙米率83.0%，蛋白质含量6.27%，直链淀粉含量11.5%，胶稠度84mm，碱消值7.0级。适口性较好，米质优良。

抗性：苗期抗寒性强，抽穗后成熟快，抗倒伏性强，抗稻性较强，田间抗性较好。

产量及适宜地区：1987—1989年区试试验，平均单产7 517kg/hm²，比对照品种下北增产4.3%；1988—1989年生产试验，平均单产7 697kg/hm²，比对照品种下北增产10.5%。适宜吉林省中晚熟稻区种植。1991年吉林省推广面积达6.8万hm²。

栽培技术要点：提倡稀播、稀插，4月中旬育苗，5月中下旬插秧，旱育苗播量200g/m²。插秧密度30cm×13cm，每穴栽插4～5苗。一般中上等肥力条件下，施纯氮125～150kg/hm²。水层管理以浅为主，干湿结合，适期晾田，抽穗至成熟期要间歇灌水。生育期间注意防治稻瘟病。

九稻12（Jiudao 12）

品种来源：吉林省吉林市农业科学院1981年以双丰8号为母本，秋光为父本杂交系选育成，原代号九8734。1992年通过吉林省农作物品种审定委员会审定，审定编号为吉审稻1992001。

形态特征和生物学特性：属粳型常规水稻。感光性弱，感温性弱，基本营养生长期短，迟熟早粳。生育期约142d，介于下北、秋光之间，需≥10℃活动积温2 800℃。分蘖力中等，成穗率高，主蘖整齐，株型紧凑，茎秆坚韧有弹性，剑叶稍长而直立，叶色绿，青秆黄熟，着粒密度中等，结实率高，谷粒椭圆形，间稀短芒，颖及颖尖黄色。株高100cm，主茎叶13～14片，穗长13～20cm，穗粒数95～110粒，千粒重25g。

品质特性：蛋白质含量6.3%，直链淀粉含量14.1%，胶稠度90mm，碱消值7.0级。适口性好，米质优良。

抗性：叶瘟中感、穗颈瘟中感，抗纹枯病较强，抗寒性强，耐盐性较强，抗倒性强。

产量及适宜地区：1989—1991年区域试验，平均单产8 054kg/hm²，比对照品种下北增产7.3%；1990—1991年生产试验，平均单产8 106kg/hm²，比对照下北增产11.6%。适宜吉林省秋光、下北、早锦等品种种植区种植。

栽培技术要点：提倡稀播、稀插，4月中旬育苗，5月中下旬插秧，旱育苗播量200g/m²。插秧密度30cm×13cm，每穴栽插4～5苗。一般中上等肥力条件下，施纯氮125～150kg/hm²。水层管理以浅为主，干湿结合，适期晾田，抽穗至成熟期要间歇灌水。生育期间注意防治稻瘟病。

九稻13（Jiudao 13）

品种来源：吉林省吉林市农业科学院1984年以吉林省农业科学院原子能所福光品种辐射材料为基础，经系谱法选育而成，原代号九87-11。1993年通过吉林省农作物品种审定委员会审定，审定编号为吉审稻1993006。

形态特征和生物学特性：属粳型常规水稻。感光性弱，感温性弱，基本营养生长期短，迟熟早粳。生育期148d，需≥10℃活动积温2 900℃。幼苗矮壮，株型紧凑，叶片直立，叶鞘、叶缘、叶枕均为绿色，茎秆粗壮且富有弹性。分蘖力强，主蘖穗整齐，成穗率高，着粒密度适中，谷粒呈椭圆形，颖壳较薄，呈黄白色，有间稀短芒，颖尖黄白色。株高90cm，穗长18cm，平均每穴有效穗数14个，平均每穗87.8粒，结实率90%，千粒重25.6g。

品质特性：糙米率82.0%，米粒半透明，垩白度小，适口性好，米质优良。

抗性：对光温反应较稳定。抗稻瘟病，较抗纹枯病。耐肥、抗倒伏。耐寒性较强。

产量及适宜地区：1989—1991年区域试验，平均单产8 280kg/hm²，比对照品种秋光增产1.6%；1990—1991年生产试验，平均单产8 610kg/hm²，比对照品种秋光增产8.4%。适宜吉林省吉林、长春、四平、通化等地无霜期较长的平原区种植。

栽培技术要点：4月上旬播种，5月下旬插秧。插秧行距30cm，株距13.2 ～ 16.5cm，每穴栽插3 ～ 4苗。在中等肥力未施农肥的稻田，施纯氮150 ～ 175kg/hm²。氮肥应采用5次均衡施肥法，底肥（可加磷、钾）、分蘖肥、补肥、穗肥、粒肥（巧施）均为等量。水层管理返青后以浅为主，干湿结合，在抽穗前7 ～ 10d晒田，抽穗至成熟期要间歇灌溉。

九稻14（Jiudao 14）

品种来源：吉林省吉林市农业科学院1984年以秋丰为母本，双丰8号为父本杂交系选育成，原代号九89-11。1994年通过吉林省农作物品种审定委员会审定，审定编号为吉审稻1994008。

形态特征和生物学特性：属粳型常规水稻。感光性弱，感温性弱，基本营养生长期短，中熟早粳。生育期137～138d，需≥10℃活动积温2 700℃。叶片宽长且直立，叶色偏淡。分蘖力强，成穗率高，主蘖穗整齐，后期至成熟期植株常呈现一定的倾斜，着粒密度适中，谷粒椭圆形，颖及颖尖呈黄白色。株高100cm，平均每穴有效穗数20.5个，穗长19cm，平均每穗95粒，结实率85%，千粒重27g。

品质特性：糙米率83.2%，精米率76.4%，整精米率67.9%，垩白度5.6%，碱消值7.0级，胶稠度70mm，直链淀粉含量18.5%，蛋白质含量6.4%。米饭滑润、柔软，适口性良好。

抗性：抗稻瘟病性较强。

产量及适宜地区：1991—1993年区域试验，平均单产8 490kg/hm²，比对照品种下北增产7.3%；1992—1993年生产试验，平均单产8 520kg/hm²，比对照品种下北增产8.3%。适宜吉林省吉林、长春、白城、延边等下北品种能安全成熟的区域种植，但不宜在涝洼地、漂垡地及排水不畅的地块种植。1991年吉林省推广面积达6.8万hm²。

栽培技术要点：4月中旬育苗，5月中下旬插秧。插秧密度一般为30cm×13cm或30cm×20cm，每穴栽插3～5苗。提倡农肥和化肥相结合，做到氮、磷、钾肥配合使用。一般在中等肥力条件下，施纯氮140kg/hm²，用量可比一般品种减少10%。做到底肥足（占30%），蘖肥早（占20%），补肥巧（占10%）（在前期生长过茂地块可少施或不施），穗肥调（占20%），粒肥保（占20%）的平稳施肥。水层管理以浅为主，干湿结合，严禁大水深灌，对前期生长过旺的地块要在7月上旬晒田7～10d，保证水稻生长稳健，抽穗至成熟间歇灌溉。

九稻15（Jiudao 15）

品种来源：吉林省吉林市农业科学院1983年以（陆奥小町/下北）F₃为母本，中作75为父本杂交系选育成，原代号九7002。1995年通过吉林省农作物品种审定委员会审定，审定编号为吉审稻1995007。

形态特征和生物学特性：属粳型常规水稻。感光性弱，感温性弱，基本营养生长期短，中熟早粳。生育期143d，需≥10℃活动积温2 800℃。叶片直立，剑叶角度小。分蘖力强，茎秆粗壮且坚韧有弹性。着粒密度中等，谷粒椭圆形略细长形，种皮及颖尖黄白色，无芒。株高90～95cm，穗长18cm，每穗100粒，结实率90%，千粒重25g。

品质特性：糙米率82.3%，精米率75.5%，整精米率65.2%，垩白粒率10.0%，垩白度0.1%，透明度1级，碱消值7.0级，胶稠度71mm，直链淀粉含量18.1%，蛋白质含量6.3%。米粒透明，米质优良。

抗性：中抗稻瘟病，抗白叶枯病。耐肥抗倒伏，较抗寒。

产量及适宜地区：1991—1993年区域试验，平均单产8 345kg/hm²，比对照品种下北增产5.0%；1993—1994年生产试验，平均单产8 048kg/hm²，比对照品种下北增产6.1%。适宜吉林省吉林、长春、四平、通化等晚熟稻区种植。

栽培技术要点：4月中旬播种，5月中旬插秧。插秧密度30cm×13cm或30cm×20cm，每穴栽插2～3苗。一般土壤肥力条件下施纯氮160～175kg/hm²，以前期施肥为重点，按底肥、分蘖肥、补肥、穗肥比例4：3：2：1分期施入，根据土壤肥力情况配施磷、钾肥。

九稻16 (Jiudao 16)

品种来源：吉林省吉林市农业科学院1981年以双丰8号为母本，秋光为父本杂交系选育成，原代号九B354。1995年通过吉林省农作物品种审定委员会审定，审定编号为吉审稻1995004。

形态特征和生物学特性：属粳型常规水稻。感光性弱，感温性弱，基本营养生长期短，中熟早粳。生育期138d，需≥10℃活动积温2 700℃。叶片绿色，叶长中等，剑叶角度较直立，茎集散度较紧凑，着粒密度适中，谷粒椭圆形，种皮和颖尖黄色，无芒。株高100cm，主茎叶13片，穗长18cm，每穗粒数95粒，结实率90%，千粒重27g。

品质特性：蛋白质含量7.4%，直链淀粉含量17.6%，糙米率83.0%。

抗性：中抗稻瘟病，水平抗性较好。抗寒性、抗倒性、耐盐碱性、抗纹枯病性较强。

产量及适宜地区：1992—1994年区域试验，平均单产7 635kg/hm²，比对照品种下北增产8.2%；1993—1994年生产试验，平均单产6 720kg/hm²，比对照品种下北增产12.5%。适宜吉林省吉林、延边、通化、松原等中早熟区及中熟区的井灌稻区种植。1995年以来吉林省推广面积超过6.8万hm²。

栽培技术要点：4月中下旬育苗，5月中下旬插秧。插秧密度30cm×13cm，每穴栽插4～5苗。提倡农肥和化肥相结合，氮、磷、钾配合施入，氮肥做到底肥足、蘖肥早、穗肥巧，前后施肥比例为8：2，施纯氮125～150kg/hm²。水层管理以浅为主，干湿结合，适期晒田，抽穗至成熟间歇灌溉。

九稻18（Jiudao 18）

品种来源：吉林省吉林市农业科学院1985年以吉83-40为母本，小田代5号为父本杂交系选育成，原代号九9214。1997年通过吉林省农作物品种审定委员会审定，审定编号为吉审稻1997038。

形态特征和生物学特性：属粳型常规水稻。感光性弱，感温性弱，基本营养生长期短，迟熟早粳。生育期141d，需≥10℃活动积温2 800℃。叶色偏深，株型紧凑度适中，分蘖力强，穗子偏大。谷粒椭圆形，有间稀芒。抽穗后灌浆速度稍慢，茎秆强韧，抗倒伏性强，植株后期不早衰。株高97cm，每穴有效穗数25个，穗长18cm，平均穗粒数100粒，结实率88%，千粒重26.5g。

品质特性：糙米率83.7%，精米率75.4%，整精米率65.9%，透明度2级，垩白粒率34.0%，垩白度5.6%，粒长5.1mm，长宽比1.7，碱消值7.0级，胶稠度82mm，直链淀粉含量18.8%，蛋白质含量7.7%。米饭松软，适口性好，冷凉后仍柔软可口。

抗性：1994—1996年吉林省农业科学院植物保护研究所连续3年进行了分菌系人工接种鉴定和病区多点自然诱发鉴定，结果表明，苗期中感稻瘟病，成株期中抗叶瘟和穗瘟。

产量及适宜地区：1994—1996年区域试验，平均单产8 517kg/hm²，比对照品种吉引12增产4.0%；1995—1996年生产试验，平均单产8 685kg/hm²，比对照品种吉引12增产8.0%。适宜吉林省吉林、长春、四平、辽源等≥10℃活动积温2 850℃以上的中晚熟稻区种植。吉林省累计推广面积1万hm²。

栽培技术要点：4月中旬播种，5月中下旬插秧。采用稀植的栽培技术，插秧密度一般为30cm×11cm或30cm×20cm，每穴栽插3～4苗。施肥提倡农肥与化肥相结合，做到氮、磷、钾肥配合使用，一般在中等肥力条件下，施纯氮150～160kg/hm²。水层管理以浅为主，干湿结合。

九稻19（Jiudao 19）

品种来源：吉林省吉林市农业科学院1985年以（吉8316×广陆矮4号）F₁为母本，山形22为父本，采用籼粳稻亚远源杂交系谱法育成，原代号九9216。分别通过吉林省（1997）和宁夏回族自治区（2003）农作物品种审定委员会审定，审定编号为吉审稻1997004和宁审稻2003002。

形态特征和生物学特性：属粳型常规水稻。感光性弱，感温性弱，基本营养生长期短，中熟早粳。生育期138d，需≥10℃活动积温2 750～2 800℃。株型紧凑，叶片上举，茎秆强壮有韧性。分蘖力强，主蘖穗整齐。谷粒椭圆形，颖及颖尖黄色，无芒。多蘖且成穗率高。株高98～100cm，平均穗粒数100粒，结实率90%～95%，千粒重26～27g。

品质特性：糙米率82.7%，精米率71.5%，整精米率62.5%，长宽比为1.8，透明度0.6级，垩白度4.5%，碱消值7.0级，胶稠度77mm，直链淀粉含量19.2%，蛋白质含量8.2%。蒸煮品质好，食味品质良，适口性良好。

抗性：1994—1996年经吉林省农业科学院植物保护研究所人工接种鉴定和自然诱发鉴定，苗瘟高抗，叶瘟中抗，穗瘟中抗。

产量及适宜地区：1994—1996年区域试验，平均单产8 331kg/hm²，比对照品种吉引12增产1.9%；1995—1996年生产试验，平均单产8 370kg/hm²，比对照品种吉引12增产4.3%。适宜吉林省吉林、长春、延边、白城、松原等地≥10℃活动积温2 800℃以上的中晚熟稻区及宁夏引黄灌区插秧、直播种植。累计推广面积达8.3万hm²。

栽培技术要点：4月中旬播种，5月中下旬插秧。播种前必须进行种子药剂消毒，防治恶苗病。插秧密度30cm×17cm或30cm×20cm，每穴栽插2～3苗。施纯氮150～170kg/hm²，按底肥、分蘖肥、补肥、穗肥分期施用，其分施比例为4：3：2：1。以适量磷、钾肥搭配作底肥。灌水以浅灌为主。

九稻20 （Jiudao 20）

品种来源：吉林省吉林市农业科学院以福光品种辐射处理，经系谱法选育而成，原代号九海8606。1998年通过吉林省农作物品种审定委员会审定，审定编号为吉审稻1998005。

形态特征和生物学特性：属粳型常规水稻。感光性弱，感温性弱，基本营养生长期短，中熟早粳。生育期135d，需≥10℃活动积温2 700～2 750℃。株型紧凑，剑叶稍宽，叶色绿，主蘖穗较整齐，分蘖力中上等，成穗率较高，谷粒椭圆形，有间稀短芒，颖及颖尖黄色。株高95cm，每穗平均粒数90粒，结实率90%，千粒重26g。

品质特性：糙米率88.8%，精米率75.1%，整精米率71.6%，长宽比1.7，透明度2级，垩白粒率48.0%，垩白度6.3%，碱消值7级，胶稠度76mm，直链淀粉含量17.5%，蛋白质含量9.6%。适口性好，米饭不回生。

抗性：1995—1997年吉林省农业科学院植物保护研究所连续3年采用分菌系人工接种、病区多点自然诱发鉴定，结果表明，苗瘟感，叶瘟中抗，穗瘟感。

产量及适宜地区：1995—1997年区域试验，平均单产8 007kg/hm²，比对照品种藤系138增产7.2%；1996—1997年生产试验，平均单产7 940kg/hm²，比对照品种藤系138增产8.4%。适宜吉林省吉林、长春、延边、白城地区藤系138安全抽穗成熟的稻区种植。累计推广面积达8.1万hm²。

栽培技术要点：宜在中上等肥力条件下种植。种子要严格消毒，4月中下旬播种，稀播育壮秧。5月下旬插秧，插秧密度一般 为30cm×17cm或30cm×20cm，每穴栽插3～5苗。施肥提倡农肥与化肥相结合，氮、磷、钾肥配合施用或施用水稻专用肥，单施氮肥一般施纯氮150kg /hm²。水管理以浅为主，生育后期干湿结合。

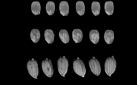

九稻21（Jiudao 21）

品种来源：吉林省吉林市农业科学院1990年从日本颖尖品系庄355选择优良变异株，经系选育成，原代号九9421。2000年通过吉林省农作物品种审定委员会审定，审定编号为吉审稻2000007。

形态特征和生物学特性：属粳型常规水稻。感光性弱，感温性弱，基本营养生长期短，迟熟早粳。生育期142d，需≥10℃活动积温2 800～2 850℃。株型紧凑，叶片直立。分蘖力强，茎秆粗壮，抗倒，剑叶较长而直立，主穗较齐。株高115～120cm，平均穗粒数120粒，结实率85%～90%，千粒重26～27g。

品质特性：米质较优，适口性好。

抗性：1996—1998年吉林省农业科学院植物保护研究所连续3年采用分菌系人工接种、病区多点异地自然诱发鉴定，结果表明，苗瘟中感，叶瘟中抗，穗瘟感。耐肥，抗寒性较强，抗倒伏。

产量及适宜地区：1996—1998年区域试验，平均单产8 866kg/hm²，比对照品种农大3号增产3.2%；1997—1998年生产试验，平均单产8 210kg/hm²，比对照品种农大3号增产5.6%。适宜吉林省中晚熟稻区种植。

栽培技术要点：4月10日前后播种育苗，5月中旬插秧，播前搞好药剂浸种消毒。催芽播种，提倡稀播育壮秧，插秧密度30cm×20cm，每穴栽插3～4苗。施纯氮120～130kg/hm²，宜重施底肥，并配施磷、钾肥作底肥，适当补施氮肥，孕穗期（7月中旬）巧施穗肥。灌水以浅灌为主。生育期间及时采用药剂防治稻瘟病。

九稻22 （Jiudao 22）

品种来源：吉林省吉林市农业科学院1998年以庄内324为母本，藤系138为父本系选育成，原代号九9432。分别通过吉林省（1999）和国家（2000）农作物品种审定委员会审定，审定编号为吉审稻1999005和国审稻20000012。

形态特征和生物学特性：属粳型常规水稻。感光性弱，感温性弱，基本营养生长期短，迟熟早粳。生育期145～147d，需≥10℃活动积温2 850～3 000℃。株型紧凑，叶片直立，分蘖力强，茎秆坚韧，穗后剑叶稍长而直立。主蘖穗整齐，一次枝梗多，二次枝梗少。籽粒椭圆形，颖及颖尖黄色，有间稀顶芒。株高105～110cm，主茎叶14片，穗长20～22cm，平均穗粒数120粒，结实率90%，千粒重28g。

品质特性：糙米率83.4%，精米率75.6%，整精米率68.2%，粒长5.0mm，长宽比1.6，透明度1级，垩白粒率51.0%，垩白度4.1%，碱消值7.0级，胶稠度58mm，直链淀粉含量19.7%，蛋白质含量7.8%。

抗性：1996—1998年吉林省农业科学院植物保护研究所连续3年采用分菌系人工接种、病区多点异地自然诱发鉴定，结果表明，苗瘟中抗，叶瘟中抗，穗瘟中感。

产量及适宜地区：1998年参加全国北方稻区秋光熟期组区试，平均单产10 482kg/hm²，比对照秋光增产8.0%，1999年续试平均单产10 377kg/hm²，比对照品种秋光增产10.7%；1999年生产试验，平均单产10 305kg/hm²，比对照品种秋光增产3.6%。适宜在北方秋光熟期的稻区种植。累计推广面积达3万hm²。

栽培技术要点：在吉林省4月上旬播种，5月20日左右插秧。盘育苗每盘播催芽种子50～60g，旱育苗催芽种子每平方米播100～200g。栽插规格30cm×（20～23)cm，每穴栽插2～3苗。施纯氮150kg/hm²，按4∶3∶2∶1的比例分底肥、分蘖肥、补肥、穗肥4次施入，磷和钾各75kg/hm²作底肥一次性施入。灌水以浅为主，干湿结合，抽穗后采用间歇灌溉。

九稻23（Jiudao 23）

品种来源：吉林省吉林市农业科学院1988年以青系96为母本，藤系138为父本杂交系选育成，原代号九9423。2000年分别通过吉林省和国家农作物品种审定委员会审定，审定编号为吉审稻2000008和国审稻20000013。

形态特征和生物学特性：属粳型常规水稻。感光性弱，感温性弱，基本营养生长期短，迟熟早粳。生育期142d，比秋光早2～3d，需≥10℃活动积温2 800℃。叶片稍长，叶色淡绿，株型紧凑度适中。分蘖力较强，穗子偏大，青秆黄熟。谷粒椭圆形，有间稀芒，颖及颖尖黄色。株高100cm，平均每穗100粒，结实率90%，千粒重26.2g。

品质特性：糙米率84.4%，精米率77.8%，整精米率72.2%，粒长5.3mm，长宽比1.7，透明度1级，垩白粒率17.0%，垩白度2.6%，碱消值7.0级，胶稠度68mm，直链淀粉含量19.2%，蛋白质含量7.1%。

抗性：1996—1998年吉林省农业科学院植物保护研究所连续3年采用分菌系人工接种、病区多点异地自然诱发鉴定，结果表明，苗瘟中抗，叶瘟中抗，穗瘟感。

产量及适宜地区：1996—1998年区域试验，平均单产8 792kg/hm²，比对照品种农大3号增产2.9%；1997—1998年生产试验，平均单产8 756kg/hm²，比对照品种农大3号增产5.6%。适宜吉林、辽宁、黑龙江、新疆生育期间≥10℃活动积温2 850℃以上，稻瘟病轻发区种植。

栽培技术要点：4月10日前后播种育苗，5月中旬插秧。采用稀播育壮秧技术，盘育苗每盘播催芽种子60g，旱育苗每平方米播催芽种子200g。插秧密度一般为30cm×17cm或30cm×20cm，每穴栽插3～4苗。在增施磷、钾肥基础上，施纯氮150～175kg/hm²，可分底肥、分蘖肥、补肥、穗肥分期施入。水层管理以浅为主，干湿结合。生育期间注意及时防治稻瘟病。

九稻24（Jiudao 24）

品种来源：吉林省吉林市农业科学院1987年以吉粳51为母本，东北125号为父本系选育成，原代号九9401。1999年通过吉林省农作物品种审定委员会审定，审定编号为吉审稻1999004。

形态特征和生物学特性：属粳型常规水稻。感光性弱，感温性弱，基本营养生长期短，早熟早粳。生育期130d，比长白9号早1～2d，需≥10℃活动积温2 600℃。株型紧凑度适中，分蘖力中等。成穗率高，主蘖穗整齐，着粒密度适中。株高95cm，穗长18cm，平均每穗90粒，结实率85%，千粒重26.5g。

品质特性：糙米率88.8%，精米率75.1%，整精米率71.6%，长宽比1.7，透明度2级，垩白粒率48.0%，垩白度6.3%，碱消值7.0级，胶稠度76mm，直链淀粉含量17.5%，蛋白质含量9.6%。适口性好，米饭不回生。

抗性：1995—1997年吉林省农业科学院植物保护研究所连续3年采用分菌系人工接种、病区多点自然诱发鉴定，结果表明，苗瘟感，叶瘟中抗，穗瘟感。

产量及适宜地区：1996—1998年区域试验，平均单产7 227kg/hm²，比对照品种长白9号增产1.0%；1997—1998年生产试验，平均单产7 347kg/hm²，比对照品种长白9号减产0.2%。适宜吉林省山区、半山区≥10℃活动积温2 600℃以上稻区及平原小井稻区种植。累计推广面积达1万hm²。

栽培技术要点：宜在中上等肥力条件下种植，4月中旬播种，5月下旬插秧。插秧密度30cm×17cm或30cm×20cm，每穴栽插3～5苗。提倡农肥与化肥相结合，氮、磷、钾肥配合施用或施用水稻专用肥，单施氮肥一般施纯氮150kg/hm²。水层管理以浅为主。推广中应采用综合防病措施。

九稻26 (Jiudao 26)

品种来源：吉林省吉林市农业科学院1989年以（吉8611/S16）F_1母本，藤系138为父本杂交系选育成，原代号九花3号。2000年通过吉林省农作物品种审定委员会审定，审定编号为吉审稻2000009。

形态特征和生物学特性：属粳型常规水稻。感光性弱，感温性弱，基本营养生长期短，迟熟早粳。生育期145d，与秋光相仿，需≥10℃活动积温2 800～3 000℃。叶色淡绿，株型紧凑，茎秆坚硬有弹性。主蘖穗整齐，穗着粒密度适中，分蘖力中上等。谷粒椭圆形，有间稀芒，颖及颖尖黄色。株高95cm，穗长约18cm，平均穗粒数95粒，结实率90%，千粒重27g。

品质特性：糙米率83.4%，精米率75.6%，整精米率68.2%，粒长5.0mm，长宽比1.6，透明度1级，垩白粒率51%，垩白度4.1%，碱消值7.0级，胶稠度58mm，直链淀粉含量19.7%，蛋白质含量7.8%。

抗性：1996—1998年吉林省农业科学院植物保护研究所连续3年采用分菌系人工接种、病区多点异地自然诱发鉴定，结果表明，苗瘟中抗，叶瘟中抗，穗瘟中感。

产量及适宜地区：1996—1998年区域试验，平均单产8 325kg/hm²，比对照品种关东107增产0.3%；1997—1998年生产试验，平均单产8 217kg/hm²，比对照品种关东107增产8.3%。适宜吉林省吉林、长春、通化、松原、四平等晚熟稻区种植。

栽培技术要点：采用稀播育壮秧技术，盘育苗每盘播催芽种子60g，旱育苗每平方米播催芽种子200g。一般插秧密度30cm×17cm或30cm×20cm，每穴栽插3～4苗。在增施磷、钾肥基础上，施纯氮150～175kg/hm²，可分底肥、分蘖肥、补肥、穗肥分期施入。水层管理以浅为主，干湿结合。生育期间注意及时防治稻瘟病。

九稻27（Jiudao 27）

品种来源：吉林省吉林市农业科学院以山形38为母本，藤系144为父本，进行有性杂交后，经单倍体花药培育选育而成，原代号九新152。分别通过吉林省（2001）和国家（2003）农作物品种审定委员会审定，审定编号为吉审稻2001003和国审稻2003024。

形态特征和生物学特性：属粳型常规水稻。感光性弱，感温性弱，基本营养生长期短，迟熟早粳。生育期141d，需≥10℃活动积温2800℃。叶色中等，株型紧凑，茎秆坚硬有弹性。分蘖力中上等，主蘖穗整齐，穗着粒密度适中。谷粒椭圆形，有间稀芒，颖及颖尖黄色。株高105cm，穗长18cm，平均穗粒数100粒，结实率90%，千粒重26g。

品质特性：糙米率82.6%，精米率75.2%，整精米率65.6%，粒长5.0mm，长宽比1.8，垩白粒率12.0%，垩白度0.8%，透明度1级，碱消值7.0级，胶稠度85mm，直链淀粉含量16.8%，蛋白质含量9.0%。10项指标达部颁优质米一级标准。

抗性：1998—2000年吉林省农业科学院植物保护研究所连续3年采用分菌系人工接种、病区多点异地自然诱发鉴定，结果表明，苗瘟中抗，叶瘟中感，穗瘟中感。抗倒伏、抗低温性强。

产量及适宜地区：1997年预备试验，平均单产8700kg/hm²，比对照品种农大3号增产3.7%；1998—2000年区域试验，平均单产8712kg/hm²，比对照品种农大3号增产1.6%；1999—2000年生产试验，平均单产8567kg/hm²，比对照品种农大3号增产3.2%。适宜黑龙江南部、内蒙古东部、辽宁北部、吉林省吉林、通化、松原、四平、长春等中晚熟稻区以及宁夏稻区的稻瘟病轻发区种植。

栽培技术要点：在当地温度达到4～5℃以上时即可播种，播种期为4月中上旬，盘育苗播催芽种子60g/盘，旱育苗200g/m²。插秧密度30cm×20cm或30cm×25cm，每穴栽插3～4苗，插秧日期为5月中旬。插秧苗床地要选背风、向阳、干燥、平坦、肥沃、靠近电源和水源，最好庭院园田为好。在增施磷、钾肥的基础上，补肥占20%(6月20～25日施)，穗肥占20%（7月10～15日施），粒肥占20%（7月20～25日施）。水管理以浅为主，干湿结合。在整个生育期内注意病虫草鼠害的防治。

九稻29 (Jiudao 29)

品种来源：吉林省吉林市农业科学院1995年从藤系144中选择优良变异株，经系谱法育成，原代号九9701。2002年通过吉林省农作物品种审定委员会审定，审定编号为吉审稻2002001。

形态特征和生物学特性：属粳型常规水稻。感光性弱，感温性弱，基本营养生长期短，中熟早粳。生育期133d，需≥10℃活动积温2 650℃。株型良好，分蘖力中上等，主蘖穗整齐，谷粒椭圆形，无芒，颖及颖尖黄色。株高98cm，平均穗长18cm，平均穗粒数98粒，千粒重26g。

品质特性：米质主要指标达部颁优质米一级标准，食味好。

抗性：1998—2000年吉林省农业科学院植物保护研究所连续3年采用分菌系人工接种、病区多点异地自然诱发鉴定，结果表明，苗瘟中抗，叶瘟中感，穗瘟中感。抗倒伏、抗低温性强。

产量及适宜地区：1999—2000年区域试验，平均单产7 323kg/hm²，比对照品种长白9号增产0.3%；2000—2001年生产试验，平均单产8 109kg/hm²，比对照品种长白9号增产2.3%。适宜吉林省长白9号的中早熟区种植。

栽培技术要点：4月10日前后播种育苗，播前搞好药剂浸种消毒，催芽播种，稀播育壮秧，5月中下旬插秧。插秧密度30cm×20cm，每穴栽插3～4苗。氮、磷、钾配方施肥。施纯氮120kg/hm²，分期施入。水层管理以浅为主。注意及时防治稻瘟病。

九稻3号 （Jiudao 3）

品种来源：吉林省吉林市农业科学研究所1967年从吉粳41的自然变异株中系选育成，1974年推广。1978年通过吉林省农作物品种审定委员会审定。

形态特征和生物学特性：属粳型常规水稻。感光性弱，感温性弱，基本营养生长期短，中熟早粳。生育期132～135d，需≥10℃活动积温2 700℃。幼苗粗壮浓绿，长势强健。茎秆粗壮，叶片较宽而直立，株型较紧凑，叶鞘、叶缘、叶枕均为绿色。穗较大，着粒较稀，谷粒阔卵形，无芒，颖壳黄色，颖尖褐色，抽穗整齐，成穗率高。株高约100cm，主茎叶14～15片，穗长约18cm，平均每穗约75粒，平均每穴有效穗12～13个，结实率95％左右，千粒重约26g。

品质特性：米白色，米质中等。

抗性：苗期耐寒性较强，耐肥、抗倒伏，中抗稻瘟病。

产量及适宜地区：一般平均单产6 000～6 500kg/hm²。适宜吉林省的吉林、延边、长春、四平、通化等无霜期130d左右的地区种植。1976年种植面积1万hm²，1977年推广面积1.33万hm²。

栽培技术要点：宜在中上等肥力条件下栽培。采用薄膜保温育苗，4月中下旬播种，每平方米苗床播种量0.3kg；大棚盘育苗，每盘播种量0.1kg。秧龄35～40d，5月下旬插秧，行穴距30cm×10cm，每穴栽插7～8苗。因分蘖较少，每穴可适当增加苗数。施纯氮125kg/hm²。浅水灌溉。施肥较多的田块，要注意及时防治稻瘟病。

九稻30（Jiudao 30）

品种来源：吉林省吉林市农业科学院以九8711为母本，秋丰为父本有性杂交系选育成，原代号九K97-54。2002年通过吉林省农作物品种审定委员会审定，审定编号为吉审稻2002010。

形态特征和生物学特性：属粳型常规水稻。感光性弱，感温性弱，基本营养生长期短，中熟早粳。生育期135d，需≥10℃活动积温2 700℃。株型较好，分蘖力中上等，谷粒椭圆形，颖及颖尖黄色，有间稀短芒。株高90cm，平均穗长18cm，平均穗粒数128粒，结实率90%，千粒重26.7g。

品质特性：米质主要指标达部颁优质米一级标准。

抗性：1999—2001年吉林省农业科学院植物保护研究所连续3年采用分菌系人工接种、病区多点异地自然诱发鉴定，结果表明，苗瘟中抗，叶瘟中感，穗瘟中感。

产量及适宜地区：1999—2001年区域试验，平均单产7 988kg/hm²，比对照品种吉玉粳增产8.0%；2000—2001年生产试验，平均单产8 450kg/hm²，比对照品种吉玉粳增产11.5%。适宜吉林省≥10℃活动积温2 600℃以上的中熟稻作区种植。

栽培技术要点：4月10日前后播种育苗，播前搞好药剂浸种消毒，催芽播种，稀播育壮秧，5月中下旬插秧。插秧密度30cm×20cm，每穴栽插3～4苗。氮、磷、钾配方施肥。施纯氮120kg/hm²，分期施入。水层管理以浅为主。注意及时防治稻瘟病。

九稻31（Jiudao 31）

品种来源：吉林省吉林市农业科学院水稻研究所1990年以蒙齐为母本，九B366为父本，进行有性杂交，系谱法育成，原代号九K97-12。2002年通过吉林省农作物品种审定委员会审定，审定编号为吉审稻2002016。

形态特征和生物学特性：属粳型常规水稻。感光性弱，感温性弱，基本营养生长期短，中熟早粳。生育期138d，需≥10℃活动积温2 800℃。株型较紧凑，茎秆坚韧不早衰，谷粒椭圆形，颖及颖尖黄色，有间稀短芒。株高96cm，平均穗长20cm，平均穗粒数118粒，结实率90%左右，千粒重29 g。

品质特性：糙米率、精米率、长宽比、碱消值、胶稠度、直链淀粉含量6项指标达部颁优质米一级标准。

抗性：1999—2001年吉林省农业科学院植物保护研究所连续3年采用分菌系人工接种、病区多点异地自然诱发鉴定，结果表明，苗瘟中抗，叶瘟中抗，穗瘟感。

产量及适宜地区：1999—2001年区域试验，平均单产8 754kg/hm²，比对照品种通35增产6.5%；2000—2001年生产试验，平均单产8 517kg/hm²，比对照品种通35增产5.7%。适宜吉林省种通35的中晚熟稻作区种植。

栽培技术要点：适宜在中上等肥力条件下种植，稀播育壮秧。4月中旬播种育苗，5月中下旬插秧。插秧密度一般为30cm×（17 ～ 20）cm，每穴栽插3 ～ 4苗。施肥提倡农肥与化肥相结合，氮、磷、钾配方施肥。中等肥力条件下，施纯氮150kg/hm²。水管理以浅为主，干湿结合。注意及时防治稻瘟病。

九稻32（Jiudao 32）

品种来源：吉林省吉林市农业科学院水稻研究所1990年以组合（D129/BT15）F$_2$材料为母本，以岩州1号为父本杂交系选育成，原代号九98C11。2002年通过吉林省农作物品种审定委员会审定，审定编号为吉审稻2002017。

形态特征和生物学特性：属粳型常规水稻。感光性弱，感温性弱，基本营养生长期短，迟熟早粳。生育期140d，需≥10℃活动积温2 800℃。株型紧凑，叶片直立，叶色适中，青秆黄熟，谷粒椭圆形，无芒。株高103cm，穗长平均19.6cm，平均穗粒数130粒，结实率90%，千粒重29g。

品质特性：糙米率、精米率、长宽比、碱消值、胶稠度、直链淀粉含量、蛋白质含量7项指标达部颁优质米一级标准。

抗性：1999—2001年吉林省农业科学院植物保护研究所连续3年采用分菌系人工接种、病区多点异地自然诱发鉴定，结果表明，苗瘟中抗，叶瘟中抗，穗瘟中感。

产量及适宜地区：1999—2001年区域试验，平均单产8 591kg/hm^2，比对照品种吉玉粳增产4.2%；2000—2001年生产试验，平均单产8 226kg/hm^2，比对照品种吉玉粳增产2.0%。适宜吉林省≥10℃活动积温2 800℃以上稻作区种植。

栽培技术要点：4月10日左右播种，5月中下旬插秧。插秧密度30cm×20cm，每穴栽插3～4苗。施纯氮130kg/hm^2、纯磷60kg/hm^2、纯钾60kg/hm^2。水管理以浅为主。注意及时防治稻瘟病。

九稻33 （Jiudao 33）

品种来源：吉林省吉林市农业科学院水稻研究所1991年以光温敏材料5088S变异株为母本，藤系138／真系8544后代为父本杂交系选育成，原代号九91107。2002年通过吉林省农作物品种审定委员会审定，审定编号为吉审稻2002022。

形态特征和生物学特性：属粳型常规水稻。感光性弱，感温性弱，基本营养生长期短，迟熟早粳。生育期146d，需≥10℃活动积温2900℃。株型较紧凑，叶片直立，活秆成熟，谷粒椭圆形，具间稀芒，颖及颖尖黄色。株高104cm，平均穗长19cm，平均穗粒数105粒，结实率85%，千粒重25g。

品质特性：糙米率82.3%，精米率74.9%，整精米率59.3%，粒长4.8mm，长宽比1.7，垩白粒率32.0%，垩白度6.7%，透明度2级，碱消值7.0级，胶稠度68mm，直链淀粉含量16.1%，蛋白质含量6.2%。

抗性：1999—2001年吉林省农业科学院植物保护研究所连续3年采用分菌系人工接种、病区多点异地自然诱发鉴定，结果表明，苗瘟抗，叶瘟中抗，穗瘟中感。

产量及适宜地区：1999—2001年区域试验，平均单产8 157kg/hm²，比对照品种吉玉粳增产5.4%；2000—2001年生产试验，平均单产8 718kg/hm²，比对照品种吉玉粳增产9.3%。适宜吉林省能安全种植秋光的晚熟稻作区种植。

栽培技术要点：适期早播、稀播育壮秧。4月10日前后播种，5月中下旬插秧，插秧密度30cm×20cm，每穴栽培3～4苗。氮、磷、钾肥按2：1：1比例配施，中等肥力土壤条件下，施纯氮140kg/hm²。生育期间水层管理以浅水为主，分蘖末期注意适当晒田。注意及时防治稻瘟病。

九稻34 (Jiudao 34)

品种来源：吉林省吉林市农业科学院水稻研究所1989年以九88619-2/山形22的F_1为母本，藤系138为父本杂交系选育成，原代号九97D19。2002年通过吉林省农作物品种审定委员会审定，审定编号为吉审稻2002023。

形态特征和生物学特性：属粳型常规水稻。感光性弱，感温性弱，基本营养生长期短，迟熟早粳。生育期146d，需≥10℃活动积温2 900℃。叶色中等，株型良好，主蘖穗整齐，谷粒椭圆形，颖及颖尖黄色，有间稀芒。株高115cm，穗长20.9cm，平均穗粒数130粒，结实率90%，千粒重26.3g。

品质特性：糙米率82.2%，精米率75.2%，整精米率50.7%，粒长4.7mm，长宽比1.6，垩白粒率90.0%，垩白度14.2%，透明度2级，碱消值7.0级，胶稠度68mm，直链淀粉含量17.5%，蛋白质含量8.0%。

抗性：1999—2001年吉林省农业科学院植物保护研究所连续3年采用分菌系人工接种、病区多点异地自然诱发鉴定，结果表明，苗瘟抗，叶瘟感，穗瘟感。

产量及适宜地区：1999—2001年区域试验，平均单产8 591kg/hm^2，比对照品种关东107增产10.5%；2000—2001年生产试验，平均单产8 226kg/hm^2，比对照品种关东107增产10.0%。适宜吉林省晚熟稻区种植。

栽培技术要点：4月10日左右播种，5月中下旬插秧。插秧密度30cm×20cm，每穴栽插3～4苗。施纯氮140kg/hm^2，氮、磷、钾肥一般按2：1：1配施。水层管理以浅水为主，干湿结合，中期注意看苗晒田。注意及时防治稻瘟病。

九稻35（Jiudao 35）

品种来源：吉林省吉林市农业科学院水稻研究所1995年以九引1号为母本，吉玉粳为父本杂交系统选育而成，原代号九9911。2003年通过吉林省农作物品种审定委员会审定，审定编号为吉审稻2003001。

形态特征和生物学特性：属粳型常规水稻。感光性弱，感温性弱，基本营养生长期短，中熟早粳。生育期133d，需≥10℃活动积温2 600℃。株型紧凑，茎叶绿色，分蘖力强，散穗型，主蘖穗整齐，着粒密度中等。籽粒椭圆形、黄色，间稀短芒。株高100cm，穗长19.7cm，每穴有效穗20.4个，主穗粒数215粒，平均穗粒数116粒，结实率95%，千粒重26.4g。

品质特性：依据农业部NY 122—86《优质食用稻米》标准，精米率、长宽比、透明度、碱消值、蛋白质5项指标达优质米一级标准；糙米率、整精米率、垩白度、胶稠度、直链淀粉含量5项指标达优质米二级标准。

抗性：2000—2002年吉林省农业科学院植物保护研究所连续3年采用分菌系人工接种、病区多点异地自然诱发鉴定，结果表明，苗瘟中感，叶瘟中抗，穗瘟中感。

产量及适宜地区：2000年吉林省预试平均单产7 148kg/hm²，比对照品种长白9号减产2.5%；2001—2002年吉林省区试平均单产8 178kg/hm²，比对照品种长白9号增产4.7%；2002年生产试验平均单产8 807kg/hm²，比对照品种长白9号增产1.7%。适宜吉林省长春、四平、吉林、松原、通化中早熟稻区种植。

栽培技术要点：稀播育壮秧，4月上中旬播种，5月中下旬插秧。栽培密度30cm×20cm，每穴栽插3～4苗。氮、磷、钾配方施肥。施纯氮130kg/hm²，按底肥40%、分蘖肥30%、补肥20%、穗肥10%的比例分期施用；施纯磷70kg/hm²，作底肥一次性施入；纯钾70kg/hm²，底肥70%、拔节期追30%，分两次施入；水分管理以浅为主，抽穗后间歇灌溉。7月上中旬注意防治二化螟，注意及时防治稻瘟病。

九稻39（Jiudao 39）

品种来源：吉林省吉林市农业科学院水稻研究所1991年以藤系144/288-1//藤系144为母本，藤系138为父本杂交系统选育而成，原代号九9929。2003年通过吉林省农作物品种审定委员会审定，审定编号为吉审稻2003002。

形态特征和生物学特性：属粳型常规水稻。感光性弱，感温性弱，基本营养生长期短，中熟早粳。生育期136d，需≥10℃活动积温2 700℃。株型紧凑，茎叶绿色，分蘖力强，散穗型，主蘖穗整齐，着粒密度中等，籽粒椭圆形、黄色，有芒。植株高95cm，每穴有效穗27.1个，穗长19.8cm，主穗粒数195粒，平均穗粒数99粒，结实率90%，千粒重25.5g。

品质特性：糙米率82.4%，精米率75.7%，整精米率72.0%，粒长4.7mm，长宽比1.6，垩白粒率12.0%，垩白度1.6%，透明度2级，碱消值7.0级，胶稠度74mm，直链淀粉含量18.6%，蛋白质含量6.8%。

抗性：1999—2001年吉林省农业科学院植物保护研究所连续3年采用分菌系人工接种、病区多点异地自然诱发鉴定，结果表明，苗瘟中抗，叶瘟中抗，穗瘟中感。

产量及适宜地区：2000年吉林省预试，平均单产8 582kg/hm²，比对照品种吉玉粳增产6.3%；2001—2002年吉林省区试，平均单产8 724kg/hm²，比对照品种吉玉粳增产11.3%；2002年生产试验，平均单产8 297kg/hm²，比对照品种吉玉粳增产2.5%。适宜吉林省长春、吉林、通化、四平、松原、延边中熟稻区种植。累计种植面积6.8万hm²。

栽培技术要点：稀播育壮秧，4月上中旬播种，5月中下旬插秧。栽培密度为30cm×20cm，每穴栽插3～4苗。氮、磷、钾配方施肥，施纯氮150kg/hm²，按底肥40%、分蘖肥30%、补肥20%、穗肥10%的比例分期施入；施磷肥70kg/hm²，作底肥一次性施入；施纯钾70kg/hm²，底肥70%、拔节期追30%，分两次施入。水分管理以浅为主，抽穗后间歇灌溉。7月上中旬注意防治二化螟，注意及时防治稻瘟病。

九稻40（Jiudao 40）

品种来源：吉林省吉林市农业科学院水稻研究所1991年以青系96为母本，藤系144为父本杂交系统选育而成，原代号九9933。2003年通过吉林省农作物品种审定委员会审定，审定编号为吉审稻2003003。

形态特征和生物学特性：属粳型常规水稻。感光性弱，感温性弱，基本营养生长期短，迟熟早粳。生育期139d，需≥10℃活动积温2 750℃。株型紧凑，茎叶绿色，分蘖力强，主蘖穗整齐，散穗型，着粒密度中等，粒形椭圆，籽粒黄色，有芒。植株高100cm，每穴有效穗24.6个，穗长17.8cm，主穗粒数175粒，平均穗粒数110粒，结实率90%，千粒重25.8g。

品质特性：依据农业部NY 122—86《优质食用稻米》标准，糙米率、精米率、整精米率、粒长、长宽比、碱消值、胶稠度7项指标达优质米一级标准。

抗性：2000—2002年吉林省农业科学院植物保护研究所连续3年采用分菌系人工接种、病区多点异地自然诱发鉴定，结果表明，苗瘟中抗，叶瘟中抗，穗瘟感。

产量及适宜地区：2000年吉林省预试，平均单产8 199kg/hm²，比对照品种通35增产7.1%；2001—2002年吉林省区试，平均单产8 858kg/hm²，比对照品种通35增产6.3%；2002年生产试验，平均单产8 657kg/hm²，比对照品种通35增产0.4%。适宜吉林省长春、吉林、通化、松原中晚熟稻区种植。

栽培技术要点：稀播育壮秧，4月上中旬播种，5月中下旬插秧。栽培密度为30cm×20cm，每穴栽插3～4苗。氮、磷、钾配方施肥，施纯氮150kg/hm²，按底肥40%、分蘖肥30%、补肥20%、穗肥10%的比例分期施入；施纯磷70kg/hm²，作底肥一次性施入；施纯钾70kg/hm²，底肥70%、拔节期追30%，分两次施入。水分管理以浅为主，抽穗后间歇灌溉。7月上中旬注意防治二化螟，并注意及时防治稻瘟病。

九稻41（Jiudao 41）

品种来源：吉林省吉林市农业科学院水稻研究所1990年以九稻15为母本，浙辐802为父本进行籼粳亚种间远缘杂交，后代再经穿梭选育，系谱法选育而成，原代号九9934。2003年分别通过国家和吉林省农作物品种审定委员会审定，审定编号为国审稻2003081和吉审稻2003004。

形态特征和生物学特性：属粳型常规水稻。感光性弱，感温性弱，基本营养生长期短，迟熟早粳。在东北、西北早熟稻区种植全生育期平均149.9d，比对照吉玉粳晚熟4d，需≥10℃活动积温2 800℃。株型紧凑，叶色深绿，茎秆坚韧抗倒，活秆成熟，粒形椭圆，无芒，颖壳黄色。株高106.8cm，每穗总粒数98.5粒，结实率90.7%，千粒重28.7 g。

品质特性：糙米率83.7%，精米率76.3%，整精米率69.9%，粒长5.0mm，长宽比1.6，垩白粒率34.0%，垩白度2.2%，透明度1级，碱消值7.0级，胶稠度86mm，直链淀粉含量17.8%，蛋白质含量8.2%。

抗性：2000—2002年吉林省农业科学院植物保护研究所连续3年采用分菌系人工接种、病区多点异地自然诱发鉴定，结果表明，苗瘟中抗，叶瘟中抗，穗瘟中感。

产量及适宜地区：2000年吉林省预试，平均单产7 509kg/hm^2，比对照品种通35减产2.0%；2001—2002年吉林省区试，平均单产8 873kg/hm^2，比对照品种通35增产6.3%；2002年生产试验，平均单产9 308kg/hm^2，比对照品种通35增产8.5%。适宜黑龙江省第一积温带、吉林省中熟稻区、辽宁东北部、宁夏引黄灌区以及内蒙古赤峰、通辽南部稻瘟病轻发地区种植。

栽培技术要点：一般于4月上中旬播种，秧龄30 ～ 35d。插秧规格为30cm×20cm，每穴栽插3 ～ 4苗。施纯氮120 ～ 150kg/hm^2，并配合施用磷、钾肥。应特别注意防治稻瘟病的危害。

九稻42（Jiudao 42）

品种来源：吉林省吉林市农业科学院水稻研究所1994年以云峰为母本，九稻19为父本杂交系统选育而成，原代号九9937。2003年通过吉林省农作物品种审定委员会审定，审定编号为吉审稻2003005。

形态特征和生物学特性：属粳型常规水稻。感光性弱，感温性弱，基本营养生长期短，中熟早粳。生育期138d，需≥10℃活动积温2 750℃。株型紧凑，茎叶绿色，分蘖力强，散穗型，主蘖穗不整齐，着粒密度中等，粒形椭圆偏长，籽粒黄色，间稀芒。植株高100cm，每穴有效穗27.6个，穗长19cm，主穗粒数175粒，平均穗粒数110粒，结实率90%，千粒重25.8g。

品质特性：依据农业部NY 122—86《优质食用稻米》标准，糙米率、精米率、长宽比、透明度、碱消值、胶稠度、直链淀粉含量、蛋白质含量8项指标达优质米一级标准；整精米率、垩白度2项指标达优质米二级标准。

抗性：2000—2002年吉林省农业科学院植物保护研究所连续3年采用分菌系人工接种、病区多点异地自然诱发鉴定，结果表明，苗瘟中抗，叶瘟中抗，穗瘟中感。

产量及适宜地区：2000年吉林省预试，平均单产7 448kg/hm²，比对照品种通35减产2.8%；2001—2002年吉林省区试，平均单产8 586kg/hm²，比对照品种通35增产3.0%；2002年生产试验，平均单产9 284kg/hm²，比对照品种通35增产7.3%。适宜吉林省长春、吉林、四平、通化、松原、延边南部中晚熟稻区种植。

栽培技术要点：适期早播、稀播育壮秧。4月10日前后播种，5月中下旬插秧。插秧密度30cm×20cm，每穴栽插3～4苗。氮、磷、钾肥按2∶1∶1比例配施，中等肥力土壤条件下，施纯氮140kg/hm²。生育期间以浅水为主，分蘖末期注意适当晒田。注意及时防治稻瘟病。

九稻43（Jiudao 43）

品种来源：吉林省吉林市农业科学院水稻研究所1993年以黑香黏为母本，九稻18为父本进行有性杂交，采用系谱法选育而成，原代号九9946。2004年通过吉林省农作物品种审定委员会审定，审定编号为吉审稻2004003。

形态特征和生物学特性：属粳型常规水稻。感光性弱，感温性弱，基本营养生长期短，中熟早粳。生育期143d，需≥10℃活动积温2 850℃。株型紧凑，叶片直立，分蘖力强，散穗型，主蘖穗整齐，着粒密度中等，粒形椭圆，籽粒黄色，间稀短芒。株高100cm，每穴有效穗23.7个，穗长16.7cm，主穗粒数185粒，平均穗粒数106粒，结实率90%，千粒重24.5g。

品质特性：依据农业部NY 122—86《优质食用稻米》标准，精米率、整精米率、长宽比、垩白粒率、垩白度、碱消值、胶稠度、直链淀粉含量、蛋白质含量9项指标达部优质米一级标准，糙米率、粒长2项指标达部优质米二级标准。

抗性：2000—2002年吉林省农业科学院植物保护研究所连续3年采用分菌系人工接种、病区多点异地自然诱发鉴定，结果表明，苗瘟中抗，叶瘟中抗，穗瘟感。

产量及适宜地区：2000年预备试验，平均单产7 764kg/hm²，比对照品种关东107增产1.4%；2001—2002年区域试验，平均单产8 903kg/hm²，比对照品种关东107增产9.8%；2002年生产试验，平均单产9 698kg/hm²，比对照品种关东107增产2.5%。适宜吉林省晚熟稻区种植。

栽培技术要点：稀播育壮秧，4月上中旬播种，5月中下旬插秧。栽培密度为30cm×20cm，每穴栽插3～4苗。氮、磷、钾配方施肥，施纯氮135kg/hm²，按底肥20%、分蘖肥20%、补肥20%、穗肥20%、粒肥20%的比例施入；纯磷肥75kg/hm²，作底肥一次性施入；施纯钾75kg/hm²，分两次施用。田间水分管理以浅为主，抽穗后间歇灌溉。7月上中旬注意防治二化螟，注意及时防治稻瘟病。

九稻44 （Jiudao 44）

品种来源：吉林省吉林市农业科学院水稻研究所1995年以吉93D22为母本，九稻16为父本杂交系谱法选育而成，原代号九稻101。2004年通过吉林省农作物品种审定委员会审定，审定编号为吉审稻2004004。

形态特征和生物学特性：属粳型常规水稻。感光性弱，感温性弱，基本营养生长期短，早熟早粳。生育期130d，需≥10℃活动积温2 600℃。株型紧凑，叶片直立，分蘖力强，散穗型，着粒密度中等，粒形椭圆，籽粒黄色，有芒。株高100cm，每穴有效穗22个，穗长17.8cm，主穗粒数220粒，平均穗粒数120粒，结实率90%，千粒重28.0g。

品质特性：糙米率82.3%，精米率74.0%，整精米率73.3%，粒长5.3mm，长宽比1.7，垩白粒率6.0%，垩白度0.1%，透明度1级，碱消值7.0级，胶稠度73mm，直链淀粉含量17.4%，蛋白质含量6.94%。依据农业部NY 122—86《优质食用稻米》标准，精米率、整精米率、粒长、长宽比、垩白度、碱消值、胶稠度、直链淀粉含量8项指标达部优质米一级标准，糙米率、垩白粒率、蛋白质含量3项指标达部优质米二级标准。

抗性：2001—2003年吉林省农业科学院植物保护研究所连续3年采用分菌系人工接种、病区多点异地自然诱发鉴定，结果表明，苗瘟抗，叶瘟中感，穗瘟感。

产量及适宜地区：2001年预备试验，平均单产7 877kg/hm²，比对照品种长白9号增产2.1%；2002—2003年区域试验，平均单产8 244kg/hm²，比对照品种长白9号增产3.1%；2003年生产试验，平均单产8 751kg/hm²，比对照品种长白9号增产10.1%。适宜吉林省中早熟稻区种植。

栽培技术要点：稀播育壮秧，4月上中旬播种，5月中下旬插秧。栽培密度为30cm×20cm，每穴栽插3～5苗。氮、磷、钾配方施肥，施纯氮140kg/hm²，按底肥20%、分蘖肥20%、补肥20%、穗肥20%、粒穗20%的比例施入；施纯磷60kg/hm²，全部作底肥一次性施入；施纯钾60kg/hm²，分两次施用。田间水分管理以浅为主，抽穗后间歇灌溉。7月上中旬注意防治二化螟，注意及时防治稻瘟病。

九稻45（Jiudao 45）

品种来源：吉林省吉林市农业科学院水稻研究所1995年以中作191-1为母本，风旱早为父本杂交系谱法育成，原代号九稻301。2004年通过吉林省农作物品种审定委员会审定，审定编号为吉审稻2004010。

形态特征和生物学特性：属粳型常规水稻。感光性弱，感温性弱，基本营养生长期短，中熟早粳。生育期138d，需≥10℃活动积温2 750℃。株型紧凑，叶片直立，分蘖力强，散穗型，主蘖穗整齐，着粒密度中等，籽粒椭圆形，黄色，间稀短芒。株高104cm，每穴有效穗21个，穗长19.2cm，主穗粒数181粒，平均穗粒数120粒，结实率90%，千粒重26g。

品质特性：糙米率83.3%，精米率75.0%，整精米率71.3%，粒长5.0mm，长宽比1.7，垩白粒率5.0%，垩白度0.2%，透明度1级，碱消值7.0级，胶稠度70.5mm，直链淀粉含量17.9%，蛋白质含量8.8%。依据NY 122—86《优质食用稻米》标准，精米率、整精米率、粒长、长宽比、垩白度、碱消值、胶稠度、蛋白质含量8项指标达部优质米一级标准，糙米率、垩白粒率、直链淀粉含量3项指标达部优质米二级标准。

抗性：2001—2003年吉林省农业科学院植物保护研究所连续3年采用分菌系人工接种、病区多点异地自然诱发鉴定，结果表明，苗瘟中感，叶瘟感，穗瘟感。

产量及适宜地区：2001年预备试验，平均单产7 436kg/hm²，比对照品种通35增产9.6%；2002—2003年区域试验，平均单产8 313kg/hm²，比对照品种通35增产3.2%；2003年生产试验，平均单产7 905kg/hm²，比对照品种通35增产4.7%。适宜吉林省中熟稻区种植。

栽培技术要点：稀播育壮秧，4月上中旬播种，5月中下旬插秧。栽培密度为30cm×20cm，每穴栽插3～4苗。氮、磷、钾配方施肥，施纯氮130kg/hm²，按底肥40%、分蘖肥30%、补肥20%、穗肥10%的比例施入；施纯磷60kg/hm²，作底肥一次性施入；施纯钾60kg/hm²，按底肥70%、拔节期追30%，分两次施用。田间水分管理以浅为主，抽穗后间歇灌溉。7月上中旬注意防治二化螟，注意及时防治稻瘟病。

九稻46 （Jiudao 46）

品种来源：吉林省吉林市农业科学院水稻研究所1994年以晚129为母本，九稻19为父本杂交系统选育而成，原代号九丰301。2004年通过吉林省农作物品种审定委员会审定，审定编号为吉审稻2004011。

形态特征和生物学特性：属粳型常规水稻。感光性弱，感温性弱，基本营养生长期短，迟熟早粳。生育期140d，需≥10℃活动积温2 800℃。株型紧凑，叶片直立，分蘖力强，散穗型，着粒密度中等，籽粒椭圆形，籽粒黄色，有芒。株高107cm，每穴有效穗26个，穗长20.2cm，主穗粒数204粒，平均穗粒数128粒，结实率90%，千粒重25g。

品质特性：依据NY 122—86《优质食用稻米》标准，精米率、整精米率、粒长、长宽比、垩白粒率、垩白度、碱消值、胶稠度、直链淀粉含量9项指标达部优质米一级标准，糙米率1项指标达部优质米二级标准。

抗性：2001—2003年吉林省农业科学院植物保护研究所连续3年采用分菌系人工接种、病区多点异地自然诱发鉴定，结果表明，苗瘟中感，叶瘟感，穗瘟感。

产量及适宜地区：2001年预备试验，平均单产8 220kg/hm²，比对照品种通35增产0.0%；2002—2003年区域试验，平均单产8 466kg/hm²，比对照品种通35增产4.9%；2003年生产试验，平均单产8 181kg/hm²，比对照品种通35增产8.4%。适宜吉林省中晚熟稻区种植。

栽培技术要点：稀播育壮秧，4月上中旬播种，5月中下旬插秧。栽培密度为30cm×20cm，每穴栽插3～5苗。氮、磷、钾配方施肥，施纯氮140kg/hm²，按底肥20%、分蘖肥20%、补肥20%、穗肥20%、粒肥20%的比例施入；施纯磷75kg/hm²，作底肥一次性施入；施纯钾75kg/hm²，按底肥50%、拔节期50%，分两次施用。田间水分管理以浅为主，抽穗后间歇灌溉。7月上中旬注意防治二化螟，注意及时防治稻瘟病。

九稻47 (Jiudao 47)

品种来源：吉林省吉林市农业科学院水稻研究所1991年以吉引8611为母本，九88-2为父本杂交系谱法处理育成，原代号九稻302。2004年通过吉林省农作物品种审定委员会审定，审定编号为吉审稻2004007。

形态特征和生物学特性：属粳型常规水稻。感光性弱，感温性弱，基本营养生长期短，迟熟早粳。生育期139d，需≥10℃活动积温2 800℃。株型紧凑，叶片直立，分蘖力强，散穗形，着粒密度中等，籽粒椭圆形，黄色，有芒。株高103cm，每穴有效穗24个，穗长19.8cm，主穗粒数180粒，平均穗粒数115粒，结实率90%，千粒重25.0g。

品质特性：糙米率83.3%，精米率75.0%，整精米率71.3%，粒长5.0mm，长宽比1.7，垩白粒率5.0%，垩白度0.2%，透明度1级，碱消值7.0级，胶稠度70.5mm，直链淀粉含量17.9%，蛋白质含量8.8%。依据农业部NY 122—86《优质食用稻米》标准，糙米率、精米率、整精米率、粒长、长宽比、垩白粒率、垩白度、碱消值、胶稠度、直链淀粉含量、蛋白质含量11项指标达部优质米一级标准。

抗性：2001—2003年吉林省农业科学院植物保护研究所连续3年采用分菌系人工接种、病区多点异地自然诱发鉴定，结果表明，苗瘟中抗，叶瘟中感，穗瘟感。

产量及适宜地区：2001年预备试验，平均单产8 400kg/hm²，比对照品种通35增产2.2%；2002—2003年区域试验，平均单产8 405kg/hm²，比对照品种通35增产4.2%；2003年生产试验，平均单产7 820kg/hm²，比对照品种通35增产3.6%。适宜吉林省中晚熟稻区种植。

栽培技术要点：稀播育壮秧，4月上中旬播种，5月中下旬插秧。栽培密度为30cm×20cm，每穴栽插3～5苗。氮、磷、钾配方施肥，施纯氮140kg/hm²，按底肥40%、分蘖肥30%、补肥20%、穗肥10%的比例施入；施纯磷75kg/hm²，作底肥一次性施入；施纯钾75kg/hm²，按底肥50%、穗肥50%，分两次施用。田间水分管理以浅为主，抽穗后间歇灌溉。7月上中旬注意防治二化螟，注意及时防治稻瘟病。

九稻48（Jiudao 48）

品种来源：吉林省吉林市农业科学院水稻研究所1993年以藤系127/秋光F_1为母本，C91118为父本进行有性杂交，后代系谱法处理育成，原代号九稻401。2004年通过吉林省农作物品种审定委员会审定，审定编号为吉审稻2004015。

形态特征和生物学特性：属粳型常规水稻。感光性弱，感温性弱，基本营养生长期短，迟熟早粳。生育期143d，需≥10℃活动积温2 850℃。株型紧凑，叶片直立，分蘖力强，散穗型，主蘖穗整齐，着粒密度中等，籽粒椭圆形，黄色，间稀短芒。株高109cm，每穴有效穗23个，穗长18cm，主穗粒数230粒，平均穗粒数115粒，结实率90%，千粒重25.8g。

品质特性：糙米率83.3%，精米率75.0%，整精米率71.3%，粒长5.0mm，长宽比1.7，垩白粒率5.0%，垩白度0.2%，透明度1级，碱消值7.0级，胶稠度70.5mm，直链淀粉含量17.9%，蛋白质含量8.8%。依据NY 122—86《优质食用稻米》标准，糙米率、精米率、整精米率、长宽比、垩白度、碱消值、胶稠度、直链淀粉含量、蛋白质含量9项指标达优质米一级标准，粒长、垩白粒率2项指标达优质米二级标准。

抗性：2001—2003年吉林省农业科学院植物保护研究所连续3年采用分菌系人工接种、病区多点异地自然诱发鉴定，结果表明，苗瘟中抗，叶瘟中抗，穗瘟感。

产量及适宜地区：2001年预备试验，平均单产8 496kg/hm²，比对照品种关东107增产4.3%；2002—2003年区域试验，平均单产8 352kg/hm²，比对照品种关东107增产8.9%。2003年生产试验，平均单产8 793kg/hm²，比对照品种关东107增产3.6%。适宜吉林省晚熟稻区种植。

栽培技术要点：稀播育壮秧，4月上中旬播种，5月中下旬插秧。栽培密度为30cm×20cm，每穴栽插3～4苗。氮、磷、钾配方施肥，施纯氮135kg/hm²，按底肥20%、分蘖肥20%、补肥20%、穗肥20%、粒肥20%的比例施入；施纯磷75kg/hm²，作底肥一次性施入；施纯钾75kg/hm²，按底肥70%、穗肥30%分两次施用。田间水分管理以浅为主，抽穗后间歇灌溉。7月上中旬注意防治二化螟，注意及时防治稻瘟病。

九稻50 (Jiudao 50)

品种来源：吉林省吉林市农业科学院水稻研究所1995年以九9432为母本，九91-11为父本进行有性杂交，后代系谱法处理育成，原代号九01A11。2006年通过吉林省农作物品种审定委员会审定，审定编号为吉审稻2006022。

形态特征和生物学特性：属粳型常规水稻。感光性弱，感温性中等，基本营养生长期短，中熟早粳。生育期131d，需≥10℃活动积温2 650℃。株型紧凑，叶色绿色，分蘖力强，散穗型，籽粒椭圆形，间稀芒，颖壳黄色。平均株高98cm，主穗粒数158粒，平均穗粒数130粒，结实率89.2%，千粒重28g。

品质特性：糙米率84.1%，精米率76.6%，整精米率65.2%，粒长4.9mm，长宽比1.6，垩白粒率52.0%，垩白度3.7%，透明度1级，碱消值7.0级，胶稠度74mm，直链淀粉含量19.0%，蛋白质含量6.6%。

抗性：2002—2004年吉林省农业科学院植物保护研究所连续3年采用分菌系人工接种、病区多点异地自然诱发鉴定，结果表明，苗瘟中抗，叶瘟中感，穗颈瘟中抗。

产量及适宜地区：2002年预备试验，平均单产8 595kg/hm²，比对照品种长白9号增产−0.4%；2003—2004年区域试验，平均单产8 226kg/hm²，比对照品种长白9号增产4.0%。2004年生产试验，平均单产8 544kg/hm²，比对照品种长白9号增产9.9%。适宜吉林省早中熟稻区种植。

栽培技术要点：4月上中旬播种，5月中下旬插秧。栽培密度为行株距30cm×20cm。一般土壤肥力条件下，施纯氮140.0kg/hm²，纯磷60kg/hm²，纯钾60kg/hm²，氮肥按底肥∶蘖肥∶补肥=4∶3∶3的比例施入；磷肥全部作底肥一次性施入；钾肥的70%作底肥、30%作穗肥施入。田间水分管理以浅水灌溉为主。7月上中旬注意防治二化螟，并注意及时防治稻瘟病。

九稻51（Jiudao 51）

品种来源：吉林省吉林市农业科学院水稻研究所1994年以农大3号为母本，通35为父本进行有性杂交，后代经系谱法选育而成，原代号九01B3。2006年通过吉林省农作物品种审定委员会审定，审定编号为吉审稻2006023。

形态特征和生物学特性：属粳型常规水稻。感光性弱，感温性中等，基本营养生长期短，中熟早粳。生育期134d，需≥10℃活动积温2 700℃。株型紧凑，叶色绿色，分蘖力强，散穗型，籽粒椭圆形，颖壳黄色，无芒。平均株高97cm，主穗粒数224粒，平均穗粒数120粒，结实率94.5%，千粒重26g。

品质特性：糙米率83.3%，精米率75.8%，整精米率66.0%，粒长4.7mm，长宽比1.6，垩白粒率13.0%，垩白度0.8%，透明度1级，碱消值7.0级，胶稠度75mm，直链淀粉含量17.5%，蛋白质含量7.4%。

抗性：2002—2004年吉林省农业科学院植物保护研究所连续3年采用分菌系人工接种、病区多点异地自然诱发鉴定，结果表明，苗瘟中抗，叶瘟中抗，穗颈瘟抗。

产量及适宜地区：2002年预备试验，平均单产8 495kg/hm²，比对照品种吉玉粳增产6.4%；2003—2004年区域试验，平均单产8 000kg/hm²，比对照品种吉玉粳增产2.2%。2004年生产试验，平均单产8 448kg/hm²，比对照品种吉玉粳增产−2.3%。适宜吉林省中熟稻区种植。

栽培技术要点：4月上中旬播种，5月中下旬插秧。栽培密度为行株距30cm×20cm。一般土壤肥力条件下，施纯氮130.0kg/hm²，纯钾60kg/hm²，纯磷60kg/hm²，氮肥按底肥：蘖肥：穗肥=6：2：2的比例施入；磷肥全部作底肥一次性施入；钾肥的50%作底肥、50%作穗肥施入。田间水分管理以浅水灌溉为主。7月上中旬注意防治二化螟，并注意及时防治稻瘟病。

九稻54（Jiudao 54）

品种来源：吉林省吉林市农业科学院水稻研究所1995年以通35为母本，九9432为父本进行有性杂交，后代采用系谱法选育而成，原代号九01C9。2006年通过吉林省农作物品种审定委员会审定，审定编号为吉审稻2006008。

形态特征和生物学特性：属粳型常规水稻。感光性弱，感温性中等，基本营养生长期短，中熟早粳。生育期140d，需≥10℃活动积温2 800℃。株型紧凑，叶色绿色，分蘖力中上等，散穗型，籽粒椭圆形，无芒，颖壳黄色。平均株高105cm，主穗粒数198粒，平均穗数304.5万穗/hm²，平均穗粒数101粒，结实率95%，千粒重28.7g。

品质特性：糙米率83.5%，精米率75.6%，整精米率65.7%，粒长5.0mm，长宽比1.7，垩白粒率18.0%，垩白度0.9%，透明度1级，碱消值7.0级，胶稠度73mm，直链淀粉含量19.1%，蛋白质含量7.1%。依据NY/T 593—2002《食用稻品种品质》标准，米质符合四等食用粳稻品种品质标准。

抗性：2002—2004年吉林省农业科学院植物保护研究所连续3年采用分菌系人工接种、病区多点异地自然诱发鉴定，结果表明，苗瘟中抗，叶瘟中抗，穗颈瘟中感；纹枯病抗。

产量及适宜地区：2002年预备试验，平均单产7 916kg/hm²，比对照品种通35增产3.3%；2003—2004年区域试验，平均单产8 045kg/hm²，比对照品种通35增产3.1%。2004年生产试验，平均单产8 873kg/hm²，比对照品种通35增产8.5%。适宜吉林省中晚熟稻区种植。

栽培技术要点：4月上中旬播种，每平方米播种量350g，5月中下旬插秧。栽培密度为行株距30cm×20cm。一般土壤肥力条件下，施纯氮140.0kg/hm²，按底肥∶蘖肥∶穗肥=6∶2∶2的比例施入；施纯磷60kg/hm²，作底肥一次性施入；施纯钾60kg/hm²，钾肥的50%作底肥、50%作穗肥施入。田间水分管理以浅水灌溉为主。7月上中旬注意防治二化螟，注意及时防治稻瘟病。

九稻55（Jiudao 55）

品种来源：吉林省吉林市农业科学院水稻研究所1996年以九稻16为母本，雪光为父本进行有性杂交，后代采用系谱法选育而成，原代号九02GA2。2006年通过吉林省农作物品种审定委员会审定，审定编号为吉审稻2006005。

形态特征和生物学特性：属粳型常规水稻。感光性弱，感温性中等，基本营养生长期短，早熟早粳。生育期130d，需≥10℃活动积温2 600℃。株型紧凑，叶色绿色，分蘖力强，散穗型，籽粒椭圆形，无芒，颖壳黄色。平均株高98.2cm，主穗粒数277粒，平均穗粒数102.9粒，千粒重26.1g。

品质特性：糙米率83.3%，精米率76.8%，整精米率71.5%，粒长4.8mm，长宽比1.7，垩白粒率47%，垩白度4.8%，透明度2级，碱消值7.0级，胶稠度61mm，直链淀粉含量16.7%，蛋白质含量8.7%。依据NY/T 593—2002《食用稻品种品质》标准，米质符合三等食用粳稻品种品质标准。

抗性：2003—2005年吉林省农业科学院植物保护研究所连续3年采用分菌系人工接种、病区多点异地自然诱发鉴定，结果表明，苗瘟中抗，叶瘟感，穗颈瘟中抗；纹枯病中抗。

产量及适宜地区：2003年预备试验，平均单产7 917kg/hm²，比对照品种长白9号增产2.8%；2004—2005年区域试验，平均单产8 157kg/hm²，比对照品种长白9号增产5.5%。2005年生产试验，平均单产8 132kg/hm²，比对照品种长白9号增产3.8%。适宜吉林省中早熟稻区（通化梅河口除外）种植。

栽培技术要点：4月中上旬播种，每平方米播种量350g，5月中下旬插秧。栽培密度为行株距30cm×20cm。一般土壤肥力条件下，施纯氮150.0kg/hm²，按底肥∶蘖肥∶补肥＝4∶3∶3的比例施入；施纯磷60kg/hm²，作底肥一次性施入；施纯钾60kg/hm²，钾肥的70%作底肥，30%作穗肥施入。田间水分管理以浅水灌溉为主。7月上中旬注意防治二化螟，注意及时防治稻瘟病。

九稻56 （Jiudao 56）

品种来源：吉林省吉林市农业科学院水稻研究所1995年以秋田小町/珍富10号F₁为母本，九稻19为父本进行有性杂交，后代采用系谱法选育而成，原代号九02YC5。2006年通过吉林省农作物品种审定委员会审定，审定编号为吉审稻2006013。

形态特征和生物学特性：属粳型常规水稻。感光性弱，感温性中等，基本营养生长期短，中熟早粳。生育期140d，需≥10℃活动积温2 800℃。株型紧凑，叶片直立，叶色绿色，分蘖力强，散穗型，主蘖穗整齐，籽粒椭圆形，颖壳黄色，无芒。平均株高104.5cm，主穗粒数214粒，平均穗粒数109.8粒，结实率90%，千粒重24.1g。

品质特性：糙米率83.7%，精米率78.5%，整精米率73.1%，粒长4.8mm，长宽比1.7，垩白粒率12.0%，垩白度1.3%，透明度2级，碱消值7.0级，胶稠度75mm，直链淀粉含量16.4%，蛋白质含量10.3%。依据NY/T 593—2002《食用稻品种品质》标准，米质符合二等食用粳稻品种品质标准。

抗性：2003—2005年吉林省农业科学院植物保护研究所连续3年采用分菌系人工接种、病区多点异地自然诱发鉴定，结果表明，苗瘟中感，叶瘟中抗，穗颈瘟中抗；纹枯病抗。

产量及适宜地区：2003年预备试验，平均单产7 641kg/hm²，比对照品种通35增产−3.3%；2004—2005年区域试验，平均单产7 992kg/hm²，比对照品种通35增产−0.9%。2004年生产试验，平均单产7 505kg/hm²，比对照品种通35增产−0.5%。适宜吉林省中晚熟稻区种植。

栽培技术要点：4月上中旬播种，每平方米播种量350g，5月中下旬插秧。栽培密度为行株距30cm×20cm。一般土壤肥力条件下，施纯氮140.0kg/hm²，纯钾60kg/hm²，纯磷60kg/hm²；氮肥按底肥：蘖肥：穗肥=6：2：2的比例施入；磷肥全部作底肥一次性施入；钾肥的50%作底肥、50%作穗肥施入。田间水分管理以浅水灌溉为主。7月上中旬注意防治二化螟、稻瘟病等。

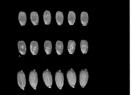

九稻58（Jiudao 58）

品种来源：吉林省吉林市农业科学院水稻研究所1995年以九稻17为母本，九稻19为父本进行有性杂交，后代采用系谱法处理育成，原代号九02GB5。2006年通过吉林省农作物品种审定委员会审定，审定编号为吉审稻2006007。

形态特征和生物学特性：属粳型常规水稻。感光性弱，感温性中等，基本营养生长期短，中熟早粳。生育期136d，需≥10℃活动积温2 700℃。株型紧凑，叶色绿色，分蘖力强，散穗型，籽粒椭圆形，无芒，颖壳黄色。平均株高103.7cm，穗数319.5万穗/hm²，主穗粒数283粒，平均穗粒数140.1粒，结实率91.5%，千粒重25.9g。

品质特性：糙米率83.7%，精米率77.3%，整精米率63.4%，粒长4.5mm，长宽比1.6，垩白粒率34.0%，垩白度5.4%，透明度3级，碱消值7.0级，胶稠度66mm，直链淀粉含量17.0%，蛋白质含量8.1%。依据NY/T 593—2002《食用稻品种品质》标准，米质符合五等食用粳稻品种品质标准。

抗性：2003—2005年吉林省农业科学院植物保护研究所连续3年采用分菌系人工接种、病区多点异地自然诱发鉴定，结果表明，苗瘟抗，叶瘟中抗，穗颈瘟中感；纹枯病抗。

产量及适宜地区：2003年预备试验，平均单产8 049kg/hm²，比对照品种吉玉粳平均增产−1.1%；2004—2005年区域试验，平均单产8 157kg/hm²，比对照品种吉玉粳增产5.5%。2005年生产试验，平均单产8 160kg/hm²，比对照品种吉玉粳增产1.2%。适宜吉林省中早熟稻区（通化梅河口除外）种植。

栽培技术要点：4月上中旬播种，每平方米播种量350g，5月中下旬插秧。栽培密度为行株距30cm×20cm。一般土壤肥力条件下，施纯氮150.0kg/hm²，按底肥∶蘖肥∶补肥=4∶3∶3的比例施入；施纯磷60kg/hm²，作底肥一次性施入；施纯钾60kg/hm²，70%作底肥、30%作穗肥施入；田间水分管理以浅水灌溉为主。7月上中旬注意防治二化螟，注意及时防治稻瘟病。

九稻59（Jiudao 59）

品种来源：吉林省吉林市农业科学院水稻研究所1996年以长白9号为母本，中新1号为父本进行有性杂交，后代经系谱法选育而成，原代号九02GD8。2006年通过吉林省农作物品种审定委员会审定，审定编号为吉审稻2006015。

形态特征和生物学特性：属粳型常规水稻。感光性弱，感温性中等，基本营养生长期短，晚熟早粳。生育期143d，需≥10℃活动积温2 900℃。株型紧凑，叶色绿色，分蘖力强，散穗型，主蘖穗整齐，籽粒椭圆形，颖壳黄色，无芒。平均株高109.1cm，主穗粒数243粒，结实率90%，千粒重28.2g。

品质特性：糙米率83.3%，精米率76.6%，整精米率51.8%，粒长5.2mm，长宽比1.7，垩白粒率30.0%，垩白度3.3%，透明度2级，碱消值7.0级，胶稠度66mm，直链淀粉含量17.7%，蛋白质含量8.5%。

抗性：2003—2005年吉林省农业科学院植物保护研究所连续3年采用分菌系人工接种、病区多点异地自然诱发鉴定，结果表明，苗瘟中感，叶瘟感，穗颈瘟中感；纹枯病抗。

产量及适宜地区：2003年预备试验，平均单产8 937kg/hm²，比对照品种关东107增产2.4%；2004—2005年区域试验，平均单产8 669kg/hm²，比对照品种关东107增产9.9%。2005年生产试验，平均单产8 441kg/hm²，比对照品种关东107增产2.7%。适宜吉林省晚熟稻区种植。

栽培技术要点：4月上中旬播种，每平方米播种量350g，5月中下旬插秧。栽培密度为行株距30cm×20cm。一般土壤肥力条件下，施纯氮150.0kg/hm²，纯磷60kg/hm²、纯钾60kg/hm²；氮肥按底肥：蘖肥：穗肥=6：2：2的比例施入，磷肥全部作底肥一次性施入，钾肥的50%作底肥、50%作穗肥施入。田间水分管理以浅水灌溉为主。7月上中旬注意防治二化螟，注意及时防治稻瘟病。

九稻6号（Jiudao 6）

品种来源：吉林省农业科学研究所1973年以京引127为材料，用化学药剂硫酸二乙酯诱变处理，1980年育成，原代号74-113。1983年通过吉林省农作物品种审定委员会审定，审定编号为吉审稻1983002。

形态特征和生物学特性：属粳型常规水稻。感光性弱，感温性弱，基本营养生长期短，中熟早粳。生育期约135d，需≥10℃活动积温2 750℃。苗期生长稍慢，叶片较窄，株型较紧凑，叶较短而挺直，茎秆较细，分蘖力较强，抽穗整齐，成穗率较高，穗大小中等。谷粒呈椭圆形，粒稍长，颖及颖尖均为黄色，短芒。株高约90cm，主茎叶14片，平均每穴有效穗数15个，每穗粒数65～75粒，结实率90%，千粒重25～28g。

品质特性：米白色，糙米率82.0%。米质优良。

抗性：苗期抗寒性较好，后期成熟快，可以防止或减轻早霜危害。抗稻瘟病性较强，抗稻飞虱。

产量及适宜地区：1976—1977年两年区域试验，平均单产6 000～6 750kg/hm²。主要适宜吉林省的吉林地区及黑龙江省五常县等地种植。1984年种植面积0.67万hm²。

栽培技术要点：宜采用大棚或塑料保温育苗，在吉林省4月中旬播种，每平方米播种量为0.25～0.35kg。插秧在5月下旬，一般最晚不得超过6月5日。插秧密度一般10cm×26cm，每穴栽插5～6苗。该品种茎秆较细，耐肥抗倒伏性不太强。施纯氮195kg/hm²。施肥方法以前重后轻为原则。在灌水管理上，以浅为主，结合湿润烤田，增加植株的抗倒伏能力。

九稻60（Jiudao 60）

品种来源：吉林省吉林市农业科学院水稻研究所1997年以自选材料95选189（奥羽132/真系8544//九稻14后代材料）为母本，九稻19为父本进行有性杂交，系谱法处理育成，原代号九03A3。2007年通过吉林省农作物品种审定委员会审定，审定编号为吉审稻2007003。

形态特征和生物学特性：属粳型常规水稻。感光性弱，感温性中等，基本营养生长期短，早熟早粳。生育期129d，需≥10℃活动积温2 600℃。株型紧凑，叶色绿色，分蘖力中上等，活秆成熟，散穗型，籽粒椭圆形，无芒，颖壳黄色。平均株高100.4cm，平均穗粒数137.3粒，结实率90%，千粒重24.0g。

品质特性：糙米率73.5%，精米率73.5%，整精米率66.6%，粒长5.5mm，长宽比2.2，垩白粒率16.0%，垩白度2.4%，透明度1级，碱消值7.0级，胶稠度64mm，直链淀粉含量16.8%，蛋白质含量8.2%。

抗性：2004—2006年吉林省农业科学院植物保护研究所连续3年采用分菌系人工接种、病区多点异地自然诱发鉴定，结果表明，苗瘟中感，叶瘟中抗，穗颈瘟中感；2005—2006年在15个田间自然诱发有效鉴定点次中，纹枯病中抗。

产量及适宜地区：2004年预备试验，平均单产7 845kg/hm²，比对照品种长白9号增产4.3%。2005年区域试验，平均单产7 629kg/hm²，比对照品种长白9号增产0.3%；2006年区域试验，平均单产8 154kg/hm²，比对照品种长白9号增产4.0%；两年区域试验，平均单产7 769kg/hm²，比对照品种长白9号增产2.2%。2006年生产试验，平均单产8 103kg/hm²，比对照品种长白9号增产3.4%。适宜吉林省中早熟稻区种植。

栽培技术要点：4月上中旬播种，5月中下旬插秧。栽培密度为行株距30cm×20cm。一般土壤肥力条件下，施纯氮150.0kg/hm²，施纯钾75kg/hm²，施纯磷75kg/hm²，氮肥按底肥：蘖肥：穗肥=6：3：1的比例施入；磷肥全部作底肥一次性施入；钾肥的2/3作底肥、1/3作穗肥施入。田间水分管理以浅水灌溉为主。7月上中旬注意防治二化螟、稻瘟病等。

九稻62（Jiudao 62）

品种来源：吉林省吉林市农业科学院水稻研究所1998年以桦农1号为母本，九稻16为父本进行有性杂交，后代经系谱法处理育成，原代号九03C2。2007年通过吉林省农作物品种审定委员会审定，审定编号为吉审稻2007011。

形态特征和生物学特性：属粳型常规水稻。感光性弱，感温性中等，基本营养生长期短，中熟早粳。生育期139d，需≥10℃活动积温2 800℃。株型紧凑，叶色绿色，分蘖力强，活秆成熟，散穗型，籽粒椭圆形，间稀短芒，颖及颖壳黄色。平均株高103cm，平均穗粒数106粒，结实率88.9%，千粒重26.0g。

品质特性：糙米率85.3%，精米率77.3%，整精米率71.7%，粒长4.6mm，长宽比1.7，垩白粒率9.0%，垩白度1.5%，透明度1级，碱消值7.0级，胶稠度73mm，直链淀粉含量17.7%，蛋白质含量8.4%。依据NY/T 593—2002《食用稻品种品质》标准，米质符合二等食用粳稻品种品质规定要求。

抗性：2004—2006年吉林省农业科学院植物保护研究所连续3年采用分菌系人工接种、病区多点异地自然诱发鉴定，结果表明，苗瘟中感，叶瘟抗，穗颈瘟感；2005—2006年在15个田间自然诱发有效鉴定点次中，纹枯病中抗。

产量及适宜地区：2004年预备试验，平均单产7 845kg/hm²，比对照品种长白9号增产4.3%；2005—2006年两年区域试验，平均单产7 764kg/hm²，比对照品种长白9号增产2.2%。2006年生产试验，平均单产8 103kg/hm²，比对照长白9号增产3.4%。适宜吉林省通化地区以外≥10℃活动积温2 800℃以上中晚熟稻区种植。

栽培技术要点：4月上中旬播种，5月中下旬插秧。栽培密度为行株距30cm×20cm。一般土壤肥力条件下，施纯氮150.0kg/hm²，纯磷75kg/hm²、施纯钾75kg/hm²；氮肥按底肥：蘖肥：穗肥＝6：3：1的比例施入，磷肥全部作底肥一次性施入，钾肥的2/3作底肥、1/3作穗肥施入。田间水管理以浅水灌溉为主。7月上中旬注意防治二化螟、稻瘟病等。

九稻63 (Jiudao 63)

品种来源：吉林省吉林市农业科学院水稻研究所1999年以长白9号/Jefferson F_1 为母本，九稻22为父本杂交，后代经系谱法选育而成，原代号九03D8。分别通过吉林省（2007）和国家（2008）农作物品种审定委员会审定，审定编号为吉审稻2007016和国审稻2008040。

形态特征和生物学特性：属粳型常规水稻。感光性弱，感温性中等，基本营养生长期短，迟熟早粳。生育期144d，需≥10℃活动积温2 900℃。株型紧凑，叶色绿色，分蘖力强，活秆成熟。散穗型，籽粒椭圆形，无芒，颖壳黄色。平均株高105.7cm，平均穗粒数109.2粒，结实率87.6%，千粒重26.9g。

品质特性：糙米率83.3%，精米率74.9%，整精米率71.2%，粒长4.9mm，长宽比1.7，垩白粒率5%，垩白度0.6%，透明度1级，碱消值7.0级，胶稠度78mm，直链淀粉含量17.7%，蛋白质含量7.6%。依据NY/T 593—2002《食用稻品种品质》标准，米质符合二等食用粳稻品种品质规定要求。

抗性：2004—2006年吉林省农业科学院植物保护研究所连续3年采用分菌系人工接种、病区多点异地自然诱发鉴定，结果表明，苗瘟中感，叶瘟中抗，穗颈瘟中抗；2005—2006年在15个田间自然诱发有效鉴定点次中，纹枯病中抗。

产量及适宜地区：2004年预备试验，平均单产8 543kg/hm²，比对照品种关东107平均增产−1.3%；2005—2006年两年区域试验，平均单产8 231kg/hm²，比对照品种关东107增产6.1%。2006年生产试验，平均单产8 309kg/hm²，比对照品种关东107增产2.6%。适宜吉林省≥10℃活动积温2 900℃左右的晚熟稻区种植。

栽培技术要点：4月上中旬播种，5月中下旬插秧。栽培密度为行株距30cm×20cm。一般土壤肥力条件下，施纯氮150kg/hm²，纯磷75kg/hm²，纯钾75kg/hm²，氮肥按底肥：蘖肥：穗肥＝6：3：1的比例施入；磷肥全部作底肥一次性施入，钾肥的2/3作底肥，1/3作穗肥分两次施用。田间水分管理以浅水灌溉为主。注意防治二化螟、稻瘟病等。

九稻65 (Jiudao 65)

品种来源：吉林省吉林市农业科学院水稻研究所1998年以自选材料九98-189（青系89/真系8544//藤系144的后代材料）为母本，龙选948为父本进行有性杂交，后代系谱法处理育成，试验代号九04A4。2008年通过吉林省农作物品种审定委员会审定，审定编号为吉审稻2008004。

形态特征和生物学特性：属粳型常规水稻。感光性弱，感温性中等，基本营养生长期短，早熟早粳。生育期130d，需≥10℃活动积温2 600℃。株型紧凑，叶色绿色，分蘖力强，散穗型，籽粒椭圆形，颖壳黄色，无芒。平均株高97.2cm，有效穗数310.5万/hm²，平均穗长18.4cm，平均穗粒数125.7粒，结实率84.3%，千粒重25.7g。

品质特性：糙米率83.8%，精米率76.2%，整精米率61.7%，粒长4.7mm，长宽比1.5，垩白粒率46.0%，垩白度6.7%，透明度1级，碱消值7.0级，胶稠度76mm，直链淀粉含量17.1%，蛋白质含量7.4%。依据NY/T 593—2002《食用稻品种品质》标准，米质符合二等食用粳稻品种品质规定要求。

抗性：2005—2007年吉林省农业科学院植物保护研究所连续3年采用分菌系人工接种、病区多点异地自然诱发鉴定，结果表明，苗瘟中感，叶瘟中抗，穗颈瘟中抗；2005—2006年在15个田间自然诱发有效鉴定点次中，纹枯病中感。

产量及适宜地区：2006年区域试验，平均单产8 361kg/hm²，比对照品种长白9号增产8.4%；2007年区域试验，平均单产8 697kg/hm²，比对照品种长白9号增产5.0%；两年区域试验比对照品种长白9号平均增产6.7%。2007年生产试验，平均单产7 902kg/hm²，比对照品种长白9号增产11.8%。适宜吉林省白城、松原、通化、延边、四平、吉林东部等中早熟稻作区种植。

栽培技术要点：4月上中旬播种，5月中下旬插秧。栽培密度为行株距30cm×20cm。一般土壤肥力条件下，施纯氮150kg/hm²，纯磷75kg/hm²，纯钾75kg/hm²，氮肥按底肥：蘖肥：穗肥＝6：3：1的比例施入；磷肥全部作底肥一次性施入；钾肥的2/3作底肥，1/3作穗肥分两次施入。田间水分管理以浅水灌溉为主。7月上中旬注意防治二化螟，并注意及时防治稻瘟病。

九稻66 （Jiudao 66）

品种来源：吉林省吉林市农业科学院1998年以自选材料九98-189（青系89/真系8544//藤系144的后代材料）为母本，龙选948为父本进行有性杂交，后代经系谱法处理育成，试验代号九05A7。2009年通过吉林省农作物品种审定委员会审定，审定编号为吉审稻2009001。

形态特征和生物学特性：属粳型常规糯稻。感光性弱，感温性较强，基本营养生长期短，早熟早粳。生育期129d，需≥10℃活动积温2 600℃。株型紧凑，叶色绿色，分蘖力中上等，活秆成熟，散穗型，籽粒椭圆形，无芒，颖壳黄色。平均株高93.0cm，平均穗粒数124.7粒，结实率85.8%，千粒重28.8g。

品质特性：糙米率85.3%，精米率77.3%，整精米率67.1%，粒长5.0mm，长宽比1.6，垩白粒率62.0%，垩白度13.6%，透明度1级，碱消值7.0级，胶稠度69mm，直链淀粉含量17.9%，蛋白质含量7.6%。依据农业部NY/T 593—2002《食用稻品种品质》标准，米质符合五等食用粳稻品种品质规定要求。

抗性：2006—2008年吉林省农业科学院植物保护研究所连续3年采用分菌系人工接种、病区多点异地自然诱发鉴定，结果表明，苗瘟中抗，叶瘟中抗，穗瘟感；纹枯病中抗。

产量及适宜地区：2007年区域试验，平均单产8 835kg/hm²，比对照品种长白9号增产6.8%；2008年区域试验，平均单产8 915kg/hm²，比对照品种长白9号增产7.3%；两年区域试验，平均单产8 876kg/hm²，比对照品种长白9号增产7.0%。2008年生产试验，平均单产8 861kg/hm²，比对照品种长白9号增产6.0%。适宜吉林省吉林、长春、白城、松原、延边、四平等中早熟稻区种植。

栽培技术要点：4月上中旬播种，5月中下旬插秧。栽培密度为行株距30cm×20cm，每穴栽插3～4苗。中等肥力田块，施纯氮150kg/hm²，按底肥60%、蘖肥30%、穗肥10%的比例分期施用；施纯磷75kg/hm²，全部作底肥一次性施入；施纯钾75kg/hm²，底肥60%、穗肥40%，分两次施用。田间水分管理以浅水灌溉为主，7月上中旬注意防治二化螟，生育期间注意及时防治稻瘟病。

九稻67（Jiudao 67）

品种来源：吉林省吉林市农业科学院2000年以龙选948为母本，通211为父本进行有性杂交，后代系谱法处理育成，试验代号九05B14。2009年通过吉林省农作物品种审定委员会审定，审定编号为吉审稻2009007。

形态特征和生物学特性：属粳型常规水稻。感光性弱，感温性弱，基本营养生长期短，中熟早粳。生育期136d，需≥10℃活动积温2 700℃。株型紧凑，叶色绿色，分蘖力强，活秆成熟，散穗型，籽粒椭圆形，无芒，颖壳黄色。平均株高98.8cm，平均穗长17.9cm，平均穗粒数122.3粒，结实率90%，千粒重23.8g。

品质特性：糙米率82.5%，精米率74.1%，整精米率67.6%，粒长4.7mm，长宽比1.6，垩白粒率16.0%，垩白度2.0%，透明度1级，碱消值7.0级，胶稠度68mm，直链淀粉含量19.7%，蛋白质含量8.2%。依据农业部NY/T 593—2002《食用稻品种品质》标准，米质符合三等食用粳稻品种品质规定要求。

抗性：2006—2008年吉林省农业科学院植物保护研究所连续3年采用分菌系人工接种、病区多点异地自然诱发鉴定，结果表明，苗瘟中感，叶瘟中抗，穗瘟中抗；纹枯病中感。

产量及适宜地区：2007—2008年两年区域试验，平均单产8 505kg/hm²，比对照品种吉玉粳增产4.2%。2008年生产试验，平均单产9 165kg/hm²，比对照品种吉玉粳增产5.9%。适宜吉林省四平、吉林、长春、辽源、通化、松原、白城等中熟稻区种植。

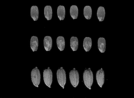

栽培技术要点：4月上中旬播种，5月中下旬插秧。栽培密度为行株距30cm×20cm，每穴栽插3～4苗。一般土壤肥力条件下，施纯氮150kg/hm²，按底肥60%、蘖肥30%、穗肥10%的比例分期施用；施纯磷75kg/hm²，全部作底肥一次性施入；施纯钾75kg/hm²，按底肥60%、穗肥40%，分两次施用。田间水分管理以浅水灌溉为主。注意防治二化螟、稻瘟病等。

九稻69（Jiudao 69）

品种来源：吉林省吉林市农业科学院1999年以九稻18为母本，通319为父本杂交选育而成，试验代号九06D18。2010年通过吉林省农作物品种审定委员会审定，审定编号为吉审稻2010023。

形态特征和生物学特性：属粳型常规水稻。感光性弱，感温性较强，基本营养生长期短，迟熟早粳。生育期145d，需≥10℃活动积温2 950℃。株型紧凑，叶片上举，茎叶深绿色，分蘖力强，弯曲穗型，主蘖穗整齐，着粒密度适中，籽粒椭圆形，颖及颖尖均黄色，无芒。平均株高105cm，穗长21.8cm，平均穗粒数138.6粒，结实率90%，千粒重26.6g。

品质特性：糙米率83.8%，精米率75.9%，整精米率72.5%，粒长5.0mm，长宽比1.9，垩白粒率14.0%，垩白度3.2%，透明度1级，碱消值7.0级，胶稠度64mm，直链淀粉含量17.9%，蛋白质含量8.5%。依据农业部NY/T 593—2002《食用稻品种品质》标准，米质符合三等食用粳稻品种品质规定要求。

抗性：2007—2009年吉林省农业科学院植物保护研究所连续3年采用分菌系人工接种、病区多点异地自然诱发鉴定，结果表明，苗瘟中感，叶瘟中抗，穗瘟中抗；纹枯病中抗。

产量及适宜地区：2008年区域试验，平均单产8 886.0kg/hm²，比对照品种秋光增产4.3%；2009年区域试验，平均单产8 706.9kg/hm²，比对照品种秋光增产5.9%；两年区域试验，平均单产8 796.5kg/hm²，比对照品种秋光增产5.1%。2009年生产试验，平均单产8 797.4kg/hm²，比对照品种秋光增产5.9%。适宜吉林省四平、吉林、长春、辽源、通化、松原等晚熟稻区种植。

栽培技术要点：稀播育壮秧，4月上旬播种，每平方米播催芽种子250g，5月下旬插秧。栽培密度为行株距30cm×20cm，每穴栽插3～4苗。氮、磷、钾配方施肥，施纯氮150kg/hm²，按底肥40%、蘖肥30%、补肥20%、穗肥10%的比例分期施入；施纯磷75kg/hm²，作底肥一次性施入；施纯钾75kg/hm²，底肥70%、追肥30%，分两次施用。田间水分管理采取分蘖期浅，孕穗期深，籽粒灌浆期浅的灌溉方法。注意防治二化螟、稻瘟病等。

九稻7号 （Jiudao 7）

品种来源：吉林省吉林市农业科学研究所1976年以（黄皮糯/九稻6号）F$_2$为母本，（黄皮糯/福锦）F$_3$为父本杂交选育而成，原品系代号为双82。分别通过吉林省（1985）和黑龙江省(1987)农作物品种审定委员会审定，审定编号为吉审稻1985001和黑审稻1987002。

形态特征和生物学特性：属粳型常规水稻。感光性弱，感温性弱，基本营养生长期短，中熟早粳。生育期约135d，需≥10℃活动积温2 750℃。叶短而窄、绿色，分蘖力中等，着粒密度中等，谷粒椭圆形，颖壳、颖尖黄色，无芒。株高98cm，主茎叶13片，穗长17cm，每穗约75粒，结实率90%，千粒重28g。

品质特性：糙米率82.0%。米质中等。

抗性：苗期抗寒性较强，幼穗分化前对低温反应比较迟钝。后期成熟较慢。抗倒伏性一般，轻感稻瘟病。

产量及适宜地区：一般平均单产7 500kg/hm^2。适宜吉林、黑龙江等地种植。1987年种植面积3.73万hm^2。

栽培技术要点：塑料薄膜保温育苗，每平方米苗床播种量0.3kg。本田施纯氮130kg/hm^2。前期浅灌，后期间歇灌溉。

九稻8号 （Jiudao 8）

品种来源：吉林省吉林市农业科学研究所1974年以吉74-57为母本，城堡1号为父本杂交选育而成，原品系代号双152。1985年通过吉林省农作物品种审定委员会审定，审定编号为吉审稻1985002。

形态特征和生物学特性：属粳型常规水稻。感光性弱，感温性弱，基本营养生长期短，早熟早粳。生育期约125d，需≥10℃活动积温2 650℃。叶短宽而直立，浓绿色，株型紧凑，分蘖力中等，穗近纺锤形，穗型较紧。着粒密度中等，谷粒椭圆形，颖壳、颖尖黄色，无芒。株高90cm，主茎叶12～13片，穗长16cm，每穗90粒，结实率80%，千粒重25g。

品质特性：糙米率82.0%。米质中等。

抗性：前期耐寒性较强，后期成熟稍慢，抗倒伏性中等，轻感稻瘟病。

产量及适宜地区：一般平均单产6 000kg/hm²。适宜吉林、黑龙江等地种植。1985年种植面积0.67万 hm²。

栽培技术要点：薄膜保温育苗，每平方米苗床播种量0.3kg；盘育苗每盘播干种子0.1kg。本田施纯氮130kg/hm²。前期浅灌，后期间歇灌溉。

九稻9号 （Jiudao 9）

品种来源：吉林省吉林市农业科学研究所1977年以7619为母本，7621为父本杂交选育而成。1988年通过吉林省农作物品种审定委员会审定，审定编号为吉审稻1988003。

形态特征和生物学特性：属粳型常规水稻。感光性弱，感温性弱，基本营养生长期短，中熟早粳。生育期137d，需≥10℃活动积温2 800℃。幼苗长势健壮，株型较紧凑，叶鞘、叶缘、叶枕均为浅绿色，茎秆粗壮。分蘖力较强，但主蘖穗不齐，成穗率较低，穗型中等、着粒较密，粒长度中等，呈椭圆形，颖壳薄呈黄色，着生稀少短芒，颖尖呈黄色。株高105cm，平均每穗粒数80粒，结实率90%，千粒重27g。

品质特性：糙米率81%，精米率77%，整精米率76.2%，米粒垩白少，蛋白质含量7.8%，直链淀粉含量17.9%。适口性好，米质优良。

抗性：对光反映迟钝，苗期抗寒性较强，较耐肥抗倒。抗稻瘟病性强。

产量及适宜地区：1985—1986年区域试验，平均单产7 244kg/hm²，比对照品种吉粳60增产4%；1986—1987年生产试验，平均单产7 014kg/hm²，比对照品种吉粳60增产4.6%。适宜吉林省种植下北、早锦等品种的地区种植。

栽培技术要点：适宜中等肥力条件下栽培，一般4月中旬播种，5月末前插秧。插秧密度30cm×10cm，每穴栽插4～5苗。施纯氮150～170kg/hm²。施肥应根据分蘖数与长相进行，切忌看叶色，尤其分蘖盛期以后施肥需慎重，发现孕穗后期叶色深或封垄过早应进行排水晒田。要浅水勤灌，抽穗后间断灌溉，保持田间干干湿湿，抑制水稻疯长贪青倒伏。

九花1号（Jiuhua 1）

品种来源：吉林省吉林市农业科学院1987年以京701/（云131/化药127）F$_4$选株花药培养育成，原代号九H363。1995年通过吉林省农作物品种审定委员会审定，审定编号为吉审稻1995008。

形态特征和生物学特性：属粳型常规水稻。感光性弱，感温性弱，基本营养生长期短，迟熟早粳。生育期145d，需≥10℃活动积温2 850℃。叶片淡绿色，茎秆较粗，株型较紧凑。分蘖力中上等，主蘖穗整齐，成穗率高，颖及颖尖黄白色。株高104cm，主茎叶粒13～14片，穗长20cm，平均穗粒数110粒，着粒密度5.5粒/cm，千粒重27g。

品质特性：糙米率84.3%，精米率71.9%，整精米率59.9%，垩白粒率11.3%，碱消值5.2级，直链淀粉含量18.5%，蛋白质含量8.1%。米饭滑润、柔软、适口性良好。

抗性：中抗稻瘟病，抗倒性强，耐盐碱性较强。

产量及适宜地区：1992—1994年区域试验，平均单产8 610kg/hm^2，比对照品种吉引12增产7.1%；1993—1994年生产试验，平均单产8 363kg/hm^2，比对照品种吉引12增产10.3%。适宜吉林省吉林、长春、四平的平原晚熟稻区种植。此品种在1995年生育中期遇持续低温，有的地区出现障碍型冷害，积温不足地区低温年份不宜选用。

栽培技术要点：4月中旬育苗，5月中旬插秧。插秧密度30cm×13cm以上，每穴栽插4～5苗。提倡农肥和化肥相结合，氮、磷、钾肥配合使用，做到底肥足，蘖肥早，补肥调，穗肥巧，粒肥保的平稳促进施肥方法，前后施肥比例7∶3为宜，施纯氮125～150kg/hm^2。水层管理以浅为主，干湿结合，适期晒田，抽穗到成熟要间歇灌溉。及时防治稻瘟病和螟虫。

九引1号 （Jiuyin 1）

品种来源：吉林省吉林市农业科学研究所1984年由日本引入，原名为秋田32。1991年通过吉林省农作物品种审定委员会审定，审定编号为吉审稻1991002。

形态特征和生物学特性：属粳型常规水稻。感光性弱，感温性弱，基本营养生长期短，迟熟早粳。生育期140d左右，需≥10℃活动积温2 750～2 800℃。株型紧凑，剑叶角度小，分蘖力中等，主蘖穗整齐，着粒密度中等，谷粒椭圆形，种皮和颖尖呈黄色，间稀短芒。株高97cm，主茎叶13～14片，穗长18.2cm，每穗粒数81粒左右，结实率94%，千粒重27.5g。

品质特性：糙米率83.6%，垩白粒率5.2%。

抗性：抗稻瘟病较强。抗倒伏，抗寒性较强。

产量及适宜地区：1987—1989年区域试验，平均单产7 594.5kg /hm²，比对照品种下北增产4.8%；1989—1990年生产试验，平均单产7 786.5kg /hm²，比对照品种下北增产11.2%。适宜吉林省中部下北种植区。据1994年底不完全统计省内外累计种植面积超过13.7万hm²。

栽培技术要点：4月中旬播种，5月中下旬插秧。每公顷用种50～75kg，旱育苗每平方米200g，盘育苗每平方米100g，每平方米插秧100～150苗。农家肥与化肥相结合，氮、磷、钾配方施用，施纯氮130～160kg /hm²；底肥、蘖肥、补肥、穗肥分别为4：4：1：1。浅灌为主，干湿结合，抽穗后间歇灌溉。注意防治稻瘟病。

九粘4号 （Jiuzhan 4）

品种来源：吉林省吉林市农业科学院水稻研究所1995年以A8865为母本，中12为父本杂交系选育成。2002年通过吉林省农作物品种审定委员会审定，审定编号为吉审稻2002026。

形态特征和生物学特性：属粳型常规糯稻。感光性弱，感温性弱，基本营养生长期短，中熟早粳。生育期140d，需≥10℃活动积温2 800℃。株型良好，茎秆坚韧抗倒，分蘖力强，谷粒椭圆形，颖及颖尖黄色，有间稀短芒。株高102cm，穗长平均16.8cm，平均穗粒数105粒，结实率90%，千粒重25.6 g。

品质特性：米色乳白。食味佳，黏性好。

抗性：2001年吉林省农业科学院植物保护研究所采用分菌系人工接种、病区多点异地自然诱发鉴定，结果表明，苗瘟中抗，叶瘟中感，穗瘟感。

产量及适宜地区：2001年区域试验，平均单产7 967kg/hm^2，比对照品种通粘1号增产11.5%。适宜吉林省中晚熟稻作区种植。

栽培技术要点：4月10日左右播种，5月中下旬插秧。最适插秧密度30cm×20cm，每穴栽插3～4苗。施纯氮120kg/hm^2，并与钾肥配合分期施用，磷肥作底肥一次性施入。水层管理以浅水为主，后期间歇灌溉。注意及时防治稻瘟病。

科裕47 （Keyu 47）

品种来源：吉林省松原市裕丰种业1996年以吉97J9为母本，清风2号为父本杂交育成，试验代号裕丰047。2010年通过吉林省农作物品种审定委员会审定，审定编号为吉审稻2010016。

形态特征和生物学特性：属粳型常规水稻。感光性弱，感温性较强，基本营养生长期短，迟熟早粳。生育期140d，需≥10℃活动积温2 850℃。株型紧凑，叶片上举，茎叶深绿色，分蘖力较强，弯曲穗型，主蘖穗整齐，着粒密度适中，籽粒椭圆形，颖及颖尖均黄色，无芒。平均株高100.7cm，穗长20.4cm，平均穗粒数115.9粒，结实率92.7%，千粒重29.4g。

品质特性：糙米率83.5%，精米率75.7%，整精米率66.9%，粒长5.4mm，长宽比1.8，垩白粒率14.0%，垩白度3.2%，透明度1级，碱消值7.0级，胶稠度80mm，直链淀粉含量17.5%，蛋白质含量6.9%。依据农业部NY/T 593—2002《食用稻品种品质》标准，米质符合三等食用粳稻品种品质规定要求。

抗性：2007—2009年吉林省农业科学院植物保护研究所连续3年采用分菌系人工接种、病区多点异地自然诱发鉴定，结果表明，苗瘟中感，叶瘟中抗，穗瘟中抗；纹枯病中抗。

产量及适宜地区：2008年区域试验，平均单产8 929kg/hm²，比对照品种通35增产4.5%；2009年区域试验，平均单产8 820kg/hm²，比对照品种通35增产9.2%；两年区域试验，平均单产8 874kg/hm²，比对照品种通35增产6.8%。2009年生产试验，平均单产8 616kg/hm²，比对照品种通35增产7.2%。适宜吉林省通化、吉林、长春、辽源、四平、松原、延边等中晚熟稻区种植。

栽培技术要点：稀播育壮秧，4月上旬播种，5月下旬插秧。栽培密度为行株距（30～40）cm×20cm，每穴栽插2～3苗。氮、磷、钾配方施肥，施纯氮135～150kg/hm²，按底肥20%、蘖肥40%、补肥20%、穗肥20%的比例分期施入；施纯磷60kg/hm²，作底肥一次性施入；施纯钾90kg/hm²，底肥40%、拔节期追60%，分两次施用。田间水分管理以浅水灌溉为主，分蘖期间结合人工除草。注意防治二化螟、稻瘟病等。

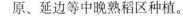

冷11-2 (Leng 11-2)

品种来源：吉林省农业科学院水稻研究所1981年以寒2号为母本，滨旭为父本杂交系选育成，原代号吉85冷11-2。1992年通过吉林省农作物品种审定委员会审定，审定编号为吉审稻1992003。

形态特征和生物学特性：属粳型常规水稻。感光性弱，感温性弱，基本营养生长期短，迟熟早粳。生育期135～140d，需≥10℃活动积温2 700～2 800℃。茎秆较粗而坚韧，分蘖力中等，叶长宽中等，叶片绿色。穗较大，着粒较密，谷粒阔卵形，无芒，颖及颖尖黄色。株高90～105cm，每穴有效穗数10～15个，穗粒数100粒，千粒重26g。

品质特性：糙米率83%。米质良。

抗性：中抗稻瘟病。抗冷性较强，抗旱性较强，耐肥，抗倒伏。

产量及适宜地区：1989—1991年区域试验，平均单产7 154kg/hm²，比对照品种长白7号增产11.5%；1990—1991年生产试验，平均单产7 304kg/hm²，比对照品种长白7号增产10.6%。主要适宜吉林省中早熟稻区种植。

栽培技术要点：4月上中旬播种，5月中下旬插秧。一般插秧密度26cm×13cm或30cm×13cm。施纯氮150kg/hm²。采用浅—深—浅灌溉方法。

龙锦1号 （Longjin 1）

　　品种来源：吉林省农业科学院水稻研究所1988年以龙晴4号为母本，屉锦为父本杂交，1992年育成。1994年通过吉林省农作物品种审定委员会审定，审定编号为吉审稻1994006。

　　形态特征和生物学特性：属于常规粳型特种稻黑香黏。感光性弱，感温性中等，基本营养生长期短，中熟早粳。生育期140d，需≥10℃活动积温2 800℃。叶片挺直，叶片上举，叶鞘、叶缘、叶枕均为深绿色。茎秆有弹性，分蘖力强，主蘖穗整齐，成穗率高。植株体有香味，田间有浓香气味，灌浆快。谷粒呈长椭圆形，颖及颖壳暗黄色，无芒。株高100cm，穗长18～20cm，每穗粒数90粒，结实率80%，千粒重20g。

　　品质特性：糙米率81.5%，精米率73.5%，整精米率68.0%，米粒长宽比2.15，碱消值高，胶稠度79mm，直链淀粉含量17%，蛋白质含量9.9%，脂肪含量2.9%。黑色素含量达到2.4%，与一般黑米相比，黑色素含量高出2～5倍。赖氨酸含量高50.3%，维生素B_1含量高5倍，维生素B_2含量高90%，补血元素铁含量36.3%，抗癌元素硒含量高3倍，是罕见的富硒黑米。尤其是抗癌元素硒含量达0.13mg/kg。糙米乌黑发亮，气味芳香，米饭有光泽，饭粒完整，黏性好，食味佳，冷后不硬。获1992年首届中国特种稻米金奖。

　　抗性：苗期耐寒，耐盐碱，中抗稻瘟病，较抗倒伏。

　　产量及适宜地区：1992—1993年生产试验，平均单产6 495kg/hm²，比一般黑稻增产20%以上。主要适宜吉林省中熟、中晚熟及晚熟稻区种植。

　　栽培技术要点：4月上中旬播种，5月下旬插秧。插秧密度26.4cm×16.5cm或30cm×16.5cm，每穴栽插2～3苗。施纯氮120～150kg/hm²。采用浅水灌溉或间歇灌溉相结合方法。易发稻瘟病区，注意药剂防治，确保丰收。

陆奥香（Lu'aoxiang）

品种来源：吉林省通化市农业科学院1987年从日本引进的品系，原代号通引1号。1999年通过吉林省农作物品种审定委员会审定，审定编号为吉审稻1999009。

形态特征和生物学特性：属粳型常规水稻。感光性弱，感温性弱，基本营养生长期短，迟熟早粳。生育期145～147d，需≥10℃活动积温2 850℃。穗位整齐，叶宽大直立，属矮秆多蘖偏大穗型品种。株高95.0cm，有效穗数28～35.7个，平均每穗粒数100～120粒，结实率86%，千粒重27 g。

品质特性：糙米率83.1%，精米率75.5%，整精米率74.8%，粒长4.8mm，长宽比1.7，透明度1级，垩白粒率17.0%，垩白度1.7%，碱消值7.0级，胶稠度89mm，直链淀粉含量19.4%，蛋白质含量7.8%。

抗性：1996—1998年吉林省农业科学院植物保护研究所连续3年采用分菌系人工接种、病区多点异地自然诱发鉴定，结果表明，苗瘟中抗，叶瘟中抗，穗颈瘟中抗。耐盐碱，抗病性强，活秆成熟，后期灌浆速度快，抗倒伏，耐低温。

产量及适宜地区：1996—1998年区域试验，平均单产8 247kg/hm²，比对照品种关东107增产2.0%；1997—1998年生产试验，平均单产8 447kg/hm²，比对照品种关东107增产6.4%。适宜吉林省通化、四平、吉林等≥10℃活动积温2 850℃以上的地区种植。吉林省累计推广面积2万hm²。

栽培技术要点：4月上中旬播种，采取稀播旱育壮秧（每平方米插催芽种子150g），5月中下旬插秧，插秧密度30cm×17cm 或30cm×20cm。在稀植或超稀植栽培下，宜采取分期施肥，氮、磷、钾配方施肥，施纯氮120kg/hm²，按底肥30%、分蘖肥10%、补肥25%、穗肥25%、粒肥10%分期施用；施磷肥（P_2O_5）54kg/hm²作底肥一次性施入；施钾肥（K_2O）45.0kg/hm²。以浅水灌溉为主，孕穗期浅水或湿润灌溉，成熟期干湿结合。推广中应采用综合防病措施。

绿达177（Lüda 177）

品种来源：吉林省吉林市绿达农业技术发展有限公司、吉林农业科技学院2000年以吉玉粳为母本，通粳611为父本进行有性杂交，经系谱法育成，试验代号TJ177。2011年通过吉林省农作物品种审定委员会审定，审定编号为吉审稻2011002。

形态特征和生物学特性：属粳型常规水稻。感光性弱，感温性较弱，基本营养生长期短，中熟早粳。生育期132d，需≥10℃活动积温2 650℃。株型紧凑，叶片上举，茎叶深绿色，分蘖力强，弯曲穗型，主蘖穗整齐，着粒密度适中，籽粒椭圆形，颖及颖尖均黄色，无芒。平均株高112cm，有效穗数355.5万/hm²，平均穗长16.9cm，平均穗粒数113.9粒，结实率89.7%，千粒重24.1g。

品质特性：糙米率84.6%，精米率75.2%，整精米率72.4%，粒长4.9mm，长宽比1.7，垩白粒率16.0%，垩白度2.2%，透明度1级，碱消值6.0级，胶稠度82mm，直链淀粉含量16.8%，蛋白质含量6.5%。依据农业部NY/T 593—2002《食用稻品种品质》标准，米质符合二等食用粳稻品种品质规定要求。

抗性：2008—2010年吉林省农业科学院植物保护研究所连续3年采用分菌系人工接种、病区多点异地自然诱发鉴定，结果表明，苗瘟中感，叶瘟中感，穗瘟感；纹枯病中抗。

产量及适宜地区：2009年区域试验，平均单产8 511kg/hm²，比对照品种长白9号增产4.2%；2010年区域试验，平均单产8 397kg/hm²，比对照品种长白9号增产5.0%；两年区域试验，平均单产8 484kg/hm²，比对照品种长白9号增产4.6%。2010年生产试验，平均单产8 892kg/hm²，比对照品种长白9号增产6.6%。适宜吉林省四平、长春、白城、延边等中早熟稻区种植。

栽培技术要点：稀播育壮秧，4月上旬播种，每平方米播催芽种子250g，5月中旬插秧。栽培密度为行株距30cm×20cm，每穴栽插3～4苗。氮、磷、钾配方施肥，施纯氮150kg/hm²，按底肥40%、分蘖肥30%、补肥20%、穗肥10%的方式分期施用；施纯磷75kg/hm²，作底肥一次性施入；施纯钾75kg/hm²，底肥70%、追肥30%，分两次施用。田间水分管理采取分蘖期浅，孕穗期深，籽粒灌浆期浅的灌溉方法。7月上中旬注意防治二化螟，生育期间注意及时防治稻瘟病。

农林34 (Nonglin 34)

品种来源：日本品种。吉林省延边朝鲜族自治州农业科学研究所1962年由吉林省农业科学院引入延边地区。

形态特征和生物学特性：属粳型常规水稻。感光性弱，感温性弱，基本营养生长期短，早熟早粳。生育期125d，需≥10℃活动积温2 600℃。幼苗生长势强，苗色浓绿。分蘖力较强，叶片较宽，抽穗整齐，成穗率高，着粒较稀，谷粒阔卵形，黄白色，中长芒，颖壳黄白色。株高85cm左右，主茎叶11～12片，平均每穴有效穗数13～14个，穗长14cm，平均每穗70粒，结实率85%，千粒重约25g。

品质特性：米白色，糙米率82.0%。米质良好。

抗性：苗期耐寒，耐肥力中等，抗稻瘟病性较弱。

产量及适宜地区：一般平均单产5 000kg/hm²，在良好栽培条件下，可达6 000kg/hm²以上。主要适宜吉林省延边地区山区和半山区种植。20世纪60年代中期至70年代中期是延边地区的主推品种之一。20世纪50年代推广面积达3.3万hm²。

栽培技术要点：4月中下旬播种，每平方米播种量0.3kg，秧龄40d。行穴距27cm×10cm，每穴栽插4～5苗。在施足底肥的基础上，施纯氮100kg/hm²，采用前重后轻分施法。灌水采用浅—深—浅的间歇灌水方法。

农粘1号 （Nongzhan 1）

品种来源：吉林农业大学水稻研究所1992年以通粘1号为母本，自选系香粘91-26为父本杂交系统选育而成。2003年通过吉林省农作物品种审定委员会审定，审定编号为吉审稻2003024。

形态特征和生物学特性：属粳型糯水稻。感光性弱，感温性弱，基本营养生长期短，中熟早粳。生育期140d，需≥10℃活动积温2 850℃。株型紧凑，茎叶深绿，弯曲穗型，主蘖穗整齐，着粒密度适中，粒形椭圆，籽粒浅褐色，无芒或稀间短芒。植株高100cm，每穴有效穗22个，主穗粒数150粒，平均粒数110粒，结实率90%，千粒重27.2g。

品质特性：糙米率83.1%，精米率72.8%，整精米率68.5%。米色乳白有光泽，食味佳，黏性好。

抗性：2001年吉林省农业科学院植物保护研究所采用分菌系人工接种、病区多点异地自然诱发鉴定，结果表明，苗瘟中抗，成株期叶瘟中感，穗瘟中感。

产量及适宜地区：2001年吉林省区试，平均单产8 030kg/hm²，比对照品种延粘1号增产10.2%。适宜吉林省长春、吉林、松原、通化、四平、辽源中晚熟稻区种植。

栽培技术要点：稀播育壮秧，4月上旬播种，5月中下旬插秧。栽培密度为30cm×20cm，每穴栽插2～3苗。氮、磷、钾配方施肥，施纯氮130～150kg/hm²，按底肥30%、分蘖肥30%、补肥20%、穗肥20%的比例分期施用；施纯磷60kg/hm²，全部作底肥施入；施纯钾80kg/hm²，底肥50%、拔节期追50%，分两次施入。水分管理采用浅—深—浅方式灌溉。7月上中旬注意防治二化螟，并注意及时防治稻瘟病。

农粘2号 （Nongzhan 2）

品种来源：吉林农业大学1999年以恢粘为母本，藤系150为父本，经人工有性杂交系谱法选育而成，试验代号农粘2号。2011年通过吉林省农作物品种审定委员会审定，审定编号为吉审稻2011019。

形态特征和生物学特性：属粳型常规糯稻。感光性弱，感温性中等，基本营养生长期短，迟熟早粳。生育期140d，需≥10℃活动积温2 850℃。株型收敛，分蘖力较强，弯穗型，籽粒椭圆形，籽粒黄色，无芒。平均株高104cm，有效穗数345万/hm²，平均穗长17.3cm，平均穗粒数101.4粒，结实率86.5%，千粒重28.5g。

品质特性：糙米率82.2%，精米率70.7%，整精米率60.0%，粒长5.2mm，长宽比1.7，碱消值6.5级，胶稠度100mm，直链淀粉含量1.2%，蛋白质含量8.0%。依据农业部NY/T 593—2002《食用稻品种品质》标准，米质符合五等食用糯稻品种品质规定要求。

抗性：2009—2010年吉林省农业科学院植物保护研究所连续2年采用分菌系人工接种、病区多点异地自然诱发鉴定，结果表明，苗瘟中抗，叶瘟抗，穗瘟中抗；纹枯病中抗。

产量及适宜地区：2009年区域试验，平均单产7 892kg/hm²，比对照品种通粘1号增产7.0%；2010年区域试验，平均单产8 295kg/hm²，比对照品种通粘1号增产6.3%；两年区域试验，平均单产8 093kg/hm²，比对照品种通粘1号增产6.6%。2010年生产试验，平均单产8 598kg/hm²，比对照品种通粘1号增产7.8%。适宜吉林省吉林、长春、四平、通化等中晚熟稻区种植。

栽培技术要点：稀播育壮秧，4月上旬播种，采用钵盘育壮秧，每个钵孔4～5粒，5月中下旬插秧。栽培密度为行株距30cm×20cm，每穴栽插3～5苗。农家肥和化肥相结合，氮、磷、钾配合施用，施纯氮150～160kg/hm²，按底肥40%、蘖肥30%、补肥30%的比例分期施用；施纯磷80～95kg/hm²，作底肥一次性施入；施纯钾100kg/hm²，底肥和拔节期各施50%，分两次施用。盐碱地要配施锌肥。田间水分管理采用浅—深—浅间歇灌溉方式。生育期间注意防治稻瘟病、二化螟等。

农粘379（Nongzhan 379）

品种来源：吉林农业大学2000年以农粘1号为母本，日本粘4010为父本杂交育成，试验代号05-8379。2010年通过吉林省农作物品种审定委员会审定，审定编号为吉审稻2010027。

形态特征和生物学特性：属粳型常规糯稻。感光性弱，感温性较弱，基本营养生长期短，迟熟早粳。生育期141d，需≥10℃活动积温2 850℃。株型紧凑，叶片上举，茎叶深绿色，分蘖力中等，半弯曲穗型，主蘖穗整齐，着粒密度适中，粒形椭圆，颖及颖尖均黄色，无芒或偶见短芒。株高100.7cm，主穗长16.9cm，平均穗粒数123.4粒，结实率73%，千粒重25.5g。

品质特性：糙米率82.8%，精米率75.2%，整精米率61.7%，粒长5.1mm，长宽比1.7，碱消值7.0级，胶稠度100mm，直链淀粉含量1.5%，蛋白质含量7.8%，垩白度1.0%，阴糯米率1.0%。依据农业部NY/T 593—2002《食用稻品种品质》标准，米质符合等外食用粳糯稻品种品质规定要求。

抗性：2008—2009年吉林省农业科学院植物保护研究所连续2年采用分菌系人工接种、病区多点异地自然诱发鉴定，结果表明，苗瘟感，叶瘟中感，穗瘟中感；纹枯病中感。

产量及适宜地区：2008年专家组田间测产平均单产9 093kg/hm²，比对照品种通粘1号增产10.7%；2009年区域试验，平均单产8 135kg/hm²，比对照品种通粘1号增产10.3%；两年试验，平均单产8 615kg/hm²，比对照品种通粘1号增产10.5%。2009年生产试验，平均单产8 001kg/hm²，比对照品种通粘1号增产6.6%。适宜吉林省四平、吉林、长春、辽源、通化、松原等中晚熟稻区种植。

栽培技术要点：稀播育壮秧，4月上旬播种，每平方米播催芽种子400g，5月中旬插秧。栽培密度为行株距30cm×13cm，每穴栽插3～4苗。氮、磷、钾配方施肥，施纯氮150kg/hm²，按底肥40%、分蘖肥30%、补肥20%、穗肥10%的比例分期施用；施纯磷75kg/hm²，作底肥一次性施入；施纯钾80kg/hm²，底肥70%、追肥30%，分两次施用。田间水分管理采取分蘖期浅，孕穗期深，籽粒灌浆期浅的灌溉方法。7月上中旬注意防治二化螟，生育期间注意及时防治稻瘟病。

平安粳稻11 （Ping'angengdao 11）

品种来源：吉林省平安农业科学院2002年以龙一为母本，辽盐3号为父本杂交，经8代系谱法选育而成，试验代号平粳11。2010年通过吉林省农作物品种审定委员会审定，审定编号为吉审稻2010022。

形态特征和生物学特性：属粳型常规水稻。感光性弱，感温性较强，基本营养生长期短，迟熟早粳。生育期145d，需≥10℃活动积温2 950℃。株型紧凑，叶片上举，分蘖力较强，直立穗型，主蘖穗整齐，着粒密度较密，籽粒长椭圆形，颖及颖尖均金黄色，无芒。平均株高94.2cm，有效穗数366万/hm²，穗长15.1cm，平均总穗粒数130.5粒，结实率92.2%，千粒重22.6 g。

品质特性：糙米率83.0%，精米率75.0%，整精米率70.1%，粒长5.2mm，长宽比2.1，垩白粒率2.0%，垩白度0.1%，透明度1级，碱消值7.0级，胶稠度64mm，直链淀粉含量15.9%，蛋白质含量8.5%。依据农业部NY/T 593—2002《食用稻品种品质》标准，米质符合二等食用粳稻品种品质规定要求。

抗性：2007—2009年吉林省农业科学院植物保护研究所连续3年采用分菌系人工接种、病区多点异地自然诱发鉴定，结果表明，苗瘟感，叶瘟感，穗瘟感；纹枯病中抗。

产量及适宜地区：2008—2009年两年区域试验，平均单产8 603kg/hm²，比对照品种秋光增产2.8%。2009年生产试验，平均单产8 228kg/hm²，比对照品种秋光减产0.9%。适宜吉林省四平、长春、松原等晚熟稻区种植。

栽培技术要点：稀播育壮秧，4月上旬播种，每平方米播催芽种子300g，5月下旬插秧。栽培密度为行株距30cm×20cm，每穴栽插3～4苗。氮、磷、钾配方施肥，施纯氮150～160kg/hm²，按底肥40%、补肥20%、穗肥30%、粒肥10%的比例分期施入；施纯磷80～90kg/hm²，作底肥一次性施入；施纯钾90～100kg/hm²，底肥70%、穗肥30%，分两次施用。田间水分管理采取分蘖期浅，孕穗期深，籽粒灌浆期浅的灌溉方法。注意防治二化螟、稻瘟病、稻曲病等。

平安粳稻13（Ping'angengdao 13）

品种来源：吉林省平安农业科学院2001年以T21（吉粳89）为母本，98P42/5186F1为父本杂交，经系谱法育成，原代号平粳13。2011年通过吉林省农作物品种审定委员会审定，审定编号为吉审稻2011013。

形态特征和生物学特性：属粳型常规水稻。感光性弱，感温性弱，基本营养生长期短，迟熟早粳。生育期141d，需≥10℃活动积温2 850℃。株型紧凑，分蘖力强，茎叶绿色，弯穗型，籽粒椭圆偏长，颖及颖尖均黄色，无芒。平均株高108.0cm，有效穗数300万/hm²，平均穗长18.8cm，平均穗粒数127.8粒，结实率90.6%，千粒重26.1g。

品质特性：糙米率83.6%，精米率75.6%，整精米率74.5%，粒长5.8mm，长宽比2.2，垩白粒率2.0%，垩白度0.2%，透明度1级，碱消值5.0级，胶稠度80mm，直链淀粉含量17.4%，蛋白质含量7.0%。依据农业部NY/T 593—2002《食用稻品种品质》标准，米质符合一等食用粳稻品种品质规定要求。

抗性：2008—2010年吉林省农业科学院植物保护研究所连续3年采用分菌系人工接种、病区多点异地自然诱发鉴定，结果表明，苗瘟中抗，叶瘟抗，穗瘟中感；纹枯病中抗。

产量及适宜地区：2009年区域试验，平均单产8 057kg/hm²，比对照品种通35增产1.0%；2010年区域试验，平均单产8 745kg/hm²，比对照品种通35增产3.1%；两年区域试验，平均单产8 400kg/hm²，比对照品种通35增产2.1%。2010年生产试验，平均单产8 717kg/hm²，比对照品种通35增产7.3%。适宜吉林省吉林、长春、松原、延边、四平、通化、辽源等中晚熟稻区种植。

栽培技术要点：稀播育壮秧，4月上中旬播种，播种量每平方米催芽种子300g，5月中下旬插秧。栽培密度为行株距30cm×20cm，每穴栽插3～4苗。农家肥和化肥相结合，氮、磷、钾配合施用，施纯氮120kg/hm²，按底肥50%、补肥30%、穗肥20%的比例分期施用；施纯磷80kg/hm²，作底肥一次性施入；施纯钾80kg/hm²，底肥和拔节期各施50%，分两次施用，盐碱地要配施锌肥。田间水分管理采用浅—深—浅间歇灌溉方式。生育期间注意防治稻瘟病、二化螟等。

平粳6号（Pinggeng 6）

品种来源：吉林省平安种业公司2000年从特种稻"红香1号"（龙晴4号/屈锦）材料的突变株中系选而来，试验代号平粳6号（又称平安粳稻6号）。2008年通过吉林省农作物品种审定委员会审定，审定编号为吉审稻2008012。

形态特征和生物学特性：属粳型常规水稻。感光性弱，感温性中等，基本营养生长期短，中熟早粳。生育期137d，需≥10℃活动积温2700℃。株型紧凑，叶片上举，茎叶绿色，弯穗型，主蘖穗整齐，籽粒长形，颖壳黄色，微芒。平均株高93.1cm，有效穗数454.5万/hm²，平均穗长16.5cm，平均穗粒数79.9粒，结实率83.7%，千粒重24.0g。

品质特性：糙米率83.8%，精米率75.7%，整精米率70.1%，粒长6.1mm，长宽比2.4，垩白粒率13.0%，垩白度2.1%，透明度1级，碱消值7.0级，胶稠度82mm，直链淀粉含量16.7%，蛋白质含量8.5%。依据NY/T 593—2002《食用稻品种品质》标准，米质符合二等食用粳稻品种品质规定要求。

抗性：2005—2007年吉林省农业科学院植物保护研究所连续3年采用分菌系人工接种、病区多点异地自然诱发鉴定，结果表明，苗瘟中感，叶瘟中抗，穗颈瘟中感；2005—2007年在15个田间自然诱发有效鉴定点次中，纹枯病中感。

产量及适宜地区：2007年区域试验，平均单产7763kg/hm²，比对照品种吉玉粳增产−2.9%；2006年生产试验，平均单产8373kg/hm²，比对照品种吉玉粳增产5.5%。2007年生产试验，平均单产7952kg/hm²，比对照品种吉玉粳增产1.1%，两年生产试验比对照品种吉玉粳增产2.2%。适宜吉林省吉林、四平、长春、松原等中熟稻作区种植。

栽培技术要点：4月上中旬播种，5月中下旬插秧。栽培密度为行株距30cm×20cm，每穴栽插2～3苗。中等肥力条件下，施纯氮135～150kg/hm²，纯磷80～100kg/hm²，纯钾90～100kg/hm²。田间水分管理以浅—深—浅水灌溉方式为宜，分蘖期间进行人工除草。生育期间注意稻瘟病的防治。

平粳7号 （Pinggeng 7）

品种来源：吉林省平安农业科学院2000年以98P42/5186的F$_4$为母本，T21（吉粳89）为父本杂交选育而成。2007年通过吉林省农作物品种审定委员会审定，审定编号为吉审稻2007015。

形态特征和生物学特性：属粳型常规水稻。感光性弱，感温性弱，基本营养生长期短，迟熟早粳。生育期146d，需≥10℃活动积温3 100℃。株型紧凑，叶片直立，分蘖力极强，穗大，谷粒长椭圆形，颖壳黄色，无芒。平均株高102.6cm，有效穗数301.5万/hm^{2}左右，平均每穗粒数156.0粒，结实率84.8%，千粒重24.0g。

品质特性：糙米率83.3%，精米率75.8%，整精米率75.4%，粒长5.1mm，长宽比2.0，垩白粒率8.0%，垩白度0.7%，透明度1级，碱消值7.0级，胶稠度83mm，直链淀粉含量17.2%，蛋白质含量7.5%。依据NY/T 593—2002《食用稻品种品质》标准，米质符合一等米食用标准。在2008年吉林省第五届水稻优质品种（系）鉴评会上被评为优质品种。

抗性：2004—2006年吉林省农业科学院植物保护研究所连续3年采用分菌系人工接种、病区多点异地自然诱发鉴定，结果表明，苗瘟中抗，叶瘟中抗，穗颈瘟感；2005—2006年在15个田间自然诱发有效鉴定点次中，纹枯病中抗。

产量及适宜地区：2004年预备试验，平均单产8 444kg/hm^2，比对照品种关东107增产−2.5%；2005年区域试验，平均单产8 058kg/hm^2，比对照品种关东107增产5.5%；2006年区域试验，平均单产8 025kg/hm^2，比对照品种关东107增产2.2%；两年区域试验，平均单产8 042kg/hm^2，比对照品种关东107增产3.8%。2006年生产试验，平均单产8 588kg/hm^2，比对照品种关东107增产6.1%。适宜吉林省通化地区以外的晚熟稻区种植。

栽培技术要点：稀播育壮秧，4月上中旬播种，5月下旬插秧。栽培密度为行株距30cm×20cm，每穴栽插2～3苗。提倡有机肥为主，化肥为辅的良性循环施肥体系。在中等地力条件下，施纯氮135～150kg/hm^2、纯磷80～100kg/hm^2、纯钾90～100kg/hm^2。田间水分管理以浅—深—浅灌溉方式为宜，分蘖期间结合人工除草。生育期间注意稻瘟病的防治。

平粳8号 (Pinggeng 8)

品种来源：吉林省平安农业科学院2001年以98P42/5186F$_1$为母本，T21为父本杂交选育而成，试验代号平粳8号（又名平安粳稻8号）。2008年通过吉林省农作物品种审定委员会审定，审定编号为吉审稻2008022。

形态特征和生物学特性：属粳型常规水稻。感光性弱，感温性弱，基本营养生长期短，迟熟早粳。生育期145d，需≥10℃活动积温2 950℃。株型紧凑，叶片直立，分蘖力强，半直立穗，着粒较密，籽粒长椭圆形，颖壳黄色，无芒。平均株高102.3cm，总叶龄14～15片，有效穗数355.5万/hm^2，平均穗长16.5cm，平均穗粒数140.6粒，结实率81.8%，千粒重22.2g。

品质特性：糙米率81.3%，精米率72.9%，整精米率71.9%，粒长5.0mm，长宽比2.0，垩白粒率14.0%，垩白度1.8%，透明度1级，碱消值7.0级，胶稠度79mm，直链淀粉含量16.5%，蛋白质含量7.8%。依据农业部NY/T 593—2002《食用稻品种品质》标准，米质符合二等食用粳稻品种品质规定要求。在2008年吉林省第五届优质水稻品种鉴评会上被评为优质米品种。

抗性：2005—2007年吉林省农业科学院植物保护研究所连续3年采用分菌系人工接种、病区多点异地自然诱发鉴定，结果表明，苗瘟中抗，叶瘟中抗，穗瘟中抗；纹枯病中抗，易感稻曲病。

产量及适宜地区：2006—2007年两年区域试验，平均单产8 235kg/hm^2，比对照品种关东107增产0.4%。2007年生产试验，平均单产8 406kg/hm^2，比对照品种关东107增产5.3%。适宜吉林省松原、通化、四平、长春、吉林等晚熟稻作区种植。

栽培技术要点：稀播育壮秧，4月上中旬播种，5月下旬插秧。栽培密度为行株距30cm×20cm，每穴栽插2～3苗。提倡有机肥为主，化肥为辅的良性循环施肥体系。施肥根据地力而定。在中等地力条件下，施纯氮145kg/hm^2、纯磷100kg/hm^2、纯钾95kg/hm^2。田间水分管理以浅、深、浅水灌溉方式为宜，分蘖期间进行人工除草。生育期间注意稻瘟病的防治。

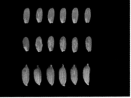

庆林1号 （Qinglin 1）

品种来源：吉林省吉林市丰优农业研究所2000年以北丰101/九91107F$_1$为母本，龙粳8号为父本杂交选育而成，试验代号丰育107。2010年通过吉林省农作物品种审定委员会审定，审定编号为吉审稻2010018。

形态特征和生物学特性：属粳型常规水稻。感光性弱，感温性较强，基本营养生长期短，迟熟早粳。生育期142d，需≥10℃活动积温2 900℃。株型紧凑，叶片上举，茎叶绿色，弯曲穗型，主蘖穗整齐，籽粒椭圆形，颖及颖尖均黄色，间稀短芒。平均株高95.4cm，有效穗数321万/hm^2，穗长19.5cm，每穗总粒数121.7粒，结实率86.9%，千粒重28.0g。

品质特性：糙米率83.0%，精米率74.8%，整精米率63.7%，粒长5.3mm，长宽比1.8，垩白粒率15.0%，垩白度4.4%，透明度1级，碱消值7.0级，胶稠度74mm，直链淀粉含量18.5%，蛋白质含量8.4%。依据农业部NY/T 593—2002《食用稻品种品质》标准，米质符合四等食用粳稻品种品质规定要求。

抗性：2007—2009年吉林省农业科学院植物保护研究所连续3年采用分菌系人工接种、病区多点异地自然诱发鉴定，结果表明，苗瘟中抗，叶瘟中抗，穗瘟中感；纹枯病中感。

产量及适宜地区：2007—2008年两年区域试验，平均单产8 835.8kg/hm^2，比对照品种通35增产6.1%。2009年生产试验，平均单产8 994.6kg/hm^2，比对照品种通35增产9.2%。适宜吉林省四平、长春、吉林、辽源、通化、松原等稻区种植。

栽培技术要点：稀播育壮秧，4月上旬播种，每平方米播催芽种子300g，5月下旬插秧。栽培密度为行株距30cm×20cm，每穴栽插2～3苗。氮、磷、钾配方施肥，施纯氮150～170kg/hm^2，按底肥30%、蘖肥30%、补肥20%、穗肥20%的比例分期施入；施纯磷60～80kg/hm^2，作底肥一次性施入；施纯钾90～120kg/hm^2，底肥70%、追肥30%，分两次施用。田间水分管理采取分蘖浅，孕穗期深，籽粒灌浆期浅的灌溉方法。注意防治二化螟、稻瘟病等。

庆林998（Qinglin 998）

品种来源：吉林省吉林市丰优农业研究所1999年以通粘1号为母本，丰糯101为父本有性杂交，经系谱法育成，试验代号林08糯-1。2011年通过吉林省农作物品种审定委员会审定，审定编号为吉审稻2011020。

形态特征和生物学特性：属粳型常规糯稻。感光性弱，感温性中等，基本营养生长期短，中熟早粳。生育期137d，需≥10℃活动积温2 800℃。株型紧凑，分蘖力强，茎叶绿色，弯穗型，籽粒椭圆形，颖及颖尖均褐色，短顶芒。平均株高107.1cm，有效穗数351万/hm²，平均穗长19.2cm，平均穗粒数113.0粒，结实率88.6%，千粒重26.7g。

品质特性：糙米率83.2%，精米率72.2%，整精米率67.8%，粒长4.9mm，长宽比1.6，透明度1级，碱消值6.5级，胶稠度100mm，直链淀粉含量1.2%，蛋白质含量8.5%。依据农业部NY/T 593—2002《食用稻品种品质》标准，米质符合三等食用糯稻品种品质规定要求。

抗性：2009—2010年吉林省农业科学院植物保护研究所连续2年采用分菌系人工接种、病区多点异地自然诱发鉴定，结果表明，苗瘟中抗，叶瘟中抗，穗瘟中抗；纹枯病中感。

产量及适宜地区：2009—2010年两年区域试验，平均单产8 241kg/hm²，比对照品种通粘1号增产8.6%。2010年生产试验，平均单产8 499kg/hm²，比对照品种通粘1号增产6.5%。适宜吉林省吉林、长春、四平、通化等中熟稻区种植。

栽培技术要点：稀播育壮苗，4月中旬播种，播种量每平方米催芽种子250g，5月中下旬插秧。栽培密度为行株距30cm×20cm，每穴栽插3～5苗。农家肥和化肥相结合，氮、磷、钾配合施用，施纯氮140～160kg/hm²，按底肥40%、蘖肥30%、补肥20%、穗肥10%的比例分期施用；施纯磷125kg/hm²，作底肥一次性施入；施纯钾100kg/hm²，底肥和穗肥两次施入各占50%，分两次施用，配施硅肥。田间水分管理采用浅—深—浅间歇灌溉方式。生育期间注意防治稻瘟病、二化螟等。

秋田32（Qiutian 32）

品种来源：吉林省吉林市农业科学研究所1984年由日本引入。1991年通过吉林省农作物品种审定委员会审定，审定编号为吉审稻1991002。

形态特征和生物学特性：属粳型常规水稻。感光性弱，感温性弱，基本营养生长期短，迟熟早粳。生育期140d，需≥10℃活动积温2 750～2 800℃。株型紧凑，剑叶角度小，分蘖力中等，主蘖穗整齐，着粒密度中等，谷粒椭圆形，种皮和颖尖呈黄色，间稀短芒。株高97cm，主茎叶13～14片，穗长18.2cm，每穗粒数81粒，结实率94%，千粒重27.5g。

品质特性：糙米率83.6%，垩白粒率5.2%，胶稠度91mm。其米饭洁白，软可口，有香味，冷凉后不回生。

抗性：抗稻瘟病性较强。抗倒伏，抗寒性较强。

产量及适宜地区：1987—1989年区域试验，平均单产7 594.5kg/hm²，比对照品种下北增产4.8%；1989—1990年生产试验，平均单产7 786.5kg/hm²，比对照品种下北增产11.2%。适宜吉林省中部下北种植区种植。据1994年底不完全统计，省内外累计种植面积超过13.7万hm²。

栽培技术要点：4月中旬播种，5月中、下旬插秧。用种50～75kg/hm²，旱育苗每平方米200g，盘育苗100g/m²，插秧100万～150万苗/hm²。农家肥与化肥相结合，氮、磷、钾配合，施纯氮130～160kg/hm²；底肥、蘖肥、补肥、穗肥分别为4∶4∶1∶1。浅灌为主，干湿结合，抽穗后间歇灌溉。注意防治稻瘟病。

秋田小町 （Qiutianxiaoding）

品种来源：吉林省农业科学院水稻研究所1990年以冷11-2/四特早粳2//X-8杂交，系统选育而成，原代号为吉9331，又名丰优203。2000年通过吉林省农作物品种审定委员会审定，审定编号为吉审稻2000002。

形态特征和生物学特性：属粳型常规水稻。感光性弱，感温性弱，基本营养生长期短，迟熟早粳。生育期136d，需≥10℃活动积温2 950℃。茎秆强韧抗倒伏，叶色淡绿，剑叶呈水平状伸展。分蘖力强，略带稀短芒，颖壳、颖尖及芒均白黄色。株高96cm，主穗长约23cm，主穗粒数175粒，结实率96%，千粒重约28g。

品质特性：糙米率84.6%，精米率77.5%，整精米率74.4%，粒长7.2mm，长宽比1.9，透明度1级，垩白粒率7.0%，垩白度0.6%，碱消值7.0级，胶稠度78mm，直链淀粉含量19.3%，蛋白质含量8.0%。

抗性：1997—1999年吉林省农业科学院植物保护研究所连续3年采用分菌系人工接种、病区多点异地自然诱发鉴定，结果表明，苗瘟感，叶瘟中抗，穗颈瘟中感。

产量及适宜地区：1997—1999年区域试验，平均单产8 237kg/hm²，比对照品种吉玉粳增产8.0%；1998—1999年生产试验，平均单产8 091kg/hm²，比对照品种吉玉粳增产4.0%。适宜吉林省水稻生育期间≥10℃活动积温2 650℃以上的稻区种植。累计全省推广面积3.5万hm²。

栽培技术要点：4月中旬播种育秧，5月下旬插秧，秧龄5～5.5叶。插秧密度30cm×20cm或30cm×30cm，每穴栽插2～3苗。施纯氮130～150kg/hm²、纯磷60～75kg/hm²、纯钾90～120kg/hm²。氮肥分底肥、分蘖肥、补肥、穗肥4次施入。生育期间及时防治稻瘟病。

沙29 (Sha 29)

品种来源：吉林省延边朝鲜族自治州农业科学院水稻研究所于1976年以 {[（吉粳60×513-1）×京引117] F$_3$×京引57} F$_6$为母本，以黑粳2号为父本杂交系选育成，1983年性状稳定，1984年冬于海南再次提纯而成。1996年通过吉林省农作物品种审定委员会审定，审定编号为吉审稻1996001。

形态特征和生物学特性：属粳型常规水稻。极早熟品种，生育期120d，需≥10℃活动积温2 300℃。株型紧凑，叶片绿色，散形穗，主蘖穗较整齐。分蘖力强，成穗率高，有效穗数436.5万/hm^2。谷粒呈椭圆形，颖及颖尖均呈黄白色，有稀短芒。株高约85cm，主茎叶11片，平均穗长14cm，平均每穗69粒，结实率90%，千粒重27g。

品质特性：糙米率81.6%，精米率72.8%，整精米率66.9%，透明度0.80级，垩白度9.24%，长宽比1.7，碱消值7.0级，胶稠度78mm，直链淀粉含量17.8%，蛋白质含量8.0%。适口性好，米质佳。

抗性：抗稻瘟病性强，抗寒耐冷性强，耐肥抗倒伏性中等，对光温反应迟钝。

产量及适宜地区：1983—1987年产量比较试验，平均单产5 789kg/hm^2，比对照品种万宝21增产11.0%；1992—1993年区域试验，平均单产5 339kg/hm^2，比对照品种万宝21增产77.2%；1987—1991年生产试验，平均单产6 344kg/hm^2，比对照品种万宝21增产21.7%；1992—1995年大面积试种，平均单产6 326kg/hm^2，比对照品种万宝21增产34.0%。适宜吉林省延边高寒山区极寒稻区≥10℃活动积温2 100～2 400℃的地区直播田种植。可作备荒品种。

栽培技术要点：在适宜区域的播种适期是5月15～25日，要按"强壮芽直播栽培技术"规范进行栽培和管理。播种量120～150kg/hm^2。施纯氮130kg/hm^2，按底肥、分蘖肥、补肥、穗肥比例4：4：2分期施入。缺磷或缺钾田应施用相应磷、钾肥。播种后扎根期和扬花期至灌浆期间必须晒田，从剑叶期前10d到剑叶期15d内必须深灌水。

上育397（Shangyu 397）

品种来源：吉林省延边朝鲜族自治州农业科学院水稻研究所于1993年从日本引进，原品系代号为延引2号。2009年通过吉林省农作物品种审定委员会审定，审定编号为吉审稻2009024。

形态特征和生物学特性：属粳型常规水稻。感光性弱，感温性弱，基本营养生长期短，早熟早粳。生育期123.5d，比对照延粳14晚1.5d，需≥10℃活动积温2 400℃。株型紧凑，叶较短，茎叶绿色，散穗，主蘖穗整齐，颖色及颖尖均呈黄色，种皮白色，无芒。株高73.2cm，主茎叶11片，有效穗数630万/hm²，穗长15.0cm，穗粒数55.7粒，结实率90.5%，千粒重26.0g。

品质特性：糙米率84.0%，精米率76.8%，整精米率68.6%，粒长4.8mm，长宽比1.8，垩白粒率2%，垩白度0.1%，透明度1级，碱消值7.0级，胶稠度66mm，直链淀粉含量18.2%，蛋白质含量8.0%。依据农业部NY 122—86《优质食用稻米》标准，检验项目中糙米率、精米率、整精米率、长宽比、垩白粒率、垩白度、透明度、碱消值、蛋白质含量9项指标达国家优质米一级标准；胶稠度、直链淀粉含量2项指标达国家优质米二级标准。

抗性：抗倒伏性较差，对障碍型冷害的抵抗力较强。中抗苗瘟和叶瘟，感穗颈瘟。

产量及适宜地区：1996—1998年吉林省水稻区域试验，平均单产8 001kg/hm²，比对照品种延粳14增产1.2%。1998年生产试验，4个点次平均单产5 846kg/hm²，比对照品种延粳14减产11.0%。适宜吉林省内东部山区、半山区的极早熟稻区种植。

栽培技术要点：4月中旬播种，采用大棚盘育苗，每盘播催芽种子75g，稀播育壮秧，秧龄35～40d。5月中下旬插秧，行株距30.0cm×12.0cm，每穴栽插3～4苗。氮、磷、钾配方施肥，施纯氮120kg/hm²，按底肥40%、分蘖肥30%、补肥15%、穗肥15%的比例分期施用；施纯磷60kg/hm²，全部作底肥施入；施纯钾60kg/hm²，底肥50%、拔节期追肥50%，分两次施用。大田水分管理应采取分蘖期浅、孕穗期深、籽粒灌浆期浅的灌溉方法。7月中下旬注意及时防治稻瘟病。

沈农265（Shennong 265）

品种来源：沈阳农业大学稻作研究室于1992年以籼粳稻杂交中间型材料1308为母本，以广亲和材料02428为父本进行杂交，1993年再与"辽粳326"复交，经南繁北育，系谱选择，至1995年选育而成。2001年12月通过辽宁省农作物品种审定委员会审定。2002年引入吉林省。2005年通过吉林省农作物品种审定委员会审定，审定编号为吉审稻2004018。

形态特征和生物学特性：属粳型常规水稻。感光性较强，感温性中等，基本营养生长期短，晚熟早粳。生育期150d，需≥10℃活动积温3 100℃。株型紧凑，叶片宽厚，坚挺上举，茎叶浓绿，分蘖力中等，直立穗型，穗呈纺锤状，主蘖穗整齐，着粒密度适中，谷粒阔卵圆形，颖及颖尖均黄白色，稀短芒。株高100 ～ 105cm，每穴有效穗20个，穗长16cm，平均穗粒数120 ～ 130粒，结实率85％～ 90％，千粒重25g。

品质特性：糙米率82.4％，精米率75.1％，整精米率63.3％，粒长4.5mm，长宽比1.6，垩白粒率12.0％，垩白度0.2％，透明度1级，碱消值7.0级，胶稠度78mm，直链淀粉含量16.0％。依据农业部NYl22—86《优质食用稻米》标准，糙米率、精米率、长宽比、垩白粒率、垩白度、透明度、碱消值、胶稠度、直链淀粉含量9项指标达到国家一级优质米标准。

抗性：中感苗瘟和叶瘟，感穗颈瘟。纹枯病较轻，抗倒，不早衰。

产量及适宜地区：引种试验，平均单产8 525kg/hm²，比对照品种秋光增产8.1％，异地生产试验，平均单产9 783kg/hm²，比对照品种秋光增产8.8％。适宜吉林省四平、长春、松原等晚熟平原稻作区种植。

栽培技术要点：稀播育壮秧，4月上旬播种，播种量每平方米催芽种子300g；5月中旬插秧。栽培密度为行株距30cm×13.5cm，每穴栽插3 ～ 4苗。氮、磷、钾配方施肥，施纯氮150 ～ 170kg/hm²，按底肥30％、分蘖肥40％、补肥20％、穗肥10％的比例分期施用；施纯磷60 ～ 70kg/hm²，作底肥一次性施入；施纯钾90 ～ 110kg/hm²，底肥70％、拔节期追30％，分两次施用。田间水分管理采取浅—深—浅—湿的节水灌溉方法。7月上中旬注意防治二化螟。抽穗前注意稻曲病和稻瘟病的防治。

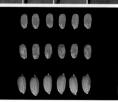

双丰8号 (Shuangfeng 8)

品种来源：吉林省永吉县双河镇乡双河镇村农业科学实验站于1973年以吉粳60为母本，松前为父本杂交育成（原品系代号1208）。1980年通过吉林省农作物品种审定委员会审定，审定编号为吉审稻1980003。

形态特征和生物学特性：属粳型常规水稻。感光性弱，感温性弱，基本营养生长期短，中熟早粳。生育期约130d，需≥10℃活动积温2 750℃。幼苗长势一般，茎秆较细，分蘖力较强，抽穗整齐，叶片直立，株型紧凑，成穗率高，着粒密度中等，谷粒椭圆形，个别有稀短芒，颖及颖尖均为黄色。株高约90cm，主茎叶13片，平均每穴有效穗数18个，穗长约16cm，平均每穗约70粒，结实率95%，千粒重约25g。

品质特性：米白色。

抗性：耐寒，耐肥，抗倒伏，抗稻瘟病性强。

产量及适宜地区：一般平均单产6 700kg/hm²。适宜吉林省吉林、长春、白城、四平等地区种植。累计推广面积超过8.53万hm²。

栽培技术要点：宜在较肥沃土壤条件下种植。大棚旱育苗，4月中旬播种，每平方米苗床播种量0.3kg，秧龄40d。5月下旬插秧，行穴距24cm×12cm，每穴栽插3～4苗。浅水间歇灌溉。

松粳6号 （Songgeng 6）

品种来源：吉林省通化市农业科学研究院、吉林市种子管理站2000年引入。黑龙江省农业科学院第二水稻研究所1985年以辽粳5号为母本，合江20为父本选育而成，原代号松97-98。2004年通过吉林省农作物品种审定委员会审定，审定编号为吉审稻2004006。

形态特征和生物学特性：属粳型常规水稻。感光性弱，感温性弱，基本营养生长期短，中熟早粳。生育期133d，需≥10℃活动积温2 650℃。株型收敛，茎叶深绿色，分蘖力较强，中散穗型，主蘖穗整齐，着粒密度适中，籽粒为长粒形，黄色，稀少芒。株高100cm，平均每穴有效穗数27个，穗长17cm，主穗粒数170粒，平均穗粒数119.8粒，结实率93%，千粒重27g。

品质特性：糙米率82.3%，精米率74.1%，整精米率67.7%，长宽比1.9，垩白大小9.2%，垩白粒率6.5%，垩白度0.5%，透明度1级，碱消值7.0级，胶稠度77.8mm，直链淀粉含量17.5%，蛋白质含量7.5%。依据NY/T83—1988《优质食用稻米》标准，7项指标达优质米一级标准，3项指标达优质米二级标准。

抗性：2003年，吉林省农业科学院植物保护研究所采用分菌系人工接种、病区多点异地自然诱发鉴定，结果表明，苗瘟抗，叶瘟感，穗瘟中感。

产量及适宜地区：2000—2002年通化市农业科学院连续3年院内试验，平均单产8 469kg/hm²，比对照品种吉玉粳增产5.2%；2003年生产试验，平均单产7 989kg/hm²，比对照品种吉玉粳减产2.8%。适宜吉林省长春、吉林、通化、延边等中熟稻区种植。

栽培技术要点：4月上中旬播种，规范化旱育苗，每平方米播种100～150g；盘育苗

每盘50～60g；隔离层育苗，每平方米350g，稀播育壮秧，5月中、下旬插秧。栽培密度为30cm×20cm、30cm×25cm、40cm×20cm的宽行超稀植，每穴栽插2～3苗。氮、磷、钾配方施肥，施纯氮120kg/hm²，按基肥40%、补肥20%、穗肥30%、粒肥10%的比例分期施入；施磷肥（P_2O_5）60～70kg/hm²，作底肥一次性施入；施钾肥（K_2O）50kg/hm²，60%作底肥、40%作穗肥，分两次施入。分蘖期浅水灌溉，孕穗期浅水或湿润灌溉，成熟期干湿结合。注意防治二化螟、稻瘟病等。

松辽1号 （Songliao 1）

品种来源：吉林省农业科学院1950年以巴锦为母本，青森5号为父本杂交，1958年育成，原代号为公交10号。

形态特征和生物学特性：属粳型常规水稻。感光性弱，感温性弱，基本营养生长期短，早熟早粳。生育期约130d，需≥10℃活动积温2 700～2 750℃。分蘖力强，单株有效穗12个。幼苗健壮。叶片稍短宽而直立，叶色绿，叶鞘、叶缘、叶枕均为绿色。抽穗较整齐，茎秆粗壮强硬，着粒密，不易落粒，谷粒椭圆形，颖黄色，颖尖红褐色，无芒。株高约98cm，穗长约18cm，主穗116粒，平均每穗107粒，千粒重25.7g。

品质特性：糙米黄白色。米白色，腹白小，糙米率81.0%。米质中上等。

抗性：耐肥，抗倒伏，抗稻瘟病性强。

产量及适宜地区：一般平均单产5 250kg/hm²。主要适宜吉林省无霜期135d左右的地区种植，1965年种植面积2万hm²。

栽培技术要点：宜在肥沃土壤条件下栽培。对低温反应稍敏感，宜适时早插。采用塑料薄膜保温育苗，一般4月中旬播种，秧龄40d。5月下旬插秧，行穴距27cm×10cm，每穴栽插6～7苗。8月初抽穗，9月下旬成熟。施纯氮125～130kg/hm²，前重后轻。浅水与间歇灌溉相结合。生育期间注意稻瘟病的防治。

松辽2号 (Songliao 2)

品种来源：吉林省农业科学院1950年以巴锦为母本，元子2号为父本有性杂交，1958年育成，原代号为公交11。

形态特征和生物学特性：属粳型常规水稻。感光性弱，感温性弱，基本营养生长期短，早熟早粳。生育期约为132d，需≥10℃活动积温2 700℃。幼苗健壮，色浓绿。茎秆稍细而坚韧，分蘖力强，叶片稍窄而短，叶鞘、叶缘、叶枕均为绿色，穗位整齐，着粒密度适中，不易落粒，谷粒椭圆形，颖黄色，颖尖红褐色，无芒。株高约90cm，单株有效穗数12个，穗长16cm，主穗约95粒，平均每穗88粒，千粒重约27g。

品质特性：米白色，腹白小，糙米率82.2%。米质优良。

抗性：较耐寒，耐肥，抗倒伏，抗稻瘟病性强。

产量及适宜地区：一般平均单产5 500kg/hm²。主要适宜吉林省中部和东部平原地区种植。1965年种植面积3.33万hm²。

栽培技术要点：宜在中等肥力条件下栽培。采用塑料薄膜保温育苗，一般4月中旬播种。每平方米播干种子0.3kg，秧龄40d。5月下旬插秧，行穴距27cm×10cm，每穴栽插5～6苗。一般肥力条件下，施纯氮125～150kg/hm²，配合施磷、钾肥。因地制宜进行灌溉管理，注意适时收获。

松辽4号 (Songliao 4)

品种来源：吉林省农业科学院（原东北农科所）1951年以（巴锦/陆羽132）F_1为母本，以（南光/元子2号）F_1为父本杂交，1959年育成，原代号为公交13。

形态特征和生物学特性：属粳型常规水稻。感光性弱，感温性弱，基本营养生长期短，中熟早粳。生育期136d，需≥10℃活动积温约2700℃。苗期长势旺，苗色浓绿，茎秆较粗，株型紧凑，叶鞘、叶枕均为绿色，分蘖力较强，抽穗整齐，成穗率高，谷粒阔卵形，无芒，颖尖红褐色，脱粒难。株高约100cm，剑叶长24cm，宽1.4cm，平均每穴有效穗13个，平均穗长14.4cm，每穗77粒，结实率88%，千粒重26g。

品质特性：蛋白质含量7.4%，脂肪含量2.5%，米质中等。

抗性：较耐肥、抗倒伏，中抗稻瘟病。

产量及适宜地区：一般平均单产6750kg/hm²。适宜吉林省延边、吉林、通化、长春、四平等地及辽宁北部、河北省张家口地区种植。1965年推广面积10万hm²。

栽培技术要点：4月上旬播种，每平方米播催芽种子350g。5月中旬插秧，行株距30cm×20cm，每穴栽插3～4苗。氮、磷、钾配方施肥。施纯氮145～155kg/hm²，按底肥40%、分蘖肥30%、补肥20%、穗肥10%的比例分期施用；施纯磷75～85kg/hm²，作底肥一次性施入；施纯钾90～100kg/hm²，按底肥70%、拔节期追30%，分两次施用。水分管理采取分蘖期浅，孕穗期深，籽粒灌浆期浅的灌溉方法。生育期间注意及时防治稻瘟病。

松辽5号 (Songliao 5)

品种来源：吉林省公主岭市松辽水稻研究所1993年夏用（秋光×早锦）×陆誉，有性杂交，系谱法育成，原代号松辽99-86。2004年通过吉林省农作物品种审定委员会审定，审定编号为吉审稻2004004。

形态特征和生物学特性：属粳型常规水稻。感光性弱，感温性弱，基本营养生长期短，中熟早粳。生育期138d，需≥10℃活动积温2 800～2 900℃。株型紧凑，受光率高，茎秆粗壮坚韧，抗倒性强，分蘖力强，成穗率高，主蘖穗一致，结实率高，着粒密度适中，成熟度好，籽粒椭圆形，谷壳薄，颖及颖尖黄色，无芒。株高98cm，穗长20cm，平均穗粒数140粒，千粒重30g。

品质特性：糙米率82.0%，精米率75.3%，整精米率62.5%，粒长5.3mm，长宽比1.8，垩白粒率60.0%，垩白度10.8%，透明度1级，碱消值7.0级，胶稠度89mm，直链淀粉含量19.2%，蛋白质含量7.9%。依据NY 122—86《优质食用稻米》标准，精米率、粒长、长宽比、透明度、碱消值、胶稠度、蛋白质含量7项指标达优质米一级标准，糙米率、整精米率、直链淀粉含量3项指标达优质米二级标准。

抗性：2001—2003年吉林省农业科学院植物保护研究所连续3年采用分菌系人工接种、病区多点异地自然诱发鉴定，结果表明，苗瘟中感，叶瘟中感，穗瘟感。

产量及适宜地区：2001年预备试验，平均单产8 396kg/hm²，比对照品种通35 增产2.1%；2002—2003年区域试验，平均单产8 481kg/hm²，比对照品种通35增产5.2%；2003年生产试验，平均单产7 574kg/hm²，比对照品种通35增产0.3%。适宜吉林省四平、长春、松原、辽源中晚熟稻区种植。

栽培技术要点：4月中旬育苗，旱育稀播，培育壮秧，5月中旬移栽。栽培密度为27cm×18cm，每穴栽插3～4苗。氮、磷、钾肥配合施用，施纯氮150kg/hm²、纯磷80kg/hm²、纯钾70kg/hm²。田间水分管理，一生浅水灌溉或浅—深—浅管理（孕穗期6～7cm水）。生育期间注意及时用药剂防治稻瘟病。

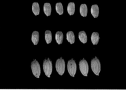

松辽6号 (Songliao 6)

品种来源：吉林省公主岭市松辽农业科学研究所1999年夏以珍富10号×吉95-2542 F_1 为母本，92-106为父本杂交选育而成，试验代号松辽06-6。2010年通过吉林省农作物品种审定委员会审定，审定编号为吉审稻2010007。

形态特征和生物学特性：属粳型常规水稻。感光性弱，感温性弱，基本营养生长期短，中熟早粳。生育期137d，需≥10℃活动积温2 750℃。株型紧凑，叶片上举，茎叶绿色，分蘖力较强，穗型弯曲，散穗，主蘖穗较整齐，着粒密度适中，籽粒椭圆偏长形，颖及颖尖均为黄色、无芒（个别粒有短芒）。平均株高100cm，有效穗数357万/hm²，穗长20cm，平均穗粒数125粒，结实率93.2%，千粒重24g。

品质特性：糙米率82.8%，精米率73.8%，整精米率62.4%，粒长5.0mm，长宽比1.9，垩白粒率23.0%，垩白度5.6%，透明度2级，碱消值7.0级，胶稠度82mm，直链淀粉含量8.1%，蛋白质含量7.1%。依据农业部NY/T 593—2002《食用稻品种品质》标准，米质符合六等食用粳稻品种品质规定要求。

抗性：2007—2009年吉林省农业科学院植物保护研究所连续3年采用分菌系人工接种、病区多点异地自然诱发鉴定，结果表明，苗瘟中感，叶瘟感，穗瘟感；纹枯病中感。

产量及适宜地区：2008—2009年两年区域试验，平均单产8 348kg/hm²，比对照品种吉玉粳增产4.6%。2009年生产试验，平均单产8 574kg/hm²，比对照品种吉玉粳增产4.1%。适宜吉林省四平、长春、松原、辽源、通化、白城等中熟稻区种植。

栽培技术要点：稀播育壮秧，播前做好种子消毒，旱育苗每平方米播催芽种子200～250g，5月中旬插秧。栽培密度为行株距27cm×18cm，每穴栽插3～4苗。氮、磷、钾配方施肥，施纯氮150～175kg/hm²，按底肥40%、分蘖肥30%、补肥20%、穗肥10%的比例分期施用；施纯磷100kg/hm²，全部作底肥施用；施纯钾80kg/hm²，底肥70%、拔节期追30%，分两次施用。田间水分管理采取分蘖期浅，孕穗期深，籽粒灌浆期浅的灌溉方法。注意防治二化螟、稻瘟病等。

松辽7号 （Songliao 7）

品种来源：吉林省公主岭市松辽农业科学研究所1997年以农大3号为母本，藤747为父本进行杂交，经系谱法选育而成，试验代号松辽05-3。2010年通过国家和吉林省农作物品种审定委员会审定，审定编号为国审稻2010053和吉审稻2010019。

形态特征和生物学特性：属粳型常规水稻。感光性弱，感温性较强，基本营养生长期短，迟熟早粳。生育期142d，需≥10℃活动积温2 900℃。株型紧凑，分蘖力较强，叶片上举，茎叶深绿色，散穗弯曲型，主蘖穗较整齐，着粒密度适中，籽粒椭圆形，颖及颖间黄色，无芒。平均株高100cm，穗长18.5cm，平均穗粒数130粒，结实率92.6%，千粒重25g。

品质特性：糙米率82.3%，精米率74.8%，整精米率64.3%，粒长5.0mm，长宽比1.7，垩白粒率20.0%，垩白度3.8%，透明度2级，碱消值7.0级，胶稠度62mm，直链淀粉含量17.5%，蛋白质含量8.4%。依据农业部NY/T 593—2002《食用稻品种品质》标准，米质符合四等食用粳稻品种品质规定要求。

抗性：2007—2009年吉林省农业科学院植物保护研究所连续3年采用分菌系人工接种、病区多点异地自然诱发鉴定，结果表明，苗瘟中抗，叶瘟中抗，穗瘟中感；纹枯病中感。

产量及适宜地区：2007—2008年两年区域试验，平均单产8 720kg/hm²，比对照品种通35增产4.7%。2009年生产试验，平均单产8 214kg/hm²，比对照品种通35增产2.2%。适宜在黑龙江省第一积温带上限、吉林省中熟稻区、辽宁省东北部、宁夏回族自治区引黄灌区以及内蒙古自治区赤峰、通辽南部地区种植。

栽培技术要点：稀播育壮秧，4月上旬播种，每平方米播催芽种子200～300g，5月下旬插秧。栽培密度为行株距30cm×18cm，每穴栽插3～4苗。氮、磷、钾配方施肥，施纯氮150～175kg/hm²，按底肥40%、分蘖肥30%、补肥20%、穗肥10%的比例分期施入；施纯磷100kg/hm²，作底肥一次性施入；施纯钾80kg/hm²，底肥70%、追肥30%，分两次施用。田间灌溉管理采用深水插秧后—浅（分蘖期）—深（孕穗期）—浅（灌浆期）的灌溉方式。生育期间注意药剂防治病虫害。

松前（Songqian）

品种来源：日本品种（农林209，北海222）。中国农业科学院1971年从日本引入，吉林省通化地区农业科学研究所、延边朝鲜族自治州农业科学研究所先后由该院引入吉林省。

形态特征和生物学特性：属粳型常规水稻。感光性弱，感温性弱，基本营养生长期短，早熟早粳。生育期约125d，需≥10℃活动积温2 650℃。幼苗粗壮，长势好。叶片宽、短而直立，叶色浓绿，茎秆细而坚韧，株型紧凑，分蘖力强，穗较小，抽穗整齐，成穗率高，着粒紧密，谷粒椭圆形，无芒、颖尖、颖壳黄色。株高约85cm，主茎叶12～13片，平均每穴有效穗数14个，平均穗长14cm，平均每穗75粒，结实率85%，千粒重28g。

品质特性：米白色，糙米率82.0%。米质良好。

抗性：耐寒性较强，耐肥，抗倒伏，抗稻瘟病性较强。

产量及适宜地区：一般平均单产6 000kg/hm²。适宜吉林省通化、延边、吉林等地的山区、半山区种植。

栽培技术要点：宜在中上等肥力条件下栽培。薄膜保温育苗，4月中下旬播种，每平方米苗床播种量0.3kg，秧龄40d。5月下旬至6月初插秧，行穴距27cm×13cm，每穴栽插3～4苗。在施足底肥的基础上，施纯氮125kg/hm²，并配合磷、钾肥一起施入。浅水间歇灌溉。

藤747 (Teng 747)

品种来源：日本品种，吉林省种子总站1986年从中国农业科学院品种资源研究所引进，原代号吉引86-11。1992年通过吉林省农作物品种审定委员会审定，审定编号为吉审稻1992002；同时分别通过国家（1995）和宁夏（1996）农作物品种审定委员会审定，审定编号为GS01003-1995和宁种审9512。

形态特征和生物学特性：属粳型常规水稻。感光性弱，感温性中等，基本营养生长期短，迟熟早粳。生育期142d，介于下北和秋光之间，需≥10℃活动积温2 800～2 900℃。株型紧凑，剑叶角度小，叶片宽窄适中，叶色较绿，叶鞘、叶缘、叶枕均为绿色。茎秆富有弹性，着粒密度适中，谷粒椭圆形，无芒，颖及颖尖黄色。株高92cm左右，穗长19cm，平均穗粒数92粒，结实率90%，千粒重25g。

品质特性：糙米率82.4%，精米率74.2%，整精米率64.3%，垩白粒率4.5%，粗蛋白质含量6.6%，粗淀粉含量34.4%，直链淀粉含量20.2%，胶稠度75mm，碱消值6.6级，赖氨酸含量0.20%。品质好，食味佳。

抗性：抗稻瘟病强于目前主推品种，具有较好的田间抗性。耐肥，抗倒伏。

产量及适宜地区：1989—1991年区试试验，平均单产8 180kg/hm²，比对照品种下北增产8.2%；1990—1991年生产试验，平均单产8 079kg/hm²，比对照品种下北增产11.5%。适宜吉林省中晚熟稻区及宁夏部分地区种植。吉林省推广面积达5万hm²。

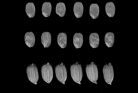

栽培技术要点：播种前进行种子消毒，4月上中旬播种，5月中下旬插秧。插秧密度27cm×12cm或27cm×15cm，每穴栽插3～5苗。提倡农家肥和化肥相结合，氮、磷、钾配合使用，施纯氮125～150kg/hm²。采用深—浅或间歇灌溉方法。

藤832 (Teng 832)

品种来源：日本品种，1986年吉林省种子公司从中国农业科学院品种资源研究所引进，原编号吉种86-12。1991年通过吉林省农作物品种审定委员会审定，审定名为吉引12，审定编号为吉审稻1991001。

形态特征和生物学特性：属粳型常规水稻。感光性弱，感温性中等，基本营养生长期短，迟熟早粳。生育期142d，需≥10℃活动积温2 900℃。幼苗长势强，色深，株型紧凑，剑叶上举，叶鞘、叶缘、叶枕均为绿色，茎秆粗壮，坚韧富有弹性。分蘖力较强，主蘖穗整齐一致，着粒密度适中，谷粒椭圆形，无芒或稀间短芒，颖及颖尖黄色。株高94cm，平均有效穗数16.5个，穗长18cm，穗粒数90粒，结实率83.5%，千粒重25g。

品质特性：糙米率82.5%。米质优良。

抗性：抗稻瘟病较强，具有较好的田间抗性。耐寒、耐肥、抗倒。

产量及适宜地区：1986—1987年产品比较试验，平均单产8 324kg/hm²，比对照品种下北增产10%；1988—1990年区域试验，平均单产7 899kg/hm²，比对照品种下北增产6.5%；1989—1990年生产试验，平均单产7 755kg/hm²，比对照下北增产8.7%。适宜吉林省四平、长春、吉林、通化等中晚熟地区种植。

栽培技术要点：适宜中上等土壤肥力条件下种植，提倡稀播稀插，用薄膜旱育苗或盘育壮秧早插。种子消毒后于4月中旬育苗。旱育苗催芽种子200g/m²；盘育苗催芽种子每盘125g。5月中下旬插秧，插秧密度30cm×13cm，每穴栽插4～5苗。提倡农家肥和化肥相结合，氮、磷、钾配合使用。一般中上等肥力条件下，施纯氮150kg/hm²。做到底肥足，蘖肥早（6月5日前），补肥调（6月25日前后），穗肥轻（抽穗前20d），粒肥保（出穗前2d），平稳促进施肥，以4：3：2：1的比例施入。水层管理以浅水为主，干湿结合，适期晒田，抽穗至成熟期间要间歇灌溉。注意防治稻瘟病，稻瘟病常发区，施肥过量长势过猛的地块，要做好药剂防治工作。

藤糯150（Tengnuo 150）

品种来源：吉林省吉林市种子公司和吉林省种子公司1987年共同从日本引入。1995年通过吉林省农作物品种审定委员会审定，审定编号为吉审稻1995010。

形态特征和生物学特性：属粳型糯稻。感光性弱，感温性中等，基本营养生长期短，迟熟早粳。生育期142d，需≥10℃活动积温2 800℃。幼苗长势强，株型紧凑，茎秆粗壮坚韧，富有弹性。分蘖力较强，主蘖穗整齐一致，穗中等偏大，着粒密度适中。谷粒呈椭圆形，颖及颖尖褐色，无芒。株高90～95cm，平均每穴有效穗数18.0个，平均每穗87粒，结实率89.1%，千粒重24g。

品质特性：糙米率76.0%。糯性好，米质优良。

抗性：播种后出土快，幼苗健壮，抗病性强，耐寒，耐肥，抗倒。

产量及适宜地区：1992—1994年区域试验，平均单产7 500kg/hm²，与对照品种通粘1号产量相仿；1993—1994年生产试验，平均单产7 650kg/hm²，比对照品种通粘1号增产5.6%。主要适宜吉林省吉林、长春、四平等中晚熟稻区种植。

栽培技术要点：4月上旬播种，5月中下旬插秧，7月末8月初抽穗，9月下旬成熟。插秧密度30cm×17cm或30cm×20cm。施纯氮150kg/hm²，按底肥、分蘖肥、补肥、穗肥比例4：3：2：1分期施入。

藤系138 (Tengxi 138)

品种来源：吉林省农业科学院、吉林市农业科学研究所、吉林农业大学1985年共同从日本引入。日本青森藤坂支场以秋丰为母本，藤系117为父本，进行人工有性杂交育成的新品系。1990年通过吉林省农作物品种审定委员会审定，审定编号为吉审稻1990003。1991年分别通过国家和黑龙江省农作物品种审定委员会审定，审定编号为GS01021—1991和黑审稻1991001。

形态特征和生物学特性：属粳型常规水稻。感光性弱，感温性中等，基本营养生长期短，中熟早粳。生育期132d，需≥10℃活动积温2 700℃。茎秆粗壮，株型紧凑，叶片较宽，长而直立，叶色为翠绿，穗在剑叶的中下部。穗较大，谷粒长宽适中、椭圆形，颖及颖尖黄白色，稀短芒（有无芒型）。株高93cm，平均穗粒数80粒，结实率95%，千粒重25g。

品质特性：糙米率82.0%，蛋白质含量7.9%，直链淀粉含量22.9%，赖氨酸含量0.27%。大米营养价值高，米质优良。

抗性：耐肥抗倒伏性强，耐冷、耐盐碱。抗稻瘟病性强，在密植栽培下易感染纹枯病。

产量及适宜地区：1987—1989年区域试验，平均单产8 064kg/hm²，比对照品种双丰8号增产6.4%；1988—1989年生产试验，平均单产7 200kg/hm²，比对照品种双丰8号增产2.6%。主要适宜吉林、黑龙江、河北、新疆等省份有效积温2 900～3 000℃的平原、半山区及高寒山区种植。1985—1992年推广面积达35.85万hm²。

栽培技术要点：比较喜肥，宜在中上等肥力条件下栽培。塑料薄膜保温旱育苗，4月20日左右播种，播种前进行药剂消毒，预防恶苗病。用种量40～50kg/hm²。秧龄40d，5月下旬插秧，行穴距27cm×10cm，每穴栽插4～5苗。一般肥力条件下，施纯氮125～150kg/hm²，应增施磷、钾肥。平原地区栽培注意早衰。浅灌或间歇灌溉。成熟后叶片落黄快，要适时收割。

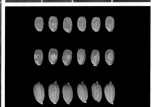

藤系144 (Tengxi 144)

品种来源：吉林省农业科学院水稻研究所、吉林市农业科学院1987年从日本引入（组合为藤系128/藤系115），分别通过吉林省（1993）和黑龙江省（1996）农作物品种审定委员会审定，审定编号为吉审稻1993002和黑审稻1996003。

形态特征和生物学特性：属粳型常规水稻。感光性弱，感温性中等，基本营养生长期短，早熟早粳。生育期123～126d，需≥10℃活动积温2 550～2 600℃。株型紧凑，叶片直立，剑叶角度小，分蘖力较强，着粒密度中等。株高85～95cm，穗长14.6cm，平均每穗75～80粒，结实率90%～95%，千粒重26g。

品质特性：糙米率82.9%，精米率76.4%，垩白度5.0%，直链淀粉含量17.5%，蛋白质含量7.93%。

抗性：抗稻瘟病性较强。耐寒性强，耐肥抗倒，耐碱性较强。

产量及适宜地区：1991—1993年区域试验，平均单产7 320kg/hm²，比对照品种长白7号增产5.5%；1992—1993年生产试验，平均单产7 395kg/hm²，比对照品种长白7号增产9.5%。主要适宜吉林、黑龙江、河北、新疆等省份有效积温2 900～3 000℃的平原、半山区及高寒山区种植。1985—1992年推广面积达35.85万hm²。

栽培技术要点：4月中旬播种，5月下旬插秧。插秧密度30cm×（12～13）cm，每穴栽插4～5苗。施纯氮120～140kg/hm²，按底肥40%、分蘖肥30%、补肥20%、穗肥10%的比例分期施肥。采用浅—深—浅灌溉方法。

天井1号（Tianjing 1）

品种来源：吉林省农业科学院水稻研究所1984年以寒9号为母本，双82为父本杂交，1990年育成，原代号吉品84-11。1994年通过吉林省农作物品种审定委员会审定，审定编号为吉审稻1994003。

形态特征和生物学特性：属于粳型常规水旱兼用水稻。感光性弱，感温性弱，基本营养生长期短，中熟早粳。生育期135d，需≥10℃活动积温2 700℃。幼苗生长势强，叶片淡绿色，茎秆粗壮坚韧，分蘖力较强，谷粒阔卵形，颖及颖尖黄色，无芒。株高约95cm，主茎叶14片，每穴有效穗数18个以上，平均每穗约84粒，千粒重约26g。

品质特性：糙米率84.0%，精米率75.0%，整精米率73.1%，无心白，腹白较少。适口性好，米质优良。

抗性：中抗稻瘟病，抗冷，耐旱，抗倒伏。

产量及适宜地区：1991—1993年区域试验，平均单产7 680kg/hm²，比对照品种长白7号增产8.7%；1992—1993年生产试验，平均单产7 020kg/hm²，比对照种长白7号增产10.5%。主要适宜吉林省中早熟稻区、井灌稻区、旱作稻区种植，黑龙江省第一、二积温带各稻区，内蒙古部分稻区，天津、河北麦茬稻区水栽、旱种均可种植。

栽培技术要点：4月中下旬育苗，插秧密度为行距30cm，株距17～20cm，每穴栽插3～4苗。施纯氮不宜超过150kg/hm²，并配合施用磷、钾肥。底肥、分蘖肥、穗肥、粒肥的比例为4：3：2：1。采用浅水促蘖，深水护穗，湿润壮籽的灌水方法。收获前15d停水，达到活秆成熟。若采用小井水灌溉，可适当采用晒水升温措施，并注意防治病虫草害，以确保丰收。旱作时，垄作、平插均可，栽培要点同一般旱作稻栽培。

天井3号（Tianjing 3）

品种来源：吉林省农业科学院水稻研究所1984年以寒9号为母本，双82为父本杂交，1990年育成，原代号吉品84-11。1994年通过吉林省农作物品种审定委员会审定，审定编号为吉审稻1994003。

形态特征和生物学特性：属于水旱兼用型粳稻品种。感光性弱，感温性弱，基本营养生长期短，中熟早粳。生育期135d，需≥10℃活动积温2 700℃。幼苗生长势强，叶片淡绿色，茎秆粗壮坚韧，分蘖力较强。谷粒阔卵形，颖及颖尖黄色，无芒。株高约95cm，主茎叶14片，每穴有效穗数18个，平均每穗约84粒，千粒重约26g。

品质特性：糙米率84.0%，精米率75.0%，整精米率73.1%，无心白，腹白较少。适口性好，米质优良。

抗性：中抗稻瘟病，抗冷、耐旱，抗倒伏。

产量及适宜地区：1991—1993年区域试验，平均单产7 680kg/hm²，比对照品种长白7号增产8.7%；1992—1993年生产试验，平均单产7 020kg/hm²，比对照品种长白7号增产10.5%。主要适宜吉林省中早熟稻区、井灌稻区、旱作稻区种植，黑龙江省第一、二积温带各稻区，内蒙古部分稻区，天津、河北麦茬稻区水栽、旱种均可种植。1985年吉林省累计推广面积达35.85万hm²。

栽培技术要点：4月中下旬育苗，插秧密度为行距30cm，株距17～20cm，每穴栽插

3～4苗。施纯氮不宜超过150kg/hm²，并配合施用磷、钾肥。底肥、分蘖肥、穗肥、粒肥的比例为4：3：2：1。采用浅水促蘖，深水护穗，湿润壮籽的灌水方法。收获前15d停水，达到活秆成熟。若采用小井水灌溉，可适当采用晒水升温措施，并注意防治病虫草害，以确保丰收。旱作时，垄作、平插均可，栽培要点同一般旱作稻栽培。

铁粳2号 (Tiegeng 2)

品种来源：吉林省吉林市种子公司引入。辽宁省铁岭市农业科学院以京引83作母本，京引177为父本杂交育成，原代号为铁7207-22-2-4。分别通过吉林省（1986）和辽宁省（1987）农作物品种审定委员会审定，审定编号为吉审稻1986001和辽审稻[1987]19号

形态特征和生物学特性：属粳型常规水稻。感光性弱，感温性中等，基本营养生长期短，迟熟早粳。生育期145d，需≥10℃活动积温2 800℃。分蘖力中等，成穗率较高，弧形散穗，谷粒阔卵形，黄白色，无芒，颖尖黄白色。株高86.1cm，穗长约17cm，每穗64粒，平均株穗数19.8个，千粒重26g。

品质特性：糙米率83.0%，米白色。米质优。

抗性：抗稻瘟病和稻曲病，喜肥抗倒伏，耐寒性强。

产量及适宜地区：一般单产7 500kg/hm²，最高可达9 900 kg/hm²。适宜吉林省南部、辽宁省东北部及陕北等地种植。

栽培技术要点：壮秧稀植。行穴距30cm×17cm，每穴栽插3～4苗。施纯氮180kg/hm²，前促宜重，确保525万穗/hm²。另外配合施用磷、钾肥。

通211 （Tong 211）

品种来源：吉林省通化市农业科学院1984年以转菰材料C113为母本，C62为父本系选育成，原代号93-201。1998年通过吉林省农作物品种审定委员会审定，审定编号为吉审稻1998004。

形态特征和生物学特性：属粳型常规水稻。感光性弱，感温性弱，基本营养生长期短，中熟早粳。生育期137～138d，需≥10℃活动积温2 750～2 850℃。穗数较多，茎粗坚韧，叶色浅。株高100～150cm，每穗粒数130～140粒，结实率94%，千粒重24.5g。

品质特性：糙米率84.0%，精米率77.0%，整精米率66.0%，粒长4.7mm，长宽比1.6，垩白粒率19%，垩白度1.4%，透明度1级，碱消值7.0级，胶稠度63mm，直链淀粉含量17.5%，蛋白质含量8.8%。

抗性：1995—1997年吉林省农业科学院植物保护研究所连续3年采用分菌系人工接种，病区多点异地自然诱发鉴定，结果表明，苗瘟中抗，成株期叶瘟中感，穗瘟中抗。抗稻曲病，对纹枯病、白叶枯病抗性较强，二化螟轻，抗倒伏、抗早衰，耐肥性强。

产量及适宜地区：1995—1997年区域试验，平均单产7 763kg/hm²，比对照品种吉引12增产3.1%；1996—1997年生产试验，平均单产7 452kg/hm²，比对照品种吉引12增产4.0%。适宜吉林省≥10℃活动积温2 700℃以上的稻作区种植。吉林省累计推广面积1万hm²。

栽培技术要点：适合中等肥力条件，超稀播育全蘖壮秧，少插宽行稀植或超稀植。保磷增钾，氮肥前轻后重，基肥少氮，不施分蘖肥。湿润和间歇灌水，防止深水或强度晒田。提倡以有机肥为主、化肥为辅的绿色优质稻米高产栽培方法。

通31（Tong 31）

品种来源：吉林省通化市农业科学研究院1976年以松前为受体，以菰为供体，通过属间转基因方法获得后代，经多年鉴定选育而成，原代号通系31。1993年通过吉林省农作物品种审定委员会审定，审定编号为吉审稻1993004。

形态特征和生物学特性：属粳型常规水稻。感光性弱，感温性弱，基本营养生长期短，迟熟早粳。生育期140～142d，需≥10℃活动积温2 800～2 850℃。叶片稍宽稍长，茎秆较粗而坚韧，分蘖力中等偏强，成穗率高，出穗整齐，穗型稍散，着粒稍稀，穗上部和下部饱满度一致。谷粒呈稍长椭圆形，颖及颖尖均黄色。株高105cm，穗长18～20cm，平均每穗100～110粒，结实率95%～97%，千粒重28g。

品质特性：糙米率83.0%，精米率76.0%。米粒透明度较好，食味优于秋光。

抗性：抗稻瘟病，耐纹枯病，抗早衰。耐肥，抗倒伏。

产量及适宜地区：1989—1991年区域试验，平均单产7 725kg/hm²，比对照品种下北增产2.1%；1990—1992年生产试验，平均单产8 700kg/hm²，比对照品种下北增产11.8%。适宜吉林省中晚熟稻区种植。累计推广面积超过12.6万hm²。

栽培技术要点：4月10～15日播种，移栽秧龄40～45d。插秧行距30～40cm，株距20cm范围内，多肥宜稀，少肥宜密，每穴栽插2～3苗。氮肥施用量需比下北、秋光等增加20%～30%，施纯氮135～165kg/hm²，基肥和分蘖肥不超过40%，幼穗分化开始分4～5次追肥，直到灌浆盛期；施纯磷35～50kg/hm²，全部作基肥一次性施入；施纯钾75～120kg/hm²，分基肥、穗肥和粒肥各1/3施入。多施有机肥，减少化肥，效果更佳。亦适合低洼地、污水灌溉地种植。返青、施药期浅水，分蘖期浅水和间歇灌水，穗发育期以后间歇灌水和湿润灌水，直到成熟。在收割前15d左右撤水，不宜过早。

通35（Tong 35）

品种来源：吉林省通化市农业科学院以松前为受体，菰为供体，通过属间转基因方法所获得后代中选育而成。分别通过吉林省（1995）和宁夏（2000）农作物品种审定委员会审定，审定编号为吉审稻1995005和宁种审2004。

形态特征和生物学特性：属粳型常规水稻。感光性弱，感温性弱，基本营养生长期短，中熟早粳。生育期140d，需≥10℃活动积温2 800℃。茎秆粗而坚韧，叶片稍长而坚挺，株型较紧凑，叶色稍深，分蘖力中等偏弱，出穗较整齐，成穗率高，着粒稍稀，谷粒呈略长椭圆形，颖色黄，无芒。株高110cm，穗长20～22cm，平均每穗粒数130～140粒，结实率95%，千粒重28g。

品质特性：糙米率80.0%，精米率71.5%，整精米率46.9%，垩白粒率13.0%，碱消值5.8级，胶稠度26mm，直链淀粉含量13.7%，粗蛋白质含量6.7%。

抗性：耐冷，高温不早衰，田间及人工接种抗稻瘟病优于对照，耐纹枯病和稻曲病，较抗二化螟。

产量及适宜地区：1992—1994年区域试验，平均单产8 346kg/hm²，比对照品种下北增产3.3%；1993—1994年生产试验，平均单产8 514kg/hm²，比对照品种下北增产5.7%。适宜吉林省中晚熟稻区种植。1995年以来吉林省推广面积超过54万hm²。

栽培技术要点：4月10～15日播种，每平方米播种量100g，秧龄40～45d，叶龄

5.5～6.0叶，带3个分蘖为移栽标准，稀植少插。行距30cm，株距20cm，每穴栽插2～3苗。在中等肥力条件下，施纯氮120～150kg/hm²、纯磷37.5～60kg/hm²，分蘖肥原则上不施，6月末到7月初施一次补肥，以后每隔10～15d施1次，每次15kg/hm²纯氮，共施4～5次，直到灌浆盛期（8月下旬）。水层管理前期以浅为主，中后期以间歇灌水为主，不得强晒田，不要靠氮肥促蘖。

通788（Tong 788）

品种来源：吉林省通化市农业科学院水稻研究所2000年以通粳790B为母本，以吉2000F45为父本，进行杂交选育而成，试验代号通粳788B。2008年通过吉林省农作物品种审定委员会审定，审定编号为吉审稻2008019。

形态特征和生物学特性：属粳型常规水稻。感光性弱，感温性中等，基本营养生长期短，迟熟早粳。生育期140d，需≥10℃活动积温2 800℃。株型较好，茎叶浅绿，弯穗型，主蘖穗整齐，籽粒椭圆形，颖壳黄色，无芒。平均株高106.1cm，有效穗数399万/hm²，平均穗长20.1cm，平均穗粒数101.6粒，结实率86.3%，千粒重27.1g。

品质特性：糙米率83.9%，精米率75.7%，整精米率67.3%，粒长5.0mm，长宽比1.8，垩白粒率8.0%，垩白度0.6%，透明度1级，碱消值7.0级，胶稠度80mm，直链淀粉含量19.0%，蛋白质含量8.0%。依据NY/T 593—2002《食用稻品种品质》标准，米质符合三等食用粳稻品种品质规定要求。

抗性：2005—2007年吉林省农业科学院植物保护研究所连续3年采用分菌系人工接种、病区多点异地自然诱发鉴定，结果表明，苗瘟中感，叶瘟中感，穗颈瘟中感；2005—2007年在15个田间自然诱发有效鉴定点次中，纹枯病中抗。

产量及适宜地区：2005年筛选试验，平均单产8 160kg/hm²，比对照品种通35增产4.1%；2006年区域试验，平均单产8 852kg/hm²，比对照品种通35增产3.7%，2007年区域试验，平均单产9 032kg/hm²，比对照品种通35增产6.4%；两年区域试验比对照品种通35增产5.1%。2006年生产试验，平均单产8 180kg/hm²，比对照品种通35增产6.7%。适宜吉林省松原、通化、延边、四平、长春、吉林等中晚熟稻作区种植。

栽培技术要点：稀播育壮秧，4月上中旬播种，5月中下旬插秧。栽培密度为行株距30cm×20cm，每穴栽插3～4苗。采用氮、磷、钾配方施肥，施纯氮150kg/hm²，按底肥50%、分蘖肥30%、穗肥20%的比例分期施入；施纯磷70kg/hm²，纯钾80kg/hm²，作底肥一次性施入。田间水分管理以浅水灌溉为主，孕穗期浅水或湿润灌溉，成熟期干湿结合。6月10日注意防治负泥虫和潜叶蝇，7月中下旬注意防治二化螟，抽穗期打药防治稻瘟病。

通88-7 （Tong 88-7）

品种来源：吉林省通化市农业科学研究院1980年以云73-1为母本，京引127为父本杂交系选育成，原代号通8583-3。1996年通过吉林省农作物品种审定委员会审定，审定编号为吉审稻1996003。

形态特征和生物学特性：属粳型常规水稻。感光性弱，感温性弱，基本营养生长期短，中熟早粳。生育期136d，需≥10℃活动积温2750～2800℃。茎秆粗壮，分蘖力强，出穗整齐，颖及颖尖黄色，无芒。株高94.6cm，每穴有效穗数17.3～18.4个，穗长19.2cm，平均穗粒数96.8粒，千粒重25.8g。

品质特性：糙米率83.2%，精米率75.4%，整精米率57.4%，长宽比1.7，垩白粒率46.4%，垩白度8.6%，直链淀粉含量16.9%，蛋白质含量7.7%，透明度1级。适口性好，米质优良，在1998年吉林省第二届水稻优质品种（系）鉴评会上被评为优质品系。

抗性：抗病性强。

产量及适宜地区：1993—1995年区域试验，平均单产7710kg/hm²，比对照品种藤系138增产3.2%；1994—1995年生产试验，平均单产6803kg/hm²，比对照品种藤系138增产4.5%。适宜吉林省中晚熟稻区种植。累计推广面积超过13.1万hm²。

栽培技术要点：4月上中旬播种，稀播旱育壮秧，5月中下旬插秧，宜稀植栽培。插秧密度30cm×（13.3～26.6）cm，每穴栽插3～4苗。氮、磷、钾配方施肥。施纯氮120～150kg/hm²，分散施用。分蘖期浅水灌溉，孕穗期浅水或湿润灌溉，成熟期干湿结合。

通95-74 (Tong 95-74)

品种来源：吉林省通化市农业科学院1986年以桂早生为母本，藤系138为父本杂交系选育成。2002年通过吉林省农作物品种审定委员会审定，审定编号为吉审稻2002015。

形态特征和生物学特性：属粳型常规水稻。感光性弱，感温性弱，基本营养生长期短，中熟早粳。生育期135d，需≥10℃活动积温2 700℃。叶和茎秆颜色为淡黄色，茎秆韧性好，剑叶长度为中。分蘖力强，中散穗型，灌浆速度快，熟色鲜黄。稻谷粒型为椭圆形，颖及颖尖黄色，无芒。在稀植栽培条件下，株高110cm，主茎叶13～14片，每穴有效穗20～25穗，穗长18cm，平均穗粒数125粒，结实率90%，千粒重25g。

品质特性：糙米率83.0%，精米率75.4%，整精米率67.9%，粒长4.8mm，长宽比1.7，垩白粒率9.0%，垩白度1.0%，透明度1级，碱消值7.0级，胶稠度82.7mm，直链淀粉含量18.1%，蛋白质含量8.6%。

抗性：1999—2001年吉林省农业科学院植物保护研究所连续3年采用分菌系人工接种、病区多点异地自然诱发鉴定，结果表明，叶瘟中感，穗瘟中抗。

产量及适宜地区：1999—2001年区域试验，平均单产7 731kg/hm²，比对照品种吉玉粳增产3.2%；2000—2001年生产试验，平均单产7 919kg/hm²，比对照品种吉玉粳增产2.2%。适宜吉林省种植吉玉粳的中熟稻区种植。

栽培技术要点：4月上中旬播种。规范化旱育苗，播种量100～150g/m²；盘育苗，每盘50～60g；隔离层育苗，每平方米400g，稀播育壮秧。5月中下旬插秧，采取（50+30）cm×20cm、（50+20）cm×20cm或40cm×20cm、30cm×26.7cm的宽行超稀植栽培，每穴栽插2～3苗。施肥要采取前控、中足、后保的施肥原则，达到壮秆大穗之目的。中等肥力稻田，施纯氮120kg/hm²、有效磷75kg/hm²、有效钾100kg/hm²。耙地前施底肥40%氮肥、100%磷肥、67%钾肥；6月20～25日，分蘖盛期施30%氮肥；7月10～15日，幼穗分化初期施穗肥25%氮肥、34%钾肥；8月1～5日，齐穗期施粒肥5%氮肥。浅水插秧，深水活棵，浅水分蘖，适时晒田，晒田后及时灌水，后期间歇灌溉。注意防治螟虫、稻瘟病等病虫害。

通98-56 （Tong 98-56）

品种来源：吉林省通化市农业科学院水稻研究所于1997年从水稻品种丰选2号（92-36）中选择优良变异株系，经系统法选育而成。2003年通过吉林省农作物品种审定委员会审定，审定编号为吉审稻2003017。

形态特征和生物学特性：属粳型常规水稻。感光性弱，感温性弱，基本营养生长期短，迟熟早粳。生育期141d，需≥10℃活动积温2 800℃。株型中散适中，茎叶深绿色，分蘖力较强，茎秆强度较强，剑叶长度为中，中散穗型，主蘖穗较齐，着粒密度中，粒形为椭圆形，籽粒黄色，无芒。株高110cm，结实率85%，主茎叶14～15片，每穴有效穗25个，穗长22cm，主穗粒数190粒，平均穗粒数142粒，千粒重26g。

品质特性：糙米率84.4%，精米率78.6%，整精米率73.8%，粒长5.1mm，长宽比1.8，垩白粒率53.0%，垩白度5.4%，透明度2级，碱消值7.0级，胶稠度58mm，直链淀粉含量18.5%，蛋白质含量6.8%。

抗性：2000—2002年吉林省农业科学院植物保护研究所连续3年采用分菌系人工接种、病区多点异地自然诱发鉴定，结果表明，苗瘟抗，叶瘟中抗，穗瘟感。

产量及适宜地区：2000年预备试验，平均单产7 757kg/hm^2，比对照品种通35增产1.3%；2001—2002年区域试验，平均单产8 763kg/hm^2，比对照品种通35增产5.2%；2002年生产试验，平均单产9 249kg/hm^2，比对照品种通35增产7.3%。适宜吉林省长春、吉林、通化、四平、松原中晚熟稻区种植。

栽培技术要点：稀播育壮秧，4月上中旬播种，5月中下旬插秧。栽培密度为40cm×20cm或30cm×26.7cm，每穴栽插2～3苗。氮、磷、钾配方施肥，施纯氮120kg/hm^2、有效钾100kg/hm^2、有效磷75kg/hm^2。耙地前施底肥50%氮肥、100%磷肥、67%钾肥；6月20～25日，分蘖肥施25%氮肥；7月10～15日，穗肥施25%氮肥、34%钾肥。浅水插秧，深水活棵，浅水分蘖，适时晒田，晒田后及时灌水，后期间歇灌溉。7月上中旬注意防治二化螟，同时注意及时防治稻瘟病。

通稻1号 （Tongdao 1）

品种来源：吉林省通化市农业科学研究院1997年以一见钟情为母本，东农0327为父本杂交选育而成，试验代号通新06-18。2010年通过吉林省农作物品种审定委员会审定，审定编号为吉审稻2010023。

形态特征和生物学特性：属粳型常规水稻。感光性弱，感温性较强，基本营养生长期短，迟熟早粳。生育期146d，需≥10℃活动积温2 950℃。株型紧凑，叶片上举，茎秆紫色，分蘖力强，弯曲穗型，主蘖穗整齐，着粒密度适中，籽粒椭圆形，颖及颖尖均黄色，有稀芒。平均株高105.3cm，穗长18.8cm，平均穗粒数90.1粒，结实率91.1%，千粒重26.1g。

品质特性：糙米率84.6%，精米率76.9%，整精米率70.8%，粒长4.8mm，长宽比1.7，垩白粒率10.0%，垩白度1.0%，透明度1级，碱消值7.0级，胶稠度68mm，直链淀粉含量16.2%，蛋白质含量7.9%。依据农业部NY/T 593—2002《食用稻品种品质》标准，米质符合二等食用粳稻品种品质规定要求。

抗性：2007—2009年吉林省农业科学院植物保护研究所连续3年采用分菌系人工接种、病区多点异地自然诱发鉴定，结果表明，苗瘟感，叶瘟感，穗瘟感；纹枯病中抗。

产量及适宜地区：2008年区域试验，平均单产8 733kg/hm²，比对照品种秋光增产2.5%；2009年区域试验，平均单产8 618kg/hm²，比对照品种秋光增产4.8%；两年区域试验，平均单产8 676kg/hm²，比对照品种秋光增产3.6%。2009年生产试验，平均单产8 687kg/hm²，比对照品种秋光增产4.6%。适宜吉林省四平、吉林、长春、辽源、松原等晚熟稻区种植。

栽培技术要点：稀播育壮秧，4月上旬播种，每平方米播催芽种子150g，5月下旬插秧。栽培密度为行株距30cm×20cm，每穴栽插2～3苗。氮、磷、钾配方施肥，施纯氮120～150kg/hm²，按底肥40%、补肥20%、穗肥30%、粒肥10%的比例分期施入；施纯磷60～80kg/hm²，作底肥一次性施入；施纯钾90～120kg/hm²，底肥50%、穗肥50%，分两次施用。田间水分管理采取分蘖期浅，孕穗期深，籽粒灌浆期浅的灌溉方法。注意防治二化螟、稻瘟病等。

通丰13（Tongfeng 13）

品种来源：吉林省通化市农业科学院水稻研究所1997年以通系103为母本，以外引系3045为父本进行杂交，经系统法选育而成，试验代号通丰6806。2008年通过吉林省农作物品种审定委员会审定，审定编号为吉审稻2008010。

形态特征和生物学特性：属粳型常规水稻。感光性弱，感温性中等，基本营养生长期短，中熟早粳。生育期136d，需≥10℃活动积温2 700℃。株型半紧凑，剑叶宽而坚挺上举，茎叶淡绿色，分蘖力较强，半散穗型，主蘖穗整齐，籽粒长椭圆形，颖及颖尖均黄色，无芒，茸毛中。平均株高102.8cm，有效穗数309万/hm²，平均穗长18.5cm，平均穗粒数116.4粒，结实率86.9%，千粒重25.4g。

品质特性：糙米率83.2%，精米率78.4%，整精米率71.1%，粒长5.5mm，长宽比2.1，垩白粒率2.0%，垩白度0.2%，透明度2级，碱消值7.0级，胶稠度68mm，直链淀粉含量16.5%，蛋白质含量8%。依据NY/T 593—2002《食用稻品种品质》标准，米质符合二等食用粳稻品种品质规定要求。

抗性：2005—2007年吉林省农业科学院植物保护研究所连续3年采用分菌系人工接种、病区多点异地自然诱发鉴定，结果表明，苗瘟中感，叶瘟中感，穗颈瘟中抗；2005—2007年在15个田间自然诱发有效鉴定点次中，纹枯病中抗。

产量及适宜地区：2006年区域试验，平均单产7 941kg/hm²，比对照品种吉玉粳增产−1.2%；2007年区域试验，平均单产8 592kg/hm²，比对照品种吉玉粳增产5.2%；两年区域试验比对照品种吉玉粳增产1.8%。2007年生产试验，平均单产8 657kg/hm²，比对照品种吉玉粳增产10.8%。适宜吉林省白城、松原、通化、延边、四平、长春、吉林等中熟稻作区种植。

栽培技术要点：稀播育壮秧，4月上中旬播种，每平方米播催芽种子350g，5月中下旬插秧。栽培密度为行株距30cm×20cm，每穴栽插2～3苗。氮、磷、钾配方施肥，施尿素210kg/hm²，按底肥40%、蘖肥40%、穗肥20%的比例分期施用；施纯磷69kg/hm²，作底肥一次性施入；施纯钾80kg/hm²，按底肥60%、拔节期40%，分两次施用。田间水分管理以浅水灌溉为主，抽穗期后间歇灌溉。7月下旬注意防治二化螟、稻瘟病等。

通丰14（Tongfeng 14）

品种来源：吉林省通化市农业科学院水稻研究所1998年以外引系4045（丰优301）为母本，以中间育种品系云南陆稻/通系112为父本进行杂交，经系统法选育而成，试验代号通丰6808。2008年通过吉林省农作物品种审定委员会审定，审定编号为吉审稻2008011。

形态特征和生物学特性：属粳型常规水稻。感光性弱，感温性中等，基本营养生长期短，中熟早粳。生育期136d，需≥10℃活动积温2 700℃。株型半紧凑，剑叶宽而坚挺上举，茎叶淡绿色，分蘖力较强，半散穗型，主蘖穗整齐，籽粒椭圆形，颖及颖尖均黄色，稀短芒，茸毛中。平均株高103.0cm，有效穗数349.5万/hm²，平均穗长17.1cm，平均穗粒数105.8粒，结实率84.1%，千粒重26.1 g。

品质特性：糙米率83.6%，精米率78.3%，整精米率69.3%，粒长4.9mm，长宽比1.7，垩白粒率20.0%，垩白度2.2%，透明度2级，碱消值7.0级，胶稠度68mm，直链淀粉含量16.0%，蛋白质含量8.5%。依据NY/T 593—2002《食用稻品种品质》标准，米质符合二等食用粳稻品种品质规定要求。

抗性：2005—2007年吉林省农业科学院植物保护研究所连续3年采用分菌系人工接种、病区多点异地自然诱发鉴定，结果表明，苗瘟中感，叶瘟中抗，穗颈瘟中感；2005—2007年在15个田间自然诱发有效鉴定点次中，纹枯病中感。

产量及适宜地区：2006年区域试验，平均单产7 758kg/hm²，比对照品种吉玉粳增产−3.8%；2007年区域试验，平均单产8 219kg/hm²，比对照品种吉玉粳增产0.6%；两年区域试验比对照品种吉玉粳增产1.6%。2007年生产试验，平均单产8 582kg/hm²，比对照品种吉玉粳增产6.7%。适宜吉林省白城、松原、通化、延边、四平、长春、吉林东部等中熟稻作区种植。

栽培技术要点：稀播育壮秧，4月上中旬播种，每平方米播催芽种子350g，5月中下旬插秧。栽培密度为行株距30cm×20cm，每穴栽插2～3苗。氮、磷、钾配方施肥，施尿素210kg/hm²，按底肥40%、蘖肥40%、穗肥20%的比例分期施用；施纯磷69kg/hm²，作底肥一次性施入；施纯钾80kg/hm²，底肥60%、拔节期40%，分两次施用。田间水分管理以浅水灌溉为主，抽穗期后间歇灌溉。7月上中旬注意防治二化螟，抽穗前注意及时防治稻瘟病。

通丰5号 (Tongfeng 5)

品种来源：吉林省通化市农业科学院水稻研究所1990年以桂早生为母本，通系103为父本进行杂交，经系统选育而成的新品种。2003年通过吉林省农作物品种审定委员会审定，审定编号为吉审稻2003015。

形态特征和生物学特性：属粳型常规水稻。感光性弱，感温性弱，基本营养生长期短，中熟早粳。生育期134d，比对照吉玉粳早1d，需≥10℃活动积温2 800 ～ 2 850℃。株型半紧凑，剑叶上举，茎叶淡绿色，分蘖力强，主蘖穗整齐，散穗型，谷粒椭圆形，颖及颖尖黄色，第一次枝梗顶端有芒。植株高105.0cm，每穴有效穗数26穗，穗长19 ～ 22cm，主穗粒数240粒，平均粒数110粒，成熟率95%，千粒重26.6g。

品质特性：糙米率83.1%，精米率76.4%，整精米率75.5%，粒长4.9mm，长宽比1.6，垩白粒率2.0%，垩白度0.1%，透明度1级，碱消值7.0级，胶稠度80mm，直链淀粉含量19.9%，蛋白质含量8.0%。依据农业部NY 122—86《优质食用稻米》标准，糙米率、精米率、整精米率、长宽比、垩白粒率、垩白度、透明度、碱消值、胶稠度、蛋白质含量10项指标达优质米一级标准，直链淀粉含量1项指标达优质米二级标准。

抗性：2000—2002年吉林省农业科学院植物保护研究所连续3年采用分菌系人工接种、病区多点异地自然诱发鉴定，结果表明，苗瘟中抗，叶瘟感，穗瘟感。

产量及适宜地区：2001年吉林省区试，平均单产8 042kg/hm²，比对照品种吉玉粳增产1.9%；2002年平均单产8 697kg/hm²，比对照品种增产9.2%；两年平均单产8 370kg/hm²，比对照品种吉玉粳增产5.6%。2002年生产试验，平均单产7 964kg/hm²，比对照品种吉玉粳减产0.97%。适宜吉林省长春、吉林、四平南部、松原、延边中熟稻区种植。

栽培技术要点：稀播育壮秧，4月上中旬播种，5月中下旬插秧。采取稀植或超稀植栽培，栽培密度为30cm×20cm或30cm×26.7cm，每穴栽插2 ～ 3苗。氮、磷、钾配方施肥，施纯氮120 ～ 130kg/hm²，按基肥40%、分蘖肥10%、补肥25%、穗肥25%的比例分期施入；施纯磷70kg/hm²，全部作底肥施入；施纯钾75kg/hm²，底肥50%、拔节期追50%，分两次施用。分蘖期浅水灌溉，孕穗期浅水或湿润灌溉，成熟期干湿结合。7月上中旬注意防治二化螟，及时防治稻瘟病。

通丰8号 (Tongfeng 8)

品种来源：吉林省通化市农业科学院水稻研究所1993年以通粳288为母本，通09为父本进行杂交，经系统法选育而成。分别通过国家（2007）和吉林省（2006）农作物品种审定委员会审定，审定编号为国审稻2007049和吉审稻2006011。

形态特征和生物学特性：属粳型常规水稻。感光性弱，感温性中等，基本营养生长期短，中熟早粳。生育期140d，比对照品种吉玉粳晚熟4.3d，需≥10℃活动积温2 800℃。株型半紧凑，剑叶宽而直立上举，茎叶淡绿色，分蘖力强，散穗型，主蘖穗整齐，着粒密度适中，籽粒长椭圆形，颖尖黄色，无芒，茸毛中。株高100.3cm，主穗长20～22cm，穗长16.9cm，每穗总粒数103.4粒，结实率85.7%，千粒重26.7g。

品质特性：糙米率82.0%，精米率77.9%，整精米率72.1%，长宽比1.9，垩白粒率43.0%，垩白度3.1%，透明度2级，碱消值7.0级，胶稠度78.5mm，直链淀粉含量18.1%，蛋白质含量7.2%。

抗性：2005—2006年吉林省农业科学院植物保护研究所连续2年采用分菌系人工接种、病区多点异地自然诱发鉴定，结果表明，苗瘟0级，叶瘟4级，穗颈瘟1级，综合抗性指数1.3。

产量及适宜地区：2005年参加吉玉粳组品种区域试验，平均单产10 074kg/hm²，比对照吉玉粳增产1.9%；2006年续试，平均单产9 591kg/hm²，比对照品种吉玉粳增产2.2%；两年区域试验，平均单产9 867kg/hm²，比对照品种吉玉粳增产2.0%。2006年生产试验，平均单产9 983kg/hm²，比对照品种吉玉粳增产9.4%。适宜黑龙江省第一积温带上限、吉林省中熟稻区、辽宁省东北部、宁夏引黄灌区以及内蒙古赤峰、通辽南部地区种植。

栽培技术要点：东北、西北早熟稻区根据当地生产情况与吉玉粳同期播种。移栽，株距20cm，行距30cm，每穴栽插2～4苗。肥水管理采用"前促、中控、后稳"原则，施纯氮120～130kg/hm²，五氧化二磷70kg/hm²，氧化钾210kg/hm²；水分管理上，插秧至抽穗水层保持3～5cm，抽穗后可实行间歇灌溉，后期不宜断水过早。注意及时防治二化螟等。

通丰9号 （Tongfeng 9）

品种来源：吉林省通化市农业科学院水稻研究所1993年以秋光为母本，通313为父本杂交，经连续9代系统选育而成。2005年通过吉林省农作物品种审定委员会审定，审定编号为吉审稻2005009。

形态特征和生物学特性：属粳型常规水稻。感光性弱，感温性弱，基本营养生长期短，早熟早粳。生育期140d，需≥10℃活动积温2 800℃。株型挺拔，分蘖力强，叶片坚硬而秀丽，着粒密度适中，穗型整齐一致，粒形椭圆，颖壳金黄色，无芒。株高101.5cm，每穴有效穗数30个，平均每穗粒数131.9粒，最大穗粒数240粒，结实率92.7%，千粒重26g。

品质特性：糙米率83.7%，精米率75.6%，整精米率74.5%，粒长5.0mm，长宽比1.7，垩白粒率16.0%，垩白度2.9%，透明度1级，碱消值7.0级，胶稠度86mm，直链淀粉含量18.1%，蛋白质含量7.8%。该品种出米率高、腹白米少、透明度高、食味好。据农业部稻米测试中心检测的12项指标中，有10项指标达到或超过一级优质米标准。

抗性：2002—2004年吉林省农业科学院植物保护研究所连续3年采用分菌系人工接种、病区多点异地自然诱发鉴定，结果表明，苗瘟中抗，叶瘟中抗，穗瘟中抗。

产量及适宜地区：2003—2004年区域试验，平均单产8 364kg/hm²，比对照品种通35增产7.2%。2004年生产试验，平均单产8 280kg/hm²，比对照品种通35增产3.1%。适宜吉林省四平、辽源、通化、松原、长春等中晚熟稻区种植。

栽培技术要点：培育壮秧。旱育秧播催芽种子125 ～ 150g/m²，盘育秧55 ～ 60g/盘，播种期4月上中旬为最适期。合理密植，插秧期为5月下旬，苗龄4.5 ～ 5.0叶期移栽，每穴栽插4 ～ 5苗。插秧密度，中等土壤肥力16.7 ～ 20.3穴/m²。合理施肥，尿素88kg/hm² ＋磷酸二铵150kg/hm² ＋氯化钾100 ～ 110kg/hm²于耙地前施入，补肥于6月20 ～ 25日追尿素88kg/hm²；穗肥于7月10日前后追尿素58kg/hm² ＋氯化钾60 ～ 70kg/hm²。水稻插秧至6月末须保持3 ～ 50cm的水层，7月10日之后可采取间歇灌溉，切不可过早地断水，否则将影响稻米品质和产量。

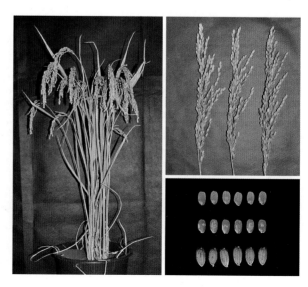

通禾820 (Tonghe 820)

品种来源：吉林省通化市农业科学院水稻研究所1995年以吉玉粳为母本，秋田32为父本进行有性杂交，后代采用系谱法选育而成，原代号通研5号。2006年通过吉林省农作物品种审定委员会审定，审定编号为吉审稻2006010。

形态特征和生物学特性：属粳型常规水稻。感光性弱，感温性中等，基本营养生长期短，中熟早粳。生育期138d，需≥10℃活动积温2 800℃。株型紧凑，分蘖力强，中散穗型，主蘖穗整齐，着粒密度适中，籽粒椭圆形，黄色，无芒。平均株高105.2cm，平均穗穗数25.2个，穗长23cm，平均穗粒数127.6粒，结实率95%，千粒重30g。

品质特性：糙米率84.8%，精米率78.5%，整精米率75.4%，粒长5.0mm，长宽比1.7，垩白粒率12.0%，垩白度0.6%，透明度1级，碱消值7.0级，胶稠度72mm，直链淀粉含量18.1%，蛋白质含量7.2%。

抗性：2002—2004年吉林省农业科学院植物保护研究所连续3年采用分菌系人工接种、病区多点异地自然诱发鉴定，结果表明，苗瘟中感，叶瘟中感，穗颈瘟感。

产量及适宜地区：2002年预备试验，平均单产8 060kg/hm²，比对照品种通35平均增产5.3%；2003—2004年区域试验，平均单产8 247kg/hm²，比对照品种通35增产5.7%。2004年生产试验，平均单产8 678kg/hm²，比对照品种通35增产6.1%。适宜吉林省长春、吉林、通化、松原、延边等中晚熟稻区种植（吉林地区的蛟河，通化地区的梅河口、辉南除外）。

栽培技术要点：4月上中旬播种，规范化旱育苗150g/m²，盘育苗每盘60g，隔离层育苗350g/m²，稀播育壮秧，5月中下旬插秧。栽培密度为行株距30cm×20cm或30cm×26cm，每穴栽插2～3苗。氮、磷、钾配方施肥，施氮肥120kg/hm²，按基肥40%、补肥20%、穗肥30%、粒肥10%的比例分期施用；施纯磷（P_2O_5）50kg/hm²，全部作底肥施入；施纯钾（K_2O）75kg/hm²，60%作底肥、40%作穗肥施入。田间水层管理，分蘖期浅水灌溉，孕穗期浅水或湿润灌溉，成熟期干湿结合。7月上中旬注意防治二化螟，注意及时防治稻瘟病。

通禾832 （Tonghe 832）

　　品种来源：吉林省通化市农业科学院1996年以秋田32为母本，丰选2号为父本杂交，通过系谱法选育而成，原代号通禾03-6025。2007年通过国家和吉林省农作物品种审定委员会审定，审定编号为国审稻2007048和吉审稻2007008。

　　形态特征和生物学特性：属粳型常规水稻。感光性弱，感温性中等，基本营养生长期短，中熟早粳。生育期135d，需≥10℃活动积温2 700℃。株型较收敛，叶色较绿，分蘖力强，散穗，籽粒椭圆形，无芒，颖壳黄色。平均株高102.4cm，平均穗粒数104.8粒，结实率90.4%，千粒重24.2g。

　　品质特性：糙米率84.3%，精米率75.9 %，整精米率70.9%，粒长4.6mm，长宽比1.7，垩白粒率8.0%，垩白度0.9%，透明度1级，碱消值7.0级，胶稠度83mm，直链淀粉含量17.4%，蛋白质含量7.7%。依据NY/T 593—2002《食用稻品种品质》标准，米质符合二等食用粳稻品种品质规定要求。

　　抗性：2004—2006年吉林省农业科学院植物保护研究所连续3年采用分菌系人工接种、病区多点异地自然诱发鉴定，结果表明，苗瘟中感，叶瘟中抗，穗颈瘟抗；2005—2006年在15个田间自然诱发有效鉴定点次中，纹枯病中抗。

　　产量及适宜地区：2004年预备试验，平均单产8 877kg/hm²，比对照品种通35增产7.0%；2005—2006年两年区域试验，平均单产8 301kg/hm²，比对照品种通35平均增产5.2%。2006年生产试验，平均单产8 771kg/hm²，比对照品种通35增产7.5%。适宜黑龙江省第一积温带上限、吉林省中熟稻区、辽宁省东北部、宁夏引黄灌区以及内蒙古赤峰、通辽南部地区种植。

　　栽培技术要点：4月上中旬播种，5月中下旬插秧。栽培密度为行株距30cm×20cm。氮、磷、钾配方施肥，施纯氮120kg/hm²，按基肥40%、补肥20%、穗肥30%、粒肥10%的比例分期施用；施磷肥（P₂O₅）50kg/hm²，全部作底肥施入；施钾肥（K₂O）75kg/hm²，60 %作底肥、40%作穗肥，分两次施用。田间水分管理以浅水灌溉为主。7月上中旬注意防治二化螟，并注意及时防治稻瘟病。

通禾833 (Tonghe 833)

品种来源：吉林省通化市农业科学院1996年以秋田32为母本，通系103为父本杂交，通过系谱法选育而成，原代号通禾03-5083。2007年通过吉林省农作物品种审定委员会审定，审定编号为吉审稻2007009。

形态特征和生物学特性：属粳型常规水稻。感光性弱，感温性中等，基本营养生长期短，迟熟早粳。生育期140d，需≥10℃活动积温2 850℃。株型紧凑，叶色较绿，分蘖力较强，散穗，籽粒椭圆形，无芒，颖壳黄色。平均株高102.1cm，平均穗粒数105.6粒，结实率87.3%，千粒重24.7g。

品质特性：糙米率83.3%，精米率74.9%，整精米率69.2%，粒长4.9mm，长宽比1.8，垩白粒率7.0%，垩白度1.0%，透明度1级，碱消值7.0级，胶稠度82mm，直链淀粉含量18.6%，蛋白质含量7.8%。依据NY/T 593—2002《食用稻品种品质》标准，米质符合三等食用粳稻品种品质规定要求。

抗性：2004—2006年吉林省农业科学院植物保护研究所连续3年采用分菌系人工接种、病区多点异地自然诱发鉴定，结果表明，苗瘟中抗，叶瘟中抗，穗颈瘟感；2005—2006年在15个田间自然诱发有效鉴定点次中，纹枯病中抗。

产量及适宜地区：2004年预备试验，平均单产8 447kg/hm²，比对照品种通35增产1.8%；2005年区域试验，平均单产8 273kg/hm²，比对照品种通35增产3.5%；2006年区域试验，平均单产8 697kg/hm²，比对照品种通35增产1.9%；两年区域试验，平均单产8 486kg/hm²，比对照品种通35增产2.7%。2006年生产试验，平均单产8 229kg/hm²，比对照品种通35增产1.3%。适宜吉林省吉林地区以外中晚熟稻区种植。

栽培技术要点：4月上中旬播种，5月中下旬插秧。栽培密度为行株距30cm×20cm。氮、磷、钾配方施肥，施纯氮120kg/hm²，按基肥40%、补肥20%、穗肥30%、粒肥10%的比例分期施入；施磷肥（P_2O_5）50kg/hm²，全部作底肥施入；施钾肥（K_2O）75kg/hm²，60%作底肥，40%作穗肥，分两次施用。田间水分管理以浅水灌溉为主。7月上中旬注意防治二化螟、稻瘟病等。

通禾834 (Tonghe 834)

品种来源：吉林省通化市农业科学研究院1995年以秋光为母本，通引58为父本杂交选育而成，原代号通研7号。2006年通过吉林省农作物品种审定委员会审定，审定编号为吉审稻2006024。

形态特征和生物学特性：属粳型常规水稻。感光性弱，感温性弱，基本营养生长期短，迟熟早粳。生育期143d，需≥10℃活动积温2 900℃。株型紧凑，茎叶深绿色，分蘖力强，中散穗型，着粒密度适中，主蘖穗整齐，籽粒椭圆形、黄色，无芒。平均株高110.5cm，平均穴穗数27.2穗，穗长20cm，主穗粒数180粒，平均穗粒数116.6粒，结实率90%，千粒重26.5g。

品质特性：糙米率84.4%，精米率76.3%，整精米率75.0%，粒长4.9mm，长宽比1.7，垩白粒率22.0%，垩白度2.7%，透明度1级，碱消值7.0级，胶稠度70mm，直链淀粉含量16.3%，蛋白质含量7.9%。

抗性：2002—2004年吉林省农业科学院植物保护研究所连续3年采用分菌系人工接种、病区多点异地自然诱发鉴定，结果表明，苗瘟中抗，叶瘟中感，穗瘟中抗。

产量及适宜地区：2002年预备试验，平均单产8 978kg/hm²，比对照品种关东107增产0.7%。2003—2004年区域试验，平均单产8 441kg/hm²，比对照品种关东107增产0.8%。2004年生产试验，平均单产8 657kg/hm²，比对照品种关东107增产3.0%。适宜吉林省长春、吉林、通化等晚熟稻区种植。

栽培技术要点：4月上中旬播种。规范化旱育苗，每平方米150g；盘育苗每盘60g；隔离层育苗，每平方米350g，稀播育壮秧。5月中下旬插秧。栽培密度为行株距30cm×20cm或30cm×26cm，每穴栽插2～3苗。氮、磷、钾配方施肥，施纯氮120kg/hm²，按基肥40%、补肥20%、穗肥30%、粒肥10%分期施用；施磷肥（P_2O_5）50kg/hm²，作底肥一次性施入；施钾肥（K_2O）75kg/hm²，60%作底肥、40%作穗肥施入。田间水分管理采用分蘖期浅水灌溉，孕穗期浅水或湿润灌溉，成熟期干湿结合。7月上中旬注意防治二化螟，注意及时防治稻瘟病。

通禾835（Tonghe 835）

品种来源：吉林省通化市农业科学研究院1996年以五优1号为母本，通引58为父本进行有性杂交，后代经系谱法选育而成。2009年通过吉林省农作物品种审定委员会审定，审定编号为吉审稻2009010。

形态特征和生物学特性：属粳型常规水稻。感光性弱，感温性弱，基本营养生长期短，中熟早粳。生育期139d，需≥10℃活动积温2 800℃。株型紧凑，分蘖力强，主蘖穗整齐，着粒密度适中，籽粒细长形，颖壳黄色。平均株高98.1cm，平均穴穗数22.8穗，平均穗长17.7cm，平均穗粒数112.2粒，结实率92.1%，千粒重22.6g。

品质特性：糙米率83.9%，精米率75.1%，整精米率70.5%，粒长5.5mm，长宽比2.3，垩白粒率13.0%，垩白度2.1%，透明度1级，碱消值7.0级，胶稠度64mm，直链淀粉含量16.1%，蛋白质含量7.7%。依据农业部NY/T 593—2002《食用稻品种品质》标准，米质符合二等食用粳稻品种品质规定要求。

抗性：2006—2008年吉林省农业科学院植物保护研究所连续3年采用分菌系人工接种、病区多点异地自然诱发鉴定，结果表明，苗瘟中抗，叶瘟中抗，穗瘟中抗；纹枯病中抗。

产量及适宜地区：2007年区域试验，平均单产8 721kg/hm²，比对照品种通35增产1.6%；2008年区域试验，平均单产8 972kg/hm²，比对照品种通35增产5.2%；两年区域试验，平均单产8 847kg/hm²，比对照品种通35增产3.4%。2008年生产试验，平均单产8 697kg/hm²，比对照品种通35增产5.9%。适宜吉林省通化、吉林、长春、辽源、四平、松原、延边等中晚熟稻区种植。

栽培技术要点：4月上中旬播种，5月中下旬插秧。栽培密度为行株距30cm×20cm，每穴栽插3～4苗。氮、磷、钾配方施肥，施纯氮120kg/hm²，按基肥40%、补肥20%、穗肥30%、粒肥10%的比例施用；施磷肥（P₂O₅）50kg/hm²，作底肥一次性施入；施钾肥（K₂O）75kg/hm²，按底肥60%、穗肥40%，分两次施用。田间水分管理以浅水灌溉为主。7月上中旬注意防治二化螟、稻瘟病等。

通禾836 (Tonghe 836)

品种来源：吉林省通化市农业科学院水稻研究所1997年以秋田32为母本，通研1号（通88-7系选材料）为父本进行杂交，后代通过系谱法选育而成。2008年通过吉林省农作物品种审定委员会审定，审定编号为吉审稻2008016。

形态特征和生物学特性：属粳型常规水稻。感光性弱，感温性中等，基本营养生长期短，迟熟早粳。生育期141d，需≥10℃活动积温2 800℃。株型紧凑，分蘖力强，中散穗型，主蘖穗整齐，籽粒椭圆形，颖壳黄色，无芒。平均株高106.5cm，有效穗数390万/hm²，平均穗长18.9cm，平均穗粒数105.7粒，结实率87.8%，千粒重25.7g。

品质特性：糙米率84.9%，精米率76.7%，整精米率60.5%，粒长4.7mm，长宽比1.7，垩白粒率22.0%，垩白度3.2%，透明度1级，碱消值7.0级，胶稠度64mm，直链淀粉含量17.4%，蛋白质含量9.2%。依据NY/T 593—2002《食用稻品种品质》标准，米质符合五等食用粳稻品种品质规定要求。

抗性：2005—2007年吉林省农业科学院植物保护研究所连续3年采用分菌系人工接种、病区多点异地自然诱发鉴定，结果表明，苗瘟中感，叶瘟中感，穗颈瘟中抗；2005—2007年在15个田间自然诱发有效鉴定点次中，纹枯病中感。

产量及适宜地区：2005年筛选试验，平均单产8 373kg/hm²，比对照品种通35增产6.8%；2006年区域试验，平均单产8 367kg/hm²，比对照品种通35增产2.0%；2007年区域试验，平均单产9 149kg/hm²，比对照品种通35增产7.8%；两年区域试验比对照品种通35增产2.9%。2006年生产试验，平均单产8 043kg/hm²，比对照品种通35增产4.1%。适宜吉林省松原、通化、延边、四平、长春、吉林等中晚熟稻作区种植。

栽培技术要点：4月上中旬播种，5月中下旬插秧。栽培密度为行株距30cm×20cm，每穴栽插3～4苗。氮、磷、钾配方施肥，施纯氮120kg/hm²，按底肥40%、补肥20%、穗肥30%、粒肥10%的比例分期施用；施磷肥（P₂O₅）50kg/hm²，作底肥一次性施入；施钾肥(K₂O)75kg/hm²，60%作底肥、40%作穗肥，分两次施用。田间水分管理以浅水灌溉为主。注意防治二化螟、稻瘟病等。

通禾837（Tonghe 837）

品种来源：吉林省通化市农业科学院水稻研究所1997年以Y10为母本，丰选2号为父本进行有性杂交，经系谱法选育而成。2008年通过吉林省农作物品种审定委员会审定，审定编号为吉审稻2008017。

形态特征和生物学特性：属粳型常规水稻。感光性弱，感温性中等，基本营养生长期短，迟熟早粳。生育期141d，需≥10℃活动积温2800℃。株型紧凑，分蘖力强，中散穗型，主蘖穗整齐，籽粒椭圆形，颖壳黄色，稀间短芒。平均株高101.2cm，有效穗数319.5万/hm²，平均穗长19.5cm，平均穗粒数110.2粒，结实率86.7%，千粒重28.4g。

品质特性：糙米率83.6%，精米率75.9%，整精米率72.8%，粒长5.2mm，长宽比1.8，垩白粒率3.0%，垩白度0.3%，透明度1级，碱消值7.0级，胶稠度74mm，直链淀粉含量19.1%，蛋白质含量8.2%。依据NY/T 593—2002《食用稻品种品质》标准，米质符合三等食用粳稻品种品质规定要求。

抗性：2005—2007年吉林省农业科学院植物保护研究所连续3年采用分菌系人工接种、病区多点异地自然诱发鉴定，结果表明，苗瘟中抗，叶瘟中抗，穗颈瘟中抗；2005—2007年在15个田间自然诱发有效鉴定点次中，纹枯病感。

产量及适宜地区：2005年筛选试验，平均单产8 175kg/hm²，比对照品种通35增产4.3%；2006年区域试验，平均单产9 005kg/hm²，比对照品种通35增产5.5%，2007年区域试验，平均单产8 919kg/hm²，比对照品种通35增产5.1%；两年区域试验比对照品种通35增产5.3%。2006年生产试验，平均单产7 632kg/hm²，比对照品种通35增产−1.0%。适宜吉林省松原、通化、延边、四平、长春、吉林等中晚熟稻作区种植。

栽培技术要点：4月上中旬播种，5月中下旬插秧。栽培密度为行株距30cm×20cm，每穴栽插3～4苗。氮、磷、钾配方施肥，施纯氮120kg/hm²，按底肥40%、补肥20%、穗肥30%、粒肥10%的比例分期施用；施磷肥（P₂O₅）50kg/hm²，作底肥一次性施入；施钾肥(K₂O)75kg/hm²，60%作底肥、40%作穗肥，分两次施用。田间水分管理以浅水灌溉为主。注意防治二化螟、稻瘟病等。

通禾838（Tonghe 838）

品种来源：吉林省通化市农业科学研究院1997年以丰选2号为母本，Y16（通引58系选材料）为父本进行有性杂交，后代经系谱法选育而成。2009年通过吉林省农作物品种审定委员会审定，审定编号为吉审稻2009017。

形态特征和生物学特性：属粳型常规水稻。感光性弱，感温性弱，基本营养生长期短，迟熟早粳。生育期140d，需≥10℃活动积温2 800℃。株型紧凑，分蘖力强，主蘖穗整齐，着粒密度适中，籽粒椭圆形，籽粒黄色。平均株高100.3cm，平均穴穗数25.9穗，平均穗长18.0cm，平均穗粒数108.6粒，结实率90.0%，千粒重24.3g。

品质特性：糙米率86.8%，精米率78.7%，整精米率71.0%，粒长4.8mm，长宽比1.7，垩白粒率19.0%，垩白度2.2%，透明度1级，碱消值7.0级，胶稠度68mm，直链淀粉含量18.3%，蛋白质含量7.8%。依据农业部NY/T 593—2002《食用稻品种品质》标准，米质符合三等食用粳稻品种品质规定要求。

抗性：2006—2008年吉林省农业科学院植物保护研究所连续3年采用分菌系人工接种、病区多点异地自然诱发鉴定，结果表明，苗瘟中感，叶瘟中抗，穗瘟感；纹枯病中抗。

产量及适宜地区：2007年区域试验，平均单产9 203kg/hm²，比对照品种通35增产7.2%；2008年区域试验，平均单产9 059kg/hm²，比对照品种通35增产6.2%；两年区域试验，平均单产9 131kg/hm²，比对照品种通35增产6.7%。2008年生产试验，平均单产8 784kg/hm²，比对照品种通35增产6.6%。适宜吉林省通化、长春、辽源、四平、松原、延边等中晚熟稻区种植。

栽培技术要点：4月上中旬播种，5月中下旬插秧。栽培密度为行株距30cm×20cm，每穴栽插3～4苗。氮、磷、钾配方施肥，施纯氮120kg/hm²，按基肥40%、补肥20%、穗肥30%、粒肥10%的比例施用；施磷肥（P₂O₅）50kg/hm²，作底肥一次性施入；施钾肥（K₂O）75kg/hm²，按底肥60%、穗肥40%，分两次施用。田间水分管理以浅水灌溉为主。7月上中旬注意防治二化螟，生育期间注意及时防治稻瘟病。

通禾839（Tonghe 839）

品种来源：吉林省通化市农业科学研究院1998年以龙锦1号为母本，通35为父本进行有性杂交，后代经系谱法选育而成，试验代号通禾07-8041。2010年通过吉林省农作物品种审定委员会审定，审定编号为吉审稻2010030。

形态特征和生物学特性：属粳型特种稻黑香米。感光性弱，感温性较强，基本营养生长期短，迟熟早粳。生育期142d，需≥10℃活动积温2850℃。株型紧凑，叶片上举，茎叶深绿色，分蘖力中等，弯曲穗型，主蘖穗整齐，着粒密度适中，籽粒椭圆形，颖及颖尖均黄色，无芒。平均株高100.4cm，穗长16.7cm，平均穗粒数90.1粒，结实率87.5%，千粒重24.0g。

品质特性：农业部谷物及制品质量监督检验测试中心（哈尔滨）检测结果，糙米率81.4%，每百克糙米含维生素$B_1$0.07mg、维生素$B_2$0.09mg，含锰52.9mg/g，铁7.3mg/g，硒0.081mg/kg，锌14.72mg/kg，蛋白质6.28%。

抗性：2008—2009年吉林省农业科学院植物保护研究所连续2年采用分菌系人工接种、病区多点异地自然诱发鉴定，结果表明，苗瘟中抗，叶瘟中感，穗瘟感；纹枯病抗。

产量及适宜地区：2008年专家组田间测产平均单产8181kg/hm²，比对照品种龙锦1号增产10.0%；2009年区域试验，平均单产7250kg/hm²，比对照品种龙锦1号增产4.7%。2009年生产试验，平均单产为7149kg/hm²，比对照品种龙锦1号增产5.2%。适宜吉林省长春、吉林、四平、辽源、通化、松原等晚熟稻区种植。

栽培技术要点：稀播育壮秧，4月上旬播种，每平方米播催芽种子150g，5月下旬插秧。栽培密度为行株距30cm×20cm，每穴栽插2～3苗。氮、磷、钾配方施肥，施纯氮120kg/hm²，按底肥40%、补肥20%、穗肥30%、粒肥10%的比例分期施入；施纯磷（P_2O_5）50kg/hm²，作底肥一次性施入；施纯钾（K_2O）75kg/hm²，底肥60%、穗肥40%，分两次施用。田间水分管理以浅水灌溉为主。注意防治二化螟、稻瘟病等。

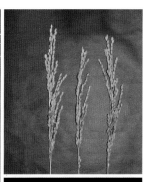
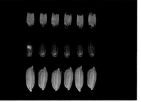

通禾856 (Tonghe 856)

品种来源：吉林省通化市农业科学研究院1997年以丰选2号为母本，自选材料通禾830为父本进行杂交，后代经系谱法选育而成，试验代号通禾06-7018。2010年通过吉林省农作物品种审定委员会审定，审定编号为吉审稻2010014。

形态特征和生物学特性：属粳型常规水稻。感光性弱，感温性较强，基本营养生长期短，迟熟早粳。生育期141d，需≥10℃活动积温2850℃。株型紧凑，分蘖力强，弯曲穗型，主蘖穗整齐，着粒密度适中，籽粒椭圆形，颖及颖尖均黄色，无芒。平均株高100.4cm，穗长20.6cm，平均穗粒数104.7粒，结实率92.2%，千粒重27.5g。

品质特性：糙米率84.1%，精米率76.1%，整精米率74.1%，粒长5.0mm，长宽比1.8，垩白粒率11.0%，垩白度0.9%，透明度1级，碱消值7.0级，胶稠度72mm，直链淀粉含量17.7%，蛋白质含量8.4%。依据农业部NY/T 593—2002《食用稻品种品质》标准，米质符合一等食用粳稻品种品质规定要求。

抗性：2007—2009年吉林省农业科学院植物保护研究所连续3年采用分菌系人工接种、病区多点异地自然诱发鉴定，结果表明，苗瘟中抗，叶瘟中抗，穗瘟中感；纹枯病中感。

产量及适宜地区：2008年区域试验，平均单产8952kg/hm²，比对照品种通35增产4.8%；2009年区域试验，平均单产8555kg/hm²，比对照品种通35增产6.0%；两年区域试验，平均单产8753kg/hm²，比对照品种通35增产5.4%。2009年生产试验，平均单产8513kg/hm²，比对照品种通35增产3.5%。适宜吉林省长春、吉林、四平、辽源、通化、松原、白城等中晚熟稻区种植。

栽培技术要点：稀播育壮秧，4月上旬播种，每平方米播催芽种子200g，5月下旬插秧。栽培密度为行株距30cm×20cm，每穴栽插2~3苗。氮、磷、钾配方施肥，施纯氮120kg/hm²，按底肥40%、补肥20%、穗肥30%、粒肥10%的比例分期施入；施纯磷（P₂O₅）50kg/hm²，作底肥一次性施入；施纯钾（K₂O）75kg/hm²，底肥60%、穗肥40%，分两次施用。田间水分管理以浅水灌溉为主。注意防治二化螟、稻瘟病等。

通禾857 （Tonghe 857）

品种来源：吉林省通化市农业科学研究院1997年以辽粳5号为母本，通95-74为父本进行杂交，后代经系谱法选育而成，试验代号通禾06-7004。2010年通过吉林省农作物品种审定委员会审定，审定编号为吉审稻2010020。

形态特征和生物学特性：属粳型常规水稻。感光性弱，感温性较强，基本营养生长期短，迟熟早粳。生育期147d，需≥10℃活动积温3000℃。株型紧凑，分蘖力强，半弯曲穗型，主蘖穗整齐，着粒密度适中，籽粒椭圆形，颖及颖尖均黄色，无芒。平均株高91.1cm，平均穴穗数25.6穗，穗长15.5cm，平均穗粒数112.4粒，结实率86.0%，千粒重26.7g。

品质特性：糙米率83.5%，精米率75.1%，整精米率65.1%，粒长5.2mm，长宽比1.8，垩白粒率25.0%，垩白度5.0%，透明度1级，碱消值7.0级，胶稠度86mm，直链淀粉含量16.8%，蛋白质含量7.9%。依据农业部NY/T 593—2002《食用稻品种品质》标准，米质符合四等食用粳稻品种品质规定要求。

抗性：2007—2009年吉林省农业科学院植物保护研究所连续3年采用分菌系人工接种、病区多点异地自然诱发鉴定，结果表明，苗瘟中抗，叶瘟中抗，穗瘟中感；纹枯病抗。

产量及适宜地区：2008年区域试验，平均单产9065kg/hm²，比对照品种秋光增产6.4%；2009年区域试验，平均单产8676kg/hm²，比对照品种秋光增产5.5%；两年区域试验，平均单产8871kg/hm²，比对照品种秋光增产6.0%。2009年生产试验，平均单产8855kg/hm²，比对照品种秋光增产6.6%。适宜吉林省长春、吉林、四平、辽源、通化、松原等晚熟稻区种植。

栽培技术要点：稀播育壮秧，4月上旬播种，每平方米播催芽种子150g，5月下旬插秧。栽培密度为行株距30cm×20cm，每穴栽插2～3苗。氮、磷、钾配方施肥，施纯氮120kg/hm²，按底肥40%、补肥20%、穗肥30%、粒肥10%的比例分期施入；施纯磷（P₂O₅）50kg/hm²，作底肥一次性施入；施纯钾（K₂O）75kg/hm²，底肥60%、穗肥40%，分两次施用。田间水分管理以浅水灌溉为主。注意防治二化螟、稻瘟病等。

通禾858 （Tonghe 858）

品种来源：吉林省通化市农业科学研究院1998年以自选材料通研2号为母本，通98-56为父本进行杂交，后代经系谱法选育而成，试验代号通禾07-8023。2011年通过吉林省农作物品种审定委员会审定，审定编号为吉审稻2011014。

形态特征和生物学特性：属粳型常规水稻。感光性弱，感温性弱，基本营养生长期短，迟熟早粳。生育期141d，需≥10℃活动积温2 850℃。株型紧凑，分蘖力强，弯曲穗型，主蘖穗整齐，着粒密度适中，籽粒椭圆形，颖及颖尖均黄色，稀间短芒。平均株高106.6cm，平均穴穗数25.7穗，平均穗长19.0cm，平均穗粒数100.5粒，结实率88.9%，千粒重27.1g。

品质特性：糙米率82.3%，精米率73.9%，整精米率70.9%，粒长5.7mm，长宽比2.2，垩白粒率8.0%，垩白度1.2%，透明度1级，碱消值7.0级，胶稠度61mm，直链淀粉含量18.0%，蛋白质含量8.8%。依据农业部NY/T 593—2002《食用稻品种品质》标准，米质符合二等食用粳稻品种品质规定要求。

抗性：2008—2010年吉林省农业科学院植物保护研究所连续3年采用分菌系人工接种、病区多点异地自然诱发鉴定，结果表明，苗瘟中抗，叶瘟中感，穗瘟中感；纹枯病中抗。

产量及适宜地区：2009年区域试验，平均单产8 450kg/hm²，比对照品种通35增产6.0%；2010年区域试验，平均单产9 111kg/hm²，比对照品种通35增产7.4%；两年区域试验，平均单产8 781kg/hm²，比对照品种通35增产6.7%。2010年生产试验，平均单产8 168kg/hm²，比对照品种通35增产0.6%。适宜吉林省长春、吉林、四平、辽源、通化、松原、延边等中晚熟稻区种植。

栽培技术要点：稀播育壮秧，4月上旬播种，每平方米播催芽种子150g，5月下旬插秧。栽培密度为行株距30cm×20cm，每穴栽插2～3苗。氮、磷、钾配方施肥，施纯氮120kg/hm²，按底肥40%、补肥20%、穗肥30%、粒肥10%的比例分期施用；施纯磷50kg/hm²，作底肥一次性施入；施纯钾75kg/hm²，底肥60%、穗肥40%，分两次施用。田间水分管理以浅水灌溉为主。7月上中旬注意防治二化螟，生育期间注意及时防治稻瘟病。

通禾859（Tonghe 859）

品种来源：吉林省通化市农业科学研究院1997年以自选材料通研2号为母本，秋田32/丰选2号的F₁为父本进行杂交，后代经系谱法选育而成，试验代号通禾07-8028。2011年通过吉林省农作物品种审定委员会审定，审定编号为吉审稻2011009。

形态特征和生物学特性：属粳型常规水稻。感光性弱，感温性弱，基本营养生长期短，迟熟早粳。生育期140d，需≥10℃活动积温2 850℃。株型紧凑，分蘖力强，弯曲穗型，主蘖穗整齐，着粒密度适中，籽粒椭圆偏长，颖及颖尖均黄色。平均株高105.2cm，平均穴穗数23.8穗，平均穗长19.8cm，平均穗粒数121.1粒，结实率88.4%，千粒重25.2g。

品质特性：糙米率83.8%，精米率73.6%，整精米率69.8%，粒长5.8mm，长宽比2.2，垩白粒率10.0%，垩白度1.0%，透明度1级，碱消值6.0级，胶稠度80mm，直链淀粉含量17.6%，蛋白质含量8.0%。依据农业部NY/T 593—2002《食用稻品种品质》标准，米质符合二等食用粳稻品种品质规定要求。

抗性：2008—2010年吉林省农业科学院植物保护研究所连续3年采用分菌系人工接种、病区多点异地自然诱发鉴定，结果表明，苗瘟中抗，叶瘟中感，穗瘟感；纹枯病抗。

产量及适宜地区：2009年区域试验，平均单产8 529kg/hm²，比对照品种通35增产6.9%；2010年区域试验，平均单产8 906kg/hm²，比对照品种通35增产5.0%；两年区域试验，平均单产8 717kg/hm²，比对照品种通35增产6.0%。2010年生产试验，平均单产8 517kg/hm²，比对照品种通35增产4.9%。适宜吉林省长春、吉林、四平、辽源、松原等中晚熟稻区种植。

栽培技术要点：稀播育壮秧，4月上旬播种，每平方米播催芽种子150g，5月下旬插秧。栽培密度为行株距30cm×20cm，每穴栽插2～3苗。氮、磷、钾配方施肥，施纯氮120kg/hm²，按底肥40%、补肥20%、穗肥30%、粒肥10%的比例分期施用；施纯磷50kg/hm²，作底肥一次性施入；施纯钾75kg/hm²，底肥60%、穗肥40%，分两次施用。田间水分管理以浅水灌溉为主。7月上中旬注意防治二化螟，生育期间注意及时防治稻瘟病。

通粳611 （Tonggeng 611）

品种来源：吉林省通化市农业科学院水稻研究所于1994年以通粳299为母本，五优稻1号为父本进行杂交选育而成。2003年通过吉林省农作物品种审定委员会审定，审定编号为吉审稻2003019。

形态特征和生物学特性：属粳型常规水稻。感光性弱，感温性弱，基本营养生长期短，早熟早粳。生育期132d，需≥10℃活动积温2700℃。株型较好，茎叶浅绿，分蘖力高，穗形弯型，主蘖穗整齐，着粒密度中，粒形偏长，籽粒黄色，无芒。植株高100cm，每穴有效穗数25个，穗长16cm，主穗粒数140粒，平均数90粒，结实率85%，千粒重25g。

品质特性：糙米率84.4%，精米率78.6%，整精米率73.8%，粒长5.1mm，长宽比1.8，垩白粒率53.0%，垩白度5.4%，透明度2级，碱消值7.0级，胶稠度58mm，直链淀粉含量18.5%，蛋白质含量6.8%。

抗性：2000—2002年吉林省农业科学院植物保护研究所连续3年采用分菌系人工接种、病区多点异地自然诱发鉴定，结果表明，苗瘟中抗，叶瘟中感，穗瘟感。

产量及适宜地区：2001年吉林省预试，平均单产7955kg/hm²，比对照品种长白9号增产3.1%；2002年吉林省区试，平均单产8013kg/hm²，比对照品种长白9号减产0.1%；2001—2002年生产试验，平均单产8309kg/hm²，比对照品种长白9号增产5.1%。适宜吉林省长春、白城、松原、通化、四平中早熟稻区种植。

栽培技术要点：稀播育壮秧，4月上中旬播种，5月中下旬插秧。栽培密度为30cm×20cm，每穴栽插3苗。采用氮、磷、钾配方施肥，施纯氮120～135kg/hm²，按底肥50%、分蘖肥30%、穗肥20%的比例分期施入；施纯磷70kg/hm²；施纯钾70kg/hm²，作底肥一次性施入。水分管理以浅水灌溉为主，孕穗期浅水或湿润灌溉，成熟期干湿结合。6月10日前后注意防治负泥虫和潜叶蝇，7月中下旬防治二化螟的发生。抽穗期注意防治稻瘟病的发生。

通粳612 (Tonggeng 612)

品种来源：吉林省通化市农业科学研究院1994年以通粳299为母本，五优1号为父本进行杂交选育而成，原代号98-612。2006年通过吉林省农作物品种审定委员会审定，审定编号为吉审稻2006021。

形态特征和生物学特性：属粳型常规水稻。感光性弱，感温性弱，基本营养生长期短，早熟早粳。生育期130d，需≥10℃活动积温2600℃。株型较好，茎叶浅绿，分蘖力高，穗形弯型，主蘖穗整齐，着粒密度适中，籽粒偏长形、黄色、稀短芒。平均株高100cm，每穴有效穗数25穗，穗长21cm，主穗粒数120粒，平均穗粒数100粒，结实率90%，千粒重25g。

品质特性：糙米率82.9%，精米率75.4%，整精米率69.8%，长宽比2.0，垩白粒率16.0%，垩白度1.3%，透明度1级，碱消值7.0级，胶稠度72mm，直链淀粉含量14.9%，蛋白质含量8.2%。

抗性：2002—2004年吉林省农业科学院植物保护研究所连续3年采用分菌系人工接种、病区多点异地自然诱发鉴定，结果表明，苗瘟中抗，叶瘟中感，穗瘟中抗。

产量及适宜地区：2002年预备试验，平均单产8978kg/hm²，比对照品种长白9号增产3.5%；2003—2004年区域试验，平均单产8441kg/hm²，比对照品种长白9号增产3.5%。2004年生产试验，平均单产8657kg/hm²，比对照品种长白9号增产11.4%。适宜吉林省中早熟稻区种植。

栽培技术要点：稀播育壮秧，4月上中旬播种，5月中下旬插秧。栽培密度为行株距30cm×20cm，每穴栽插3苗。采用氮、磷、钾配方施肥，施纯氮150kg/hm²，按底肥50%、分蘖肥30%、穗肥20%的比例分期施入；施磷肥70kg/hm²、钾肥70kg/hm²作底肥一次性施入。田间水分管理以浅水灌溉为主，孕穗期浅水或湿润灌溉，成熟期干湿结合。6月10日前后注意防治负泥虫和潜叶蝇，7月中下旬防治二化螟的发生，抽穗期注意防治稻瘟病的发生。

通粳777（Tonggeng 777）

品种来源：吉林省通化市农业科学院水稻研究所1998年以吉玉粳为母本，通粳790B为父本进行杂交活动选育而成，试验代号通777。2008年通过吉林省农作物品种审定委员会审定，审定编号为吉审稻2008005。

形态特征和生物学特性：属粳型常规水稻。感光性弱，感温性中等，基本营养生长期短，中熟早粳。生育期134d，需≥10℃活动积温2 650℃。茎叶浅绿，弯穗型，籽粒椭圆形，颖壳黄色，无芒。平均株高102.5cm，有效穗数343.5万/hm²，平均穗长17.6cm，平均穗粒数95.1粒，结实率90.2%，千粒重25.2g。

品质特性：糙米率82.7%，精米率78.0%，整精米率69.2%，粒长4.6mm，长宽比1.7，垩白粒率46.0%，垩白度1.0%，透明度2级，碱消值7.0级，胶稠度72mm，直链淀粉含量17.1%，蛋白质含量8.8%。依据NY/T 593—2002《食用稻品种品质》标准，米质符合二等食用粳稻品种品质规定要求。

抗性：2005—2007年吉林省农业科学院植物保护研究所连续3年采用分菌系人工接种、病区多点异地自然诱发鉴定，结果表明，苗瘟中感，叶瘟中抗，穗颈瘟中抗；2005—2007年在15个田间自然诱发有效鉴定点次中，纹枯病中感。

产量及适宜地区：2006年区域试验，平均单产7 476kg/hm²，比对照品种长白9号增产−3.1%；2007年区域试验，平均单产8 499kg/hm²，比对照品种长白9号增产2.6%；两年区域试验比对照品种长白9号平均增产−0.1%。2007年生产试验，平均单产7 166kg/hm²，比对照品种长白9号增产0.8%。适宜吉林省白城、松原、通化、四平、吉林东部等中早熟稻作区种植。

栽培技术要点：稀播育壮秧，4月上中旬播种，5月中下旬插秧。栽培密度为行株距30cm×20cm，每穴栽插3～4苗。采用氮、磷、钾配方施肥，施纯氮150kg/hm²，按底肥50%、分蘖肥30%、穗肥20%的比例分期施入；施纯磷70kg/hm²，纯钾80kg/hm²，作底肥一次性施入。田间水分管理以浅水灌溉为主，孕穗期浅水或湿润灌溉，成熟期干湿结合。6月10日防治负泥虫和潜叶蝇，7月中下旬防治二化螟、稻瘟病等。

通粳791 (Tonggeng 791)

品种来源：吉林省通化市农业科学院水稻研究所1992年以众禾1号(通粳288)为母本，吉玉粳为父本进行杂交选育而成。2005年通过吉林省农作物品种审定委员会审定，审定编号为吉审稻2005011。

形态特征和生物学特性：属粳型常规水稻。感光性弱，感温性弱，基本营养生长期短，早熟早粳。生育期140d，需≥10℃活动积温2 800℃。茎秆粗壮，茎叶浅绿，叶片上举，穗型弯曲，主蘖穗整齐，着粒密度中等，粒形偏长，籽粒黄色，无芒。株高105cm，每穴有效穗数18个，穗长20cm，主穗粒数200粒，平均穗粒数180粒，结实率90%，千粒重28g。

品质特性：依据农业部NY122—86《优质食用稻米》标准，精米率、整精米率、粒长、长宽比、垩白度、透明度、碱消值、蛋白质含量8项指标达优质米一级标准；糙米率、垩白粒率、胶稠度、直链淀粉含量4项指标达优质米二级标准。

抗性：2001—2003年吉林省农业科学院植物保护研究所连续3年采用分菌系人工接种、病区多点异地自然诱发鉴定，结果表明，苗瘟中抗、叶瘟中抗，穗瘟中抗。

产量及适宜地区：2001年预备试验，平均单产7 857kg/hm²，比对照品种吉玉粳增产3.6%；2002—2003年区域试验，平均单产7 973kg/hm²，比对照品种吉玉粳增产3.9%。2003年生产试验，平均单产8 513kg/hm²，比对照品种吉玉粳增产4.1%。适宜吉林省吉林、长春、通化、四平、松原、延边等中熟稻区种植。

栽培技术要点：稀播育壮秧，4月上中旬播种，5月中下旬插秧。栽培密度为行株距30cm×20cm，每穴栽插3～4苗。采用氮、磷、钾配方施肥，施纯氮150kg/hm²，按底肥50%、分蘖肥30%、穗肥20%的比例分期施入；施纯磷70kg/hm²，纯钾80kg/hm²，作底肥一次性施入。田间水分管理以浅水灌溉为主，孕穗期浅水或湿润灌溉，成熟期干湿结合，6月10日注意防治负泥虫和潜叶蝇，7月中下旬防治二化螟的发生，抽穗期注意防治稻瘟病的发生。

通粳797（Tonggeng 797）

品种来源：吉林省通化市农业科学院1997年以通粳288为母本，通粳611为父本杂交选育而成。2007年通过吉林省农作物品种审定委员会审定，审定编号为吉审稻2007005。

形态特征和生物学特性：属粳型常规水稻。感光性弱，感温性中等，基本营养生长期短，中熟早粳。生育期135d，需≥10℃活动积温2 700℃。株型较好，茎叶浅绿，分蘖力中等，穗型弯曲，主蘖穗齐，粒形椭圆，籽粒黄色，无芒。平均株高94.5cm，有效穗数345万穗/hm²，穗长21cm，平均穗粒数129.4粒，结实率85.1%，千粒重23.8g。

品质特性：糙米率82.8%，精米率74.0%，整精米率67.7%，粒长5.1mm，长宽比1.9，垩白粒率31.0%，垩白度5.1%，透明度1级，碱消值7.0级，胶稠度66mm，直链淀粉含量15.6%，蛋白质含量8.1%。

抗性：2004—2006年吉林省农业科学院植物保护研究所连续3年采用分菌系人工接种、病区多点异地自然诱发鉴定，结果表明，苗瘟中抗，叶瘟中感，穗颈瘟中感；2005—2006年在15个田间自然诱发有效鉴定点次中，纹枯病中抗。

产量及适宜地区：2004年预备试验，平均单产8 441kg/hm²，比对照品种吉玉粳增产3.7%；2005年区域试验，平均单产8 252kg/hm²，比对照品种吉玉粳增产6.7%；2006年区域试验，平均单产8 351kg/hm²，比对照品种吉玉粳增产3.5%；两年区域试验，平均单产8 301kg/hm²，比对照品种吉玉粳增产4.6%。2006年生产试验，平均单产8 154kg/hm²，比对照品种吉玉粳增产2.7%。适宜吉林省中熟稻区种植。

栽培技术要点：稀播育壮秧4月上中旬播种，5月中下旬插秧。栽培密度为行株距30cm×20cm，每穴栽插3～4苗。采用氮、磷、钾配方施肥，施纯氮150kg/hm²，按底肥50%、分蘖肥30%、穗肥20%的比例分期施入；施纯磷70kg/hm²、纯钾80kg/hm²，作底肥一次性施入。田间水分管理以浅水灌溉为主，孕穗期浅水或湿润灌溉，成熟期干湿结合。6月10日前后注意防治负泥虫和潜叶蝇，7月中下旬防治二化螟的发生，抽穗期打药防治稻瘟病的发生。

通粳888 （Tonggeng 888）

品种来源：吉林省通化市农业科学研究院1999年以通粳288为母本，多父为父本进行有性杂交，采用混合集团及系谱法育成，试验代号TK20084。2011年通过吉林省农作物品种审定委员会审定，审定编号为吉审稻2011017。

形态特征和生物学特性：属粳型常规水稻。感光性弱，感温性弱，基本营养生长期短，迟熟早粳。生育期147d，需≥10℃活动积温2 950℃。分蘖力中等，茎叶绿色，弯穗型，籽粒椭圆形，颖及颖尖均黄色，无芒。平均株高110.4cm，有效穗数306万/hm²，平均穗长20.5cm，平均穗粒数147.0粒，结实率88.4%，千粒重28.6g。

品质特性：糙米率84.7%，精米率76.1%，整精米率69.2%，粒长4.9mm，长宽比1.6，垩白粒率20.0%，垩白度2.9%，透明度1级，碱消值7.0级，胶稠度82mm，直链淀粉含量17.7%，蛋白质含量7.1%。依据农业部NY/T 593—2002《食用稻品种品质》标准，米质符合二等食用粳稻品种品质规定要求。

抗性：2008—2010年吉林省农业科学院植物保护研究所连续3年采用分菌系人工接种、病区多点异地自然诱发鉴定，结果表明，苗瘟抗，叶瘟中抗，穗瘟中感；纹枯病抗。

产量及适宜地区：2009年区域试验，平均单产8 138kg/hm²，比对照品种秋光减产1.0%；2010年区域试验，平均单产9 014kg/hm²，比对照品种秋光增产9.9%；两年区域试验，平均单产8 576kg/hm²，比对照品种秋光增产4.4%。2010年生产试验，平均单产8 631kg/hm²，比对照品种秋光增产2.8%。适宜吉林省四平、松原、吉林、通化、长春等晚熟稻区种植。

栽培技术要点：稀播育壮秧，4月中旬播种，播种量每平方米催芽种子150g，5月中下旬插秧。栽培密度为行株距30cm×20cm，每穴栽插3苗。农家肥和化肥相结合，氮、磷、钾配合施用，施纯氮150kg/hm²，按底肥40%、蘖肥30%、补肥20%、穗肥10%的比例分期施用；施纯磷75kg/hm²，作底肥一次性施入；施纯钾75kg/hm²，底肥和拔节期各施50%，分两次施用，盐碱地要配施锌肥。田间水分管理采用浅—深—浅间歇灌溉方式。生育期间注意防治稻瘟病、二化螟等。

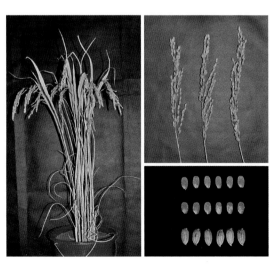

通粳889（Tonggeng 889）

品种来源：吉林省通化市农业科学研究院1999年以通粳793为母本，通粳458为父本杂交育成，试验代号TJ7002。2010年通过吉林省农作物品种审定委员会审定，审定编号为吉审稻2010008。

形态特征和生物学特性：属粳型常规水稻。感光性弱，感温性弱，基本营养生长期短，中熟早粳。生育期136d，需≥10℃活动积温2750℃。株型紧凑，叶片上举，茎叶绿色，分蘖力强，弯曲穗型，主蘖穗较整齐，着粒密度适中，籽粒椭圆形，颖及颖尖均黄色，无芒。平均株高101.1cm，主茎叶13～14片，穴有效穗数20～26个，主穗长19.4cm，平均穗粒数108.3粒，结实率90.6%，千粒重26.2g。

品质特性：糙米率83.6%，精米率75.8%，整精米率69.9%，粒长5.2mm，长宽比1.8，垩白粒率4.0%，垩白度1.1%，透明度1级，碱消值7.0级，胶稠度85mm，直链淀粉含量17.8%，蛋白质含量7.99%。依据农业部NY/T 593—2002《食用稻品种品质》标准，米质符合二等食用粳稻品种品质规定要求。在2011年吉林省第六届优质水稻品种鉴评中被评为优质米品种。

抗性：2007—2009年吉林省农业科学院植物保护研究所连续3年采用分菌系人工接种、病区多点异地自然诱发鉴定，结果表明，苗瘟感，叶瘟感，穗瘟中感；纹枯病中抗。

产量及适宜地区：2008—2009年两年区域试验，平均单产8 069kg/hm²，比对照品种吉玉粳增产1.1%。2009年生产试验，平均单产8 613kg/hm²，比对照品种吉玉粳增产4.5%。适宜吉林省通化、四平、吉林、长春、辽源、松原、延边等中熟稻区种植。

栽培技术要点：稀播育壮秧，4月上旬播种，每平方米播催芽种子150g，5月中旬插秧。栽培密度为行株距30cm×20cm，每穴栽插3苗。氮、磷、钾配方施肥，施纯氮135kg/hm²，按底肥40%、蘖肥30%、补肥20%、穗肥10%的比例分期施入；施纯磷75kg，作底肥一次性施入；施纯钾90kg/hm²，底肥70%、拔节期追肥30%，分两次施用，田间水分管理以浅水灌溉为主，分蘖期间结合人工除草。注意防治二化螟，生育期间注意及时防治稻瘟病。

通交17 (Tongjiao 17)

品种来源：吉林省通化市农业科学研究所1963年以新宾1号为母本，农垦20为父本杂交育成。1973年推广。

形态特征和生物学特性：属粳型常规水稻。感光性弱，感温性弱，基本营养生长期短，迟熟早粳。生育期约140d，需≥10℃活动积温2 850℃。幼苗生长健壮，苗色浓绿。茎秆粗而坚韧，株型较紧凑。叶片宽厚，叶色浓绿，叶鞘、叶缘、叶枕均为绿色。分蘖力差，抽穗整齐，成穗率高，穗大，着粒密，穗颈粗短，谷粒偏圆形，无芒或稀短芒，颖黄色，颖尖红褐色。株高约110cm，主茎叶14片，每穴有效穗12个，平均每穗95粒，千粒重约27g。

品质特性：蛋白质含量6.2%，脂肪含量2.4%。米质优良。

抗性：苗期耐冷性强，耐肥、抗倒伏，抗稻瘟病性较弱。成熟后期较易落粒。

产量及适宜地区：一般平均单产6 750kg/hm²。主要适宜吉林省集安岭北、通化、柳河、海龙、辉南、延边、吉林、长春等地和辽宁省新宾县、新疆米泉县等地种植。1974年推广1.33万hm²。

栽培技术要点：宜于中上等肥力条件下种植。薄膜旱育苗，4月中旬播种，每平方米播种量0.3kg。5月下旬插秧，行穴距30cm×10cm，每穴栽插5苗。施纯氮125kg/hm²。浅水间歇灌溉。

通交22（Tongjiao 22）

品种来源：吉林省通化市农业科学研究所1963年以新宾1号为母本，农垦19为父本杂交育成。1975年推广。

形态特征和生物学特性：属粳型常规水稻。感光性弱，感温性弱，基本营养生长期短，迟熟早粳。生育期约135d，需≥10℃活动积温2800℃。幼苗生长健壮，苗色绿。株型紧凑，分蘖力中等，叶短而直立，叶色浓绿，叶鞘、叶缘、叶枕均为绿色。穗较大，着粒密，谷粒椭圆形，颖尖、颖壳黄色，无芒。抽穗整齐，成穗率高，结实率95%。株高约100cm，主茎叶14片，平均穗长18cm，每穴有效穗14个，平均每穗90粒，千粒重26g。

品质特性：米白色，蛋白质含量7.5%，脂肪含量2.2%。米质优良。

抗性：耐寒性强，灌浆成熟快。耐肥、抗倒伏。中抗稻瘟病，易感染枝梗瘟。

产量及适宜地区：一般平均单产6500kg/hm²。主要适宜吉林省辉南、海龙、柳河、通化等地种植。

栽培技术要点：适宜在中上等肥力条件下种植。保温育苗，4月中旬播种，每平方米苗床播种量0.3kg左右。5月下旬插秧，行穴距27cm×10cm，每穴栽插5～6苗。注意防治枝梗瘟。

通科17（Tongke 17）

品种来源：吉林省通化市农业科学研究院2000年以通丰9号/通丰8号的F_1为母本，通丰6号为父本，进行杂交选育而成，试验代号通丰07-6。2010年通过吉林省农作物品种审定委员会审定，审定编号为吉审稻2010015。

形态特征和生物学特性：属粳型常规水稻。感光性弱，感温性较强，基本营养生长期短，迟熟早粳。生育期141d，需≥10℃活动积温2 850℃。株型紧凑，剑叶上举，茎叶深绿色，分蘖力较强，穗颈弯曲，主蘖穗整齐，着粒密度适中，籽粒椭圆形，颖及颖尖均黄色，部分有芒。平均株高100cm，穗长18.7cm，平均穗粒数124.4粒，结实率83.4%，千粒重24.6g。

品质特性：糙米率83.4%，精米率75.5%，整精米率68.4%，粒长4.9mm，长宽比1.7，垩白粒率26.0%，垩白度5.0%，透明度1级，碱消值7.0级，胶稠度71mm，直链淀粉含量16.7%，蛋白质含量8.2%。依据农业部NY/T 593—2002《食用稻品种品质》标准，米质符合三等食用粳稻品种品质规定要求。

抗性：2007—2009年吉林省农业科学院植物保护研究所连续3年采用分菌系人工接种、病区多点异地自然诱发鉴定，结果表明，苗瘟中感，叶瘟中抗，穗瘟感；纹枯病中抗。

产量及适宜地区：2008年区域试验，平均单产9 240kg/hm²，比对照品种通35增产8.2%；2009年区域试验，平均单产8 399kg/hm²，比对照品种通35增产4.0%；两年区域试验，平均单产8 820kg/hm²，比对照品种通35增产6.2%。2009年生产试验，平均单产8 598kg/hm²，比对照品种通35增产7.0%。适宜吉林省四平、松原、通化、长春等中晚熟稻区种植。

栽培技术要点：稀播育壮秧，4月上旬播种，每平方米播催芽种子200g，5月下旬插秧。栽培密度为行株距30cm×20cm，或30cm×26.7 cm，每穴栽插2～3苗。氮、磷、钾配方施肥，施氮肥120～135kg/hm²，按底肥50%、补肥30%、穗肥20%的比例分期施入；施磷酸二铵150kg/hm²，作底肥一次性施入；施氯酸钾160kg/hm²，底肥60%、穗肥40%，分两次施用。田间管理采用水深始终保持3～8cm的灌溉方法，8月末或9月初排水。注意防治二化螟、稻瘟病等。

通科18 （Tongke 18）

品种来源：吉林省通化市农业科学研究院2003年以吉粳88为母本，通丰9号为父本，经系谱法选育而成，试验代号为通丰18。2011年通过吉林省农作物品种审定委员会审定，审定编号为吉审稻2011008。

形态特征和生物学特性：属粳型常规水稻。感光性弱，感温性弱，基本营养生长期短，迟熟早粳。生育期142d，需≥10℃活动积温2 850℃。株型紧凑，分蘖力强，茎叶绿色，弯穗型，籽粒椭圆形，颖及颖尖均黄色，微短芒。平均株高97.3cm，有效穗数309万/hm²，平均穗长19.4cm，平均穗粒数145.2粒，结实率85.2%，千粒重22.9g。

品质特性：糙米率85.0%，精米率74.2%，整精米率71.0%，粒长4.8mm，长宽比1.8，垩白粒率22.0%，垩白度1.8%，透明度1级，碱消值5.0级，胶稠度82mm，直链淀粉含量16.0%，蛋白质含量7.3%。依据农业部NY/T 593—2002《食用稻品种品质》标准，米质符合三等食用粳稻品种品质规定要求。

抗性：2008—2010年吉林省农业科学院植物保护研究所连续3年采用分菌系人工接种、病区多点异地自然诱发鉴定，结果表明，苗瘟中抗，叶瘟中抗，穗瘟感；纹枯病中抗。

产量及适宜地区：2009年区域试验，平均单产8 424kg/hm²，比对照品种通35增产5.6%；2010年区域试验，平均单产9 045kg/hm²，比对照品种通35增产6.7%；两年区域试验，平均单产8 735kg/hm²，比对照品种通35增产6.2%。2010年生产试验，平均单产8 759kg/hm²，比对照品种通35增产7.8%。适宜吉林省长春、松原、延边、四平、通化、辽源等中晚熟稻区种植。

栽培技术要点：稀播育壮秧，4月上中旬播种，播种量每平方米催芽种子200g，5月中下旬插秧。栽培密度为行株距30cm×20cm，每穴栽插3～4苗。氮、磷、钾配合施用，底肥施尿素88kg/hm²、磷酸二铵150kg/hm²、氯化钾120kg/hm²；蘖肥施尿素88kg/hm²；穗肥施尿素58kg/hm²、氯化钾60kg/hm²。田间水分管理采用浅—深—浅间歇灌溉方式。生育期间注意防治稻瘟病、二化螟等。

通糯203（Tongnuo 203）

品种来源：吉林省通化市农业科学研究院1986年以转菰后代材料N148为母本，2179为父本，杂交后代通过温室加代、集团育种方法和田间鉴定选择，于1997年选育而成的粘稻品种，原代号通糯03-203。2006年通过吉林省农作物品种审定委员会审定，审定编号为吉审稻2006020。

形态特征和生物学特性：属粳型糯稻品种。感光性弱，感温性弱，基本营养生长期短，晚熟早粳。生育期142d，需≥10℃活动积温2 850℃。株型良好，剑叶斜上举，茎叶深绿色，分蘖力强，弯穗型，主蘖穗较整齐，着粒密度较密，籽粒椭圆形，籽粒黄色，颖尖黄色，稀短芒。平均株高105.5cm，每穴有效穗数30个，穗长24cm，主穗粒数200粒，平均穗粒数102.7粒，结实率95%，千粒重28.4g。

品质特性：糙米率81.8%，精米率75.4%，整精米率50.1%，阴糯米率2.0%，碱消值7.0级，直链淀粉含量1.5%，胶稠度100mm。稻米乳白色，米饭有光泽，柔软，黏性好。依据NY 122—86《优质食用稻米》标准，检验项目中碱消值、胶稠度、直链淀粉含量符合一级规定，精米率、阴糯米率、蛋白质含量符合二级规定。

抗性：2004—2005年吉林省农业科学院植物保护研究所连续2年采用分菌系人工接种、病区多点异地自然诱发鉴定，结果表明，苗瘟感，叶瘟中感，穗瘟中感；纹枯病抗。

产量及适宜地区：2004—2005年区域试验，平均单产7 902kg/hm²，比对照品种通粘1号增产2.5%。2005年生产试验，平均单产7 511kg/hm²，比对照品种通粘1号增产1.7%。适宜吉林省中晚熟稻区种植。

栽培技术要点：稀播育全蘖壮秧，4月上中旬播种，5月中下旬插秧。栽培密度为行株距40cm×20cm，每穴栽插2～3苗。氮、磷、钾配方施肥，施纯氮135～150kg/hm²，按底肥30kg/hm²、分蘖肥55kg/hm²、补肥30kg/hm²、穗肥30kg/hm²分期施用；施纯磷60kg/hm²，全部作底肥施用；施纯钾90kg/hm²，底肥施40%、拔节期追60%，分两次施用。田间水分管理以浅水灌溉为主，分蘖期间结合人工除草。7月上中旬注意防治二化螟，注意及时防治稻瘟病。

通系103 （Tongxi 103）

品种来源：吉林省通化市农业科学院1981年从日本引进的杂交种中经系选育成。1991年通过吉林省农作物品种审定委员会审定，审定编号为吉审稻1991004。

形态特征和生物学特性：属粳型常规水稻。感光性弱，感温性中等，基本营养生长期短，中熟早粳。生育期136d，需≥10℃活动积温3 200℃。茎秆粗，株型紧凑，叶片上举，叶鞘、叶缘、叶枕均为绿色，主蘖穗较整齐，分蘖力较强，成穗率高。穗长中等，着粒密度适中，谷粒椭圆形，颖及颖尖黄色，无芒。株高100cm，平均每穴有效穗数34个，平均穗粒数100粒，千粒重25g。

品质特性：垩白小，米粒半透明，糙米率81.3%，精米率75.6%，整精米率71.6%，长宽比1.7，垩白粒率18.3%，垩白度2.1%，直链淀粉含量17.4%，蛋白质含量8.2%。1995年吉林省第一届优质食用稻米品种评选标杆品种。

抗性：抗稻瘟病性强。抗冷性强，抽穗后灌浆速度快。耐肥性、抗倒伏性较强。

产量及适宜地区：1989—1990年区域试验，平均单产8 360kg/hm²，比对照双丰8号增产9.9%；1990年生产试验，平均单产8 556kg/hm²，比对照双丰8号增产10%。主要适宜吉林省中熟品种区种植。自1991年审定以来，在我国北方累计推广面积达35.6万hm²。

栽培技术要点：适宜中上等肥力条件下栽培，采用薄膜规范化旱育苗。种子药剂消毒，防止恶苗病。4月中旬播种，每平方米播种150g，早育苗、早插秧。秧龄4.5叶时移栽，5月25日前结束插秧。超稀植采用30cm×20cm，每穴栽插2～3苗条件下增产效果显著。施纯氮200kg/hm²。插秧后返青至有效分蘖期灌浅水，分蘖末期适当晒田。抽穗5%时注意喷药防治稻瘟病。

通系12 (Tongxi 12)

品种来源：吉林省通化市农业科学院1984年以双152为母本，秋丰为父本杂交系选育成，原代号通优12。2001年通过吉林省农作物品种审定委员会审定，审定编号为吉审稻2001002。

形态特征和生物学特性：属粳型常规水稻。感光性弱，感温性弱，基本营养生长期短，迟熟早粳。生育期140d，需≥10℃活动积温2 850℃。叶色淡绿，剑叶中长上举，株型紧凑。分蘖力强，着粒密度中等，谷粒椭圆形，颖及颖尖黄色，无芒。株高110cm，每穴有效穗数20～25穗，穗长24.2cm，每穗粒数149粒，结实率86.8%，千粒重27g。

品质特性：糙米率84.0%，精米率76.6%，整精米率71.4%，粒长4.9mm，长宽比1.7，垩白粒率20%，垩白度1.2%，透明度1级，碱消值7.0级，胶稠度90mm，直链淀粉含量18.2%，蛋白质含量6.7%。

抗性：1998—2000年吉林省农业科学院植物保护研究所连续3年采用分菌系人工接种、病区多点异地自然诱发鉴定，结果表明，苗瘟中抗，叶瘟中感，穗瘟感。

产量及适宜地区：1998—2000年区域试验，平均单产8 531kg/hm²，比对照品种农大3号增产1.2%；1999—2000年生产试验，平均单产7 950kg/hm²，产量与对照品种农大3号相当。适宜吉林省≥10℃活动积温2 900℃以上的晚熟稻区种植。

栽培技术要点：塑料薄膜旱育秧，4月上中旬播种，每平方米播150g插秧种子，5月中下旬插秧。插秧密度30cm×20cm、30cm×25cm、40cm×20cm为宜，每穴栽插2～3苗。采取分期施用氮肥，氮、磷、钾配方施肥。施纯氮120～130kg/hm²，基肥30%（耙前施用、全层施肥）、分蘖肥10%（6月5日施）、保蘖肥25%（6月20～25日施）、穗肥25%（7月10日施）、粒肥10%（齐穗期施）；施磷肥（P$_2$O$_5$）54.0kg/hm²，作底肥一次性施入；施钾肥（K$_2$O）45.0kg/hm²，底肥50%，穗肥50%（7月10日施）。水管理以浅水灌溉为主，孕穗期浅水或湿润灌溉，成熟期干湿结合。6月10日注意防治负泥虫和潜叶蝇；7月中下旬用杀虫双防治二化螟的发生，出穗期用稻瘟灵预防稻瘟病发生。

通系140（Tongxi 140）

品种来源：吉林省通化市农业科学院水稻研究所利用多遗传资源大集团混合竞争法选育出的新品种。2003年通过吉林省农作物品种审定委员会审定，审定编号为吉审稻2003016。

形态特征和生物学特性：属粳型常规水稻。感光性弱，感温性弱，基本营养生长期短，中熟早粳。生育期135～138d，需≥10℃活动积温2 750℃。株型紧凑，剑叶上举，茎叶淡绿色，分蘖力强，半散穗型，主蘖穗整齐，着粒密度中等，谷粒形状椭圆形，颖及颖尖黄色，有稀芒。植株高97.9cm，每穴有效穗数26.7穗；穗长23.2cm，主穗粒数160粒，平均粒数120粒，成熟率82.4%，千粒重23.7g。

品质特性：糙米率83.5%，精米率77.4%，整精米率71.4%，粒长4.9mm，长宽比1.7，垩白粒率20.0%，垩白度0.1%，透明度1级，碱消值7.0级，胶稠度78mm，直链淀粉含量19.1%，蛋白质含量6.6%。依据农业部NY 122—86《优质食用稻米》标准，糙米率、精米率、整精米率、长宽比、垩白粒率、垩白度、透明度、碱消值、胶稠度9项指标达优质米一级标准，直链淀粉含量达优质米二级标准。

抗性：2000—2002年吉林省农业科学院植物保护研究所连续3年采用分菌系人工接种、病区多点异地自然诱发鉴定，结果表明，苗瘟中感，叶瘟感，穗瘟感。

产量及适宜地区：2000年吉林省预试，平均单产7 689kg/hm²，比对照品种吉玉粳增产4.5%；2001—2002年吉林省区试，平均单产7 968kg/hm²，比对照品种吉玉粳增产3.0%；2002年生产试验，平均单产8 112kg/hm²，比对照品种吉玉粳增产0.9%。适宜吉林省长春、吉林、通化、四平、松原、延边中熟稻区种植。

栽培技术要点：稀播育壮秧，4月上中旬播种，5月中下旬插秧。采取稀植或超稀植栽培，株行距30cm×20cm或30cm×26.7cm，每穴栽插2～3苗。氮、磷、钾配方施肥，施纯氮120～130kg/hm²，按基肥40%、分蘖肥10%、补肥25%、穗肥25%的比例分期施用；施纯磷70kg/hm²，全部作底肥施入；施纯钾75kg/hm²，底肥50%、拔节期追50%，分两次施用。分蘖期浅水灌溉，孕穗期浅水或湿润灌溉，成熟期干湿结合。7月上中旬注意防治二化螟。注意及时防治稻瘟病。

通系158（Tongxi 158）

品种来源：吉林省通化市农业科学院水稻研究所以通35为母本，秋光为父本杂交，经过连续13代系统选育而成。2005年通过吉林省农作物品种审定委员会审定，审定编号为吉审稻2005008。

形态特征和生物学特性：属粳型常规水稻。感光性弱，感温性弱，基本营养生长期短，早熟早粳。生育期140d，需≥10℃活动积温2 800℃。植株高度101.3cm，在适应区内稀植栽培条件下，每穴有效穗数24.6个，平均穗粒数106.5粒，千粒重27.2g。

品质特性：糙米率83.7%，精米率75.6%，整精米率74.5%，粒长5.0mm，长宽比1.7，垩白粒率16%，垩白度2.9%，透明度1级，碱消值7.0级，胶稠度86mm，直链淀粉含量18.1%，蛋白质含量7.8%。

抗性：2002—2004年吉林省农业科学院植物保护研究所连续3年采用分菌系人工接种、病区多点异地自然诱发鉴定，结果表明，苗瘟中抗，叶瘟中抗，穗瘟中抗。

产量及适宜地区：2002—2004年区域试验，平均单产7 928kg/hm²，比对照品种通35增产1.6%。2004年生产试验，平均单产8 886kg/hm²，比对照品种通35增产8.3%。适宜吉林省四平、辽源、通化、松原、长春等中晚熟稻区种植。

栽培技术要点：浸种前晾晒2d，药剂浸种后催芽，4月上中旬播种。规范化旱育苗，100～150g/m²；盘育苗，50～60g/盘，抛秧盘育苗，2～3粒/眼，稀播育壮秧。适时插秧，合理稀植。5月中下旬插秧，易采取宽窄行（50+30）cm×20cm、（50+20）cm×20cm或宽行40cm×20cm、30cm×26.7cm超稀植栽培，每穴栽插2～3苗。因地制宜，平衡施肥。要采取前控、中足、后保的施肥原则，达到壮秆大穗的目的。中等肥力稻田，施纯氮120 kg/hm²、纯钾100 kg/hm²、纯磷75 kg/hm²。耙地前施底肥50%氮肥、100%磷肥、67%钾肥；6月20～25日，分蘖盛期施25%氮肥；7月10～15日，幼穗分化初期施穗肥25%氮肥、34%钾肥。节水增温，适当晒田。浅水插秧，深水活棵，浅水分蘖，适时晒田，晒田后及时灌水，后期间歇灌溉。综合防治病虫害。7月中旬注意防治稻瘟病和螟虫危害。发现叶瘟病要及时打药，同时必须防治穗颈瘟，注意防治螟虫。

通系9号 （Tongxi 9）

品种来源：吉林省通化市农业科学研究院水稻研究所1984年以友谊为母本，桂早生为父本杂交系选育成。2002年通过吉林省农作物品种审定委员会审定，审定编号为吉审稻2002014。

形态特征和生物学特性：属粳型常规水稻。感光性弱，感温性弱，基本营养生长期短，中熟早粳。生育期135 ~ 137d，需≥10℃活动积温2 750℃。叶色淡绿，株型紧凑，分蘖力强。谷粒椭圆形，颖及颖尖黄色，有稀芒。株高95 ~ 100cm。每穴有效穗数24.6穗。千粒重27.5g。

品质特性：米质9项指标达优质米一级标准，2项指标达优质米二级标准。

抗性：人工接种鉴定，中抗苗瘟，中感叶瘟，感穗瘟。

产量及适宜地区：1999—2001年区域试验，平均单产7 946kg/hm²，比对照品种吉玉粳增产3.0%；2000—2001年生产试验，平均单产8 162kg/hm²，比对照品种吉玉粳增产5.4%。适宜吉林省种植吉玉粳的中熟区种植。

栽培技术要点：塑料薄膜旱育秧，4月上中旬播种，每平方米播150g催芽种子，5月中下旬插秧。插秧密度以30cm×20cm或30cm×25cm为宜，每穴栽插2 ~ 3苗。分期施用氮肥，氮、磷、钾配方施肥，施纯氮120 ~ 130kg/hm²，基肥30%（耙前施用、全层施肥）、分蘖肥10%（6月5日施）、保蘖肥25%（6月20 ~ 25日施）、穗肥25%（7月5日施）、粒肥10%；施磷肥（P₂O₅）54.0kg/hm²，一次性作底肥施入；施钾肥（K₂O）45.0kg，50%作底肥、50%作穗肥（7月5日施）。水分管理以浅水灌溉为主，孕穗期浅水或湿润灌溉，成熟期干湿结合。6月10日注意防治负泥虫和潜叶蝇；7月中下旬用杀虫双防治二化螟的发生，出穗期用稻瘟灵预防稻瘟病发生。

通系925 (Tongxi 925)

品种来源：吉林省通化市农业科学研究院1997年夏以通粳288为母本，通系3号为父本杂交，经系谱法育成，试验代号通系07-4007。2011年通过吉林省农作物品种审定委员会审定，审定编号为吉审稻2011003。

形态特征和生物学特性：属粳型常规水稻。感光性弱，感温性弱，基本营养生长期短，中熟早粳。生育期136d，需≥10℃活动积温2750℃。株型紧凑，分蘖力强，茎叶淡绿色，弯穗型，籽粒椭圆偏长，颖及颖尖黄色，个别短顶芒。平均株高112cm，有效穗数330万/hm²，平均穗长21.1cm，平均穗粒数110.3粒，结实率91.5%，千粒重26.8g。

品质特性：糙米率82.4%，精米率71.9%，整精米率67.8%，粒长5.4mm，长宽比2.0，垩白粒率30.0%，垩白度1.8%，透明度1级，碱消值6.5级，胶稠度75mm，直链淀粉含量18.8%，蛋白质含量7.0%。依据农业部NY/T 593—2002《食用稻品种品质》标准，米质符合三等食用粳稻品种品质规定要求。

抗性：2008—2010年吉林省农业科学院植物保护研究所连续3年采用分菌系人工接种、病区多点异地自然诱发鉴定，结果表明，苗瘟中抗，叶瘟中抗，穗瘟中抗；纹枯病中感。

产量及适宜地区：2009年区域试验，平均单产7 967kg/hm²，比对照品种吉玉粳增产2.6%；2010年区域试验，平均单产8 657kg/hm²，比对照品种吉玉粳增产6.6%；两年区域试验，平均单产8 313kg/hm²，比对照品种吉玉粳增产4.7%。2010年生产试验，平均单产8 643kg/hm²，比对照品种吉玉粳增产5.8%。适宜吉林省吉林、长春、辽源、延边、四平、通化等中熟稻区种植。

栽培技术要点：4月上中旬播种，5月中下旬插秧。栽培密度为行株距30cm×20cm，每穴栽插3～4苗。氮、磷、钾配方施肥，施氮肥120kg/hm²，按底肥30%、蘖肥10%、补肥25%、穗肥25%、粒肥10%的比例分期施用；施纯磷50kg/hm²，作底肥一次性施入；施纯钾75kg/hm²，底肥60%、穗肥40%，分两次施用。田间水分管理以浅水灌溉为主。注意防治二化螟、稻瘟病等。

通系926 （Tongxi 926）

品种来源：吉林省通化市农业科学研究院1996年以通92-1177为母本，通90早17为父本杂交，经系谱法育成，试验代号通系07-843。2011年通过吉林省农作物品种审定委员会审定，审定编号为吉审稻2011005。

形态特征和生物学特性：属粳型常规水稻。感光性弱，感温性弱，基本营养生长期短，中熟早粳。生育期135d，需≥10℃活动积温2 750℃。株型紧凑，分蘖力强，茎叶绿色，弯穗型，籽粒椭圆偏长，颖及颖尖黄色，个别短顶芒。平均株高105.2cm，有效穗数360万/hm²，平均穗长17.1cm，平均穗粒数113.4粒，结实率89.4%，千粒重23.6g。

品质特性：糙米率83.7%，精米率73.6%，整精米率69.3%，粒长5.3mm，长宽比2.0，垩白粒率24.0%，垩白度2.4%，透明度1级，碱消值6.5级，胶稠度75mm，直链淀粉含量17.3%，蛋白质含量6.9%。依据农业部NY/T 593—2002《食用稻品种品质》标准，米质符合三等食用粳稻品种品质规定要求。

抗性：2008—2010年吉林省农业科学院植物保护研究所连续3年采用分菌系人工接种、病区多点异地自然诱发鉴定，结果表明，苗瘟中抗，叶瘟中抗，穗瘟中感；纹枯病中感。

产量及适宜地区：2009年区域试验，平均单产8 087kg/hm²，比对照品种吉玉粳增产4.1%；2010年区域试验，平均单产8 537kg/hm²，比对照品种吉玉粳增产5.2%；两年区域试验，平均单产8 309kg/hm²，比对照品种吉玉粳增产4.6%。2010年生产试验，平均单产8 864kg/hm²，比对照品种吉玉粳增产8.5%。适宜吉林省吉林、长春、辽源、延边、四平、通化等中熟稻区种植。

栽培技术要点：4月上中旬播种，5月中下旬插秧。栽培密度为行株距30cm×20cm，每穴栽插3～4苗。氮、磷、钾配方施肥，施氮肥120kg/hm²，按底肥30%、蘖肥10%、补肥25%、穗肥25%、粒肥10%的比例分期施用；施纯磷50kg/hm²，作底肥一次性施入；施纯钾75kg/hm²，底肥60%、穗肥40%，分两次施用。田间水分管理以浅水灌溉为主。7月上中旬注意防治二化螟，生育期间注意及时防治稻瘟病、纹枯病。

通系929 (Tongxi 929)

品种来源：吉林省通化市农业科学研究院1995年以通系103为母本，91CR1为父本杂交，杂交后代通过系谱法选育而成。2009年通过国家和吉林省农作物品种审定委员会审定，审定编号为国审稻2009049和吉审稻2009014。

形态特征和生物学特性：属粳型常规水稻。感光性弱，感温性弱，基本营养生长期短，迟熟早粳。生育期140d，需≥10℃活动积温2 800℃。株型紧凑，分蘖力中等，偏散穗型，主蘖穗整齐，着粒密度稀，籽粒椭圆形，籽粒黄色。平均株高97.9cm，平均穴穗数20.4穗，平均穗长20.7cm，平均穗粒数106.8粒，结实率93.3%，千粒重30.0g。

品质特性：糙米率84.2%，精米率75.9%，整精米率69.6%，粒长5.4mm，长宽比1.8，垩白粒率12.0%，垩白度0.9%，透明度1级，碱消值7.0级，胶稠度78mm，直链淀粉含量18.9%，蛋白质含量7.8%。依据农业部NY/T 593—2002《食用稻品种品质》标准，米质符合三等食用粳稻品种品质规定要求。

抗性：2006—2008年吉林省农业科学院植物保护研究所连续3年采用分菌系人工接种、病区多点异地自然诱发鉴定，结果表明，苗瘟感，叶瘟中抗，穗瘟中抗；纹枯病中抗。

产量及适宜地区：2007年区域试验，平均单产9 090kg/hm²，比对照品种通35增产5.8%；2008年区域试验，平均单产9 174kg/hm²，比对照品种通35增产7.6%；两年区域试验，平均单产9 132kg/hm²，比对照品种通35增产6.7%。2008年生产试验，平均单产8 679kg/hm²，比对照品种通35增产6.4%。适宜黑龙江省第一积温带上限、吉林省中熟稻区、辽宁省东北部、宁夏引黄灌区以及内蒙古赤峰、通辽南部地区种植。

栽培技术要点：东北、西北早熟稻区根据当地生产情况与吉玉粳同期播种。塑料薄膜旱育秧，每平方米播150g催芽种子；盘育苗，每盘60g种子；隔离层育苗，每平方米350g种子，稀播育壮秧。秧龄40d左右移栽，采用行距30cm，穴距20～27cm的宽行超稀植栽培，每穴栽插2～3苗。氮、磷、钾配方施肥，施纯氮120kg/hm²、磷肥（P₂O₅）50kg/hm²，钾肥（K₂O）75kg/hm²。水分管理以浅水灌溉为主，分蘖期浅水灌溉，孕穗期浅水或湿润灌溉，成熟期干湿结合。7月上中旬注意防治二化螟，及时预防稻瘟病。

通系930（Tongxi 930）

品种来源：吉林省通化市农业科学研究院1996年以通35为母本，通88-7为父本杂交育成，试验代号通系06-4036。2010年通过吉林省农作物品种审定委员会审定，审定编号为吉审稻2010011。

形态特征和生物学特性：属粳型常规水稻。感光性弱，感温性弱，基本营养生长期短，迟熟早粳。生育期141d，需≥10℃活动积温2850℃。株型紧凑，叶片上举，茎叶深绿色，分蘖力较强，弯曲穗型，主蘖穗整齐，着粒密度适中，籽粒椭圆形，颖及颖尖均黄色，无芒。平均株高105.6cm，平均穗长21.6cm，平均穗粒数121.1粒，结实率88.3%，千粒重28.8g。

品质特性：糙米率83.9%，精米率75.8%，整精米率63.2%，粒长5.3mm，长宽比1.8，垩白粒率12.0%，垩白度1.3%，透明度1级，碱消值7.0级，胶稠度71mm，直链淀粉含量18.3%，蛋白质含量7.2%。依据农业部NY/T 593—2002《食用稻品种品质》标准，米质符合四等食用粳稻品种品质规定要求。

抗性：2007—2009年吉林省农业科学院植物保护研究所连续3年采用分菌系人工接种、病区多点异地自然诱发鉴定，结果表明，苗瘟中感，叶瘟中抗，穗瘟中感；纹枯病中抗。

产量及适宜地区：2008年区域试验，平均单产9063.5kg/hm²，比对照品种吉玉粳增产6.1%；2009年区域试验，平均单产8723.1kg/hm²，比对照品种通35增产8.0%；两年区域试验，平均单产8893.3kg/hm²，比对照品种吉玉粳增产7.1%。2009年生产试验，平均单产8812.9kg/hm²，比对照品种吉玉粳增产7.0%。适宜吉林省通化、吉林、长春、辽源、四平、松原、白城等中晚熟稻区种植。

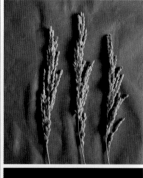

栽培技术要点：4月上中旬播种，5月中下旬插秧。栽培密度为行株距30cm×20cm，每穴栽插3～4苗。氮、磷、钾配方施肥，施氮肥120kg/hm²，按底肥30%、蘖肥10%、补肥25%、穗肥25%、粒肥10%的比例分期施用；施纯磷50kg/hm²，作底肥一次性施入；施纯钾75kg/hm²，底肥60%、穗肥40%，分两次施用。田间水分管理以浅水灌溉为主。注意防治二化螟、稻瘟病、纹枯病等。

通系931（Tongxi 931）

品种来源：吉林省通化市农业科学研究院1997年以通优160为母本，通系3号为父本杂交，经系谱法育成，试验代号通系07-852。2011年通过吉林省农作物品种审定委员会审定，审定编号为吉审稻2011012。

形态特征和生物学特性：属粳型常规水稻。感光性弱，感温性弱，基本营养生长期短，迟熟早粳。生育期141d，需≥10℃活动积温2 850℃。株型紧凑，分蘖力强，茎叶绿色，弯穗型，籽粒椭圆形，颖及颖尖均黄色，个别短顶芒。平均株高108.9cm，有效穗数316.5万/hm²，平均穗长20.4cm，平均穗粒数111.9粒，结实率86.4%，千粒重29g。

品质特性：糙米率82.2%，精米率72.0%，整精米率67.3%，粒长5.4mm，长宽比1.9，垩白粒率34.0%，垩白度2.0%，透明度1级，碱消值5.0级，胶稠度80mm，直链淀粉含量18.6%，蛋白质含量6.1%。依据农业部NY/T 593—2002《食用稻品种品质》标准，米质符合四等食用粳稻品种品质规定要求。

抗性：2008—2010年吉林省农业科学院植物保护研究所连续3年采用分菌系人工接种、病区多点异地自然诱发鉴定，结果表明，苗瘟中抗，叶瘟中抗，穗瘟中抗；纹枯病中抗。

产量及适宜地区：2009年区域试验，平均单产8 576kg/hm²，比对照品种通35增产7.5%；2010年区域试验，平均单产9 135kg/hm²，比对照品种通35增产7.7%；两年区域试验，平均单产8 853kg/hm²，比对照品种通35增产7.6%。2010年生产试验，平均单产8 514kg/hm²，比对照品种通35增产7.2%。适宜吉林省吉林、长春、辽源、松原、延边、四平、通化等中晚熟稻区种植。

栽培技术要点：4月上中旬播种，5月中下旬插秧。栽培密度为行株距30cm×20cm，每穴栽插3～4苗。氮、磷、钾配方施肥，施氮肥120kg/hm²，按底肥30%、蘖肥10%、补肥25%、穗肥25%、粒肥10%的比例分期施用；施纯磷50kg/hm²，作底肥一次性施入；施纯钾75kg/hm²，底肥60%、穗肥40%，分两次施用。田间水分管理以浅水灌溉为主。7月上中旬注意防治二化螟，生育期间注意及时防治稻瘟病、纹枯病。

通引58（Tongyin 58）

品种来源：吉林省通化市农业科学院1995年由日本引进。2002年通过吉林省农作物品种审定委员会审定，审定编号为吉审稻2002019。

形态特征和生物学特性：属粳型常规水稻。感光性弱，感温性弱，基本营养生长期短，中熟早粳。生育期138～140d，需≥10℃活动积温2 800℃。剑叶上举，株型紧凑，分蘖力强，粒密度适中。谷粒椭圆形，颖及颖尖黄色，稀少短芒，籽粒饱满。在稀植栽培条件下，株高115cm，每穴有效穗可达29.4穗，穗长23.2cm，每穗粒数108.0粒，结实率88.5%，千粒重29.2g。

品质特性：糙米率、精米率、整精米率、粒长、长宽比、垩白粒率、垩白度、透明度、碱消值、胶稠度、直链淀粉含量、蛋白质含量12项指标中8项指标达部颁优质米一级标准，3项指标达部颁优质米二级标准。

抗性：2000—2001年吉林省农业科学院植物保护研究所连续2年采用分菌系人工接种、病区多点异地自然诱发鉴定，结果表明，苗瘟中抗，叶瘟感，穗瘟感。

产量及适宜地区：2000—2001年区域试验，平均单产8 703kg/hm²，比对照品种通35平均增产3.5%；2000—2001年生产试验，平均单产8 217kg /hm²，比对照品种通35增产2.6%。适宜吉林省通化、长春、吉林、四平等中晚熟稻作区种植。累计示范推广面积2.4万hm²。

栽培技术要点：4月上中旬播种。规范化旱育苗，每平方米100～150g种子；盘育苗，每盘50～60g种子；隔离层育苗，每平方米400g种子，稀播育壮秧。5月中下旬插秧，宜采取30cm×20cm、30cm×27cm、40cm×20cm的宽行超稀植栽培，每穴栽插2～3苗。施肥要采用前控、中足、后保的施肥原则，达到壮秧大穗之目的。氮、磷、钾配方施肥，施纯氮120kg/hm²，按基肥40%、补肥20%、穗肥30%、粒肥10%施用；施纯磷（P_2O_5）60～70kg/hm²，作底肥，一次性施入；施纯钾（K_2O）50kg/hm²，60%作底肥、40%作穗肥，分两次施入。分蘖期浅水灌溉，孕穗期浅水或湿润灌溉，成熟期干湿结合。要注意防治螟虫危害，底肥过多易造成倒伏。及时防治稻瘟病。

通育105（Tongyu 105）

品种来源：吉林省通化市农业科学院1986年以转菰后代材料A577为母本，1379为父本，杂交后代通过温室加代、集团育种方法和田间鉴定选择，于1997年选育而成。2004年通过吉林省农作物品种审定委员会审定，审定编号为吉审稻2004013。

形态特征和生物学特性：属粳型常规水稻。感光性弱，感温性弱，基本营养生长期短，迟熟早粳。生育期142d，需≥10℃活动积温2 800～2 850℃。株型良好，茎叶绿色，分蘖力强，主蘖穗较整齐，弯穗型，着粒密度中等。籽粒椭圆形，黄色，稀短芒。株高99.8cm，穗长23cm，每穴有效穗数33个，主穗粒数210粒，平均穗粒数130粒，结实率95%。千粒重26g。

品质特性：依据农业部NY 122—86《优质食用稻米》标准，糙米率、精米率、整精米率、粒长、长宽比、碱消值、胶稠度、透明度、直链淀粉含量、蛋白质含量10项指标达优质米一级标准。垩白度达优质米二级标准。

抗性：2001—2003年吉林省农业科学院植物保护研究所连续3年采用分菌系人工接种、病区多点异地自然诱发鉴定，结果表明，苗瘟抗，叶瘟感，穗瘟中感。

产量及适宜地区：2001年预备试验，平均单产8 603kg/hm²，比对照品种关东107增产5.7%；2002—2003年区域试验，平均单产8 288kg/hm²，比对照品种关东107增产3.4%。2003年生产试验，平均单产8 706kg/hm²，比对照品种关东107增产3.6%。适宜吉林省晚熟稻区种植。

栽培技术要点：稀播育全蘖壮秧，4月上中旬播种，5月中下旬插秧。栽培密度为40cm×20cm，每穴栽插2～3苗。氮、磷、钾配方施肥，施纯氮135～150kg/hm²，按底肥30kg/hm²、分蘖肥55kg/hm²、补肥30kg/hm²、穗肥30kg/hm²的比例分期施用；施纯磷60kg/hm²，全部作底肥施入；施纯钾90kg/hm²，底肥占40%、拔节期追60%，分两次施用。田间水分管理以浅水灌溉为主，分蘖期间结合人工除草。7月上中旬注意防治二化螟，注意及时防治稻瘟病。

通育120（Tongyu 120）

品种来源：吉林省通化市农业科学院1983年以转菰后代材料F2-11-14（C113/71024）为母本，F4-09-26（C25/C43）为父本选育而成。2001年通过吉林省农作物品种审定委员会审定，审定编号为吉审稻2001004。

形态特征和生物学特性：属粳型常规水稻。感光性弱，感温性弱，基本营养生长期短，迟熟早粳。生育期145d，需≥10℃活动积温2 900～3 000℃。分蘖较快，穗稍紧，谷粒长椭圆形，具稀短芒，茸毛中等。株高110cm，穗粒数150粒，结实率95%～97%，成熟率90%，千粒重27g。

品质特性：糙米率84.1%，精米率76.6%，整精米率67.1%，长宽比1.7，垩白粒率88.0%，垩白度11.3%，碱消值7.0级，透明度2级，胶稠度64mm，直链淀粉含量19.1%，蛋白质含量7.8%。

抗性：1998—2000年吉林省农业科学院植物保护研究所连续3年采用分菌系人工接种、病区多点异地自然诱发鉴定，结果表明，苗瘟中抗，叶瘟中抗，穗瘟中抗。

产量及适宜地区：1998—2000年参加吉林省区域试验，平均单产8 640kg/hm²，比对照品种关东107增产2.7%；1999—2000年生产试验，平均单产7 935kg/hm²，比对照品种关东107增产4.9%。适宜吉林省≥10℃活动积温2 900℃以上的稻区种植。

栽培技术要点：4月10日播种，秧龄45～50d，叶龄5.5～6.5叶，带3～5个分蘖；少插、宽行稀植或超稀植，每穴栽插2苗。施足有机肥，中等肥力条件下，施纯氮270～285kg/hm²、纯磷75～105kg/hm²、纯钾150～225kg/hm²。注意防治负泥虫、潜叶蝇和二化螟。

通育124 (Tongyu 124)

品种来源：吉林省通化市农业科学研究院1982年以转菰后代材料C20与秋光杂交F_2与C47复交后，经过温室加代和病圃选择等方法，于1991年选育而成，原代号94-H303。1999年通过吉林省农作物品种审定委员会审定，审定编号为吉审稻1999003。

形态特征和生物学特性：属粳型常规水稻。感光性弱，感温性弱，基本营养生长期短，迟熟早粳。生育期142d，需≥10℃活动积温2 900～3 000℃。穗数较多，茎秆粗坚韧，叶片挺立，株型良好。株高100cm，穗长26cm，平均每穗粒数130粒，结实率95%，千粒重27g。

品质特性：精米率74%～76%，米粒透明有光泽，口味佳。经农业部稻米制品质量监督检验测试中心检验，糙米率、精米率、粒长、长宽比、透明度、碱消值、胶稠度、蛋白质含量8项指标达部颁优质米一级标准，整精米率和垩白度指标达部颁优质米二级标准。

抗性：稻瘟病田间抗性强，抗稻曲病，较抗纹枯病，抗二化螟。耐肥，抗倒伏，不早衰，活秆成熟。

产量及适宜地区：1996—1998年区域试验，平均单产8 292kg/hm^2，比对照品种关东107增产0.8%；1997—1998年生产试验，平均单产7 466kg/hm^2，比对照关东107减产1.6%。适宜吉林省通化、吉林、长春、四平≥10℃活动积温2 900～3 000℃的晚熟稻作区种植。吉林省累计推广面积22万hm^2。

栽培技术要点：稀播育壮秧。每平方米播催芽用种100～150g，4月10日播种，5月20日插秧。插秧密度40cm×20cm，每穴栽插2～3苗。保磷增钾，氮肥前轻后重，基肥少氮，不施分蘖肥，中后期分施，以多次少施为原则，多施有机肥。湿润和间歇灌水为主，防止深水和强度晒田。撤水时间不宜过早。不适合弱苗、多插密植、多肥集中施肥的损伤水稻生理机能的秋衰型种稻技术；提倡以有机肥为主、化肥为辅的增强和保护水稻生理机能的秋优型绿色优质稻米高产栽培。推广中应采用综合防病措施。

通育207 （Tongyu 207）

品种来源：吉林省通化市农业科学院1985年以转菰后代材料2439为母本，F_{4-1-6}(C25 × C43)为父本进行复交系选育成，原代号通育102。2002年通过吉林省农作物品种审定委员会审定，审定编号为吉审稻2002021。

形态特征和生物学特性：属粳型常规水稻。感光性弱，感温性弱，基本营养生长期短，中熟早粳。生育期143d，熟期较关东107早、比通35晚，需 ≥ 10 ℃ 活动积温2 850 ～ 2 900℃。秧苗色稍深，叶片狭长灰绿色，茎秆粗壮，剑叶角度大。分蘖较快，穗数较多，穗大整齐，穗上位、穗形稍散，着粒稍稀，黄熟时全株绿色。谷粒呈偏长粒形，颖尖黄色，具稀短芒，茸毛中。株高110cm，穗长22 ～ 24cm，平均每穗160粒，最大穗达280粒，结实率90% ～ 95%，成熟率95%，千粒重28g。

品质特性：整精米率、长宽比、垩白度、透明度、碱消值、胶稠度、直链淀粉含量、蛋白质含量8项指标达部颁优质米一级标准；糙米率、精米率2项指标达优质米二级标准。

抗性：1999—2001年吉林省农业科学院植物保护研究所连续3年采用分菌系人工接种、病区多点异地自然诱发鉴定，结果表明，苗瘟中抗，叶瘟感，穗瘟中感。

产量及适宜地区：1999—2001年区域试验，平均单产8 348kg/hm²，比对照品种关东107平均增产4.8%；2000—2001年生产试验，平均单产7 809kg/hm²，比对照品种关东107增产0.3%。适宜吉林省可安全种植关东107的晚稻稻作区种植。

栽培技术要点：4月上中旬播种。规范化旱育苗，每平方米100 ～ 150g种子；盘育苗，每盘50 ～ 60g种子；隔离层育苗，每平方米400g种子，稀播育壮秧。5月中下旬插秧。宜采取30cm × 20cm或30cm × 27cm或40cm × 20cm的宽行超稀植栽培，每穴栽插2 ～ 3苗。施肥要采用前控、中足、后保的施肥原则，达到壮秧大穗之目的。氮、磷、钾配方施肥。施纯氮120kg/hm²，按基肥40%、补肥20%、穗肥30%、粒肥10%的比例分期施用；施磷肥（P_2O_5）60 ～ 70kg/hm²作底肥，一次性施入；施钾肥（K_2O）50kg/hm²，60%作底肥、40%作穗肥，分两次施入。分蘖期浅水灌溉，孕穗期浅水或湿润灌溉，成熟期干湿结合。要注意防治螟虫危害，底肥过多易造成倒伏。及时防治稻瘟病。

通育217 (Tongyu 217)

品种来源：吉林省通化市农业科学研究院1996年夏以自选转菰后代材料A135为母本，通育313为父本进行杂交，杂交后代通过集团育种方法和田间鉴定选择，于2005年选育而成，试验代号通育05-9213。2009年通过吉林省农作物品种审定委员会审定，审定编号为吉审稻2009015。

形态特征和生物学特性：属粳型常规水稻。感光性弱，感温性弱，基本营养生长期短，中熟早粳。生育期139d，需≥10℃活动积温2 800℃。株型适中，分蘖力强，主蘖穗整齐，中紧穗型，着粒密度中等，籽粒椭圆形、黄色，无芒。平均株高99.1cm，平均穗长18.1cm，有效穗数364.5万/hm²，平均穗粒数101.7粒，结实率90.1%，千粒重27.7g。

品质特性：糙米率84.1%，精米率76.3%，整精米率66.7%，粒长5.0mm，长宽比1.6，垩白粒率38.0%，垩白度3.3%，透明度1级，碱消值7.0级，胶稠度70mm，直链淀粉含量20.6%，蛋白质含量8.7%。依据农业部NY/T 593—2002《食用稻品种品质》标准，米质符合四等食用粳稻品种品质规定要求。

抗性：2006—2008年吉林省农业科学院植物保护研究所连续3年采用分菌系人工接种、病区多点异地自然诱发鉴定，结果表明，苗瘟中感，叶瘟中抗，穗瘟中抗；纹枯病中抗。

产量及适宜地区：2007年区域试验，平均单产9 153kg/hm²，比对照品种通35增产6.6%；2008年区域试验，平均单产9 035kg/hm²，比对照品种通35增产5.9%；两年区域试验，平均单产9 093kg/hm²，比对照品种通35增产6.3%。2008年生产试验，平均单产8 652kg/hm²，比对照品种通35增产5.0%。适宜吉林省通化、吉林、长春、辽源、四平、松原、延边等中晚熟稻区种植。

栽培技术要点：稀播育全蘖壮秧，4月上中旬播种，5月下旬插秧。栽培密度为行株距30cm×20cm，每穴栽插2～3苗。氮、磷、钾配方施肥，施纯氮150kg/hm²，按底肥20%、分蘖肥40%、补肥20%、穗肥20%的比例分期施用；施纯磷60kg/hm²，全部作底肥施用；施纯钾90kg/hm²，按底肥40%、拔节期追60%，分两次施用。田间水分管理以浅水灌溉为主，分蘖期间结合人工除草。7月上中旬注意防治二化螟，生育期间注意及时防治稻瘟病。

通育219 (Tongyu 219)

品种来源：吉林省通化市农业科学院水稻研究所1996年以转菰后代材料B411为母本，转菰后代材料A134为父本，杂交后代通过集团育种方法和田间鉴定选择，于2002年选育而成。2008年通过吉林省农作物品种审定委员会审定，审定编号为吉审稻2008028。

形态特征和生物学特性：属粳型常规糯稻。感光性弱，感温性弱，基本营养生长期短，中熟早粳。生育期136d，需≥10℃活动积温2 700℃。株型适中，秧苗色深，分蘖较快，成熟时叶片及茎秆深绿色，有效分蘖较多，穗齐，剑叶长且斜上举，穗型稍散，着粒稍密，籽粒椭圆形，颖壳及颖尖黄色，稀短芒。平均株高108cm，平均穗长23cm，平均穗粒数150粒，结实率90%，千粒重30.0g。

品质特性：糙米率82.5%，精米率74.3%，整精米率69.2%，粒长5.0mm，长宽比1.9，阴糯米率1.0%，垩白度1级，碱消值7.0级，胶稠度100mm，蛋白质含量7.4%。依据农业部NY/T 593—2002《食用稻品种品质》标准，米质符合五等食用粳稻品种品质规定要求。

抗性：2007年，吉林省农业科学院植物保护研究所采用分菌系人工接种、病区多点异地自然诱发鉴定，结果表明，苗瘟中感，叶瘟中抗，穗瘟中抗；纹枯病中抗。

产量及适宜地区：2007年专家组现场验收，平均单产8 400kg/hm²，比对照品种通粳1号增产5.3%。适宜吉林省松原、通化、延边、四平、长春、吉林等中晚熟稻作区种植。

栽培技术要点：稀播育壮秧，4月上中旬播种，5月下旬插秧。栽培密度为行株距30cm×20cm或40cm×20cm，每穴栽插2～3苗。氮、磷、钾配方施肥，施纯氮135～150kg/hm²，按底肥30kg/hm²、分蘖肥55kg/hm²、补肥30kg/hm²、穗肥30kg/hm²的比例分期施用；施纯磷60kg/hm²，全部作底肥一次性施入；施纯钾90kg/hm²，底肥占40%、拔节期追60%，分两次施用。田间水分管理以浅水灌溉为主，分蘖期间结合人工除草。7月上中旬注意防治二化螟，注意及时防治稻瘟病。

通育221 (Tongyu 221)

品种来源：吉林省通化市农业科学院水稻研究所1986年以转菇后代材料2236×C40杂交，杂交后代通过温室加代、集团育种方法和田间鉴定选择，于1997年选育而成，原代号通育01-221。2005年通过吉林省农作物品种审定委员会审定，审定编号为吉审稻2005003。

形态特征和生物学特性：属粳型常规水稻。感光性弱，感温性弱，基本营养生长期短，中熟早粳。生育期140d，需≥10℃活动积温2 850℃。株型良好，茎叶绿色，分蘖力中等，弯穗型，主蘖穗较整齐，着粒密度中等，谷粒呈椭圆形，籽粒黄色，无芒。株高107cm，穗长26cm，主穗粒数310粒，平均穗粒数200粒，结实率95%，千粒重26g。

品质特性：糙米率84.3%，精米率77.0%，整精米率66.0%，垩白粒率19.0%，垩白度1.4%，透明度1级，碱消值7.0级，胶稠度63mm，直链淀粉含量17.5%，蛋白质含量8.8%。依据农业部NY/T 593—2002《食用稻品种品质》标准，该送检样品经检验符合三等食用粳稻品种品质规定要求。

抗性：2002—2004年吉林省农业科学院植物保护研究所连续3年采用分菌系人工接种、病区多点异地自然诱发鉴定，结果表明，苗瘟中抗，叶瘟中感，穗瘟中抗。

产量及适宜地区：2002年预备试验，平均单产7 952kg/hm²，比对照品种通35增产3.8%；2003年区域试验，平均单产8 183kg/hm²，比对照品种通35增产4.2%；2004年区试，平均单产8 186kg/hm²，比对照品种通35增产3.0%；3年平均单产8 090kg/hm²，比对照品种通35增产3.7%。2004年生产试验，平均单产8 447kg/hm²，比对照品种通35增产3.3%。适宜吉林省中晚熟稻作区种植。

栽培技术要点：稀播育全蘖壮秧，4月上中旬播种，5月中下旬插秧。栽培密度为行株距40cm×20cm，每穴栽插2～3苗。氮、磷、钾配方施肥，施纯氮135～150kg/hm²，按底肥30kg/hm²、分蘖肥55kg/hm²、补肥30kg/hm²、穗肥30kg/hm²的比例分期施用；施纯磷60kg/hm²，全部作底肥施入；施纯钾90kg/hm²，底肥占40%、拔节期追60%，分两次施用。田间水分管理以浅水灌溉为主，分蘖期间结合人工除草。7月上中旬注意防治二化螟，注意及时防治稻瘟病。

通育223（Tongyu 223）

品种来源：吉林省通化市农业科学院1986年以转菇后代材料1439为母本，2157为父本，杂交后代通过温室加代、集团育种方法和田间鉴定选择，于1997年选育而成，原代号通育217。2004年通过吉林省农作物品种审定委员会审定，审定编号为吉审稻2004012。

形态特征和生物学特性：属粳型常规水稻。感光性弱，感温性弱，基本营养生长期短，迟熟早粳。生育期142d，需≥10℃活动积温2 800～2 850℃。株型良好，剑叶上举，茎叶深绿色，茎秆坚硬，弯穗型，主蘖穗较齐，着粒密度较密，谷粒呈椭圆形，籽粒黄色，稀短芒，饱满。株高101.3cm，每穴有效穗21个，穗长25cm，主穗粒数280粒，平均粒数175粒，结实率95%，千粒重26g。

品质特性：糙米率83.8%，精米率76.1%，整精米率74.0%，粒长5.0mm，长宽比1.9，垩白粒率37.0%，垩白度2.4%，透明度1级，碱消值7.0级，胶稠度82mm，直链淀粉含量17.7%，蛋白质含量8.1%。依据农业部NY 122—86《优质食用稻米》标准，通育217样品检验项目中糙米率、精米率、整精米率、粒长、长宽比、碱消值、胶稠度、透明度、直链淀粉含量、蛋白质含量指标达优质米一级标准，垩白度达优质米二级标准。

抗性：2001—2003年吉林省农业科学院植物保护研究所连续3年采用分菌系人工接种、病区多点异地自然诱发鉴定，结果表明，苗瘟抗，叶瘟感，穗瘟中感。

产量及适宜地区：2001年预备试验，平均单产8 631kg/hm²，比对照品种通35增产5.0%；2002—2003年区域试验，平均单产8 379kg/hm²，比对照品种通35增产4.0%；2003年生产试验，平均单产8 106kg/hm²，比对照品种通35增产7.4%。吉林省累计推广面积1.27万hm²，适宜吉林省吉林、长春、通化、四平、松原中晚熟稻区种植。

栽培技术要点：稀播育壮秧，4月上中旬播种，5月中下旬插秧。栽培密度为40cm×20cm，每穴栽插3～4苗。施纯氮135～150kg/hm²、纯磷60kg/hm²、纯钾90kg/hm²。水分管理以浅水灌溉为主。7月上中旬注意防治二化螟，注意及时防治稻瘟病。

通育225 (Tongyu 225)

品种来源：吉林省通化市农业科学研究院1996年夏以自选转菰后代材料A136为母本，以自选转菰后代材料A257为父本进行杂交，杂交后代通过集团育种方法和田间鉴定选择，于2005年选育而成，试验代号为通育05-9107。2009年通过吉林省农作物品种审定委员会审定，审定编号为吉审稻2009020。

形态特征和生物学特性：属粳型常规水稻。感光性弱，感温性弱，基本营养生长期短，迟熟早粳。生育期146d，需≥10℃活动积温2 900℃。株型适中，分蘖力强，活秆成熟，中散穗型，主蘖穗整齐，着粒密度中等，籽粒椭圆形，籽粒黄色，无芒。平均株高105.2cm，有效穗数394.5万/hm^2，平均穗长17.1cm，平均穗粒数93.4粒，结实率87.6%，千粒重25.5g。

品质特性：糙米率83.8%，精米率75.9%，整精米率69.6%，粒长5mm，长宽比1.9，垩白粒率10.0%，垩白度1.8%，透明度1级，碱消值7级，胶稠度74mm，直链淀粉含量16.9%，蛋白质含量7.8%。依据农业部NY/T 593—2002《食用稻品种品质》标准，米质符合二等食用粳稻品种品质规定要求。

抗性：2006—2008年吉林省农业科学院植物保护研究所连续3年采用分菌系人工接种、病区多点异地自然诱发鉴定，结果表明，苗瘟中感，叶瘟中抗，穗瘟中抗；纹枯病中抗。

产量及适宜地区：2007年区域试验，平均单产9 315kg/hm^2，比对照品种关东107增产7.2%；2008年区域试验，平均单产9 134kg/hm^2，比对照品种关东107增产2.9%；两年区域试验，平均单产9 315kg/hm^2，比对照品种关东107增产5.1%。2008年生产试验，平均单产8 916kg/hm^2，比对照品种关东107增产6.9%。适宜吉林省四平、吉林、辽源、通化、松原等晚熟平原稻区种植。

栽培技术要点：稀播育全蘖壮秧，4月上中旬播种，5月下旬插秧。栽培密度为行株距30cm×20cm，每穴栽插2～3苗。氮、磷、钾配方施肥，施纯氮150kg/hm^2，按底肥20%、分蘖肥40%、补肥20%、穗肥20%的比例分期施用；施纯磷60kg/hm^2，作底肥一次性施入；施纯钾90kg/hm^2，按底肥40%、拔节期追60%，分两次施用。田间水分管理以浅水灌溉为主，分蘖期间结合人工除草。7月上中旬注意防治二化螟，生育期间注意及时防治稻瘟病。

通育237（Tongyu 237）

品种来源：吉林省通化市农业科学研究院1990年夏以自选转菰后代材料UA132为母本，C62为父本进行杂交，后代进行田间选择，于2005年选育而成，试验代号通育05-9122。2009年通过吉林省农作物品种审定委员会审定，审定编号为吉审稻2009021。

形态特征和生物学特性：属粳型常规水稻。感光性弱，感温性弱，基本营养生长期短，迟熟早粳。生育期145d，需≥10℃活动积温2 900℃。株型适中，分蘖力较强，活秆成熟，中散穗型，主蘖穗整齐，着粒密度中等，籽粒长粒形，籽粒黄色，稀短芒。平均株高111.2cm，有效穗数355.5万/hm²，平均穗长22.2cm，平均穗粒数115.2粒，结实率84.5%，千粒重25.8g。

品质特性：糙米率83.1%，精米率74.5%，整精米率69.8%，粒长5.7mm，长宽比2.2，垩白粒率15.0%，垩白度1.8%，透明度1级，碱消值7.0级，胶稠度68mm，直链淀粉含量18.2%，蛋白质含量7.8%。依据农业部NY/T 593—2002《食用稻品种品质》标准，米质符合三等食用粳稻品种品质规定要求。

抗性：2006—2008年吉林省农业科学院植物保护研究所连续3年采用分菌系人工接种、病区多点异地自然诱发鉴定，结果表明，苗瘟中感，叶瘟中抗，穗瘟抗；纹枯病中感。

产量及适宜地区：2007年区域试验，平均单产9 143kg/hm²，比对照品种关东107增产5.2%；2008年区域试验，平均单产9 171kg/hm²，比对照品种关东107增产3.3%；两年区域试验，平均单产9 156kg/hm²，比对照品种关东107增产4.3%。2008年生产试验，平均单产8 870kg/hm²，比对照品种关东107增产6.4%。适宜吉林省四平、吉林、辽源、通化、松原等晚熟平原稻区种植。

栽培技术要点：稀播育全蘖壮秧，4月上中旬播种，5月下旬插秧。栽培密度为行株距30cm×20cm，每穴栽插2～3苗。氮、磷、钾配方施肥，施纯氮150kg/hm²，按底肥20%、分蘖肥40%、补肥20%、穗肥20%的比例分期施用；施纯磷60kg/hm²，作底肥一次性施入；施纯钾90kg，按底肥40%、拔节期追60%，分两次施用。田间水分管理以浅水灌溉为主，分蘖期间结合人工除草。注意防治二化螟、稻瘟病等。

通育238（Tongyu 238）

品种来源：吉林省通化市农业科学研究院1997年夏以转菰后代材料A425为母本，转菰后代材料C237为父本进行杂交。杂交后代通过集团育种方法和田间鉴定选择，于2006年选育而成，试验代号通育06-9233。2010年通过吉林省农作物品种审定委员会审定，审定编号为吉审稻2010013。

形态特征和生物学特性：属粳型常规水稻。感光性弱，感温性弱，基本营养生长期短，迟熟早粳。生育期141d，需≥10℃活动积温2 850℃。叶片斜上举，茎叶深绿色，分蘖力中等，弯曲穗型，主蘖穗较整齐，着粒密度适中，籽粒椭圆形，颖及颖尖均黄色，无芒。平均株高104.6cm，有效穗数306万穗/hm²，穗长17.6cm，平均穗粒数115.6粒，结实率88.9%，千粒重27.7g。

品质特性：糙米率83.2%，精米率75.6%，整精米率66.8%，粒长5.2mm，长宽比1.8，垩白粒率62.0%，垩白度13.1%，透明度2级，碱消值7.0级，胶稠度75mm，直链淀粉含量18.0%，蛋白质含量8.1%。依据农业部NY/T 593—2002《食用稻品种品质》标准，米质符合五等食用粳稻品种品质规定要求。

抗性：2007—2009年吉林省农业科学院植物保护研究所连续3年采用分菌系人工接种、病区多点异地自然诱发鉴定，结果表明，苗瘟中感，叶瘟中感，穗瘟感；纹枯病中抗。

产量及适宜地区：2008—2009年两年区域试验，平均单产8 821.3kg/hm²，比对照品种通35增产6.2%。2009年生产试验，平均单产8 713.9kg/hm²，比对照品种通35增产5.8%。适宜吉林省四平、吉林、长春、辽源、通化、松原等中晚熟稻区种植。

栽培技术要点：稀播育壮秧，4月上旬播种，每平方米播催芽种子200g，5月中旬插秧。栽培密度为行株距30cm×20cm，每穴栽插2～3苗。氮、磷、钾配方施肥，施纯氮135～150kg/hm²，按底肥20%、蘖肥40%、补肥20%、穗肥20%的比例分期施入；施纯磷60kg/hm²，作底肥一次性施入；施纯钾90kg/hm²，底肥40%、追肥60%，分两次施用。田间水分管理以浅水灌溉为主，分蘖期间结合人工除草。注意防治二化螟、稻瘟病等。

通育239（Tongyu 239）

品种来源：吉林省通化市农业科学院1994年以转菰后代材料B410为母本，以转菰后代材料A133为父本，杂交后代通过集团育种方法和田间鉴定选育而成，原代号通育03-212。2007年通过吉林省农作物品种审定委员会审定，审定编号为吉审稻2007010。

形态特征和生物学特性：属粳型常规水稻。感光性弱，感温性中等，基本营养生长期短，迟熟早粳。生育期141d，需≥10℃活动积温2 850℃。株型适中，叶色深绿，分蘖力较强，半紧穗，籽粒椭圆形，稀短芒，颖壳黄色。平均株高109cm，平均穗粒数109.5粒，结实率88.6%，千粒重25.5g。

品质特性：糙米率83.2%，精米率75.2%，整精米率56.7%，粒长5.2mm，长宽比1.9，垩白粒率14.0%，垩白度1.3%，透明度1级，碱消值7.0级，胶稠度85mm，直链淀粉含量17.1%，蛋白质含量9.2%。依据NY/T 593—2002《食用稻品种品质》标准，米质符合等外食用粳稻品种品质规定要求。在2008年吉林省第五届水稻优质品种（系）鉴评会上被评为优质品种。

抗性：2004—2006年吉林省农业科学院植物保护研究所连续3年采用分菌系人工接种、病区多点异地自然诱发鉴定，结果表明，苗瘟感，叶瘟中感，穗颈瘟感；纹枯病中感。

产量及适宜地区：2004年预备试验，平均单产8 487kg/hm²，比对照品种通35增产2.3%；2005—2006年两年区域试验，平均单产8 750kg/hm²，比对照品种通35增产5.9%。2006年生产试验，平均单产8 597 kg/hm²，比对照品种通35增产5.4%。适宜吉林省通化地区以外中晚熟稻区种植。

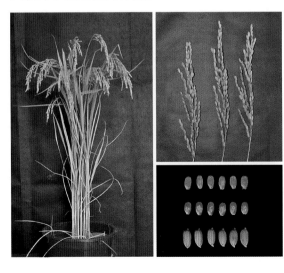

栽培技术要点：稀播育全蘖壮秧，4月上中旬播种，5月下旬插秧。栽培密度为行株距30cm×20cm，每穴栽插2～3苗。氮、磷、钾配方施肥，施纯氮135～150kg/hm²，按底肥30kg/hm²、分蘖肥55kg/hm²、补肥30kg/hm²、穗肥30kg/hm²的比例分期施用；施纯磷60kg/hm²，全部作底肥施用；施纯钾90kg/hm²，底肥占40%，拔节期追施60%，分两次施用。田间水分管理以浅水灌溉为主，分蘖期间结合人工除草。7月上中旬注意防治二化螟、稻瘟病等。

通育240 (Tongyu 240)

品种来源：吉林省通化市农业科学院水稻研究所1986年以转菰后代材料2433为母本，2302为父本，杂交后代通过温室加代、集团育种方法和田间鉴定选择，于1996年选育而成。2003年通过吉林省农作物品种审定委员会审定，审定编号为吉审稻2003021。

形态特征和生物学特性：属粳型常规水稻。感光性弱，感温性弱，基本营养生长期短，早熟早粳。生育期140d，需≥10℃活动积温2 800～2 850℃。株型良好，剑叶上举，茎叶深绿色，分蘖力强，弯穗型，主蘖穗较整齐，着粒密度较密，谷粒呈圆形，籽粒黄色，无芒。植株高110cm，每穴有效穗数30个，穗长18～20cm，主穗粒数230粒，平均粒数140粒，结实率95%，千粒重25g。

品质特性：依据农业部NY 122—86《优质食用稻米》标准，精米率、整精米率、长宽比、碱消值、胶稠度5项指标达优质米一级标准；糙米率、垩白度、透明度、直链淀粉含量4项指标达优质米二级标准。

抗性：2000—2002年吉林省农业科学院植物保护研究所连续3年采用分菌系人工接种、病区多点异地自然诱发鉴定，结果表明，苗瘟抗，叶瘟感，穗瘟感。

产量及适宜地区：2000年预备试验，平均单产7 962kg/hm²，比对照品种通35增产4.0%；2003年区域试验，平均单产8 637kg/hm²，比对照品种通35增产6.5%；2002年生产试验，平均单产9 065kg/hm²，比对照品种通35增产5.1%。适宜吉林省长春、吉林中部、松原、通化、辽源中晚熟稻区种植。

栽培技术要点：稀播育全蘖壮秧，4月上中旬播种，5月中下旬插秧。栽培密度为行株距40cm×20cm，每穴栽插2～3苗。氮、磷、钾配方施肥，施纯氮135～150kg/hm²，按底肥30kg/hm²、分蘖肥55kg/hm²、补肥30kg/hm²、穗肥30kg/hm²分期施用；施纯磷60kg/hm²，全部作底肥施入；施纯钾90kg/hm²，底肥占40%、拔节期追60%，分两次施用。水分管理以浅水灌溉为主，分蘖期间结合人工除草。7月上中旬注意防治二化螟，注意及时防治稻瘟病。

通育245（Tongyu 245）

品种来源：吉林省通化市农业科学研究院1997年夏以转菰后代材料A010为母本，转菰后代材料GB013为父本进行杂交。杂交后代通过集团育种方法和田间鉴定选择，于2006年选育而成，试验代号通育06-9128。2010年通过吉林省农作物品种审定委员会审定，审定编号为吉审稻2010025。

形态特征和生物学特性：属粳型常规水稻。感光性弱，感温性弱，基本营养生长期短，中熟早粳。生育期135d，需≥10℃活动积温2750℃。株型适中，叶片斜上举，茎叶绿色，分蘖力强，弯曲穗型，主蘖穗整齐，着粒密度适中，籽粒椭圆形，颖及颖尖均黄色，极稀短芒。平均株高114.6cm，有效穗数430.5万/hm²，穗长18.4cm，平均穗粒数90.0粒，结实率88.3%，千粒重26.4g。

品质特性：糙米率82.6%，精米率75.1%，整精米率67.9%，粒长5.3mm，长宽比1.9，垩白粒率12.0%，垩白度2.2%，透明度1级，碱消值7.0级，胶稠度65mm，直链淀粉含量17.2%，蛋白质含量8.9%。依据农业部NY/T 593—2002《食用稻品种品质》标准，米质符合三等食用粳稻品种品质规定要求。

抗性：2007—2009年吉林省农业科学院植物保护研究所连续3年采用分菌系人工接种、病区多点异地自然诱发鉴定，结果表明，苗瘟感，叶瘟感，穗瘟感；纹枯病中抗。

产量及适宜地区：2008年区域试验，平均单产8775kg/hm²，比对照品种秋光增产3.0%；2009年区域试验，平均单产8654kg/hm²，比对照品种秋光增产5.2%；两年区域试验，平均单产8715kg/hm²，比对照品种秋光增产4.1%。2009年生产试验，平均单产8859kg/hm²，比对照品种秋光增产6.7%。适宜吉林省四平、吉林、长春、辽源、松原等晚熟稻区种植。

栽培技术要点：稀播育壮秧，4月上旬播种，每平方米播催芽种子150g，5月中旬插秧。栽培密度为行株距30cm×20cm，每穴栽插2～3苗。氮、磷、钾配方施肥，施纯氮135～150kg/hm²，按底肥30kg/hm²、分蘖肥55kg/hm²、补肥30kg/hm²、穗肥30kg/hm²的比例分期施用；施纯磷60kg/hm²，作底肥一次性施入；施纯钾90kg/hm²，底肥40%、追肥60%，分两次施用。田间水分管理以浅水灌溉为主，分蘖期间结合人工除草。注意防治二化螟、稻瘟病等。

通育308（Tongyu 308）

品种来源：吉林省通化市农业科学院水稻研究所1986年以转菰后代材料A579为母本，以A132为父本，杂交后代通过温室加代、集团育种方法和田间鉴定选择，1997年育成。2005年通过吉林省农作物品种审定委员会审定，审定编号为吉审稻2005004。

形态特征和生物学特性：属粳型常规水稻。感光性弱，感温性弱，基本营养生长期短，中熟早粳。生育期140d，需≥10℃活动积温2 800～2 850℃。株型良好，剑叶与穗平齐，茎叶深绿色，分蘖力强，弯穗型，主蘖穗较整齐，着粒密度较密，谷粒呈椭圆形，籽粒黄色，稀短芒。株高105cm，每穴有效穗数33个，穗长22cm，主穗粒数220粒，平均穗粒数130粒，结实率96%，千粒重26g。

品质特性：依据农业部NY20—1986《优质食用稻米》标准，糙米率、精米率、整精米率、粒长、长宽比、透明度、碱消值、胶稠度、直链淀粉含量、蛋白质含量10项指标达优质米一级标准，垩白度指标达优质米二级标准。

抗性：2002—2004年吉林省农业科学院植物保护研究所连续3年采用分菌系人工接种、病区多点异地自然诱发鉴定，结果表明，苗瘟中抗，叶瘟中感，穗瘟中感。

产量及适宜地区：2002年预备试验，平均单产7 733kg/hm²，比对照品种通35增产0.9%；2003—2004年区域试验，平均单产8 364kg/hm²，比对照品种通35增产6.1%。2004年生产试验，平均单产7 248kg/hm²，比对照品种通35增产3.3%。适宜吉林省四平、辽源、通化、松原、长春等中晚熟稻区种植。

栽培技术要点：稀播育全蘖壮秧，4月上中旬播种，5月中下旬插秧。栽培密度为行株距40cm×20cm，每穴栽插2～3苗。氮、磷、钾配方施肥，施纯氮135～150kg/hm²，按底肥30kg/hm²、分蘖肥55kg/hm²、补肥30kg/hm²、穗肥30kg/hm²分期施用；施纯磷60 kg/hm²，全部作底肥施入；施纯钾90 kg/hm²，底肥占40%、拔节期追60%，分两次施用。田间水分管理以浅水灌溉为主，分蘖期间结合人工除草。7月上中旬注意防治二化螟，注意及时防治稻瘟病。

通育313 (Tongyu 313)

　　品种来源：吉林省通化市农业科学院1986年以转菰后代材料F3-1-6（C27×C40）为母本，2499为父本进行复交选育而成，原代号通育414。2002年通过吉林省农作物品种审定委员会审定，审定编号为吉审稻2002003。

　　形态特征和生物学特性：属粳型常规水稻。感光性弱，感温性弱，基本营养生长期短，早熟早粳。生育期130d，需≥10℃活动积温2 600℃，熟期与长白9号相似。茎秆粗壮，穗数较多，穗大整齐，黄熟时全株青绿色，穗型半紧穗，着粒中等，谷粒椭圆形、大而饱满，颖壳浅黄色，茸毛中等。株高105cm，成穗率97%，穗长22～24cm，平均穗粒数140粒，最大穗达230粒，结实率95%，千粒重30g。

　　品质特性：糙米率、精米率、整精米率、粒形、碱消值、蛋白质含量6项指标达部颁优质米一级标准；直链淀粉含量指标达部颁优质米二级标准。

　　抗性：1999—2001年吉林省农业科学院植物保护研究所连续3年采用分菌系人工接种、病区多点异地自然诱发鉴定，结果表明，苗瘟中抗，叶瘟中抗，穗瘟感。

　　产量及适宜地区：1999—2001年区域试验，平均单产7 773kg/hm^2，比对照品种长白9号增产1.4%；2000—2001年生产试验，平均单产8 361kg/hm^2，比对照品种子长白9号增产5.7%。适宜吉林省白山、白城、吉林、通化等中早熟稻作区种植。累计推广面积2.2万hm^2。

　　栽培技术要点：采用稀播育全蘖壮秧，4月10日左右播种，每平方米播催芽种子100～150g，带3～5个分蘖，不宜过早插小苗。少插、宽行稀植或超稀植（行株距30cm×20cm），每穴栽插2苗，不适合密播密植多插的管理方式。提倡以有机肥为主、化肥为辅的良性循环施肥体系，施肥量应根据土壤条件而确定。在中等肥力土壤上，施纯氮135～142kg/hm^2、纯磷37～52kg/hm^2、纯钾75～112kg/hm^2。如在中等肥力土壤上，施猪圈粪15～22米^3/hm^2，再补施尿素150kg/hm^2、氯化钾75kg/hm^2。6月10日左右注意防治负泥虫和潜叶蝇；7月上中旬注意防治二化螟，并注意及时防治稻瘟病。

通育315（Tongyu 315）

品种来源：吉林省通化市农业科学院水稻研究所1994年以转菰后代材料C241为母本，以转菰后代材料A173为父本，杂交后代通过集团育种方法和田间鉴定选择，于2002年选育而成，试验代号通育313A。2008年通过吉林省农作物品种审定委员会审定，审定编号为吉审稻2008009。

形态特征和生物学特性：属粳型常规水稻。感光性弱，感温性中等，基本营养生长期短，中熟早粳。生育期136d，需≥10℃活动积温2 700℃。株型适中，秧苗色深，分蘖较快，成熟时叶片及茎秆深绿色，穗齐，散穗型，籽粒偏圆形，颖壳黄色，无芒。株高103cm，有效穗数345万/hm²，平均穗长17.1cm，平均穗粒数98.3粒，结实率89.8%，千粒重27.6g。

品质特性：糙米率83.8%，精米率76.0%，整精米率60.2%，粒长5.0mm，长宽比1.7，垩白粒率52.0%，垩白度5.8%，透明度2级，碱消值7.0级，胶稠度79mm，直链淀粉含量18.5%，蛋白质含量7.7%。依据NY/T 593—2002《食用稻品种品质》标准，米质符合六等食用粳稻品种品质规定要求。

抗性：2005—2007年吉林省农业科学院植物保护研究所连续3年采用分菌系人工接种、病区多点异地自然诱发鉴定，结果表明，苗瘟感，叶瘟中抗，穗颈瘟中感；2005—2007年在15个田间自然诱发有效鉴定点次中，纹枯病中感。

产量及适宜地区：2006年区域试验，平均单产8 324kg/hm²，比对照品种吉玉粳增产3.2%；2007年区域试验，平均单产8 324kg/hm²，比对照品种吉玉粳增产1.5%；两年区域试验比对照品种吉玉粳增产2.5%。2007年生产试验，平均单产8 657kg/hm²，比对照品种吉玉粳增产7.6%。适宜吉林省白城、松原、通化、延边、四平、长春、吉林等中熟稻作区种植。

栽培技术要点：稀播育壮秧，4月上中旬播种，5月下旬插秧。栽培密度为行株距30cm×20cm或40cm×20cm，每穴栽插2～3苗。氮、磷、钾配方施肥，施纯氮135～150kg/hm²，按底肥30kg/hm²、分蘖肥55kg/hm²、补肥30kg/hm²、穗肥30kg/hm²的比例分期施用；施纯磷60kg/hm²，作底肥一次性施入；施纯钾90kg/hm²，底肥占40%、拔节期追60%，分两次施用。田间水分管理以浅水灌溉为主，分蘖期间进行人工除草。注意防治二化螟、稻瘟病等。

通育316（Tongyu 316）

品种来源：吉林省通化市农业科学院1985年以转菰后代材料C113为母本，C25为父本杂交系选育成，原代号通育320。2002年通过吉林省农作物品种审定委员会审定，审定编号为吉审稻2002011。

形态特征和生物学特性：属粳型常规水稻。感光性弱，感温性弱，基本营养生长期短，中熟早粳。生育期135d，熟期与吉玉粳相似，需≥10℃活动积温2 700～2 800℃。秧苗色稍深，分蘖较快，叶片绿色。茎秆坚硬，株型良好，穗数较多，穗大较齐，穗形稍散，着粒稍稀，枝梗长，剑叶与穗位平齐，黄熟时全株绿色。谷粒呈椭圆形，颖尖黄色，具稀芒，茸毛少，皮薄。株高100cm，穗长23～25cm，平均每穗130粒，最大穗粒数达220粒，结实率95%，成熟率97%，千粒重26g。

品质特性：整精米率、长宽比、垩白度、透明度、碱消值、胶稠度、直链淀粉含量、蛋白质含量8项指标达部颁优质米一级标准；糙米率、精米率、垩白粒率3项指标达部颁优质米二级标准。

抗性：1999—2001年吉林省农业科学院植物保护研究所连续3年采用分菌系人工接种、病区多点异地自然诱发鉴定，结果表明，苗瘟抗，叶瘟中感，穗瘟感。

产量及适宜地区：1999—2001年区域试验，平均单产8 054kg/hm²，比对照品种吉玉粳增产4.3%；2000—2001年生产试验，平均单产8 144kg/hm²，比对照品种吉玉粳增产5.1%。适宜吉林省通化、长春、吉林、四平等中熟稻区种植。累计推广种植面积6.3万hm²。

栽培技术要点：采用稀播育全蘖壮秧，4月10日左右播种，每平方米播催芽种子100～150g，带3～5个分蘖，不宜过早插小苗，少插、宽行稀植或超稀植（行株距40cm×20cm），每穴栽插2苗。多施有机肥，尽量减少化肥用量。在中等肥力土壤上，施纯氮135～142kg/hm²，纯磷37～52kg/hm²，纯钾75～112kg/hm²。如在中等肥力土壤上，施猪圈粪15～22m³，再补施尿素75kg/hm²、氯化钾75kg/hm²。6月10日左右注意防治负泥虫和潜叶蝇；7月上中旬注意防治二化螟，并注意及时防治稻瘟病。

通育318 (Tongyu 318)

品种来源：吉林省通化市农业科学院水稻研究所1986年以转菰后代材料2437为母本，2208为父本，杂交后代通过温室加代、集团育种方法和田间鉴定选择，于1996年选育而成。2003年通过吉林省农作物品种审定委员会审定，审定编号为吉审稻2003020。

形态特征和生物学特性：属粳型常规水稻。感光性弱，感温性弱，基本营养生长期短，早熟早粳。生育期136d，需≥10℃活动积温2 700～2 800℃。株型良好，茎叶略红绿色，分蘖力强，弯穗型，主蘖穗较整齐，着粒密度中等，谷粒呈椭圆形，籽粒黄色，无芒。植株高102cm，每穴有效穗数28个，穗长18～20cm，主穗粒数210粒，平均粒数130粒，结实率95%，千粒重28g。

品质特性：依据农业部NY 122—86《优质食用稻米》标准，糙米率、精米率、整精米率、粒长、长宽比、垩白度、透明度、碱消值、胶稠度、蛋白质含量10项指标达优质米一级标准；直链淀粉含量1项指标达优质米二级标准。

抗性：2000—2002年吉林省农业科学院植物保护研究所连续3年采用分菌系人工接种、病区多点异地自然诱发鉴定，结果表明，苗瘟中感，叶瘟中抗，穗瘟感。

产量及适宜地区：2000年吉林省预试，平均单产7 560kg/hm²，比对照品种吉玉粳增产2.8%；3年吉林省区试，平均单产8 025kg/hm²，比对照品种吉玉粳增产3.7%；2002年生产试验，平均单产7 616kg/hm²，比对照品种吉玉粳减产5.3%。适宜吉林省长春、吉林、白城、松原、通化、辽源中熟稻区种植。累计种植面积3万hm²。

栽培技术要点：稀播育全蘖壮秧，4月上中旬播种，5月中下旬插秧。栽培密度为行株距40cm×20cm，每穴栽插2～3苗。氮、磷、钾配方施肥，施纯氮135～150kg/hm²，按底肥30kg/hm²、分蘖肥55kg/hm²、补肥30kg/hm²、穗肥30kg/hm²分期施用；施纯磷60kg/hm²全部作底肥施入；施纯钾90kg/hm²，底肥占40%、拔节期追60%，分两次施用。水分管理以浅水灌溉为主，分蘖期间结合人工除草。7月上中旬注意防治二化螟，并注意及时防治稻瘟病。

通育335（Tongyu 335）

品种来源：吉林省通化市农业科学研究院1998年以通育120为母本，通育212为父本进行杂交，杂交后代通过集团育种方法和田间鉴定选择，于2007年选育而成，试验代号通育07-9310。2011年通过吉林省农作物品种审定委员会审定，审定编号为吉审稻2011007。

形态特征和生物学特性：属粳型常规水稻。感光性弱，感温性弱，基本营养生长期短，中熟早粳。生育期135d，需≥10℃活动积温2 750℃。株型适中，叶片斜上举，茎叶绿色，分蘖力强，弯曲穗型，主蘖穗整齐，着粒密度适中，籽粒椭圆形，颖及颖尖均黄色，极稀短芒。平均株高99.2cm，有效穗数415.5万/hm²，平均穗长17.8cm，平均穗粒数91.7粒，结实率89.6%，千粒重26.7g。

品质特性：糙米率84.3%，精米率75.1%，整精米率71.7%，粒长5.1mm，长宽比1.8，垩白粒率21.0%，垩白度2.6%，透明度1级，碱消值7.0级，胶稠度61mm，直链淀粉含量19.8%，蛋白质含量6.4%。依据农业部NY/T 593—2002《食用稻品种品质》标准，米质符合三等食用粳稻品种品质规定要求。

抗性：2008—2010年吉林省农业科学院植物保护研究所连续3年采用分菌系人工接种、病区多点异地自然诱发鉴定，结果表明，苗瘟中感，叶瘟中抗，穗瘟感；纹枯病中抗。

产量及适宜地区：2009年区域试验，平均单产8 066kg/hm²，比对照品种吉玉粳增产3.9%；2010年区域试验，平均单产8 207kg/hm²，比对照品种吉玉粳增产6.1%；两年区域试验，平均单产8 339kg/hm²，比对照品种吉玉粳增产5.0%。2010年生产试验，平均单产8 907kg/hm²，比对照品种吉玉粳增产9.0%。适宜四平、长春、辽源、通化、延边等中熟稻区种植。

栽培技术要点：稀播育壮秧，4月上旬播种，每平方米播催芽种子150g，5月中旬插秧。栽培密度为行株距30cm×20cm，每穴栽插2～3苗。氮、磷、钾配方施肥，施纯氮135～150kg/hm²，按底肥30kg/hm²、分蘖肥55kg/hm²、补肥30kg/hm²、穗肥30kg/hm²的比例分期施用；施纯磷60kg/hm²，作底肥一次性施入；施纯钾90kg/hm²，底肥40%、追肥60%，分两次施用。田间水分管理以浅水灌溉为主，分蘖期间结合人工除草。7月上中旬注意防治二化螟，生育期间注意及时防治稻瘟病。

通育401（Tongyu 401）

品种来源：吉林省通化市农业科学院水稻研究所1990年以转菰后代材料UA058为母本，C20为父本进行杂交，2001年育成，原代号通育01-302。2005年通过吉林省农作物品种审定委员会审定，审定编号为吉审稻2005014。

形态特征和生物学特性：属粳型常规水稻。感光性弱，感温性弱，基本营养生长期短，早熟早粳。生育期130d，需≥10℃活动积温2 550～2 600℃。株型良好，茎叶深绿色，茎秆坚硬，弯穗型，主蘖穗较整齐，着粒密度较密，谷粒呈椭圆形，籽粒深黄色，稀短芒。株高100cm，每穴有效穗数25个，穗长20cm，主穗粒数220粒，平均粒数120粒，结实率95%，千粒重28g。

品质特性：依据农业部NY/T 593—2002《食用稻品种品质》标准，该品种检验项目中8项指标达优质米一级标准，1项达二级标准。

抗性：2002—2004年吉林省农业科学院植物保护研究所连续3年采用分菌系人工接种、病区多点异地自然诱发鉴定，结果表明，苗瘟中感，叶瘟感，穗瘟感。

产量及适宜地区：2002年预备试验，平均单产9 042kg/hm²，比对照品种长白9号增产4.7%；2003—2004年区域试验，平均单产8 688kg/hm²，比对照品种长白9号增产6.6%。2004年生产试验，平均单产8 964kg/hm²，比对照品种长白9号增产15.4%。适宜吉林省四平、辽源、通化、松原、长春等中晚熟稻区种植。

栽培技术要点：4月上中旬播种，100～150g/m²，简塑盘育秧每孔2粒种子为宜；5月中下旬插秧，秧龄40～50d，叶龄5.5～6.0叶，带1～3个分蘖的壮秧作为移栽适宜秧苗标准，栽培密度为行株距30cm×20cm，每穴栽插2～3苗。氮、磷、钾配方施肥，施纯氮135～150kg/hm²，按底肥30kg/hm²、分蘖肥55kg/hm²、补肥30kg/hm²、穗肥30kg/hm²分期施用；施纯磷60 kg/hm²，全部作底肥一次性施入；施纯钾90kg/hm²，底肥占40%，拔节期追60%，分两次施入。水分管理以浅水灌溉为主，分蘖期间结合人工除草，撤水时间以收割前10～15d不影响割地为宜，不宜过早；注意防治二化螟、稻瘟病等。

通育406（Tongyu 406）

品种来源：吉林省通化市农业科学研究院1998年夏以通育313为母本，自选转菰后代材料GM003为父本进行杂交，杂交后代通过集团育种方法和田间鉴定选择，于2006年选育而成，试验代号通育06-9406。2010年通过吉林省农作物品种审定委员会审定，审定编号为吉审稻2010002。

形态特征和生物学特性：属粳型常规水稻。感光性弱，感温性弱，基本营养生长期短，早熟早粳。生育期130d，需≥10℃活动积温2 600～2 700℃。株型适中，叶片斜上举，茎叶深绿色，分蘖力中等，弯曲穗型，主蘖穗较整齐，着粒密度适中，籽粒椭圆形，颖及颖尖均黄色，极稀短芒。平均株高105.7cm，有效穗数337.5万/hm²，主穗长19.4cm，平均穗粒数120粒，结实率88.2%，千粒重26.0g。

品质特性：糙米率82.6%，精米率75.0%，整精米率66.6%，粒长5.2mm，长宽比1.8，垩白粒率24.0%，垩白度4.1%，透明度2级，碱消值7.0级，胶稠度60mm，直链淀粉含量17.3%，蛋白质含量8.3%。依据农业部NY/T 593—2002《食用稻品种品质》标准，米质符合三等食用粳稻品种品质规定要求。

抗性：2007—2009年吉林省农业科学院植物保护研究所连续3年采用分菌系人工接种、病区多点异地自然诱发鉴定，结果表明，苗瘟中感，叶瘟中抗，穗瘟感；纹枯病中感。

产量及适宜地区：2008—2009年两年区域试验，平均单产8 694kg/hm²，比对照品种长白9号增产5.5%。2009年生产试验，平均单产8 499kg/hm²，比对照品种长白9号增产2.6%。适宜吉林省吉林、长春、辽源、松原、白城、延边等中早熟稻区种植。

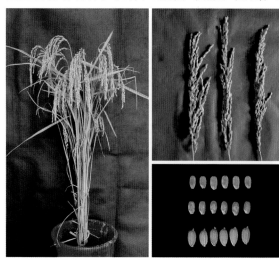

栽培技术要点：稀播育壮秧，4月上旬播种，每平方米播催芽种子150g，5月中旬插秧。栽培密度为行株距30cm×20cm，每穴栽插2～3苗。氮、磷、钾配方施肥，施纯氮135～150kg/hm²，按底肥20%、蘖肥40%、补肥20%、穗肥20%的比例分期施入；施纯磷60kg/hm²，作底肥一次性施入；施纯钾90kg/hm²，底肥40%、拔节期追肥60%，分两次施用。田间水分管理以浅水灌溉为主，分蘖期间结合人工除草。注意防治二化螟、稻瘟病等。

通院11（Tongyuan 11）

品种来源：吉林省通化市农业科学院水稻研究所1999年以秋田小町为母本，通98-56为父本，进行杂交选育而成。2008年通过吉林省农作物品种审定委员会审定，审定编号为吉审稻2008018。

形态特征和生物学特性：属粳型常规水稻。感光性弱，感温性中等，基本营养生长期短，迟熟早粳。生育期141d，需≥10℃活动积温2 800℃。株型较好，茎叶浅绿色，弯穗型，籽粒偏长，颖壳黄色，无芒。平均株高110.5cm，有效穗数396万/hm²，平均穗长19.5cm，平均穗粒数111.6粒，结实率84.2%，千粒重25.1g。

品质特性：糙米率84.0%，精米率75.9%，整精米率70.4%，粒长5.1mm，长宽比1.9，垩白粒率29.0%，垩白度4.1%，透明度2级，碱消值7.0级，胶稠度68mm，直链淀粉含量18.3%，蛋白质含量7.5%。依据NY/T 593—2002《食用稻品种品质》标准，米质符合三等食用粳稻品种品质规定要求。

抗性：2005—2007年吉林省农业科学院植物保护研究所连续3年采用分菌系人工接种、病区多点异地自然诱发鉴定，结果表明，苗瘟感，叶瘟中感，穗颈瘟中抗；2005—2007年在15个田间自然诱发有效鉴定点次中，纹枯病中感。

产量及适宜地区：2005年筛选试验，平均单产8 145kg/hm²，比对照品种通35增产5.3%；2006年区域试验，平均单产9 287kg/hm²，比对照品种通35增产8.8%，2007年区域试验，平均单产8 798kg/hm²，比对照品种通35增产3.7%；两年区域试验比对照品种通35增产5.3%。2006年生产试验，平均单产8 228kg/hm²，比对照品种通35增产6.7%。适宜吉林省松原、通化、延边、四平、长春、吉林等中晚熟稻作区种植。

栽培技术要点：稀播育壮秧，4月上中旬播种，5月中下旬插秧。栽培密度为行株距30cm×20cm，每穴栽插3～4苗。采用氮、磷、钾配方施肥，施纯氮150kg/hm²，按底肥50%、分蘖肥30%、穗肥20%的比例分期施入；施纯磷70kg/hm²、纯钾80kg/hm²，作底肥一次性施入。田间水分管理以浅水灌溉为主，孕穗期浅水或湿润灌溉，成熟期干湿结合。6月10日注意防治负泥虫和潜叶蝇，7月中下旬注意防治二化螟，抽穗期打药防治稻瘟病。

通院513（Tongyuan 513）

品种来源：吉林省通化市农业科学研究院1999年以中作58为母本，通95-74为父本进行有性杂交，后代经系谱法选育而成，试验代号通院13。2009年通过吉林省农作物品种审定委员会审定，审定编号为吉审稻2009013。

形态特征和生物学特性：属粳型常规水稻。感光性弱，感温性弱，基本营养生长期短，迟熟早粳。生育期142d，需≥10℃活动积温2 820℃。株型紧凑，分蘖力强，主蘖穗整齐，中散穗型，着粒密度适中，籽粒椭圆形，籽粒黄色，稀间短芒。平均株高109.2cm，平均穴穗数28穗，平均穗长17.2cm，平均穗粒数103.8粒，结实率92.6%，千粒重23.5g。

品质特性：糙米率84.3%，精米率76.4%，整精米率71.0%，粒长4.8mm，长宽比1.7，垩白粒率12.0%，垩白度1.7%，透明度1级，碱消值7.0级，胶稠度74mm，直链淀粉含量20.4%，蛋白质含量7.8%。依据农业部NY/T 593—2002《食用稻品种品质》标准，米质符合四等食用粳稻品种品质规定要求。

抗性：2006—2008年吉林省农业科学院植物保护研究所连续3年采用分菌系人工接种、病区多点异地自然诱发鉴定，结果表明，苗瘟感，叶瘟中抗，穗瘟中抗；纹枯病中抗。

产量及适宜地区：2007年区域试验，平均单产8 985kg/hm²，比对照品种通35增产4.6%；2008年区域试验，平均单产9 008kg/hm²，比对照品种通35增产5.6%；两年区域试验，平均单产8 997kg/hm²，比对照品种通35增产5.1%。2008年生产试验，平均单产8 547kg/hm²，比对照品种通35增产8.5%。适宜吉林省通化、吉林、长春、辽源、四平、松原、延边等中晚熟稻区种植。

栽培技术要点：4月上中旬播种，5月中下旬插秧。栽培密度为行株距30cm×20cm，每穴栽插3～4苗。氮、磷、钾配方施肥，施纯氮120kg/hm²，按底肥50%、补肥25%、穗肥25%的比例施用；施磷肥（P₂O₅）50kg/hm²，作底肥一次性施入；施钾肥（K₂O）75kg/hm²，按底肥60%、穗肥40%，分两次施用。田间水分管理以浅水灌溉为主。7月上中旬注意防治二化螟，生育期间注意及时防治稻瘟病。

通院515（Tongyuan 515）

品种来源：吉林省通化市农业科学研究院1999年以五优1号为母本，通95-74为父本进行有性杂交，温室加代，后代系谱法选育而成。2010年通过吉林省农作物品种审定委员会审定，审定编号为吉审稻2010009。

形态特征和生物学特性：属粳型常规水稻。感光性弱，感温性弱，基本营养生长期短，迟熟早粳。生育期142d，需≥10℃活动积温2 900℃。株型紧凑，分蘖力强，中散穗型，主蘖穗整齐，着粒密度适中，籽粒椭圆形，黄色，无芒。平均株高116.7cm，穴有效穗数20～26个，穗长23.1cm，平均穗粒数166.9粒，结实率83.3%，千粒重22.8g。

品质特性：糙米率82.9%，精米率74.8%，整精米率73.6%，粒长4.6mm，长宽比1.7，垩白粒率17.0%，垩白度2.1%，透明度2级，碱消值7.0级，胶稠度64 mm，直链淀粉含量17.9 %，蛋白质含量8.0%。依据农业部NY/T 593—2002《食用稻品种品质》标准，米质符合二等食用粳稻品种品质规定要求。

抗性：2007—2009年吉林省农业科学院植物保护研究所连续3年采用分菌系人工接种、病区多点异地自然诱发鉴定，结果表明，苗瘟中抗，叶瘟中抗，穗瘟中感；纹枯病中感。

产量及适宜地区：2008年区域试验，平均单产9 121.7kg/hm²，比对照品种通35增产6.8%；2009年区域试验，平均单产8 734.8kg/hm²，比对照品种通35增产8.2 %；两年区域试验，平均单产8 928.3kg/hm²，比对照品种通35增产7.5 %。2009年生产试验，平均单产8 783.0kg/hm²，比对照品种通35增产6.6%。适宜吉林省通化、吉林、长春、辽源、四平、松原、延边等中晚熟稻区种植。

栽培技术要点：稀播育壮秧，4月上旬播种，5月中旬插秧。栽培密度为行株距30cm×20cm，每穴栽插2～3苗。氮、磷、钾配方施肥，施纯氮140kg/hm²，按底肥20%、补肥10%、穗肥10%的比例分期施入；施纯磷70kg/hm²，作底肥一次性施入；施纯钾90kg/hm²，底肥67%、拔节期追肥33%，分两次施用。田间管理以浅水灌溉为主，间歇灌溉。生育期间，注意防治二化螟和稻瘟病等。

通院6号 （Tongyuan 6）

品种来源：吉林省通化市农业科学院水稻研究所1993年以通粳288为母本，丰选2号（通92-36）为父本杂交，用系统法选育而成。2005年通过吉林省农作物品种审定委员会审定，审定编号为吉审稻2005006。

形态特征和生物学特性：属粳型常规水稻。感光性弱，感温性弱，基本营养生长期短，早熟早粳。生育期140d，需≥10℃活动积温2 800℃。株型紧凑，分蘖力强，茎秆强度强，剑叶上举，籽粒椭圆形，无芒。株高105cm，主茎叶14～15片，有效分蘖25个，穗长23cm，主穗粒数230粒，平均穗粒数148粒，结实率85%，千粒重27g。

品质特性：糙米率83.7%，精米率75.6%，整精米率74.5%，粒长5.0mm，长宽比1.7，垩白粒率16.0%，垩白度2.9%，透明度1级，碱消值7.0级，胶稠度86mm，直链淀粉含量18.1%，蛋白质含量7.8%。

抗性：2002—2004年吉林省农业科学院植物保护研究所连续3年采用分菌系人工接种、病区多点异地自然诱发鉴定，结果表明，苗瘟中抗，叶瘟中抗，穗瘟中抗。

产量及适宜地区：2003—2004年区域试验，平均单产8 252kg/hm²，比对照品种通35增产5.0%，2004年生产试验，平均单产8 280kg/hm²，比对照品种通35增产3.1%。适宜吉林省四平、辽源、通化、松原、长春等中晚熟稻区种植。

栽培技术要点：浸种前晾晒2d，药剂浸种后催芽，4月上中旬播种。规范化旱育苗，100～150g/m²；盘育苗，50～60g/盘，抛秧盘育苗，2～3粒/眼，稀播育壮秧。5月中下旬插秧。宜采取宽窄行（50+30）cm×20cm、（50+20）cm×20cm或宽行40cm×20cm、30cm×26.7cm超稀植栽培，每穴栽插2～3苗。因地制宜，平衡施肥。施肥要采取前控、中足、后保的施肥原则，达到壮秆大穗的目的。中等肥力稻田，施纯氮120 kg/hm²、纯钾100 kg/hm²、纯磷75 kg/hm²。耙地前施底肥50%氮肥、100%磷肥、67%钾肥；6月20～25日，分蘖盛期施25%氮肥；7月10～15日，幼穗分化初期施穗肥25%氮肥、34%钾肥。节水增温，适当晒田。浅水插秧，深水活棵，浅水分蘖，适时晒田，晒田后及时灌水，后期间歇灌溉。综合防治病虫害。7月中旬注意防治稻瘟病和螟虫危害。水稻稻瘟病是一种生物性自然灾害，没有绝对抗病品种，发现叶瘟病要及时打药，同时必须防穗颈瘟。同时注意防治螟虫危害，确保丰收。

通院9号 （Tongyuan 9）

品种来源：吉林省通化市农业科学院水稻研究所1995年以通95-74为母本，丰选2号为父本常规杂交、温室加代，系统法选育而成。2006年通过吉林省农作物品种审定委员会审定，审定编号为吉审稻2006012。

形态特征和生物学特性：属粳型常规水稻。感光性弱，感温性中等，基本营养生长期短，中熟早粳。生育期140d，需≥10℃活动积温2800℃。株型紧凑，茎叶绿色，分蘖力较强，茎秆强度较强，剑叶长度为中，中散穗型，主蘖穗较整齐，着粒密度中，籽粒椭圆形，黄色，无芒。平均株高103.6cm，主茎叶14～15片，穴有效穗数24个，穗长23cm，平均穗粒数136.6粒，结实率85%，千粒重23g。

品质特性：糙米率82.1%，精米率76.5%，整精米率70.3%，粒长5.1mm，长宽比1.9，垩白粒率76.0%，垩白度11.4%，透明度2级，碱消值7.0级，胶稠度65mm，直链淀粉含量17.3%，蛋白质含量8.8%。2007年8月获全国优质粳稻优良食味品评三等奖。

抗性：2003—2005年吉林省农业科学院植物保护研究所连续3年采用分菌系人工接种、病区多点异地自然诱发鉴定，结果表明，苗瘟中抗，叶瘟中抗，穗颈瘟中抗；纹枯病中感。

产量及适宜地区：2003年预备试验，平均单产8018kg/hm²，比对照品种通35增产1.5%；2004—2005年区域试验，平均单产8586kg/hm²，比对照品种通35增产6.5%。2005年生产试验，平均单产8069kg/hm²，比对照品种通35增产7.0%。适宜吉林省中晚熟稻区种植。

栽培技术要点：稀播育壮秧，4月上中旬播种，5月中下旬插秧。栽培密度为行株距40cm×20cm或30cm×26cm，每穴栽插2～3苗。氮、磷、钾配方施肥，施纯氮120kg/hm²，有效钾100kg/hm²，有效磷75kg/hm²。耙地前施底肥50%氮肥、100%磷肥、67%钾肥；6月20～25日，分蘖肥施25%氮肥；7月10～15日，穗肥施25%氮肥、34%钾肥。田间利用浅水插秧，深水活棵，浅水分蘖，适时晒田，晒田后及时灌水，后期间歇灌溉。7月上中旬注意防治二化螟，同时注意及时防治稻瘟病。

通粘1号 （Tongzhan 1）

品种来源：1975年从京引174变异材料中经系统选育育成，试验代号为2056。1980年通过吉林省农作物品种审定委员会审定，审定编号为吉审稻1980002。

形态特征和生物学特性：属粳型常规糯稻品种。感光性弱，感温性中等，基本营养生长期短，迟熟早粳。生育期140d，需≥10℃活动积温2800℃。株高96 cm，分蘖力中等，每穴有效穗数13～16个，茎秆较粗，株型紧凑，叶片较宽，叶色浓绿。平均穗粒数70粒，谷粒呈阔卵形，颖壳黄色，颖尖红褐色，无芒或稀短芒，千粒重26.0 g。

品质特性：糙米率82.0%，精米率68.8%，整精米率63.1%，粒长4.7mm，糙米长宽比1.6，碱消值6.0级，胶稠度100mm，直链淀粉含量1.2%，蛋白质含量7.5%。

抗性：中感苗瘟，感叶瘟和穗瘟。

产量及适宜地区：1976年水稻品种产量试验，平均单产6 281 kg/hm²，1977年水稻品种联合区域试验，平均单产6 644kg/hm²，1979年吉林省水稻品种联合区域试验，最高单产8 604 kg/hm²。适宜吉林省四平、通化、吉林、长春、延边、辽源、松原等中晚熟稻区种植。

栽培技术要点：①播种与插秧：4月中上旬播种，5月中下旬插秧。②栽培密度：行株距30cm×20cm，每穴栽插3～4苗。③施肥：氮、磷、钾配方施肥，施纯氮120 kg/hm²，按底肥20%、补肥25%、穗肥10%的比例分期施用；施磷肥（P_2O_5）50kg/hm²，作底肥一次性施入；施纯钾(K_2O)90 kg/hm²，底肥60%、穗肥40%，分两次施用。④田间管理：水分管理采取分蘖期浅，孕穗期深，籽粒灌浆期浅的灌溉方法。注意防治二化螟、稻瘟病等。

通粘11（Tongzhan 11）

品种来源：吉林省通化市农业科学研究院2000年以通粘1号为母本，藤糯150为父本杂交育成，试验代号TJ7011。2010年通过吉林省农作物品种审定委员会审定，审定编号为吉审稻2010028。

形态特征和生物学特性：属粳型常规糯稻。感光性弱，感温性较弱，基本营养生长期短，中熟早粳。生育期138d，需≥10℃活动积温2 750℃。株型较好，叶片上举，茎叶绿色，分蘖力强，弯曲穗型，主蘖穗整齐，着粒密度适中，籽粒椭圆形，颖尖褐色，无芒。平均株高94.3cm，穗长16.9cm，平均穗粒数90粒，结实率85.2%，千粒重25.6g。

品质特性：糙米率82.3%，精米率74.2%，整精米率58.6%，粒长4.8mm，长宽比1.7，碱消值7.0级，胶稠度100mm，直链淀粉含量1.4%，蛋白质含量8.5%，垩白度1.0%，阴糯米率0%。依据农业部NY/T 593—2002《食用稻品种品质》标准，米质符合等外食用粳糯稻品种品质规定要求。

抗性：2008—2009年吉林省农业科学院植物保护研究所连续2年采用分菌系人工接种、病区多点异地自然诱发鉴定，结果表明，苗瘟感，叶瘟中抗，穗瘟中感；纹枯病中感。

产量及适宜地区：2008年专家组田间测产平均单产9 015kg/hm²，比对照品种通粘1号增产7.9%；2009年区域试验，平均单产7 749kg/hm²，比对照品种通粘1号增产5.1%；两年试验，平均单产8 382kg/hm²，比对照品种通粘1号增产6.6%。2009年生产试验，平均单产7 838kg/hm²，比对照品种通粘1号增产4.5%。适宜吉林省通化、四平、吉林、长春、辽源、松原等中晚熟稻区种植。

栽培技术要点：稀播育壮秧，4月上旬播种，每平方米播催芽种子150g，5月中旬插秧。栽培密度为行株距30cm×20cm，每穴栽插3苗。氮、磷、钾配方施肥，施纯氮135kg/hm²，按底肥40%、分蘖肥30%、补肥20%、穗肥10%的比例分期施入；施纯磷75kg/hm²，作底肥一次性施入；施纯钾90kg/hm²，底肥70%、追肥30%，分两次施用。田间水分管理采取分蘖期浅，孕穗期深，籽粒灌浆期浅的灌溉方法。注意防治二化螟、稻瘟病等。

通粘2号 （Tongzhan 2）

品种来源：吉林省通化市农业科学院1993年由京引147变异中系选育成。2002年通过吉林省农作物品种审定委员会审定，审定编号为吉审稻2002029。

形态特征和生物学特性：属粳型常规糯稻品种。感光性弱，感温性中等，基本营养生长期短，迟熟早粳。生育期142d，需≥10℃活动积温2 800℃。剑叶上举，株型紧凑，分蘖力强，着粒密度适中。谷粒椭圆形，颖及颖尖黄色，稀少短芒，籽粒饱满。株高102.2cm，每穴有效穗可达31.4穗，穗长21.0cm，每穗粒数100.8粒，结实率87.8%，千粒重27.3g。

品质特性：米色乳白，黏性强。

抗性：2001年吉林省农业科学院植物保护研究所采用分菌系人工接种、病区多点异地自然诱发鉴定，结果表明，苗瘟中抗，叶瘟感，穗瘟中感。

产量及适宜地区：2001年生产试验，平均单产7 814kg/hm^2，比对照品种通粘1号增产1.6%。适宜吉林省中晚熟稻区种植。

栽培技术要点：4月上中旬播种，规范化旱育苗，每平方米播催芽种子100～150g；盘育苗，每盘50～60g；隔离层育苗，每平方米400g，稀播育壮秧。5月中下旬插秧，宜采取30cm×20cm、40cm×20cm、30cm×17cm的宽行超稀植栽培，每穴栽插2～3苗。施肥要采取前控、中足、后保的施肥原则，达到壮秧大穗之目的。氮、磷、钾配方施肥，施纯氮120kg/hm^2，按基肥40%、补肥20%、穗肥30%、粒肥10%施用；施磷肥（P$_2$O$_5$）60～70kg/hm^{2}作底肥一次性施入；施钾肥（K$_2$O）50kg/hm^2，60%作底肥、40%作穗肥，分两次施用。分蘖期浅水灌溉，孕穗期浅水或湿润灌溉，成熟期干湿结合。要注意防治螟虫危害，及时防治稻瘟病。

通粘598 (Tongzhan 598)

品种来源：吉林省通化市农业科学研究院2002年在通粘1号繁殖田中发现具有不同性状的变异植株，经系统法选育而成。2010年通过吉林省农作物品种审定委员会审定，审定编号为吉审稻2010026。

形态特征和生物学特性：属粳型常规糯稻品。感光性弱，感温性较弱，基本营养生长期短，迟熟早粳。生育期141d，需≥10℃活动积温2 850℃。株型紧凑，分蘖力强，中散穗型，主蘖穗整齐，着粒密度适中，籽粒偏长粒形，黄色，稀短芒。平均株高104.9cm，平均穴穗数29穗，穗长16.5cm，平均穗粒数101.7粒，结实率82.5%，千粒重24.0g。

品质特性：糙米率81.3%，精米率73.9%，整精米率66.0%，粒长5.2mm，长宽比2.0，碱消值7.0级，胶稠度100 mm，直链淀粉含量1.4%，蛋白质含量8.6%，垩白度1.0%，阴糯米率0%。依据农业部NY/T 593—2002《食用稻品种品质》标准，米质符合四等食用粳糯稻品种品质规定要求。

抗性：2008—2009年吉林省农业科学院植物保护研究所连续2年采用分菌系人工接种、病区多点异地自然诱发鉴定，结果表明，苗瘟中感，叶瘟中感，穗瘟中感；纹枯病中感。

产量及适宜地区：2008年专家组田间测产平均单产8 967kg/hm^2，比对照品种通粘1号增产9.4%；2009年区域试验，平均单产7 917kg/hm^2，比对照品种通粘1号增产7.3%；两年区域试验，平均单产8 442kg/hm^2，比对照品种通粘1号增产8.4%。2009年生产试验，平均单产7 988kg/hm^2，比对照品种通粘1号增产6.5%。适宜吉林省通化、吉林、长春、辽源、四平、松原等中晚熟稻区种植。

栽培技术要点：4月上中旬播种，5月中下旬插秧。栽培密度为行株距30cm×20cm，每穴栽插2～3苗。氮、磷、钾配方施肥，施纯氮140kg/hm^2，按底肥50%、补肥25%、穗肥25%的比例分期施用；施纯磷（P$_2$O$_5$）70kg/hm^2，作底肥一次性施入；施纯钾（K$_2$O）90kg/hm^2，底肥60%、穗肥40%，分两次施用。田间管理以浅水灌溉为主，间歇灌溉。生育期间，注意防治二化螟和稻瘟病。

通粘8号 （Tongzhan 8）

品种来源：吉林省通化市农业科学院1986年以转菰后代材料A577为母本，1379为父本，杂交后代通过温室加代、集团育种方法和田间鉴定选择，于1997年选育而成。2004年通过吉林省农作物品种审定委员会审定，审定编号为吉审稻2004017。

形态特征和生物学特性：属粳型常规水稻。感光性弱，感温性弱，基本营养生长期短，迟熟早粳。生育期142d，需≥10℃活动积温2 800～2 850℃。株型良好，茎叶绿色，分蘖力强，弯穗型，主蘖穗较整齐，着粒密度中等，籽粒椭圆形，黄色，稀短芒。株高99.8cm左右，每穴有效穗数33个，穗长23cm，主穗粒数210粒，平均穗粒数130粒，结实率95%，千粒重26g。

品质特性：依据农业部NY 122—86《优质食用稻米》标准，通育217样品检验项目中糙米率、精米率、整精米率、粒长、长宽比、碱消值、胶稠度、透明度、直链淀粉含量、蛋白质含量10项指标达优质米一级标准，垩白度达优质米二级标准。

抗性：2001—2003年吉林省农业科学院植物保护研究所连续3年采用分菌系人工接种、病区多点异地自然诱发鉴定，结果表明，苗瘟抗，叶瘟感，穗瘟中感。

产量及适宜地区：2001年预备试验，平均单产8 603kg/hm²，比对照品种关东107增产5.7%；2002—2003年区域试验，平均单产8 288kg/hm²，比对照品种关东107增产3.4%。2003年生产试验，平均单产8 706kg/hm²，比对照品种关东107增产3.6%。适宜吉林省晚熟稻区种植。

栽培技术要点：稀播育全蘖壮秧，4月上中旬播种，5月中下旬插秧。栽培密度为40cm×20cm，每穴栽插2～3苗。氮、磷、钾配方施肥，施纯氮135～150kg/hm²，按底肥30kg/hm²、分蘖肥55kg/hm²、补肥30kg/hm²、穗肥30kg/hm²的比例分期施用；施纯磷60kg/hm²，全部作底肥施入；施纯钾90kg/hm²，底肥占40%、拔节期追60%，分两次施入。田间水分管理以浅水灌溉为主，分蘖期间结合人工除草。7月上中旬注意防治二化螟，注意及时防治稻瘟病。

万宝17（Wanbao 17）

品种来源：吉林省安图县万宝乡新兴村1967年用寒丰作母本，福雪为父本杂交育成。

形态特征和生物学特性：属粳型常规水稻。感光性弱，感温性中等，基本营养生长期短，迟熟早粳。苗期生长中等，叶色深绿，叶宽长中等，耐肥力中等，抗倒伏。生育期115d，需≥10℃活动积温2 250℃。分蘖力中等，成穗率较高。株高90cm，穗长约14cm，呈纺锤形，穗较紧，每穗80粒，结实率80%，谷粒阔卵形，黄白色，无芒，颖尖黄白色。千粒重26g。

品质特性：米白色，糙米率80.0%。米质中等。

抗性：耐冷性较强，抗稻瘟病性较弱。

产量及适宜地区：一般平均单产可达5 300kg/hm²。适宜吉林东部高寒山区种植。

栽培技术要点：宜在中上等土壤肥力条件下栽培。4月中旬播种，秧龄40d。5月下旬插秧，行穴距24cm×12cm，每穴栽插8苗。施纯氮90kg/hm²，灌溉管理宜寸水返青，浅水勤灌，深水保胎。

万宝21 （Wanbao 21）

品种来源：吉林省安图县万宝乡新兴农业科技站1971年以京引115为母本，京引116为父本杂交选育而成。1978年通过吉林省农作物品种审定委员会审定。

形态特征和生物学特性：属粳型常规水稻。感光性弱，感温性中等，基本营养生长期短，迟熟早粳。生育期118d，需≥10℃活动积温2 250℃。苗期生长势强，苗色浅绿。株高约85cm，茎秆坚韧。主茎叶11片，叶片短而上举，株型较紧凑。着粒较密，穗长14cm，平均每穗60粒，结实率85%。谷粒阔卵形，颖及颖尖黄白色，无芒，千粒重约24g，分蘖力较强，成穗率较高，有效穗数468万/hm²。

品质特性：米白色，糙米率81.0%。米质较好。

抗性：耐寒、耐肥力强，抗稻瘟病性强。

产量及适宜地区：一般单产4 500kg/hm²。主要适宜吉林省延边地区的半山区和部分山区种植。

栽培技术要点：采用保温育苗，4月中下旬播种，秧龄40d。行株距27cm×10cm，每穴栽插5～6苗。施纯氮100kg/hm²。灌水采用浅—深—浅的方法。

文育302（Wenyu 302）

品种来源：吉林省四平市余粮农业技术研究所1990—1996年由辽盐282中系选育成。2002年通过吉林省农作物品种审定委员会审定，审定编号为吉审稻2002025。

形态特征和生物学特性：属粳型常规水旱兼用稻。感光性弱，感温性中等，基本营养生长期短，迟熟早粳。生育期142d，需≥10℃活动积温3 000℃。茎秆较粗而有韧性，抗倒伏，主蘖穗大小基本一致，着粒密度适中，谷粒椭圆形，籽粒淡黄色。株高95cm，主茎叶14片，叶色较浅，每穴有效穗20～23个。穗长18～22cm，主穗110粒，结实率95%，千粒重28 g。

品质特性：精米率、粒长、长宽比、透明度、碱消值、胶稠度、蛋白质含量7项指标达到部颁优质米一级标准；糙米率、整精米率、垩白度、直链淀粉含量4项指标达到部颁优质米二级标准。

抗性：1999—2001年吉林省农业科学院植物保护研究所连续3年采用分菌系人工接种、病区多点异地自然诱发鉴定，结果表明，苗瘟感，叶瘟中感，穗瘟感。

产量及适宜地区：1999—2000年区域试验，平均单产8 223kg/hm²，比对照品种通35增产6.6%；2000—2001年生产试验，平均单产8 510kg/hm²，比对照品种通35增产9.9%。适宜吉林省生育期在136～140d的稻区种植。

栽培技术要点：4月1日前育苗，每平方米播催芽种子150g，施纯氮135～150kg/hm²、纯磷75kg/hm²、纯钾75kg/hm²。施肥方式为"前控、中足、后保"，施锌肥22～37kg/hm²作底肥施入，钾肥在分蘖、拔节期施入。插秧密度30cm×20cm；灭草施药于杂草萌发前，全生育期间歇灌水。垄栽旱稻时施纯氮105kg/hm²，纯钾105kg/hm²，纯磷60kg/hm²，作底肥一次性施入，然后于分蘖、孕穗、灌浆时各喷1次生物有机液肥。纯旱作不选择沙质土、重碱土地。注意防治稻瘟病。

五优稻1号 （Wuyoudao 1）

品种来源：吉林省种子总站、吉林市种子管理站等从黑龙江省引入。黑龙江省五常市种子公司、黑龙江省农科院第二水稻研究所1985年以松辽4号为母本，藤系129为父本进行有性杂交系选育成，原代号五龙93-8，松93-8，又名长粒香。2001年通过吉林省农作物品种审定委员会审定，审定编号为吉审稻2001006

形态特征和生物学特性：属粳型常规水稻。感光性弱，感温性中等，基本营养生长期短，迟熟早粳。生育期138～140d，需≥10℃活动积温2 750℃。叶色绿、剑叶上举。成穗率高，主蘖穗整齐。颖壳淡黄，有淡黄色芒。糙米外观好。株高97cm，每穴有效穗25个，粒长5.5mm，千粒重25g。

品质特性：糙米率81.5％，精米率73.3％，整精米率68.1％，长宽比2，垩白大小12.0％，垩白粒率2.8％，垩白度0.3％，碱消值6.8级，胶稠度61.3mm，直链淀粉含量17.21％，蛋白质含量7.6％。符合部颁一级优质米标准。

抗性：田间抗稻瘟病性弱，苗期耐冷性强，抗倒性中等，施肥量多时易倒伏。

产量及适宜地区：一般平均单产8 000～8 500kg/hm²。适宜吉林省中晚熟稻区种植。

栽培技术要点：适宜自然水旱育稀植栽培，一般于4月上旬播种育苗，播种量每平方米催芽湿种200～300g，5月中旬移栽，秧龄35～40d。插秧规格为30cm×20cm，每穴栽插3～4苗。施30％三元素复合肥，翻地前施入100kg/hm²，结合耙地再施入100kg/hm²，插秧7～10d时追施硫酸铵100kg/hm²，插秧后19d左右再施硫酸铵100kg/hm²，第三次追肥于7月15日左右追硫酸钾75kg/hm²，以促进籽粒饱满，提高糙米率。

新雪（Xinxue）

品种来源：日本品种。吉林省延边朝鲜族自治州农业科学研究所1962年由辽宁省盐碱地利用研究所引进，母本为龟田早生，父本为石狩白毛，1965年推广。1978年吉林省农作物品种审定委员会认定为推广品种。

形态特征和生物学特性：属粳型常规水稻。感光性弱，感温性弱，基本营养生长期短，早熟早粳，生育期125d，需≥10℃活动积温2 600℃。幼苗生长势强，苗色浓绿，分蘖力较强，叶片较宽，抽穗整齐，成穗率高，着粒较稀，谷粒阔卵形，黄白色，中长芒，颖壳黄白色。株高85cm，主茎叶11～12片，平均每穴有效穗数13～14个，穗长14cm，平均每穗70粒，结实率85%，千粒重约25g。

品质特性：米白色，糙米率82.0%左右。米质良好。

抗性：苗期耐寒，耐肥力中等，抗稻瘟病性较弱。

产量及适宜地区：一般平均单产5 000kg/hm²，在良好栽培条件下，可达6 000kg/hm²以上。主要适宜吉林省延边地区山区和半山区种植。20世纪60年代中期至70年代中期是延边地区的主推品种之一。20世纪50年代推广面积达3.3万hm²左右。

栽培技术要点：4月中下旬播种，每平方米播种量0.3kg，秧龄40d。行穴距27cm×10cm，每穴栽插4～5苗。在施足底肥的基础上，施纯氮100kg/hm²，采用前重后轻分施法。灌水采用浅—深—浅的间歇灌水方法。

延粳1号 （Yangeng 1）

品种来源：吉林省延边朝鲜族自治州农业科学研究所1964年以松辽2号为母本，农垦8号为父本杂交育成，1970年推广。1978年通过吉林省农作物品种审定委员会审定。

形态特征和生物学特性：属粳型常规水稻。感光性弱，感温性弱，基本营养生长期短，早熟早粳。生育期128d，需 ≥ 10℃活动积温2 600℃。苗期生长中等，苗绿色，叶短较直立，宽度中等，分蘖力中等，株型较紧凑，抽穗整齐，成穗率高，着粒较密，谷粒阔卵形，无芒、颖尖、颖壳黄白色。株高90cm，主茎叶12片，平均每穴有效穗7 ~ 8个，有效穗数297万/hm²，穗长16cm，平均每穗75粒，结实率85%，千粒重26g。

品质特性：米白色。

抗性：耐寒力较强，耐肥力中等，抗稻瘟病性一般，表现轻度早衰。

产量及适宜地区：一般单产5 250kg/hm²，在良好栽培条件下，可达6 000kg/hm²以上。主要适宜吉林省延边朝鲜族自治州的半山区和部分山区种植。

栽培技术要点：4月中旬播种，每平方米苗床播种量0.3kg。秧龄40d，5月末到6月初插秧，行穴距27cm×10cm，每穴栽插5苗。在施足底肥的基础上，施纯氮85kg/hm²。灌水管理，寸水返青，浅水保蘖，深水保胎，间歇灌溉。

延粳13（Yangeng 13）

品种来源：吉林省延边朝鲜族自治州农业科学院水稻研究所1977年以金霉440×松前的F₅为母本，石狩为父本杂交选育而成，原品系代号为延交8206。1985年通过吉林省农作物品种审定委员会审定，审定编号为吉审稻1985003。

形态特征和生物学特性：属粳型常规水稻。感光性弱，感温性中等，基本营养生长期短，迟熟早粳。生育期120d，需≥10℃活动积温2 400℃。株高约70cm，主茎叶11片，叶片较短而窄，绿色，株型紧凑，散形穗，主蘖穗较整齐。有效穗数436.5万/hm²，平均穗长14cm，平均每穗50粒，结实率90%。谷粒呈椭圆形，颖及颖尖均呈黄白色，有稀短芒。千粒重29g。

品质特性：糙米率82.6%，整精米率65.9%，垩白粒率10.0%，垩白度0.8%，蛋白质含量7.8%，直链淀粉含量16.5%，胶稠度70mm。品质优良。

抗性：抗稻瘟病性较强，耐肥抗倒伏，耐寒性较强。

产量及适宜地区：1983—1984两年区域试验结果，平均单产6 045 kg/hm²，比对照品种合江12增产7.6%；一般平均单产5 250 kg/hm²。主要适宜吉林省延边朝鲜族自治州的低温山区种植。1985年推广面积0.33万 hm²。

栽培技术要点：4月中旬播种，每平方米苗床播种量0.3kg。插秧期5月25日。施纯氮100kg/hm²。返青至分蘖期保持浅水，孕穗期深水护胎，后期间歇灌溉。稻瘟病流行年份或重病区必须注意防治，确保丰收。

延粳14（Yangeng 14）

品种来源：吉林省延边朝鲜族自治州农业科学院水稻研究所1977年以松前为母本，石狩为父本杂交选育而成，原品系代号为延81012-2。1988年通过吉林省农作物品种审定委员会审定，审定编号为吉审稻1988001。

形态特征和生物学特性：属粳型常规水稻。感光性弱，感温性弱，基本营养生长期短，迟熟早粳。生育期120d，需≥10℃活动积温2 300℃。叶短而窄，株型紧凑，分蘖力强，成穗率高。谷粒椭圆形，颖及颖尖黄白色，无芒。株高约80cm，主茎叶11片，穗长13cm，平均每穗65粒，有效穗数427.5万/hm²，结实率90%，千粒重28g。

品质特性：糙米率83.0%，整精米率61.0%，精米长度5.0mm，宽度2.8mm，长宽比1.8，垩白度25%，胶稠度76mm，直链淀粉含量18.6%，蛋白质含量6.8%。适口性好，米质优良。

抗性：耐肥抗倒性强，中期抗寒性较强。田间抗稻瘟病较强。

产量及适宜地区：1985—1987年参加区域试验，平均单产6 525kg/hm²，比对照品种合江12增产31.5%；1986—1987年参加生产试验，比对照品种合江12增产20.7%。适宜吉林省高寒山区种植合江12、牡丹江4号、万宝11的区域种植。1988年种植面积0.38万hm²。

栽培技术要点：播前须进行种子消毒，4月中旬播种，直播田5月上旬播种，要长芽播种，以保成苗率。苗期播量175～200g/m²，插秧密度23cm×10cm（或26cm×13cm）。在中等肥力条件下，施纯氮100kg/hm²，前重后轻。返青到分蘖期灌浅水，促进分蘖，中期深水护穗，后期灌浅水护根，提高成熟度。生育期内要注意防治病虫害发生，及时除草促进正常发育。

延粳15（Yangeng 15）

品种来源：吉林省延边朝鲜族自治州农业科学院水稻研究所1977年以合江21为母本，农林39为父本杂交选育而成，原品系代号为延8407。1988年通过吉林省农作物品种审定委员会审定，审定编号为吉审稻1988002。

形态特征和生物学特性：属粳型常规水稻。感光性弱，感温性弱，基本营养生长期短，迟熟早粳。生育期115d，需≥10℃活动积温2 200℃。叶片绿色、短而窄，株型紧凑。株高75cm，主茎叶10片。穗长14cm，平均每穴13～15穗，平均每穗75粒，结实率90%。谷粒椭圆形，颖及颖尖黄白色，无芒。分蘖力较强，有效穗数432万/hm²。千粒重25g。

品质特性：糙米率82.9%，精米率66.5%，精米长度4.1mm，宽2.8mm，长宽比1.5，垩白粒率14.5%，胶稠度67.5mm，粗蛋白质含量7.8%，直链淀粉含量17.8%。

抗性：耐肥、抗倒，田间抗稻瘟病性强。表现轻度早衰。

产量及适宜地区：1985—1987年3年区域试验结果，平均单产5 370kg/hm²，比对照品种黑粳2号增产30.8%；1986—1987年生产试验结果，平均单产5 490kg/hm²，比对照品种黑粳2号增产11.6%。适宜吉林省东部高寒山区种植。

栽培技术要点：4月中旬播种。5月下旬插秧，行株距27cm×12cm，每穴栽插4～5苗。宜在中上等肥力条件下栽培，施纯氮100kg/hm²。前重后轻（50%底肥、30%分蘖肥、20%穗肥）。返青到分蘖期进行浅水灌溉，促进分蘖，中期深水护穗，后期浅水护根，提高成熟度。全生育期要注意防治病虫害，如有病虫害发生应及时喷药。

延粳16（Yangeng 16）

品种来源：吉林省延边朝鲜族自治州农业科学院水稻研究所1977年以"东光2号/松前"F₅为母本，陆奥锦为父本杂交选育而成，原品系代号为延8325。1989年通过吉林省农作物品种审定委员会审定，审定编号为吉审稻1989002。

形态特征和生物学特性：属粳型常规水稻。感光性弱，感温性弱，基本营养生长期短，早熟早粳。生育期128d，需≥10℃活动积温2 600℃。茎秆较细有弹性，株型紧凑，叶片上举，叶鞘、叶缘、叶枕均为绿色，穗长中等，着粒密度中等，粒饱满，谷粒椭圆形，有黄白色稀短芒。株高90cm，主茎叶13片，穗长14cm，平均每穴有效穗数19个，分蘖力强，成穗率高，有效穗数528万/hm²，平均每穗75粒，结实率90%，千粒重25g。

品质特性：糙米率82.3%，垩白小。食味较好。

抗性：耐肥，抗倒伏，耐障碍性冷害，中抗稻瘟病。

产量及适宜地区：1985—1987年区域试验，平均单产6 230kg/hm²，较对照品种长白6号增产8.2%；1987—1988年生产试验，平均单产5 988kg/hm²，较对照品种长白6号增产26.6%。适宜吉林省内中早熟和早熟稻区种植。

栽培技术要点：采用旱育苗或大棚盘育苗，4月中旬播种，播种量每公顷70～100kg，5月末结束插秧。插秧密度24cm×10cm或24cm×12cm，每穴栽插5～6苗。在中等肥力下，施纯氮100～130kg/hm²，前重后轻，以浅水灌溉或间歇灌水为好。注意稻瘟病的防治。

延粳17 （Yangeng 17）

品种来源：吉林省延边朝鲜族自治州农业科学院水稻研究所1975年以取手1号为母本，松前为父本杂交，1976年取其F₁代花粉经组织培养选育而成，原品系代号为760。1990年通过吉林省农作物品种审定委员会审定，审定编号为吉审稻1990001。

形态特征和生物学特性：属粳型常规水稻。感光性弱，感温性弱，基本营养生长期短，迟熟早粳。生育期约118d，需≥10℃活动积温2 400℃。幼苗浅绿色，叶片直立，叶鞘、叶缘、叶枕均为绿色，株型紧凑。主穗较整齐，成穗率高，分蘖力强，谷粒椭圆形，颖及颖尖黄白色，无芒。株高约80cm，主茎叶12片，穗长15cm，每穴有效穗17个，每穗75粒，结实率90%，千粒重27g。

品质特性：糙米率83.0%，精米率66.6%，米粒透明，垩白度1.0%，粗蛋白质含量7.5%，直链淀粉含量17.3%，胶稠度71mm。适口性好，米质优良。

抗性：耐肥，抗倒伏，耐寒性强，中抗稻瘟病。

产量及适宜地区：1985—1987年区域试验，平均单产5 822kg/hm²，比对照品种东光2号增产6.1%；1987—1988年生产试验，平均单产5 514kg/hm²，比对照品种东光2号增产40.6%。1989年生产试验比对照品种东光2号增产17%。适宜吉林省早熟稻区种植。

栽培技术要点：播种前进行种子消毒，4月中旬播种，前期播量175～200g/m²，插秧密度24cm×10cm或26cm×10cm。中等肥力条件下，施纯氮120kg/hm²，前重后轻。返青到分蘖期灌浅水，促进分蘖，中期深水护穗，后期浅水护根。注意预防病虫害发生，及时除草促进正常发育。

延粳18（Yangeng 18）

品种来源：吉林省延边朝鲜族自治州农业科学院水稻研究所1981年以延7716为母本，KS₂/松前//松前后代为父本杂交选育而成，原品系代号为延8516。1991年通过吉林省农作物品种审定委员会审定，审定编号为吉审稻1991003。

形态特征和生物学特性：属粳型常规水稻。中熟早粳。生育期135d，需≥10℃活动积温2 600℃。株高83cm，主茎叶13.0片，叶片浅绿，叶片短窄直立，株型紧凑，茎秆细韧，有效穗数499.5万/hm²，分蘖力较强，成穗率和结实率均高。穗长14.0cm，每穗平均粒数65粒，结实率90%以上。谷粒椭圆形，颖及颖尖黄白色，无芒。千粒重25g。

品质特性：糙米率82.8%，精米率72.5%，整精米率66.9%，粒长4.8mm，长宽比1.7，垩白极少，垩白粒率3%，碱消值7.0级，直链淀粉含量18.4%，蛋白质含量5.8%。食味品质好。

抗性：耐肥抗倒伏，耐障碍型冷害。1987—1989年分菌系人工接种结果表现为中抗，多点异地自然诱发鉴定叶瘟中感、穗瘟中感。

产量及适宜地区：1987年省水稻新品种（系）预备试验结果，单产6 693kg/hm²，比对照品种长白7号增产3.5%；1988—1989两年北方早粳中熟组区域试验平均单产7 499kg/hm²，比对照品种合江23增产9.1%；1989—1990年生产试验结果平均比对照长白7号增产18.1%。适宜吉林省半山区种植。

栽培技术要点：较喜肥，宜在中上等肥力条件下种植。4月中旬播种，5月中下旬插秧，移栽密度为30cm×12cm。施肥要氮、磷、钾配合，施纯氮120～130kg/hm²，施肥要前重后轻。用水管理一般采用浅—深—浅的方法。

延粳19（Yangeng 19）

品种来源：吉林省延边朝鲜族自治州农业科学院水稻研究所1984年从通化农业科学研究所引进通8311新品系后，以系谱法选育而成，原品系代号为延8742。1993年通过吉林省农作物品种审定委员会审定，审定编号为吉审稻1993001。

形态特征和生物学特性：属粳型常规水稻。感光性弱，感温性中等，基本营养生长期短，早熟早粳。生育期122d，需≥10℃活动积温2 350℃。叶片深绿，叶片较短窄而直立。茎秆有弹性，株型紧凑，分蘖力较强，成穗率高，谷粒椭圆形，颖及颖尖黄白色，无芒。株高83cm，主茎叶11.7片，有效穗数438万/hm²，穗长15.5cm，每穗平均粒数68.3粒，着粒密度4.4粒/cm，结实率90%，千粒重26.7g。

品质特性：糙米率82.9%，精米率74.4%，整精米率69.4%。外观品质良好。

抗性：中抗稻瘟病，对光温反应不敏感。耐肥，抗倒伏，对障碍型冷害抗性强。

产量及适宜地区：1988—1990年吉林省区域试验，3年平均单产7 095kg/hm²，比对照增产6.6%；1989—1991年吉林省生产试验，3年平均单产7 200kg/hm²，比对照增产9.4%。适宜吉林省东部高寒山区早熟区种植，亦可种植在部分半山区水口地和冷浆地。

栽培技术要点：4月中旬播种，5月下旬插秧。行株距26cm×10cm、26cm×13cm、30cm×10cm、30cm×13cm，每穴栽插4～5苗。一般在中等肥力条件下，施氮110～120kg/hm²，前重后轻，50%作底肥，30%作中期肥，20%作穗肥。

延粳20（Yangeng 20）

品种来源：吉林省延边朝鲜族自治州农业科学院水稻研究所1983年以日本抗稻瘟病性强的秋丰为母本，田间抗稻瘟病性中抗、米质优良的日本品种陆奥香为父本进行人工杂交，通过系谱法育成，原品系号为延88103。1994年通过吉林省农作物品种审定委员会审定，审定编号为吉审稻1994005。

形态特征和生物学特性：属粳型常规水稻。晚熟早粳。生育期148d，需≥10℃活动积温2 800℃。叶色较浅，剑叶直立，较短而稍宽。茎秆坚韧，活秆成熟。有效穗数607.5万/hm^2，主蘖穗整齐，着粒密度适中。谷粒椭圆形，颖及颖尖均呈黄白色。株高90cm，穗长16cm，每穗平均粒数90粒。千粒重24.3g。

品质特性：糙米率82.7%，精米率74.8%，整精米率72.6%，垩白粒率和垩白度小，直链淀粉含量19.5%，胶稠度82mm，透明度1级。食味品质优。

抗性：中抗苗瘟和叶瘟，轻感穗瘟。

产量及适宜地区：一般单产8 500kg/hm^2。适宜在吉林省吉林、通化、四平地区种植。

栽培技术要点：4月中旬播种，5月下旬插秧，秧龄40d。行株距30cm×10cm、30cm×13cm，每穴栽插4～5苗。比较喜肥，宜在上等肥力条件下种植，肥水管理因地制宜，一般在中等肥力条件下，施纯氮150～170kg/hm^2，按底肥50%、分蘖肥30%、穗肥20%的比例分期施用。注意增施磷、钾肥，灌水采用以浅灌为主，中后期间歇灌水。

延粳21（Yangeng 21）

品种来源：吉林省延边朝鲜族自治州农业科学院水稻研究所于1985年以九7721为母本，延8306为父本杂交选育而成。1996年通过吉林省农作物品种审定委员会审定，审定编号为吉审稻1996002。

形态特征和生物学特性：属粳型常规水稻。极早熟品种，生育期120d，需≥10℃活动积温2 300℃。株型紧凑，叶片绿色，散形穗，主蘖穗较整齐。分蘖力强，成穗率高，有效穗数436.5万/hm²。谷粒呈椭圆形，颖及颖尖均呈黄白色，有稀短芒。株高约85cm，主茎叶11片，平均穗长14cm，平均每穗69粒，结实率90%。千粒重27g。

品质特性：糙米率81.6%，精米率72.8%，整精米率66.9%，透明度0.8级，垩白度9.2%，长宽比1.7，碱消值7.0级，胶稠度78mm，直链淀粉含量17.8%，蛋白质含量8.0%。适口性好，米质佳。

抗性：抗稻瘟病性强，抗寒耐冷性强，耐肥抗倒伏性中等，对光温反应迟钝。

产量及适宜地区：1991—1994年吉林省水稻区域试验结果，平均单产6 897kg/hm²，比对照品种牡丹江4号增产20.9%；1994—1995年生产试验6点次，平均单产7 200kg/hm²，比对照品种牡丹江4号增产14.9%。适宜吉林省内高寒山区种植。

栽培技术要点：播种前进行种子消毒。一般4月下旬播种育苗，可旱育苗、盘育苗、简塑盘育苗。5月下旬插秧，行株距30cm×13cm，每穴栽插3～5苗。施纯氮120kg/hm²，并配合使用磷、钾肥。注意防治病虫草害。田间用水管理上可采用浅—深—浅的灌溉方式。

延粳22（Yangeng 22）

品种来源：吉林省延边朝鲜族自治州农业科学院水稻研究所于1990年以珍富10号为母本，藤系138为父本杂交，通过品种间有性杂交采用系谱法选育而成，原品系代号为延304。1999年通过吉林省农作物品种审定委员会审定，审定编号为吉审稻1999007。

形态特征和生物学特性：属粳型常规水稻。基本营养生长期短，早熟早粳。生育期128d，比对照长白9号早4～5d，需≥10℃活动积温2500℃。株型紧凑，茎秆较细而坚韧，叶片坚挺上举，茎叶绿色，散穗，主蘖穗整齐。颖色及颖尖均呈黄色，种皮白色，无芒。主茎叶12.0片，株高90cm，有效穗数504万穗/hm²，穗长16.4cm，穗粒数72.9粒，结实率89.3%，千粒重24.4g。

品质特性：糙米率83.0%，精米率75.9%，整精米率71.8%，粒长4.9mm，长宽比1.8，垩白粒率8.0%，垩白度0.9%，透明度2级，碱消值7.0级，胶稠度69mm，直链淀粉含量19.8%，蛋白质含量7.4%。依据农业部NY 122—86《优质食用稻米》标准，7项指标达国家优质米一级标准，4项指标达国家优质米二级标准。

抗性：耐肥，抗倒伏性较强，对障碍型冷害的抵抗力强，并且年度间变化较小。苗期分菌系人工接种结果表现为中感，多点异地自然诱发鉴定叶瘟中抗、穗瘟中感。

产量及适宜地区：1996—1998年吉林省水稻区域试验，平均单产6929kg/hm²，比对照品种长白9号减产5.2%；1997—1998年吉林省水稻生产试验，平均单产6768kg/hm²，比对照品种长白9号减产7.9%。适宜吉林省内有效积温2500℃的中早熟偏早稻区种植。

栽培技术要点：4月中旬播种，采用大棚盘育苗，每盘播催芽种子75g，稀播育壮秧，秧龄35～40d。5月中旬插秧，行株距30.0cm×15.0cm，每穴栽插3～4苗。氮、磷、钾配方施肥，施纯氮130kg/hm²，按底肥40%、分蘖肥30%、补肥15%、穗肥15%的比例分期施用；施磷肥80kg/hm²，作底肥全部施入；施钾肥80kg/hm²，底肥50%、拔节期追肥50%，分两次施用。大田水分管理应采取分蘖期浅、孕穗期深、籽粒灌浆期浅的灌溉方法。注意防治稻瘟病。

延粳23（Yangeng 23）

品种来源：吉林省延边朝鲜族自治州农业科学院水稻研究所于1991年从韩国引进杂交后代SR18228F1（云峰/SHORA2），采用系谱选择法育成，原品系代号为延504。2000年通过吉林省农作物品种审定委员会审定，审定编号为吉审稻2000006。2001年通过全国农作物品种审定委员会审定，审定编号为国审稻2001031。

形态特征和生物学特性：属粳型常规水稻。感光性弱，感温性中等，基本营养生长期短，迟熟早粳。生育期140d，需≥10℃活动积温2 750～2 800℃。株型紧凑，茎秆较细而坚韧，叶片坚挺上举，茎叶绿色。散穗，主蘖穗整齐，颖色及颖尖均呈黄色，种皮白色，无芒。主茎叶14.0片，株高99.9cm，有效穗数508.5万/hm²，穗长18.1cm，穗粒数93.8粒，结实率86.8%，千粒重26.2g。

品质特性：糙米率83.8%，精米率75.0%，整精米率65.3%，粒长5.0mm，长宽比1.8，垩白粒率14.0%，垩白度1.4%，透明度2级，碱消值7.0级，胶稠度76mm，直链淀粉含量19.8%，蛋白质含量7.6%。依据农业部NY 122—86《优质食用稻米》标准，9项指标达国家优质米一级标准，4项指标达国家优质米二级标准。

抗性：耐肥抗倒伏性强，对障碍型冷害的抵抗力强。苗瘟感，叶瘟中感，穗颈瘟感。

产量及适宜地区：1996—1998年区域试验，平均单产9 018kg/hm²，比对照品种农大3号增产2.4%；1997—1998年生产试验，平均单产7 920kg/hm²，比对照品种农大3号增产2.5%。2000年生产试验，平均单产8 220kg/hm²，比对照品种吉玉粳增产6.3%。适宜吉林省中熟、中晚熟，辽宁省东北部及宁夏回族自治区部分稻区种植。

栽培技术要点：比较喜肥，宜在中等肥力条件下育苗插秧。4月上旬播种，采用大棚盘育苗，每盘播催芽种子70g，稀播育壮秧，秧龄35～40d。5月中旬插秧，行株距30.0cm×20.0cm，每穴栽插3～4苗。氮、磷、钾配方施肥。施纯氮135kg/hm²，按底肥50%、分蘖肥20%、补肥15%、穗肥15%的比例分期施用；施磷肥80kg/hm²，作底肥全部施入；施钾肥80kg/hm²，底肥50%，拔节期追肥50%，分两次施用。大田用水管理应采取分蘖期浅、孕穗期深、籽粒灌浆期浅的灌溉方法。注意防治稻瘟病。

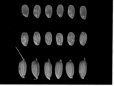

延粳24（Yangeng 24）

品种来源：吉林省延边朝鲜族自治州农业科学院水稻研究所于1991年以珍富10号为母本，长寿锦为父本通过品种间杂交，采用系谱选择法育成，原品系代号为延308。2002年通过吉林省农作物品种审定委员会审定，审定编号为吉审稻2002002。

形态特征和生物学特性：属粳型常规水稻。感光性弱，感温性弱，基本营养生长期短，中熟早粳。生育期133d，比对照长白9号晚3d，需≥10℃活动积温2 600～2 700℃。株型紧凑，叶较短，茎叶绿色，散穗，主蘖穗整齐，颖及颖尖均呈黄色，种皮白色，无芒。主茎叶13片，株高95.6cm，有效穗数349.5万/hm²，穗长17.6cm，穗粒数98.1粒，结实率84.3%，千粒重26.5g。

品质特性：糙米率83.3%，精米率76.8%，整精米率56.4%，粒长4.6mm，长宽比1.6，垩白粒率8.0%，垩白度0.7%，透明度2级，碱消值7.0级，胶稠度72mm，直链淀粉含量16.7%，蛋白质含量7.8%。依据农业部NY 122—86《优质食用稻米》标准，8项指标达国家优质米一级标准，垩白粒率、透明度2项指标达国家优质米二级标准。

抗性：1999—2001年吉林省农业科学院植物保护研究所连续3年采用分菌系人工接种、病区多点异地自然诱发鉴定，结果表明，苗瘟中抗，叶瘟感，穗颈瘟感。耐肥抗倒伏性强，对障碍型冷害的抵抗力强。

产量及适宜地区：1999—2001年吉林省水稻区域试验，结果平均单产7 508kg/hm²，比对照品种长白9号增产1.7%；2000—2001年生产试验，平均单产12 635kg/hm²，比对照品种长白9号减产2.9%。适宜吉林省内≥10℃活动积温2 600～2 700℃的中早熟和中熟稻区种植。

栽培技术要点：比较喜肥，宜在中等肥力条件下育苗插秧。4月上中旬播种，采用大棚盘育苗，每盘播催芽种子70g，稀播育壮秧，秧龄35～40d。5月中旬插秧，行株距30.0cm×20.0cm，每穴栽插3～4苗。氮、磷、钾配方施肥，每公顷施纯氮135kg，按底肥50%、分蘖肥20%、补肥15%、穗肥15%的比例分期施用；施纯磷80kg/hm²，全部作底肥施入；施纯钾80kg/hm²，底肥50%、拔节期追肥50%，分两次施用。大田水管理应采取分蘖期浅、孕穗期深、籽粒灌浆期浅的灌溉方法。注意防治稻瘟病。

延粳25 (Yangeng 25)

品种来源：吉林省延边朝鲜族自治州农业科学院水稻研究所于1994年以珍富10号为母本，延105为父本，通过品种间杂交，采用系谱选择法育成，原品系代号为延404。2003年通过吉林省农作物品种审定委员会审定，审定编号为吉审稻2003025。

形态特征和生物学特性：属粳型常规水稻。感光性弱，感温性弱，基本营养生长期短，中熟中粳。生育期135d，与对照吉玉粳一致，需≥10℃活动积温2 700～2 750℃。株型紧凑，叶片坚挺上举，茎叶绿色，散穗，主蘖穗整齐，颖色及颖尖均呈黄色，种皮白色，短芒。主茎叶13.1片，株高101.1cm，有效穗数367.5万/hm²，穗长17.1cm，穗粒数99.6粒，结实率85.0%，千粒重28.1g。

品质特性：糙米率83.0%，精米率75.9%，整精米率71.8%，粒长4.9mm，长宽比1.8，垩白粒率8.0%，垩白度0.9%，透明度2级，碱消值7.0级，胶稠度69mm，直链淀粉含量19.8%，蛋白质含量7.4%。依据农业部NY 122—86《优质食用稻米》标准，检验项目中糙米率、精米率、整精米率、长宽比、垩白度、碱消值、蛋白质含量7项指标国家达优质米一级标准，垩白粒率、透明度、胶稠度、直链淀粉含量4项指标达国家优质米二级标准。

抗性：耐肥抗倒伏性较强，对障碍型冷害的抵抗力强，中抗苗瘟，中感叶瘟，感穗颈瘟。

产量及适宜地区：2001—2002年区域试验，平均单产8 012kg/hm²，比对照品种吉玉粳增产1.1%；2002年生产试验，平均单产7 793kg/hm²，比对照品种吉玉粳减产3.1%。适宜吉林省长春、吉林、松原、通化、四平、延边的中熟稻区种植。

栽培技术要点：4月中旬播种，采用大棚盘育苗，每盘播催芽种子70g，稀播育壮秧，秧龄35～40d。5月中旬插秧，行株距30.0cm×20.0cm，每穴栽插3～4苗。氮、磷、钾配方施肥，施纯氮130kg/hm²，按底肥40%、分蘖肥30%、补肥15%、穗肥15%的比例分期施用；施纯磷80kg/hm²，全部作底肥施入；施纯钾80kg/hm²，底肥50%、拔节期追肥50%，分两次施用；大田水管理应采取分蘖期浅、孕穗期深、籽粒灌浆期浅的灌溉方法。8月初注意及时防治稻瘟病。

延粳26 （Yangeng 26）

品种来源：吉林省延边朝鲜族自治州农业科学院水稻研究所于1994年从韩国引进的材料，通过严格选拔出的品种，原品系代号为延312。2004年通过吉林省农作物品种审定委员会审定，审定编号为吉审稻2004002。

形态特征和生物学特性：属粳型常规水稻。生育期131d，比对照品种长白9号晚1d，需≥10℃活动积温2 600 ~ 2 700℃。中早熟品种。株型紧凑，叶片坚挺上举，茎叶绿色，散穗，主蘖穗整齐，颖及颖尖均呈黄色，种皮白色，无芒。主茎叶13.0片，株高93.6cm，有效穗数433.5万/hm²，平均穗长17.1cm，穗粒数102.8粒，结实率80.6%，千粒重26.0g。

品质特性：糙米率82.4%，精米率74.1%，整精米率64.7%，粒长4.8mm，长宽比1.7，垩白粒率4.0%，垩白度0.1%，透明度2级，碱消值7.0级，胶稠度85mm，直链淀粉含量16.71%，蛋白质含量7.2%。

抗性：耐肥抗倒伏性较强，对障碍型冷害的抵抗力较强，中感苗瘟和叶瘟，感穗颈瘟。

产量及适宜地区：2002—2003年区域试验，平均单产8 133kg/hm²，比对照品种长白9号增产1.7%；2003年生产试验，平均单产7 832kg/hm²，比对照品种长白9号减产1.5%。适宜吉林省中早、中熟稻区种植。

栽培技术要点：4月中旬播种，采用大棚盘育苗，每盘播催芽种子75g，稀播育壮秧，秧龄35 ~ 40d。5月中旬插秧，行株距30.0cm×20.0cm，每穴栽插3 ~ 4苗。氮、磷、钾配方施肥，施纯氮130kg/hm²，按底肥50%、返青肥20%、补肥20%的比例分期施用；施纯磷80kg/hm²，全部作底肥施入；施纯钾80kg/hm²，底肥50%、拔节期追肥50%，分两次施用。大田水管理应采取分蘖期浅、孕穗期深、籽粒灌浆期浅的灌溉方法。注意及时防治稻瘟病。

延粳3号（Yangeng 3）

品种来源：吉林省延边朝鲜族自治州农业科学研究所1964年以松辽2号为母本，农垦8号为父本杂交育成。1978年通过吉林省农作物品种审定委员会审定。

形态特征和生物学特性：属粳型常规糯稻。感光性弱，感温性弱，基本营养生长期短，早熟早粳。生育期130d，需≥10℃活动积温2 600℃。分蘖力中等，谷粒呈阔卵形，颖黄色，颖尖红褐色，稀短芒。株高90cm，千粒重25g。

品质特性：米乳白色，糯稻。

抗性：耐肥性一般，易感稻瘟病。

产量及适宜地区：一般平均单产5 500kg/hm²。适宜吉林省山区半山区及无霜期较短的地区种植。

栽培技术要点：适于中等肥力土壤条件下种植。大棚或旱育苗，4月下旬播种。5月下旬插秧，行穴距24cm×10cm，每穴栽插5～6苗。施纯氮100kg/hm²。采用浅—深—浅的方式灌溉。生育期间注意稻瘟病的防治。

延农1号（Yannong 1）

品种来源：延边大学农学院于1988年以空育134为母本，上育385为父本杂交，经F$_1$花药培养选育而成。1999年通过吉林省农作物品种审定委员会审定，审定编号为吉审稻1999008。

形态特征和生物学特性：属粳型常规水稻。感光性弱，感温性弱，基本营养生长期短，迟熟早粳。生育期122d，需≥10℃活动积温2 200℃。分蘖力强，平均每穴有效穗数为20个，主蘖穗整齐。株高80cm，穗长17cm，千粒重26g。

品质特性：无。

抗性：抗稻瘟病性中等，耐肥抗倒伏，抗寒耐冷性强。

产量及适宜地区：1996—1998年区域试验，平均单产8 306kg/hm²，比对照品种延粳14增产6.4%；1997—1998年生产试验，平均单产7 901kg/hm²，比对照品种延粳14增产3.6%。适宜吉林省东部高寒山区≥10℃活动积温2 200℃以上可种植牡丹江4号、延粳14、万宝21的稻区种植。

栽培技术要点：一般4月下旬播种，稀播育壮苗，秧龄35～40d。5月末插秧，插秧密度一般为30cm×13cm，每穴栽插4～5苗。施纯氮130kg/hm²，前重后轻。用水管理采用浅—深—浅的方式。推广中应采用综合防病措施。

延系20（Yanxi 20）

品种来源：吉林省延边朝鲜族自治州农业科学研究所1962年从元子2号中系选育成。1970年推广。

形态特征和生物学特性：属粳型常规水稻。感光性弱，感温性弱，基本营养生长期短，迟熟早粳。生育期143d，需≥10℃活动积温3 000℃。幼苗生长势强，苗粗壮，茎秆粗韧，株型紧凑，分蘖力较弱，叶较窄而直立，色浓绿，穗大，穗颈较细，着粒较密，抽穗整齐，成穗率高，谷粒椭圆形，有紫褐色短芒，颖尖红褐色，颖壳褐色。株高100cm，主茎叶14 ～ 15片，每穴有效穗数5 ～ 6个，平均穗长17 ～ 18cm，平均每穗90粒，结实率85%，千粒重27g。

品质特性：米白色，糙米率81.0%。米质一般。

抗性：抗寒性、耐肥性及抗稻瘟病性中等。

产量及适宜地区：一般平均单产6 750kg/hm²。适宜吉林省延边平原稻区种植。1969年种植面积0.67万hm²。

栽培技术要点：薄膜保温旱育苗，4月上中旬播种，每平方米苗床播种量0.3kg；行穴距27cm×13cm，每穴栽插4 ～ 5苗；在增施农家肥的基础上，施纯氮127kg/hm²，前重后轻，适当施用磷、钾肥；浅水间歇灌溉。

延引1号（Yanyin 1）

品种来源：吉林省延边朝鲜族自治州农业科学院水稻研究所于1990年从韩国直接引进，原代号珍富10号。1997年通过吉林省农作物品种审定委员会审定，审定编号为吉审稻1997005。

形态特征和生物学特性：属粳型常规水稻。中晚熟品种。生育期140d，出穗后灌浆快，需≥10℃活动积温2 800℃。株型紧凑，茎秆较细而坚韧，叶片坚挺上举，茎叶绿色，散穗。颖及颖尖均呈黄色，种皮白色，无芒。有效穗数484.5万/hm²。株高105cm，主茎叶数14.0片，穗长17.5cm，穗粒数85.9粒，结实率87.1%，千粒重25.3g。

品质特性：糙米率82.9%，精米率74.6%，整精米率71.4%，粒长4.8mm，长宽比1.7，垩白粒率16.0%，垩白度1.2%，透明度0.66级，碱消值7.0级，胶稠度94mm，直链淀粉含量18.8%，蛋白质含量7.1%。依据农业部NY 122—86《优质食用稻米》标准，9项指标达国家优质米一级标准，2项指标达国家优质米二级标准。在1998年吉林省第二届水稻优质品种（系）鉴评会上被评为优质品种。

抗性：1995—1996年分菌系人工接种结果表现为中抗，多点异地自然诱发鉴定叶瘟中感、穗瘟中抗。耐冷性较强。

产量及适宜地区：1995—1996年吉林省水稻区域试验，结果平均单产8 090kg/hm²，比对照品种吉引12增产2.2%；1995—1996年生产试验，结果平均单产7 830kg/hm²，比对照品种吉引12减产2.2%。适宜吉林省内有效积温2 800℃以上的中晚熟和晚熟稻区种植。审定以来累计推广面积达2.6万hm²。

栽培技术要点：比较喜肥，宜在中等肥力条件下育苗插秧。4月上旬播种，采用大棚盘育苗，每盘播催芽种70g，稀播育壮秧，秧龄35～40d。5月中旬插秧，行株距30.0cm×20.0cm，每穴栽插3～4苗。氮、磷、钾配方施肥。施纯氮135kg/hm²，按底肥50%、分蘖肥20%、补肥15%、穗肥15%的比例分期施用；施纯磷80kg/hm²，作底肥全部施入；施纯钾80kg/hm²，底肥50%、拔节期追肥50%，分两次施用。大田水管理应采取分蘖期浅、孕穗期深、籽粒灌浆期浅的灌溉方法。注意防治稻瘟病。

延引5号 (Yanyin 5)

品种来源：吉林省延边朝鲜族自治州农业科学院水稻研究所于1984年从日本引进，原品系号为藤光。2001年通过吉林省农作物品种审定委员会审定，审定编号为吉审稻2001007。

形态特征和生物学特性：属粳型常规水稻。感光性弱，感温性中等，基本营养生长期短，早熟早粳。生育期129d，比对照合江21晚4d，需≥10℃活动积温2 550～2 600℃。株型较散，秆软，叶较短，茎叶绿色。散穗，主蘖穗整齐度差一些。颖色及颖尖均呈黄色，种皮白色，无芒。株高100cm，主茎叶13片，有效穗数376.5万/hm²，穗长15cm，穗粒数70粒，结实率80.1%，千粒重24.5g。

品质特性：糙米率83.1%，精米率73.7%，整精米率62.9%，粒长5.0mm，长宽比1.8，垩白粒率35%，垩白度6.6%，透明度1级，碱消值7.0级，胶稠度80mm，直链淀粉含量16.9%，蛋白质含量7.0%。依据农业部NY 122—86《优质食用稻米》标准，检验项目中糙米率、粒长、长宽比、透明度、碱消值、胶稠度、直链淀粉含量7项指标达国家优质米一级标准；精米率、整精米率2项指标达国家优质米二级标准。

抗性：抗倒伏性较差，耐障碍型低温冷害能力较差。苗瘟中抗，叶瘟中感，穗瘟中感。

产量及适宜地区：一般单产6 750～7 500kg/hm²。适宜吉林省内≥10℃活动积温2 550～2 600℃的早熟、中早熟稻区种植。

栽培技术要点：4月中旬播种，采用大棚盘育苗，每盘播催芽种子75g，稀播育壮秧，秧龄35～40d。5月中下旬插秧，行株距30.0cm×15.0cm，每穴栽插3～4苗。氮、磷、钾配方施肥。施纯氮120kg/hm²，按底肥60%、分蘖肥20%、补肥20%的比例分期施用；施磷肥80kg/hm²，作底肥全部施入；施钾肥80kg/hm²，底肥50%，拔节期追肥50%，分两次施用。大田水管理应采取分蘖期浅、孕穗期深、籽粒灌浆期浅的灌溉方法。7月末8月初注意及时防治稻瘟病。

延引6号 （Yanyin 6）

品种来源：吉林省延边朝鲜族自治州农业科学院水稻研究所于1997年从日本引进，原品系代号为延505。2003年通过吉林省农作物品种审定委员会审定，审定编号为吉审稻2003026。

形态特征和生物学特性：属粳型常规水稻。迟熟中粳。生育期141d，比对照通35晚1d，需≥10℃活动积温2 800℃。株型紧凑，茎叶绿色，散穗，主蘖穗整齐，颖色及颖尖均呈黄色，种皮白色，无芒。主茎叶14.0片，株高103.3cm，有效穗数417万/hm²，穗长17.0cm，每穗粒数91.4粒，结实率88.1%，千粒重25.5g。

品质特性：糙米率82.6%，精米率76.0%，整精米率61.9%，粒长4.7mm，长宽比1.7，垩白粒率6.0%，垩白度1.0%，透明度2级，碱消值7.0级，胶稠度72mm，直链淀粉含量16.7%，蛋白质含量6.8%。依据农业部NY 122—86《优质食用稻米》标准，检验项目中精米率、长宽比、碱消值、胶稠度、直链淀粉含量5项指标达国家优质米一级标准，糙米率、整精米率、垩白粒率、垩白度、透明度5项指标达国家优质米二级标准。

抗性：耐肥抗倒性极强，对障碍型冷害的抵抗力较强，感苗瘟，中感叶瘟、感穗瘟。

产量及适宜地区：2000—2001年吉林省水稻区域试验，结果平均单产8 495kg/hm²，比对照品种通35增产3.4%；2000—2001年生产试验，结果平均单产8 229kg/hm²，比对照品种通35增产2.0%。适宜吉林省有效积温2 800℃左右的中晚熟稻区种植。

栽培技术要点：4月上中旬播种，采用大棚盘育苗，每盘播催芽种子70g，稀播育壮秧，

秧龄35～40d。5月中旬插秧，行株距30.0cm×20.0cm，每穴栽插3～4苗。氮、磷、钾配方施肥，施纯氮135kg/hm²，按底肥40%、分蘖肥30%、补肥15%、穗肥15%的比例分期施用；施纯磷80kg/hm²，全部作底肥施入；施纯钾80kg/hm²，底肥50%、拔节期追肥50%，分两次施用。大田水管理应采取分蘖期浅、孕穗期深、籽粒灌浆期浅的灌溉方法。8月上中旬注意及时防治稻瘟病。

延粘1号（Yanzhan 1）

品种来源：吉林省延边朝鲜族自治州农业科学院水稻研究所于1978年以滇型松前不育系为母本，恢复系古巴154/临果//临果作父本杂交选育而成，原品系代号为延84-10-5。1990年通过吉林省农作物品种审定委员会审定，审定编号为吉审稻1990003。

形态特征和生物学特性：属粳型常规糯稻。感光性弱，感温性弱，基本营养生长期短，中熟早粳。生育期133d，需≥10℃活动积温2 550℃。株型紧凑，茎叶绿色，叶短而窄。分蘖力强，主蘖穗整齐，谷粒呈椭圆形，颖及颖尖黄白色，无芒。株高85.5cm，主茎叶13片，平均穗长16.6cm，平均每穴有效穗数17.2个，平均每穗79粒，结实率85%，千粒重24.3g。

品质特性：糙米率81.4%，精米率73.0%，整精米率70.8%。米粒乳白色，糯性好，食味好。

抗性：耐肥性中等，较抗倒，耐冷性较强。1987—1989年分菌系人工接种结果表现为中感，多点异地自然诱发鉴定叶瘟中感、穗瘟中抗。

产量及适宜地区：1987—1989年吉林省水稻区域试验，平均单产6 690kg/hm²，比对照品种长白7号增产3%；1988—1989年生产试验，两年共7个点次，平均单产6 150kg/hm²，比对照品种长白7号增产10.9%。一般平均单产7 050kg/hm²，适宜吉林省中早熟稻区种植。

栽培技术要点：稀播育壮秧，适宜在中上等肥力条件下栽培。4月中旬播种，5月下旬插秧。行株距26cm×13cm或30cm×13cm，每穴栽插4～5苗。施纯氮125kg/hm²，前重后轻。浅水间歇灌溉，遇冷害年份须适当深灌。生育期应注意虫害、病害的防治。

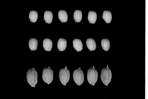

延组培1号 （Yanzupei 1）

品种来源：吉林省延边朝鲜族自治州农业科学院水稻研究所于1990年从日本引进品种下北幼穗体细胞组织培养突变体中筛选出的早熟优良品系，比下北早熟15d。2000年通过吉林省农作物品种审定委员会审定，审定编号为吉审稻2000005。

形态特征和生物学特性：属粳型常规水稻。感光性弱，感温性中等，基本营养生长期短，迟熟早粳。生育期125d，与对照合江21熟期一致，需≥10℃活动积温2 400℃。株型紧凑，茎秆较细而坚韧，叶片坚挺上举，茎叶绿色，散穗，主蘖穗整齐。颖色及颖尖均呈黄色，种皮白色，无芒。主茎叶12片，株高85cm，有效穗数400.5万/hm²，穗长17.0cm，穗粒数77.0粒，结实率88.0%，千粒重24.8g。

品质特性：糙米率82.8%，精米率75.1%，整精米率73.1%，粒长5.0mm，长宽比1.7，垩白度2.8%，透明度1级，胶稠度87mm，直链淀粉含量18.52%，蛋白质含量7.02%，碱消值7.0级。依据农业部NY 122—86《优质食用稻米》标准，检验项目中精米率、整精米率、胶稠度、碱消值、长宽比、蛋白质含量6项指标达国家优质米一级标准；糙米率、垩白度、透明度、直链淀粉含量4项指标达国家优质米二级标准。适口性好，米质优良。

抗性：较抗稻瘟病，抗寒耐冷性强，耐肥抗倒，适应性广。

产量及适宜地区：1996—1999年吉林省水稻区域试验，结果平均单产7 910kg/hm²，比对照品种合江21增产1.0%；1997—1998年生产试验，结果平均单产6 993kg/hm²，比对照品种合江21增产11.7%，增产极显著。适宜吉林省内山区、半山区种植，延粳14、合江21等早熟品种的稻区均可种植。

栽培技术要点：4月中旬播种，采用大棚盘育苗，每盘播催芽种子75g，稀播育壮秧，秧龄35～40d。5月中旬插秧，行株距30.0cm×15.0cm，每穴栽插3～4苗。氮、磷、钾配方施肥。施纯氮130kg/hm²，按底肥40%、分蘖肥30%、补肥15%、穗肥15%的比例分期施用；施磷肥80kg/hm²，作底肥全部施入；施钾肥80kg/hm²，底肥50%、拔节期追肥50%，分两次施用。大田用水管理应采取分蘖期浅、孕穗期深、籽粒灌浆期浅的灌溉方法。7月中下旬开始注意及时防治稻瘟病。

元子2号 （Yuanzi 2）

品种来源：吉林省农业科学院（原东北农科所）1949年于朝鲜民主主义人民共和国咸镜北道吉川郡引入，1955年确定推广。又名原野2号，组合为农林1号/庄内早生。

形态特征和生物学特性：属粳型常规水稻。感光性弱，感温性弱，基本营养生长期短，迟熟早粳，生育期145d，需≥10℃活动积温2 950℃。苗期耐寒性较弱，生长缓慢。茎秆强韧，分蘖力强，谷粒椭圆形，红褐色稀短芒，颖黄色。株高约90cm，穗长约17cm，每穗约95粒，千粒重约26g。

品质特性：米白色，糙米率81%。米质一般。

抗性：耐肥，抗倒伏，抗稻瘟病性强。

产量及适宜地区：一般平均单产6 000kg/hm²。适宜吉林省东部延边地区及辽宁省清原、新宾、桓仁等地种植。1957年推广面积达3万hm²。

栽培技术要点：保温育苗，4月中旬播种。深耕密植栽培。

月亭糯1号 （Yuetingnuo 1）

品种来源：延边大学农学院农学系水稻育种研究室于1988年以日本糯稻品种乙女糯为母本，韩国糯稻品种水原糯1号为父本，进行品种间杂交，采用混合选择法，结合南繁选育而成，原代号延农糯2号。2004年通过吉林省农作物品种审定委员会审定，审定编号为吉审稻2004018。

形态特征和生物学特性：属粳型常规糯稻。感光性弱，感温性弱，基本营养生长期短，早熟早粳。生育期134d，需≥10℃活动积温2 600℃。叶片呈绿色，株型紧凑，主蘖穗较整齐，成穗率高，穗呈纺锤形，籽粒椭圆形，颖壳黄白色，颖尖呈红色，稀短芒。株高96cm，主茎叶13片，平均每穴有效穗数20个，平均穗长18.7cm，每穗粒数120粒，结实率90.9%，千粒重26g。

品质特性：糙米率83.4%，精米率74.8%，粒长46mm，粒宽29mm，长宽比1.6，透明度乳白，碱消值5.0级，胶稠度100mm，直链淀粉含量1.3%，蛋白质含量7.2%。适口性好，米质优良。

抗性：2001—2003年延边农业科学院连续3年采用分菌系人工接种、病区多点异地自然诱发鉴定，结果表明，中感苗瘟和叶瘟，感穗颈瘟。抗冷性极强。

产量及适宜地区：1994—1995年延边大学品种比较试验，结果平均单产8 562kg/hm²，比对照品种通粘1号增产3.2%；1996—1999年示范和生产试验，结果平均单产8 413kg/hm²，比对照品种通粘1号增产6.2%。适宜吉林省中熟和中早熟稻区（特别是东部半山区）种植，也可在中晚熟稻区作为搭配品种种植。

栽培技术要点：稀播育壮秧，4月上中旬播种，5月中下旬插秧。合理密植，一般栽培密度为30cm×（13.3～20）cm，每穴栽插2～4苗。增施农家肥和氮、磷、钾配施，施纯氮125kg/hm²；可采用浅—深—浅的灌溉方式；及时化学除草和防治病虫害。

早锦 (Zaojin)

品种来源：日本品种。日本东北农试场1972年以奥羽239为母本，藤稔为父本杂交育成。1979年引入吉林省，通过扩繁试种，表现抗病、高产。1987年吉林省农作物品种审定委员会认定为推广品种。

形态特征和生物学特性：属粳型常规水稻。感光性弱，感温性弱，基本营养生长期短，迟熟早粳。生育期140d，需≥10℃活动积温2 800～2 900℃。株型紧凑，分蘖力较强，茎秆稍细而强韧，叶色浓绿，叶片较短且偏窄，叶片直立，穗大小中等，出穗整齐，成穗率较高，籽粒椭圆形，无芒，颖及颖尖黄白色。株高100cm，平均每穴有效穗数15～17个，平均每穗70～75粒，千粒重26g。

品质特性：糙米率80.0%以上。米质较好。

抗性：抗稻瘟病性较强，耐肥，抗倒伏性强。

产量及适宜地区：一般平均单产7 000kg/hm²。适应性较广，在吉林省生育期140d以上的中晚熟稻区均可种植。1985—1992年推广面积达51.28万hm²。

栽培技术要点：宜在中上等肥力条件下栽培。塑料薄膜保温育苗，4月上中旬播种。5月中下旬插秧，插秧密度27cm×10cm，每穴栽插4～5苗。施纯氮125～150kg/hm²，40%做底肥、30%作穗肥、20%作穗肥、10%作粒肥分期施用。间歇灌溉。及时防除杂草，注意稻瘟病防治。

众禾1号 (Zhonghe 1)

品种来源：吉林省通化市农业科学院、公主岭市松辽农业科学研究所、吉农水稻高新科技发展有限责任公司1980年以辽西大穗×科情3号为母本，C11为父本育成通粳288，1994年由通粳288变异株系选育成。2003年通过吉林省农作物品种审定委员会审定，审定编号为吉审稻2003018。

形态特征和生物学特性：属粳型常规水稻。感光性弱，感温性弱，基本营养生长期短，迟熟早粳。生育期140d，需≥10℃活动积温2 800～2 900℃。株型紧凑，茎叶浓绿色，分蘖力中等，下位穗型，主蘖穗整齐，着粒密度适中，粒形椭圆，籽粒黄色，无芒。植株高96cm，每穴有效穗23个，主穗长25cm，主穗粒数208粒，平均粒数141粒，结实率96%，千粒重30g。

品质特性：糙米率81.8%，精米率74.0%，整精米率67.2%，粒长5.2mm，长宽比1.8，透明度2级，碱消值7.0级，胶稠度98mm，直链淀粉含量20.3%，蛋白质含量7.1%。

抗性：2000—2002年吉林省农业科学院植物保护研究所连续3年采用分菌系人工接种、病区多点异地自然诱发鉴定，结果表明，苗瘟中抗，叶瘟中抗，穗瘟感。

产量及适宜地区：1999年吉林省预试，平均单产8 571kg/hm²，比对照品种通35增产5.6%；2000—2001年吉林省区试，平均单产8 744kg/hm²，比对照品种通35增产5.8%；2000—2001年吉林省生产试验，平均单产8 624kg/hm²，比对照品种通35增产6.8%。适宜吉林省长春、吉林、四平、松原中晚熟稻区种植。吉林省累计推广面积达2.5万hm²。

栽培技术要点：稀播育壮秧，4月上中旬播种，5月中旬插秧。栽培密度为27cm×18cm，每穴栽插3～4苗。氮、磷、钾配方施肥，施纯氮150～160kg/hm²，按底肥磷酸二铵250kg/hm²、分蘖肥尿素135kg/hm²、补肥尿素113kg/hm²分期施用；施纯磷85kg/hm²；施纯钾75kg/hm²。水分管理，一生浅水灌溉，孕穗期水层6～7cm。7月上中旬注意防治二化螟。生育期间注意及时防治稻瘟病。

组培7号（Zupei 7）

品种来源：吉林省农业科学院水稻研究所1987年利用青系96幼穗进行组织培养，1991年育成。1994年通过吉林省农作物品种审定委员会审定，审定编号为吉审稻1994006。

形态特征和生物学特性：属于常规粳稻品种。感光性弱，感温性弱，基本营养生长期短，迟熟早粳。生育期145d，需≥10℃活动积温2 850℃。株型紧凑，茎秆坚韧弹性强。叶色淡绿，叶片直立上举。分蘖力强，穗大，谷粒呈椭圆形，无芒，颖壳及颖尖呈黄白色。株高100cm，主茎叶16片，穗长19cm，平均穗粒数110粒，结实率85%，千粒重25～26g。

品质特性：直链淀粉含量18.4%，蛋白质含量7.4%，米白色。外观及适口性较好。

抗性：抗稻瘟病性强。抗寒性强，抽穗后成熟快。耐肥、抗倒伏。

产量及适宜地区：1991—1993年区域试验，平均单产8 355kg/hm²，比对照品种秋光增产2.4%；1992—1993年生产试验，平均单产9 195kg/hm²，比对照品种秋光增产8.8%。主要适宜吉林省吉林、通化、长春、四平等地平原地区及辽宁省昌图、铁岭等地种植。累计推广面积达5万多hm²。

栽培技术要点：4月中旬播种，5月下旬插秧。插秧密度30cm×13cm或30cm×20cm，增施农家肥和磷、钾肥，适当控制施氮量，施纯氮150kg/hm²以内、纯磷75kg/hm²，以防贪青晚熟。浅灌为主，干湿结合，孕穗期保持深水层。

第四章
著名育种专家

ZHONGGUO SHUIDAO PINZHONGZHI · JILIN JUAN

吴鸿元

江苏省句容县人（1906—1979），研究员。1935年毕业于南京中央大学农学院，1950年到东北农业科学研究所（吉林省农业科学院前身）工作。1950—1956年任东北农业科学研究所（吉林省农业科学院前身）稻作组组长，历任吉林省农业科学院作物所遗传研究室主任、稻作组组长，作物育种栽培研究所水稻室主任。曾任中国作物学会理事，吉林省农学会副理事长，东北农业科学研究所科学研究工作委员会委员。1978年被评为全国和吉林省先进工作者，1979年当选吉林省劳动模范。吉林省政协第三届政协常委，吉林省第三届人大代表。

1950—1979年主持水稻常规育种研究课题，从事水稻新品种选育。1950年起搜集整理水稻优良农家品种，从中评选出弥荣、北海1号等品种在生产上推广应用。先后选育出松辽号、长白号、吉粳号等20多个高产、抗病的水稻优良品种；选育的松辽2号、松辽4号，实现了吉林省水稻品种的第一次更新换代；选育的吉粳60实现了吉林省水稻品种的第二次更新换代。其中，吉粳60、长白6号获1978年全国科学大会奖，松辽2号、松辽4号获1978年吉林省科学大会奖，糯稻品种吉粘2号获1980年吉林省农业厅技术改进三等奖。

主编和参加编写了《吉林水稻栽培》《东北水稻栽培》《中国水稻栽培学》等水稻专著。

王思睿

　　四川省阆中县人（1926—1998），研究员。1952年毕业于四川川北大学农艺系。先后在东北农业科学研究所（吉林省农业科学院前身）任副研究员、研究员，水稻研究所品种资源研究室主任。1991年起享受国务院政府特殊津贴，1993年获"吉林英才"奖章。

　　长期主持水稻品种资源研究工作，参加水稻品种松辽号、长白号和吉粳号的选育工作。其中吉粳60、长白6号获1978年全国科学大会奖；松辽2号、松辽4号获1978年吉林省科学大会奖；参加的我国水稻稻瘟病抗源的筛选研究，1980年获农牧渔业部技术改进一等奖；主持的吉林省水稻抗稻瘟病、抗冷性、光温生态等种质资源的筛选及其规律的研究项目，获1982年农牧渔业部技术改进一等奖；参与主持的水稻品种耐冷性鉴定研究项目，获1986年农牧渔业部科技进步三等奖；吉林省水稻旱作品种及栽培技术研究项目，获1986年吉林省科技进步三等奖；参加的低温冷害发生规律及防御措施研究项目，获1981年吉林省科技进步二等奖；主持的水稻品种资源收集保存与性状鉴定研究项目，获1991年吉林省科技进步三等奖。

　　参加编著了《吉林水稻栽培》《吉林稻作》《中国水稻品种资源目录》《中国水稻光温生态研究》等专著。在《作物品种资源》《吉林农业科学》等刊物上发表《水稻品种抗冷性研究》《东北水稻生态特性及经济性状研究》等30余篇学术论文。

朴春实

吉林省和龙县人（1935—　），研究员。1960年8月毕业于延边农学院农学系，同年到吉林市农业科学院水稻研究所工作。

自1960年以来，先后参加土壤耕作、水稻栽培和水稻育种等研究，长期主持水稻新品种选育工作。先后选育九稻6号、九稻13，引进下北、藤系138等水稻新品种；参加九稻3号、九稻11、九稻12、九稻14的选育和鉴定工作。主持吉林市稻瘟病菌致病力与新抗源筛选研究工作获省科技进步四等奖和吉林市科技进步二等奖，探索、创新出异地多点鉴定与主发病区采集病节设病圃鉴定相结合的抗病鉴定方法，为抗病育种提供了新的途径。

1996年参加舒兰市平安等三乡镇水稻丰产方工作，获1996年吉林省政府农业技术推广成果一等奖一项。选育的水稻品种在吉林省、吉林市累计推广应用面积10万hm^2以上。

李 彻

　　辽宁省辽阳市人（1938—　　）。1961年毕业于吉林农业大学农学系农学专业，同年分配到吉林省农业科学院作物育种栽培研究所，1964年调作物研究所水稻研究室（水稻研究所前身）工作。先后任育种室主任、副所长，第一、第二届全国农作物品种审定委员会委员，吉林省农作物品种审定委员会委员兼水稻专业组副组长。1985 年被吉林省人民政府授予"有突出贡献中青年专业科技人才"称号，1993 年获吉林省人民政府颁发的"吉林英才"奖章，1997 年享受国务院政府特殊津贴。

　　20世纪60年代初开始从事水稻杂交育种工作，1980年主持水稻常规育种课题，1983—1995年主持国家"六五""七五""八五"重点科技攻关项目和吉林省科委、吉林省农业厅水稻育种攻关项目。先后育成水稻品种20多个。其中参加选育的吉粳60和长白6号获1978年全国科学大会奖，主持选育的吉粳62获1991年国家"七五"科技攻关重大成果奖，主持选育的长白9号获1995年吉林省科技进步二等奖，吉玉粳、吉粳67、吉粳66分别于1977年、1999年、2003年获吉林省科技进步三等奖；作为科技骨干参加的水稻高产、优质、多抗、广适新品种培育及配套技术推广项目2005年获吉林省科技进步二等奖；超级稻品种吉粳88获2006年吉林省科技进步一等奖；协作研究项目我国稻瘟病菌生理小种及抗稻瘟病抗源筛选获1985年国家科学技术改进三等奖。

　　参与编写《吉林稻作》（副主编）、《吉林省农作物品种志》（合编）、《中国水稻品种及其系谱》（合编）等5部著作。发表学术论文20余篇。1992年主持起草制定《吉林省优质食用稻米地方标准》（规范）DB22/1992。

朴亨茂

　　吉林省延吉市人（1938—1998），朝鲜族，研究员，教授，硕士生导师。1964年毕业于延边大学农学院，同年8月被分配到通化市农业科学院工作。

　　自参加工作以来一直从事水稻育种研究，主要从事水稻远缘杂交应用研究。获省市级以上科技奖励9项。1974年首次提出"非精卵结合型远缘杂交"的理论，据此设计和研究出了外源基因导入的技术方法——复态导入法、DNA胚囊注射法、花粉匀浆法、DNA柱头涂抹法等一系列外源基因导入方法。1976年采用复态导入法，将野生植物"菰"的部分基因导入到水稻品种"松前"获得成功，创造出转"菰"基因的水稻新种质资源，自1986年以来，利用转"菰"基因资源先后选育出了30多个水稻品（系）种。

　　1988年荣获吉林省科技进步二等奖。选育出通31、通育235等一批优良品种和数十个优良品系，其中通育235在20世纪90年代成为吉林省水稻主栽品种，其种植面积占全省水田面积的60%以上，并在北方8个省（自治区）广泛种植。发表学术论文10余篇。

金信忍

原用名金润洲（1943—　），吉林省龙井市人，朝鲜族，研究员。1964年7月毕业于延边农学院农学系，毕业后被分配到吉林省农业科学院作物研究所水稻研究室（水稻研究所前身）工作。1964—1977年从事水稻栽培技术研究，1978—2003年从事水稻生物技术育种及遗传育种研究，1979年起任水稻研究所生物技术室主任。1991年被农业部表彰为全国农业教育、科研系统优秀回国留学人员，1993年起享受国务院特殊津贴，1996年被表彰为全国农业引进国外智力先进工作者。

1964—1977年从事水稻栽培技术等研究，1978—2003年从事水稻花培、体细胞育种工作。主持的水稻体细胞耐冷变异诱导技术、遗传特性研究及育种应用项目获1998年吉林省科技进步二等奖，主持育成的水稻品种吉粳72获2001年吉林省科技进步三等奖，主持选育的水稻品种吉粳81被评为吉林省第三届优质专用水稻新品种。主持引进水稻新品种藤系138获1991年吉林省科技进步二等奖，该品种于1986—1993年在吉林省内外累计推广应用10万hm²。

发表论文21篇，参与编写《吉林稻作》《中国实用科技成果大词典》等著作。

张三元

上海市人（1951— ），研究员。1977年1月毕业于吉林农业大学农学系，2003年获吉林农业大学农业推广学硕士学位。先后在在珲春市农业技术推广总站、吉林省农业科学院水稻研究所从事水稻育种研究。1992—2012年任第三至第五届吉林省农作物品种审定委员会委员、常委、水稻专业组组长。1997—2002年任农业部第五届农作物品种审定委员会委员，2002年任国家第一届农作物品种审定委员会委员，2002年任第七届吉林省作物学会副理事长、副秘书长，第七、八届全国作物学会理事。1994年被评为吉林省劳动模范，获1997年省第四届有突出贡献中青年专业技术人才称号。

先后主持省部级以上项目40余项，选育水稻品种20个。主持选育的长白9号解决了吉林省品种耐盐碱性与高产问题，历时推广15年。主持选育的吉粳88是吉林省选育的第一个超级稻品种，初步解决了优质、高产、抗病三者结合的育种难题，在吉林省内外示范推广400万hm²。

先后获得吉林省特殊贡献奖1项，吉林省科技进步一等奖1项、二等奖3项、三等奖2项，农业厅科技进步二等奖1项。发表学术论文30余篇。

吴长明

湖南省南县人(1963—2003),研究员。1984年毕业于北京农业大学农学系遗传育种专业,1987年、2000年分别获北京农业大学硕士、博士学位。1987年6月起在吉林省农业科学院水稻研究所工作。吉林省农作物育种专项首席专家。先后任研究室主任、科研处副处长、院学术委员会副主任、院党委委员、院图书馆馆长、吉林省政协委员、吉林省农学会常务理事、副秘书长、吉林省作物学会副理事长、院长助理,兼任吉林省农业生物技术重点实验室副主任。国家"863"计划分子育种专题专家组成员、自然科学基金、转基因重大专项、农业科技跨越计划、农业结构调整专项、"十五"国家攻关计划等国家项目的评审专家。先后被评为国家科委"跨世纪中青年农业科技骨干""吉林省首批省管优秀专家""中国青年科技奖""吉林省优秀科技工作者",1998年起享受国务院政府特殊津贴。

1987年以来长期从事水稻遗传育种和生物技术研究,先后主持17项国家和省级科研课题,包括"863"计划、农业科技跨越计划、国家农业科技成果转化资金、农业结构调整专项等国家级项目。

先后育成超产1号、超产2号、富源4号等12个水稻品种,其中超产1号将吉林省最后一个大面积推广的日本品种秋光替代,实现了吉林省水稻的第三次更新换代,超产2号被评为吉林省第一届优质米。

主持完成的科技成果获国家科技进步三等奖1项、省科技进步二等奖2项、省科技进步三等奖1项、国家丰收计划二等奖1项,参加完成的科技成果获省科技进步二等奖2项。发表论文30余篇。

第五章
品种检索表

ZHONGGUO SHUIDAO PINZHONGZHI·JILIN JUAN

品种名	英文（拼音）名	类型	审定（育成）年份	审定编号	品种权号	页码
白粳1号	Baigeng 1	常规早粳稻	2006	吉审稻2006001	CNA20070187.8	47
北陆128	Beilu 128	常规早粳稻	1994	吉审稻1994009		48
滨旭	Binxu	常规早粳稻	1983	吉审稻1983003		49
长白1号	Changbai 1	常规早粳稻	1959			50
长白10号	Changbai 10	常规早粳稻	2002	吉审稻2002005		51
长白11	Changbai 11	常规早粳稻	2002	吉审稻2002008		52
长白12	Changbai 12	常规早粳稻	2002	吉审稻2002004		53
长白13	Changbai 13	常规早粳稻	2002	吉审稻2002006		54
长白14	Changbai 14	常规早粳稻	2003	吉审稻2003013		55
长白15	Changbai 15	常规早粳稻	2006	吉审稻2006002	CNA20060173.3	56
长白16	Changbai 16	常规早粳稻	2006	吉审稻2006003	CNA20060174.1	57
长白17	Changbai 17	常规早粳稻	2006	吉审稻2006004		58
长白18	Changbai 18	常规早粳稻	2007	吉审稻2007001	CNA20080257.7	59
长白19	Changbai 19	常规早粳稻	2007	吉审稻2007002	CNA20080130.9	60
长白2号	Changbai 2	常规早粳稻	1959			61
长白20	Changbai 20	常规早粳稻	2008	吉审稻2008001	CNA20090447.8	62
长白21	Changbai 21	常规早粳稻	2009	吉审稻2009003	CNA20100915.8	63
长白22	Changbai 22	常规早粳稻	2009	吉审稻2009004	CNA20090909.9	64
长白23	Changbai 23	常规早粳稻	2010	吉审稻2010001	CNA20100488.5	65
长白24	Changbai 24	常规早粳稻	2010	吉审稻2010005	CNA20110794.3	66
长白25	Changbai 25	常规早粳稻	2011	吉审稻2011001	CNA20110795.2	67
长白3号	Changbai 3	常规早粳稻	1959			68
长白4号	Changbai 4	常规早粳稻	1960			69
长白5号	Changbai 5	常规早粳稻	1961			70
长白6号	Changbai 6	常规早粳稻	1978			71
长白7号	Changbai 7	常规早粳稻	1986	吉审稻1986001		72
长白8号	Changbai 8	常规早粳稻	1993	吉审稻1993003		73
长白9号	Changbai 9	常规早粳稻	1994	吉审稻1994002		74
长选1号	Changxuan 1	常规早粳稻	1994	吉审稻1994001		75

（续）

品种名	英文（拼音）名	类型	审定（育成）年份	审定编号	品种权号	页码
长选10号	Changxuan 10	常规早粳稻	2002	吉审稻2002007		76
长选12	Changxuan 12	常规早粳稻	2003	吉审稻2003022		77
长选14	Changxuan 14	常规早粳稻	2004	吉审稻2004014		78
长选2号	Changxuan 2	常规早粳稻	1996	吉审稻1996004		79
超产1号	Chaochan 1	常规早粳稻	1995	吉审稻1995009		80
城西3号	Chengxi 3	常规早粳稻	1979			81
春承101	Chuncheng 101	常规早粳稻	2008	吉审稻2008006		82
春承501	Chuncheng 501	常规早粳稻	2009	吉审稻2009019		83
稻光1号	Daoguang 1	常规早粳稻	2004	吉审稻2004001		84
东稻03-056	Dongdao 03-056	常规早粳稻	2007	吉审稻2007014		85
东稻2号	Dongdao 2	常规早粳稻	2008	吉审稻2008014		86
东稻3号	Dongdao 3	常规早粳稻	2008	吉审稻2008023		87
东稻4号	Dongdao 4	常规早粳稻	2010	吉审稻2010004	CNA20100889.0	88
东粳6号	Donggeng 6	常规早粳稻	2011	吉审稻2011011		89
东光2号	Dongguang 2	常规早粳稻	1980	吉审稻1980001		90
丰选2号	Fengxuan 2	常规早粳稻	1994	吉审稻1994004		91
丰选3号	Fengxuan 3	常规早粳稻	2002	吉审稻2002009		92
赋育333	Fuyu 333	常规早粳稻	2008	吉审稻2008013		93
富霞3号	Fuxia 3	常规早粳稻	2009	吉审稻2009018		94
富源4号	Fuyuan 4	常规早粳稻	2000	国审稻20000011		95
光阳6号	Guangyang 6	常规早粳稻	1978			96
寒2号	Han 2	常规早粳稻	1987	吉审稻1987004		97
寒9号	Han 9	常规早粳稻	1987	吉审稻1987003		98
合江23	Hejiang 23	常规早粳稻	1991	GS01020-1990		99
黑糯1号	Heinuo 1	常规早粳糯稻	2007	吉审稻2007018		100
黑香稻1号	Heixiangdao 1	常规早粳稻	2006	吉审稻2006017		101
亨粳101	Henggeng 101	常规早粳稻	2008	吉审稻2008002		102
红香1号	Hongxiang 1	常规早粳稻	2008	吉审稻2008027		103
宏科67	Hongke 67	常规早粳稻	2011	吉审稻2011016		104

（续）

品种名	英文（拼音）名	类型	审定（育成）年份	审定编号	品种权号	页码
宏科8号	Hongke 8	常规早粳稻	2008	吉审稻2008007		105
宏科88	Hongke 88	常规早粳稻	2011	吉审稻2011006		106
恢粘	Huizhan	常规早粳糯稻	1995	吉审稻1995011		107
辉粳7号	Huigeng 7	常规早粳稻	2005	吉审稻2005013	CNA20040421.0	108
吉大3号	Jida 3	常规早粳稻	2009	吉审稻2009016	CNA20090599.4	109
吉大6号	Jida 6	常规早粳稻	2009	吉审稻2009008	CNA20090600.1	110
吉宏207	Jihong 207	常规早粳稻	2008	吉审稻2008015		111
吉粳101	Jigeng 101	常规早粳稻	2005	吉审稻2005010		112
吉粳102	Jigeng 102	常规早粳稻	2005	吉审稻2005012	CNA20040264.1	113
吉粳106	Jigeng 106	常规早粳稻	2006	吉审稻2006006	CNA20060171.7	114
吉粳107	Jigeng 107	常规早粳稻	2007	吉审稻2007004		115
吉粳111	Jigeng 111	常规早粳稻	2009	吉审稻2009006	CNA20090907.1	116
吉粳112	Jigeng 112	常规早粳稻	2009	吉审稻2009005	CNA20110790.7	117
吉粳44	Jigeng 44	常规早粳稻	1967			118
吉粳46	Jigeng 46	常规早粳稻	1967			119
吉粳50	Jigeng 50	常规早粳稻	1967			120
吉粳501	Jigeng 501	常规早粳稻	2005	吉审稻2005005		121
吉粳502	Jigeng 502	常规早粳稻	2005	吉审稻2005007	CNA20040265.X	122
吉粳503	Jigeng 503	常规早粳稻	2006	吉审稻2006009		123
吉粳505	Jigeng 505	常规早粳稻	2007	吉审稻2007006	CNA20080253.4	124
吉粳506	Jigeng 506	常规早粳稻	2008	吉审稻2008020	CNA20080254.2	125
吉粳507	Jigeng 507	常规早粳稻	2008	吉审稻2008021	CNA20100913.0	126
吉粳509	Jigeng 509	常规早粳稻	2010	吉审稻2010012	CNA20110791.6	127
吉粳51	Jigeng 51	常规早粳稻	1967			128
吉粳510	Jigeng 510	常规早粳稻	2011	吉审稻2011010	CNA20110792.5	129
吉粳53	Jigeng 53	常规早粳稻	1978			130
吉粳56	Jigeng 56	常规早粳稻	1968			131
吉粳60	Jigeng 60	常规早粳稻	1978			132
吉粳61	Jigeng61	常规早粳稻	1983	吉审稻1983001		133

（续）

品种名	英文（拼音）名	类型	审定（育成）年份	审定编号	品种权号	页码
吉粳62	Jigeng 62	常规早粳稻	1987	吉审稻1987001		134
吉粳63	Jigeng 63	常规早粳稻	1989	吉审稻1989001		135
吉粳64	Jigeng 64	常规早粳稻	1993	吉审稻1993005		136
吉粳65	Jigeng 65	常规早粳稻	1995	吉审稻1995003		137
吉粳66	Jigeng 66	常规早粳稻	1997	吉审稻1997001		138
吉粳67	Jigeng 67	常规早粳稻	1997	吉审稻1997001		139
吉粳68	Jigeng 68	常规早粳稻	1998	吉审稻1998006		140
吉粳69	Jigeng 69	常规早粳稻	1998	吉审稻1998003		141
吉粳70	Jigeng 70	常规早粳稻	1998	吉审稻1998002		142
吉粳71	Jigeng 71	常规早粳稻	1999	吉审稻1999002		143
吉粳72	Jigeng 72	常规早粳稻	1999	吉审稻1999009		144
吉粳73	Jigeng 73	常规早粳稻	1999	吉审稻1999006	CNA19990036.1	145
吉粳74	Jigeng 74	常规早粳稻	2000	吉审稻2000001		146
吉粳75	Jigeng 75	常规早粳稻	2000	吉审稻2000003		147
吉粳76	Jigeng 76	常规早粳稻	2000	吉审稻2000004		148
吉粳77	Jigeng 77	常规早粳稻	1999	吉审稻1999001		149
吉粳78	Jigeng 78	常规早粳稻	2001	吉审稻2001001		150
吉粳79	Jigeng 79	常规早粳稻	2001	吉审稻2001005		151
吉粳80	Jigeng 80	常规早粳稻	2002	吉审稻2002013		152
吉粳800	Jigeng 800	常规早粳稻	2006	吉审稻2006014	CNA20060170.9	153
吉粳802	Jigeng 802	常规早粳稻	2007	吉审稻2007012	CNA20080255.0	154
吉粳803	Jigeng 803	常规早粳稻	2007	吉审稻2007013	CNA20080298.4	155
吉粳804	Jigeng 804	常规早粳稻	2008	吉审稻2008024	CNA20080256.9	156
吉粳805	Jigeng 805	常规早粳稻	2008	吉审稻2008025	CNA20090446.9	157
吉粳807	Jigeng 807	常规早粳稻	2009	吉审稻2009023	CNA20090908.0	158
吉粳808	Jigeng 808	常规早粳稻	2011	吉审稻2011018	CNA20110793.4	159
吉粳81	Jigeng 81	常规早粳稻	2002	吉审稻2002024	CNA20020278.2	160
吉粳82	Jigeng 82	常规早粳稻	2002	吉审稻2002012		161
吉粳83	Jigeng 83	常规早粳稻	2002	吉审稻2002012	CNA20020279.0	162

（续）

品种名	英文（拼音）名	类型	审定（育成）年份	审定编号	品种权号	页码
吉粳84	Jigeng 84	常规早粳稻	2003	吉审稻2003014		163
吉粳85	Jigeng 85	常规早粳稻	2003	吉审稻2003010		164
吉粳86	Jigeng 86	常规早粳稻	2003	吉审稻2003006		165
吉粳87	Jigeng 87	常规早粳稻	2003	吉审稻2003011		166
吉粳88	Jigeng 88	常规早粳稻	2005	吉审稻2005001	CNA20020224.3	167
吉粳89	Jigeng 89	常规早粳稻	2003	吉审稻2003008		168
吉粳90	Jigeng 90	常规早粳稻	2003	吉审稻2003009		169
吉粳91	Jigeng 91	常规早粳稻	2003	吉审稻2003012		170
吉粳92	Jigeng 92	常规早粳稻	2003	吉审稻2003007		171
吉粳94	Jigeng 94	常规早粳稻	2004	吉审稻2004008		172
吉粳95	Jigeng 95	常规早粳稻	2004	吉审稻2004016	CNA20040259.5	173
吉科稻512	Jikedao 512	常规早粳稻	2010	吉审稻2010017	CNA20110295.7	174
吉辽杂优1号	Jiliaozayou 1	三系早粳稻	2009	吉审稻2009022		175
吉陆1号	Jilu 1	常规早粳稻	1987	吉审稻1987002		176
吉农大13	Jinongda 13	常规早粳稻	2002	吉审稻2002020		177
吉农大18	Jinongda 18	常规早粳稻	2003	吉审稻2003023		178
吉农大19	Jinongda 19	常规早粳稻	2004	吉审稻2004009	CNA20050256.5	179
吉农大23	Jinongda 23	常规早粳稻	2008	吉审稻2008003		180
吉农大27	Jinongda 27	常规早粳稻	2008	吉审稻2008008		181
吉农大3号	Jinongda 3	常规早粳稻	1995	吉审稻1995005		182
吉农大30	Jinongda 30	常规早粳稻	2009	吉审稻2009011		183
吉农大31	Jinongda 31	常规早粳稻	2009	吉审稻2009012		184
吉农大37	Jinongda 37	常规早粳稻	2009	吉审稻2009002		185
吉农大39	Jinongda 39	常规早粳稻	2009	吉审稻2009009		186
吉农大45	Jinongda 45	常规早粳稻	2010	吉审稻2010003		187
吉农大603	Jinongda 603	常规早粳稻	2011	吉审稻2011004		188
吉农大7号	Jinongda 7	常规早粳稻	1995	吉审稻1995005		189
吉农大8号	Jinongda 8	常规早粳稻	1998	吉审稻1998001		190
吉农大808	Jinongda 808	常规早粳稻	2007	吉审稻2007007	CNA20070336.6	191

（续）

品种名	英文（拼音）名	类型	审定（育成）年份	审定编号	品种权号	页码
吉农大828	Jinongda 828	常规早粳稻	2010	吉审稻2010006		192
吉农大838	Jinongda 838	常规早粳稻	2010	吉审稻2010010		193
吉农大858	Jinongda 858	常规早粳稻	2011	吉审稻2011015		194
吉农引6号	Jinongyin 6	常规早粳稻	2008	吉审稻2008026		195
吉糯7号	Jinuo 7	常规早粳糯稻	2002	吉审稻2002027		196
吉星粳稻18	Jixinggengdao 18	常规早粳稻	2010	吉审稻2010021	CNA20121189.3	197
吉玉粳	Jiyugeng	常规早粳稻	1996	吉审稻1996005		198
吉粘10号	Jizhan 10	常规早粳糯稻	2011	吉审稻2011021	CNA20131191.8	199
吉粘3号	Jizhan 3	常规早粳糯稻	2002	吉审稻2002028		200
吉粘4号	Jizhan 4	常规早粳糯稻	2002	吉审稻2002030		201
吉粘5号	Jizhan 5	常规早粳糯稻	2002	吉审稻2002031		202
吉粘6号	Jizhan 6	常规早粳糯稻	2006	吉审稻2006018		203
吉粘8号	Jizhan 8	常规早粳糯稻	2006	吉审稻2006019		204
吉粘9号	Jizhan 9	常规早粳糯稻	2010	吉审稻2010027		205
金浪1号	Jinlang 1	常规早粳稻	2003	吉审稻2003027		206
金浪301	Jinlang 301	常规早粳稻	2006	吉审稻2006016		207
金浪303	Jinlang 303	常规早粳稻	2007	吉审稻2007017		208
锦丰	Jinfeng	常规早粳稻	1995	吉审稻1995002		209
九稻11	Jiudao 11	常规早粳稻	1990	吉审稻1990002		210
九稻12	Jiudao 12	常规早粳稻	1992	吉审稻1992001		211
九稻13	Jiudao 13	常规早粳稻	1993	吉审稻1993006		212
九稻14	Jiudao 14	常规早粳稻	1994	吉审稻1994008		213
九稻15	Jiudao 15	常规早粳稻	1995	吉审稻1995007		214
九稻16	Jiudao 16	常规早粳稻	1995	吉审稻1995004		215
九稻18	Jiudao 18	常规早粳稻	1997	吉审稻1997003		216
九稻19	Jiudao 19	常规早粳稻	1997	吉审稻1997004		217
九稻20	Jiudao 20	常规早粳稻	1998	吉审稻1998005		218
九稻21	Jiudao 21	常规早粳稻	2000	吉审稻2000007		219
九稻22	Jiudao 22	常规早粳稻	1999	吉审稻1999005		220

（续）

品种名	英文（拼音）名	类型	审定（育成）年份	审定编号	品种权号	页码
九稻23	Jiudao 23	常规早粳稻	2000	吉审稻2000008		221
九稻24	Jiudao 24	常规早粳稻	1999	吉审稻1999004		222
九稻26	Jiudao 26	常规早粳稻	2000	吉审稻2000009		223
九稻27	Jiudao 27	常规早粳稻	2001	吉审稻2001003		224
九稻29	Jiudao 29	常规早粳稻	2002	吉审稻2002001		225
九稻3号	Jiudao 3	常规早粳稻	1978			226
九稻30	Jiudao 30	常规早粳稻	2002	吉审稻2002010		227
九稻31	Jiudao 31	常规早粳稻	2002	吉审稻2002016		228
九稻32	Jiudao 32	常规早粳稻	2002	吉审稻2002017		229
九稻33	Jiudao 33	常规早粳稻	2002	吉审稻2002022		230
九稻34	Jiudao 34	常规早粳稻	2002	吉审稻2002023		231
九稻35	Jiudao 35	常规早粳稻	2003	吉审稻2003001		232
九稻39	Jiudao 39	常规早粳稻	2003	吉审稻2003002	CNA20050615.3	233
九稻40	Jiudao 40	常规早粳稻	2003	吉审稻2003003		234
九稻41	Jiudao 41	常规早粳稻	2003	吉审稻2003004		235
九稻42	Jiudao 42	常规早粳稻	2003	吉审稻2003005		236
九稻43	Jiudao 43	常规早粳稻	2004	吉审稻2004003		237
九稻44	Jiudao 44	常规早粳稻	2004	吉审稻2004004	CNA20050614.5	238
九稻45	Jiudao 45	常规早粳稻	2004	吉审稻2004010		239
九稻46	Jiudao 46	常规早粳稻	2004	吉审稻2004011		240
九稻47	Jiudao 47	常规早粳稻	2004	吉审稻2004007	CNA20040057.6	241
九稻48	Jiudao 48	常规早粳稻	2004	吉审稻2004015		242
九稻50	Jiudao 50	常规早粳稻	2006	吉审稻2006022		243
九稻51	Jiudao 51	常规早粳稻	2006	吉审稻2006023		244
九稻54	Jiudao 54	常规早粳稻	2006	吉审稻2006008		245
九稻55	Jiudao 55	常规早粳稻	2006	吉审稻2006005		246
九稻56	Jiudao 56	常规早粳稻	2006	吉审稻2006013	CNA20070206.8	247
九稻58	Jiudao 58	常规早粳稻	2006	吉审稻2006007		248
九稻59	Jiudao 59	常规早粳稻	2006	吉审稻2006015		249

（续）

品种名	英文（拼音）名	类型	审定（育成）年份	审定编号	品种权号	页码
九稻6号	Jiudao 6	常规早粳稻	1983	吉审稻1983002		250
九稻60	Jiudao 60	常规早粳稻	2007	吉审稻2007003		251
九稻62	Jiudao 62	常规早粳稻	2007	吉审稻2007011	CNA20090832.1	252
九稻63	Jiudao 63	常规早粳稻	2007	吉审稻2007016		253
九稻65	Jiudao 65	常规早粳稻	2008	吉审稻2008004		254
九稻66	Jiudao 66	常规早粳稻	2009	吉审稻2009001	CNA20090834.9	255
九稻67	Jiudao 67	常规早粳稻	2009	吉审稻2009007	CNA20090835.8	256
九稻69	Jiudao 69	常规早粳稻	2010	吉审稻2010023		257
九稻7号	Jiudao 7	常规早粳稻	1985	吉审稻1985001		258
九稻8号	Jiudao 8	常规早粳稻	1985	吉审稻1985002		259
九稻9号	Jiudao 9	常规早粳稻	1988	吉审稻1988003		260
九花1号	Jiuhua 1	常规早粳稻	1995	吉审稻1995008		261
九引1号	Jiuyin 1	常规早粳稻	1991	吉审稻1991002		262
九粘4号	Jiuzhan 4	常规早粳糯稻	2002	吉审稻2002026		263
科裕47	keyu 47	常规早粳稻	2010	吉审稻2010016		264
冷11-2	Leng11-2	常规早粳稻	1992	吉审稻1992003		265
龙锦1号	Longjin 1	常规早粳稻	1994	吉审稻1994007	CNA19990044.2	266
陆奥香	Lu'aoxiang	常规早粳稻	1999	吉审稻1999010		267
绿达177	Lüda 177	常规早粳稻	2011	吉审稻2011002		268
农林34	Nonglin 34	常规早粳稻	1962			269
农粘1号	Nongzhan 1	常规早粳糯稻	2003	吉审稻2003024		270
农粘2号	Nongzhan 2	常规早粳糯稻	2011	吉审稻2011019		271
农粘379	Nongzhan 379	常规早粳糯稻	2010	吉审稻2010027		272
平安粳稻11	Ping'angengdao 11	常规早粳稻	2010	吉审稻2010022		273
平安粳稻13	Ping'angengdao 13	常规早粳稻	2011	吉审稻2011013		274
平粳6号	Pinggeng 6	常规早粳稻	2008	吉审稻2008012	CNA20060648.4	275
平粳7号	Pinggeng 7	常规早粳稻	2007	吉审稻2007015		276
平粳8号	Pinggeng 8	常规早粳稻	2008	吉审稻2008022		277
庆林1号	Qinglin 1	常规早粳稻	2010	吉审稻2010018		278

（续）

品种名	英文（拼音）名	类型	审定（育成）年份	审定编号	品种权号	页码
庆林998	Qinlin 998	常规早粳稻	2011	吉审稻2011020	CNA20100869.4	279
秋田32	Qiutian 32	常规早粳稻	1991	吉审稻1991002		280
秋田小町	Qiutianxiaoding	常规早粳稻	2000	吉审稻2000002		281
沙29	Sha 39	常规早粳稻	1996	吉审稻1996001		282
上育397	Shangyu 397	常规早粳稻	2009	吉审稻2009024		283
沈农265	Shennong 265	常规早粳稻	2005	吉审稻2005002		284
双丰8号	Shuangfeng 8	常规早粳稻	1980	吉审稻1980003		285
松粳6号	Songgeng 6	常规早粳稻	2004	吉审稻2004006		286
松辽1号	Songliao 1	常规早粳稻	1958			287
松辽2号	Songliao 2	常规早粳稻	1958			288
松辽4号	Songliao 4	常规早粳稻	1959			289
松辽5号	Songliao 5	常规早粳稻	2004	吉审稻2004005		290
松辽6号	Songliao 6	常规早粳稻	2010	吉审稻2010007	CNA20100887.2	291
松辽7号	Songliao 7	常规早粳稻	2010	吉审稻2010019	CNA20100888.1	292
松前	Songqian	常规早粳稻	1971			293
藤747	Teng 747	常规早粳稻	1992	吉审稻1992002		294
藤832	Teng 832	常规早粳稻	1991	吉审稻1991001		295
藤糯150	Tengnuo 150	常规早粳糯稻	1995	吉审稻1995010		296
藤系138	Tengxi 138	常规早粳稻	1990	吉审稻1990003		297
藤系144	Tengxi 144	常规早粳稻	1993	吉审稻1993002		298
天井1号	Tianjing 1	常规早粳稻	1994	吉审稻1994003		299
天井3号	Tianjing 3	常规早粳稻	1995	吉审稻1995001		300
铁粳2号	Tiegeng 2	常规早粳稻	1986	吉审稻1986002		301
通211	Tong 211	常规早粳稻	1998	吉审稻1998004		302
通31	Tong 31	常规早粳稻	1993	吉审稻1993004		303
通35	Tong 35	常规早粳稻	1995	吉审稻1995005		304
通788	Tong 788	常规早粳稻	2008	吉审稻2008019		305
通88-7	Tong 88-7	常规早粳稻	1996	吉审稻1996003		306
通95-74	Tong 95-74	常规早粳稻	2002	吉审稻2002015		307

（续）

品种名	英文（拼音）名	类型	审定（育成）年份	审定编号	品种权号	页码
通98-56	Tong 98-56	常规早粳稻	2003	吉审稻2003017		308
通稻1号	Tongdao 1	常规早粳稻	2010	吉审稻2010023		309
通丰13	Tongfeng 13	常规早粳稻	2008	吉审稻2008010		310
通丰14	Tongfeng 14	常规早粳稻	2008	吉审稻2008011		311
通丰5号	Tongfeng 5	常规早粳稻	2003	吉审稻2003015		312
通丰8号	Tongfeng 8	常规早粳稻	2006	吉审稻2006011	CNA20040718.X	313
通丰9号	Tongfeng 9	常规早粳稻	2005	吉审稻2005009	CNA20040717.1	314
通禾820	Tonghe 820	常规早粳稻	2006	吉审稻2006010	CNA20040710.4	315
通禾832	Tonghe 832	常规早粳稻	2007	吉审稻2007008	CNA20040712.0	316
通禾833	Tonghe 833	常规早粳稻	2007	吉审稻2007009	CNA20050872.5	317
通禾834	Tonghe 834	常规早粳稻	2006	吉审稻2006024	CNA20060811.8	318
通禾835	Tonghe 835	常规早粳稻	2009	吉审稻2009010	CNA20050873.3	319
通禾836	Tonghe 836	常规早粳稻	2008	吉审稻2008016	CNA20100242.2	320
通禾837	Tonghe 837	常规早粳稻	2008	吉审稻2008017		321
通禾838	Tonghe 838	常规早粳稻	2009	吉审稻2009017	CNA20100241.3	322
通禾839	Tonghe 859	常规早粳稻	2010	吉审稻2010030		323
通禾856	Tonghe 856	常规早粳稻	2010	吉审稻2010014		324
通禾857	Tonghe 857	常规早粳稻	2010	吉审稻2010020		325
通禾858	Tonghe 858	常规早粳稻	2011	吉审稻2011014	CNA20141680.5	326
通禾859	Tonghe 859	常规早粳稻	2011	吉审稻2011009	CNA20141679.8	327
通粳611	Tonggeng 611	常规早粳稻	2003	吉审稻2003019	CNA20020114.X	328
通粳612	Tonggeng 612	常规早粳稻	2006	吉审稻2006021	CNA20030105.5	329
通粳777	Tonggeng 777	常规早粳稻	2008	吉审稻2008005		330
通粳791	Tonggeng 791	常规早粳稻	2005	吉审稻2005011		331
通粳797	Tonggeng 797	常规早粳稻	2007	吉审稻2007005	CNA20050875.X	332
通粳888	Tonggeng 888	常规早粳稻	2011	吉审稻2011017	CNA20050874.1	333
通粳889	Tonggeng 889	常规早粳稻	2010	吉审稻2010008	CNA20110244.9	334
通交17	Tongjiao 17	常规早粳稻	1973			335
通交22	Tongjiao 22	常规早粳稻	1975			336

（续）

品种名	英文（拼音）名	类型	审定（育成）年份	审定编号	品种权号	页码
通科 17	Tongke 17	常规早粳稻	2010	吉审稻 2010015		337
通科 18	Tongke 18	常规早粳稻	2011	吉审稻 2011008	CNA20100240.4	338
通糯 203	Tongnuo 203	常规早粳糯稻	2006	吉审稻 2006020	CNA20040714.7	339
通系 103	Tongxi 103	常规早粳稻	1991	吉审稻 1991004		340
通系 12	Tongxi 12	常规早粳稻	2001	吉审稻 2001002		341
通系 140	Tongxi 140	常规早粳稻	2003	吉审稻 2003016		342
通系 158	Tongxi 158	常规早粳稻	2005	吉审稻 2005008	CNA20040709.0	343
通系 9 号	Tongxi 9	常规早粳稻	2002	吉审稻 2002014		344
通系 925	Tongxi 925	常规早粳稻	2011	吉审稻 2011003		345
通系 926	Tongxi 926	常规早粳稻	2011	吉审稻 2011005		346
通系 929	Tongxi 929	常规早粳稻	2009	吉审稻 2009014		347
通系 930	Tongxi 930	常规早粳稻	2010	吉审稻 2010011		348
通系 931	Tongxi 931	常规早粳稻	2011	吉审稻 2011012	CNA20131099.1	349
通引 58	Tongyin 58	常规早粳稻	2002	吉审稻 2002019		350
通育 105	Tongyu 105	常规早粳稻	2004	吉审稻 2004013		351
通育 120	Tongyu 120	常规早粳稻	2001	吉审稻 2001004		352
通育 124	Tongyu 124	常规早粳稻	1999	吉审稻 1999003		353
通育 207	Tongyu 207	常规早粳稻	2002	吉审稻 2002021		354
通育 217	Tongyu 217	常规早粳稻	2009	吉审稻 2009015		355
通育 219	Tongyu 219	常规早粳稻	2008	吉审稻 2008028		356
通育 221	Tongyu 221	常规早粳稻	2005	吉审稻 2005003	CNA20040711.2	357
通育 223	Tongyu 223	常规早粳稻	2004	吉审稻 2004012	CNA20040713.9	358
通育 225	Tongyu 225	常规早粳稻	2009	吉审稻 2009020		359
通育 237	Tongyu 237	常规早粳稻	2009	吉审稻 2009021		360
通育 238	Tongyu 238	常规早粳稻	2010	吉审稻 2010013		361
通育 239	Tongyu 239	常规早粳稻	2007	吉审稻 2007010		362
通育 240	Tongyu 240	常规早粳稻	2003	吉审稻 2003021		363
通育 245	Tongyu 245	常规早粳稻	2010	吉审稻 2010025		364
通育 308	Tongyu 308	常规早粳稻	2005	吉审稻 2005004	CNA20030353.8	365

（续）

品种名	英文（拼音）名	类型	审定（育成）年份	审定编号	品种权号	页码
通育313	Tongyu 313	常规早粳稻	2002	吉审稻2002003		366
通育315	Tongyu 315	常规早粳稻	2008	吉审稻2008009		367
通育316	Tongyu 316	常规早粳稻	2002	吉审稻2002011	CNA20040716.3	368
通育318	Tongyu 318	常规早粳稻	2003	吉审稻2003020		369
通育335	Tongyu 335	常规早粳稻	2011	吉审稻2011007	CNA20131103.5	370
通育401	Tongyu 401	常规早粳稻	2005	吉审稻2005014		371
通育406	Tongyu 406	常规早粳稻	2010	吉审稻2010002		372
通院11	Tongyuan 11	常规早粳稻	2008	吉审稻2008018	CNA20070711.6	373
通院513	Tongyuan 513	常规早粳稻	2009	吉审稻2009013	CNA20070712.4	374
通院515	Tongyuan 515	常规早粳稻	2010	吉审稻2010009	CNA20110243.0	375
通院6号	Tongyuan 6	常规早粳稻	2005	吉审稻2005006	CNA20060809.6	376
通院9号	Tongyuan 9	常规早粳稻	2006	吉审稻2006012	CNA20060812.6	377
通粘1号	Tongzhan 1	常规早粳糯稻	1980	吉审稻1980002		378
通粘11	Tongzhan 11	常规早粳糯稻	2010	吉审稻2010027		379
通粘2号	Tongzhan 2	常规早粳糯稻	2002	吉审稻2002029		380
通粘598	Tongzhan 598	常规早粳糯稻	2010	吉审稻2010026		381
通粘8号	Tongzhan 8	常规早粳糯稻	2004	吉审稻2004017		382
万宝17	Wanbao 17	常规早粳稻	1975			383
万宝21	Wanbao 21	常规早粳稻	1978			384
文育302	Wenyu 302	常规早粳稻	2002	吉审稻2002025		385
五优稻1号	Wuyoudao 1	常规早粳稻	2001	吉审稻2001006		386
新雪	Xinxue	常规早粳稻	1978			387
延粳1号	Yangeng 1	常规早粳稻	1978			388
延粳13	Yangeng 13	常规早粳稻	1985	吉审稻1985003		389
延粳14	Yangeng 14	常规早粳稻	1988	吉审稻1988001		390
延粳15	Yangeng 15	常规早粳稻	1988	吉审稻1988002		391
延粳16	Yangeng 16	常规早粳稻	1989	吉审稻1989002		392
延粳17	Yangeng 17	常规早粳稻	1990	吉审稻1990001		393
延粳18	Yangeng 18	常规早粳稻	1991	吉审稻1991003		394

（续）

品种名	英文（拼音）名	类型	审定（育成）年份	审定编号	品种权号	页码
延粳19	Yangeng 19	常规早粳稻	1993	吉审稻1993001		395
延粳20	Yangeng 20	常规早粳稻	1994	吉审稻1994005		396
延粳21	Yangeng 21	常规早粳稻	1996	吉审稻1996002		397
延粳22	Yangeng 22	常规早粳稻	1999	吉审稻1999007		398
延粳23	Yangeng 23	常规早粳稻	2000	吉审稻2000006		399
延粳24	Yangeng 24	常规早粳稻	2002	吉审稻2002002		400
延粳25	Yangeng 25	常规早粳稻	2003	吉审稻2003025		401
延粳26	Yangeng 26	常规早粳稻	2004	吉审稻2004002		402
延粳3号	Yangeng 3	常规早粳稻	1978			403
延农1号	Yannong 1	常规早粳稻	1999	吉审稻1999008		404
延系20	Yanxi 20	常规早粳稻	1970			405
延引1号	Yanyin 1	常规早粳稻	1997	吉审稻1997005		406
延引5号	Yanyin 5	常规早粳稻	2001	吉审稻2001007		407
延引6号	Yanyin 6	常规早粳稻	2003	吉审稻2003026		408
延粘1号	Yanzhan 1	常规早粳糯稻	1990	吉审稻1990003		409
延组培1号	Yanzupei 1	常规早粳稻	2000	吉审稻2000005		410
元子2号	Yuanzi 2	常规早粳稻	1955			411
月亭糯1号	Yuetingnuo 1	常规早粳糯稻	2004	吉审稻2004018		412
早锦	Zaojin	常规早粳稻	1979			413
众禾1号	Zhonghe 1	常规早粳稻	2003	吉审稻200318		414
组培7号	Zupei 7	常规早粳稻	1994	吉审稻1994006		415

图书在版编目（CIP）数据

中国水稻品种志．吉林卷／万建民总主编；张强主编．—北京：中国农业出版社，2018.12
ISBN 978-7-109-24951-6

Ⅰ.①中… Ⅱ.①万… ②张… Ⅲ.①水稻-品种-吉林 Ⅳ.①S511.037

中国版本图书馆CIP数据核字（2018）第264464号

中国水稻品种志·吉林卷
ZHONGGUO SHUIDAO PINZHONGZHI · JILIN JUAN

中国农业出版社
地址：北京市朝阳区麦子店街18号楼
邮编：100125

策划编辑：舒　薇　贺志清
责任编辑：贺志清　毛志强
装帧设计：贾利霞
版式设计：胡至幸　韩小丽
责任校对：吴丽婷
责任印制：王　宏　刘继超

印刷：北京通州皇家印刷厂
版次：2018年12月第1版
印次：2018年12月北京第1次印刷
发行：新华书店北京发行所

开本：787mm×1092mm　1/16
印张：28.5
字数：670千字

定价：320.00元